高等职业教育旅游管理类专业系列教材

厨房器具与设备

主　编　曹仲文

副主编　熊　敏　徐润琪

参　编　朱　莉　查丽君　高　琼

　　　　黄兴勇　戴阳军

主　审　吴业山

东南大学出版社

内 容 提 要

本书主要阐述餐饮工作者在厨房工作中涉及的主要设备的基本结构、工作原理，强调正确的操作使用和维护保养，介绍如何根据烹饪工艺的要求对设备进行合理选型，以及设备在操作间内的合理布局和设备管理的基础知识等。全书分七章：烹饪器具；厨房初加工设备；厨房热加工设备；厨房冷加工设备；厨房辅助设备系统；厨房设备管理；厨房设计。典型设备的选择上既反映目前烹饪行业的现状，又介绍了新型、先进的烹饪设备，突出高职教材"实际、实用、实践"的原则，使设备能更好地为工艺服务。

该书主要作为旅游类高等职业技术院校的教材，也可做广大厨房和餐饮工作者的技术培训资料，还可供厨房设备行业人员参考。

图书在版编目(CIP)数据

厨房器具与设备/曹仲文主编. —南京：东南大学出版社，2007.7 (2020.9 重印)
(高等职业教育旅游管理类专业系列教材)
ISBN 978-7-5641-0786-4

Ⅰ.厨...　Ⅱ.曹...　Ⅲ.厨房—设备—高等学校：技术学校—教材　Ⅳ.TS972.26

中国版本图书馆 CIP 数据核字(2007)第 104295 号

东南大学出版社出版发行
(南京四牌楼 2 号　邮编 210096)
出版人：江建中
新华书店经销　　虎彩印艺股份有限公司印刷
开本：787 mm×1092 mm　1/16　印张：16.75　字数：408 千字
2007 年 8 月第 1 版　2020 年 9 月第10次印刷
ISBN 978-7-5641-0786-4/TS・25
定价：42.00 元
(凡因印装质量问题，可直接向读者服务部调换。电话：025—83792328)

出 版 说 明

当前职业教育还处于探索过程中，教材建设“任重而道远”。为了编写出切实符合旅游管理专业发展和市场需要的高质量的教材，我们搭建了一个全国旅游管理类专业建设、课程改革和教材出版的平台，加强旅游管理类各高职院校的广泛合作与交流。在编写过程中，我们始终贯彻高职教育的改革要求，把握旅游管理类专业课程建设的特点，体现现代职业教育新理念，结合各校的精品课程建设，每本书都力求精雕细琢，全方位打造精品教材，力争把该套教材建设成为国家级规划教材。

质量和特色是一本教材的生命。与同类书相比，本套教材力求体现以下特色和优势：

1. 先进性：(1)形式上，尽可能以“立体化教材”模式出版，突破传统的编写方式，针对各学科和课程特点，综合运用“案例导入”、“模块化”和“MBA 任务驱动法”的编写模式，设置各具特色的栏目；(2)内容上，重组、整合原来教材内容，以突出学生的技术应用能力训练与职业素质培养，形成新的教材结构体系。

2. 实用性：突出职业需求和技能为先的特点，加强学生的技术应用能力训练与职业素质培养，切实保证在实际教学过程中的可操作性。

3. 兼容性：既兼顾劳动部门和行业管理部门颁发的职业资格证书或职业技能资格证书的考试要求又高于其要求，努力使教材的内容与其有效衔接。

4. 科学性：所引用标准是最新国家标准或行业标准，所引用的资料、数据准确、可靠，并力求最新；体现学科发展最新成果和旅游业最新发展状况；注重拓展学生思维和视野。

本套丛书聚集了全国最权威的专家队伍和由江苏、四川、山西、浙江、上海、海南、河北、新疆、云南、湖南等省市的近60所高职院校参加的最优秀的一线教师。借此机会，我们对参加编写的各位教师、各位审阅专家以及关心本套丛书的广大读者，致以衷心的感谢，希望在以后的工作和学习中为本套丛书提出宝贵的意见和建议。

高等职业教育旅游管理类专业教材编委会

高等职业教育旅游管理类专业教材编委会名单

高等职业教育旅游管理类专业教材
编委会会员单位名单

扬州大学旅游烹饪学院
上海旅游高等专科学校
江苏经贸职业技术学院
太原旅游职业学院
浙江旅游职业学院
海南职业技术学院
桂林旅游高等专科学校
青岛酒店管理职业技术学院
无锡商业职业技术学院
扬州职业大学
承德旅游职业学院
无锡城市职业技术学院
应天职业技术学院
江苏农林职业技术学院
盐城工学院
江苏食品职业技术学院
浙江工商职业技术学院
浙江育英职业技术学院
上海工会职业技术学院
上海思博学院
南京视觉艺术学院
湖南工学院
湖南财经工业职业技术学院
常州轻工职业技术学院
南京化工职业技术学院
成都市财贸职业高级中学
四川省商业服务学校
南昌女子职业学校
金陵旅馆管理干部学院
四川烹饪专科学校
镇江市高等专科学校
海南经贸职业技术学院
昆明大学
黑龙江旅游职业技术学院
南京铁道职业技术学院
苏州经贸职业技术学院
三亚航空旅游职业学院
无锡市旅游商贸专修学院
金肯职业技术学院
南京工业职业技术学院
江阴职业技术学院
湖南工业科技职工大学
安徽工商职业技术学院
苏州科技学院
登云科技职业学院
新疆职工大学
陕西职业技术学院
海口经济职业技术学院
海口旅游职业学校
长沙环境保护职业技术学院
成都商业高等专科学校
广东韩山师范学院
吴忠职业技术学院
吉林商业高等专科学校
河北旅游职业学院
安徽城市管理职业学院

前 言

本书是在参考有关教学大纲及相关教材的基础上，根据近几年来厨房器具与设备的发展情况(包括相关的最新的行业标准)而编写的。该书主要由四所大学的专业教师和行业资深人士编写而成。本课程的教材既要考虑到高等职业教育的学生在知识结构上的特点，又要顾及到高等教育这一层次的要求，本着既要让学生接受且实际可用，又要有利于学生的科学技术素养的完善和提高。

因为设备知识的介绍比较沉闷，故教材的编写尽量采用生动的案例，以激发学生了解和学习的兴趣。在设备技术知识方面，对厨房生产中正在应用的烹饪设备，及国内外最新且正在推广应用的技术作介绍，比如运水烟罩等；而对于一般的传统设备或由于技术、环保等原因正被淘汰的设备则可忽略或作简单评价，如燃煤设备。在设备的讲解中主要强调设备的简单结构，工作过程、操作及维护等知识，同时兼顾到对设备的选择和布置及设备管理知识的了解。

本教材的特色在于遵照高职教材的“实际、实用、实践”原则，针对厨房中实际使用的设备进行介绍，并兼顾前沿知识的传授。对厨房器具和设备的使用，主要是结合专业的要求，比如微波烹饪的阐述，从而达到实用的效果。在编写时，采用开篇引例、案例评析、知识应用及提示、知识补充等启发式编写体例，激发读者的学习兴趣和帮助引导读者了解设备的实用知识，强调在烹饪活动实践中对设备的正确使用和合理选型，适当介绍烹饪操作间中设备的合理布局的相关知识，最终达到“实用”和“够用”的效果。

本书在编写中顺应了近年来相关行业标准的变革，如《中餐燃气炒菜灶》的标准，公安部的《厨房设备灭火装置》等最新标准的要求，对此作了相应阐述。

本书由扬州大学旅游烹饪学院曹仲文博士主编，并对全书进行总纂修改。由金陵旅馆管理干部学院吴业山副教授主审。四川烹饪专科学校徐润琪教授、熊敏副教授任副主编。厨房中的热加工设备部分，由无锡金城环保炊具设备有限公司董事长查丽君女士编写(第三章第二节、第三节、第五节；此外还有第五章的少部分内容)，其他参编人员有湖北经济学院高琼(第一章)、四川烹饪专科学校朱莉(第六章)、常熟理工大学戴阳军(第五章)、盐城市雯勇酒店用品公司总经理黄兴勇(第七章)、徐润琪(第三章第一节部分内容、第二节、第三节)、熊敏(第五章)、曹仲文(绪论、第三章第一节部分内容、第四章第一节和第四节)。本书的部分图形由江苏工业学院洪彩霞绘制，图片由苏州托普信息技术学院马慧媛处理。

本书在编写过程中，得到了东南大学出版社、无锡市金城环保炊具设备有限公司、扬州淮左名都国际大酒店等单位的支持，并参阅了相关研究者的著作和资料，吸收了部分相关教材的成果，参看了一些相关企业和网页的公开资料，由于篇幅的关系，文中未能全部列出，在此深表谢意！此外，本书主审吴业山副教授、扬州大学旅游烹饪学院的马健鹰副教授、哈尔滨商业大学杨铭铎教授、扬州淮左名都国际大酒店工程部经理董云生先生和餐饮部经理李晋先生、无锡旅游学校的张开伟先生等人对本书提出了宝贵意见；同时，东南大学出版社张丽萍老师力促此书的出版，在此一并致谢！

由于作者水平和经验有限，书中难免存在不妥之处，恳请读者批评指正。

编　者

2007.6

目 录

绪 论

一、厨房器具与设备的定义与分类

厨房器具与设备是指用以实现厨房生产和餐厅服务的全过程所需要的各种用具、设施和机械装置的总称。

在厨房中使用的设备种类繁多，如将原料进行清洗的清洗机，将原料切或制成需要形状的各种成型机，将原料烹制成熟的各种热加工设备，为保证厨房空气清新的通风设备等等。如何将如此繁多的器具和设备进行科学的分类，目前尚无统一的标准。现介绍一种分类方法，就是将厨房器具和设备首先分为烹饪器具和厨房设备两大类。

烹饪器具主要指烹调和餐饮过程中使用的各种手工操作用具，由烹调器具和餐饮器具两部分组成。

厨房设备按用途分为厨房初加工设备、厨房热加工设备、厨房冷加工设备、厨房辅助设备系统。

二、厨房器具与设备在厨房烹饪工作及餐饮中的作用

中国社会科学院发布的2007年《财经蓝皮书》指出，从20世纪末以来，中国餐饮服务业营业额逐年上升，连续15年实现两位数高速增长，2005年达17.7%。2005年，中国全社会餐饮业营业总额达8 886.8亿元。但是，我国餐饮业和中式烹饪面临着国际餐饮巨头和洋快餐的冲击。据《第一财经日报》2006年4月5日消息，为了赶上中国酒店业发展的快车，雅高及其他诸如洲际酒店集团公司等竞争对手都加快了在中国的扩张步伐，如法国雅高计划在2008年北京奥运会前在中国增开30家酒店。

为了应对全球餐饮业发展的机遇和挑战，中国餐饮业需要更加强大，这其中包括餐饮业的多种方面，如人才、营销、资金、策划以及酒店设备等。

厨房器具与设备作为酒店设备的一部分，以及其完成的工作——提供营养、卫生、美味的饮食，更是酒店服务产品的重要组成；决定了厨房器具与设备在厨房工作和餐饮运作中起着非常重要的作用。

(一) 设备是进行厨房烹饪工作的物质基础

所谓“巧妇难为无米之炊”，是指原料在烹饪工作中的重要性，但实际上，如果是“无炊之米”，那么巧妇也同样难为，此“炊”即指厨房器具与设备，即所谓“工欲善其事，必先利其器”。纵观我国烹饪发展的历史，烹饪技术的每一次进步和发展，都和厨房器具与设备的进步和发展联系在一起的，同时，厨房器具和设备的发展对于烹饪原料利用的广度和深度起着决定性的作用。历史已经证明，只有人类利用了“火”，才告别了茹毛饮血的时代；只有陶器发明以后，才有烹饪的真正诞生；而只有铜器在厨房中得到应用，才有了高温油烹饪法；薄型铁器的发明和使用，使众多的烹饪方法，特别是复合烹饪法得以出现；并且只有锋利的

金属薄形刀具出现后，才可能有精细的刀工技法，食雕和工艺菜才可以兴起；只有石磨和机磨等加工设备的出现，才可以有了精制的面点和其他主食；在今天，厨房中新兴原料和食品如羊尾笋、含硒花生芽、魔芋粉丝等的出现，都离不开对设备的利用；在西餐中，只有有了扒炉，才会有铁扒烹饪法，等等。只有利用各种厨房器具与设备，我们才可能生产出色、香、味、形、意、器、养具备的菜肴。

不同的设备对菜品的创新也起了很大作用。菜肴的口味如果需要外焦里嫩，"外焦"是烤出来的，"里嫩"是蒸出来的，传统的做法需要挂糊炸，师傅总得盯着翻炒，而现在可以使用万能蒸烤箱，既保证了外部的香脆，又不会流失水分，从而保证了里嫩。

（二）设备提升运营控制、加强人员管理

整个厨房运作，环节非常多，要将每一个环节的控制做精、做细，提升一点点效率、降低一点点差错率，整个运行就能大有改观。因此，一套完善、合理，适宜于饭店厨房实际流程的信息处理系统，就显得尤为重要。从开单、分单，到打荷、出菜，优秀的系统能够利用扫描等方式提升现场运作的速度与准确率，可以将厨房中炒错菜、客人特殊要求没能充分满足的情况完全杜绝。同时，通过信息系统的运作，所有的经营相关数据都能在系统中得以保存，当我们将这些数据导出再加以分析时，就能够得到关于原料、成本、出品、销售、客单价、退菜率等数据。而且能够将员工工作、人均创利等数据进行排行比较。

现在的信息系统已经发展到无线网络，如台湾飞雅公司于 2001 年开发出的结合点菜收银及无线网络的新技术——无线点菜收银系统(Mobile POS)，利用 PDA 的便利性，可以很快地将客人点菜的信息送达厨房，在买单的时候再由此系统给出价格和发票。

（三）设备提升菜品质量

引进厨房设备，对于厨房控制菜品的生产标准非常有帮助。可以将油温控制、炒焖的时间以及放多少调料都进行非常精确的设定，然后通过机械操作，真正保证了菜品质量的始终如一。通过使用恒温箱、低温室我们可以更好的保证菜品在加工的全过程都非常卫生，同时也更好地保证了产品的质量。

【提示】

可参看本书第四章关于"冷链"的描述。

比如烹饪中常见的"打糁"，若通过设备搅拌桨叶的高速旋转使食物组织破碎，所得之糁其质感细腻，易于菜肴的制作，也有利于人体的消化吸收，而这种特殊的加工手段是手工难以达到的。再又比如在热加工设备中，由于独特的加热原理，微波炉烹饪原料时，其营养素的损失是最小的。

（四）设备提升产品覆盖面

眉州包子是一绝，得到顾客的交口称赞。但是从中央厨房制作好的味道鲜美的包子经过配送、复蒸却走了样。怎么解决好速冻食品的口味退化问题？是眉州东坡餐饮集团重点关心的问题。为中央厨房选购优质的速冻设备，不仅可以最大限度地保证包子的口味，而且也使眉州包子插上了翅膀，通过眉州东坡酒楼的各个分店送到了千百万顾客手中，也为以后产品产业化打下了良好的基础。

（五）设备可以创造更好的环境

环境在顾客选择酒楼的因素中占的比例越来越大。不仅温度、湿度成为酒楼日常监控的环境因素；而且小的细节方面，比如器具也很重要。一个优质的工作台在四角有合理的弧度，保证顾客或者员工不小心碰到后不会有大的损伤。在厨房中，由于湿度、温度较高；油烟较浓，更需要好的排油烟系统和厨房送风设备为厨房工作者提供一个良好的工作环境。

此外，由于污水处理设备及消防设备的使用，使得厨房在安全、卫生、环保等方面有了保障。餐饮行业于2002年发起了全国餐饮绿色消费工程，得到全国餐饮业和广大消费者的积极响应和热烈欢迎，在各地掀起餐饮绿色消费的热潮，而这些都需要设备的支持。

（六）设备可以有效节约费用

合理的利用设施设备，可以帮助节省很多费用。例如，一套好的鱼缸设备，可以减少海鲜的死亡率，为酒楼节约了大量的费用。如和面的操作：人工和制，所需劳动强度大，时间长，一次性只能和制10～20千克面粉，而和面机一次性可以和制20～400千克面粉不等，生产效率大大提高，降低了能耗和时间，同时由于在和制面团过程中，人手不接触面团，保证了面团的卫生质量。

（七）设备是做大做强中国餐饮的重要保证

在我国，传统的烹饪菜肴有着悠久的历史，很多品种可堪称“一绝”，视为中华饮食文化的瑰宝。而对这些菜肴进行科学的研究，在原有基础上进行改进和提高，使中式菜品走出国门，打入国际市场，其中一个重要途径就是产品的工业化。

李岚清副总理于2002年10月21日作出重要指示：“我国烹饪业在继承其传统特长、发挥其优势的同时，要充分利用现代科学技术手段和现代营销理念，努力提高科技和经营管理水平，以更加科学、健康、方便的饮食，不断满足现代社会人民群众工作和生活的需要。”这里的科学技术手段即包括厨房设备的现代化。

杭州楼外楼酒店，其酒店的客流量受到经营场所和时间的限制，但是利用烤箱和油炸锅等设备，将叫化鸡、东坡肉做成包装食品，不仅扩大了产品销路，并且随着这些产品被游客带到全国乃至世界各地，提升了楼外楼的影响力，增加了企业的无形资产价值。

工业化的核心是大批量以及标准化，而这些都需要先进的配套的厨房设备才能够完成。

三、我国厨房器具及设备的现状和发展方向

（一）现状

1. 历史悠久，但发展速度缓慢

我国厨房器具与设备的发展，经历了几千年的悠久历史。虽然早在2000多年前就有了雏形，但作为一门专业学科的形成只是近年来的事，总的发展速度缓慢。究其原因，科学技术和经济落后是最主要因素；厨房器具与设备涉及如机械、电子、热工、建筑、水处理、消防、燃烧、材料、轻工等诸多的学科知识。另外，还有一个重要因素是，千百年来，我国烹饪一直以手工作业为主，受传统手工技艺和经验型思想的影响，加上餐饮行业准入的门槛较低，以及人力成本较低等因素，在很大程度上忽视了机械设备的研制和先进技术在厨房设备上的引用。

2. 种类繁多，但缺乏完整统一的专业标准和质量规范

厨房设备种类繁多。即使相同作用的设备，由于中国烹饪派别林立，各菜系在民族、区

域、文化与生活方面的差异性较大,地方特色较浓,从而使得厨房器具与设备出现多样性和复杂性。此外,近20年来随着烹饪对外交流的发展和自身深化发展的需要,在一定程度上也促进了厨房设备发展的多样化。这种多样化具体表现在厨房器具与设备体系组成庞大、种类和规格繁多、制造材料复杂、功能用途各异、器型与装饰风格丰富、设备与器具层次的多元化等方面。

种类繁多是厨房器具与设备的一大特点,但作为一个专业设备体系,目前仍未形成自己的完整统一的专业标准和质量规范体系。从材料的选择,设备的设计、制造、安装、维修到管理,大多缺乏完善的执行标准和质检标准,其中有相当一部分是借用其他行业标准,或执行厂家自定的各不相同的地方标准,使产品质量参差不齐的现象非常突出,这在一定程度上严重制约了厨房设备的发展。

3. 传统器具与现代设备并存

受根深蒂固的中国传统饮食文化的影响和传统烹饪工艺的特殊性限制,不少传统餐饮器具和烹调器具至今仍广为使用,而且还占据不小的比例,如陶器、瓷器和各种铁制器具等。但受现代文明的冲击和科学技术的渗透,厨房器具与设备的现代化,也是餐饮业自身发展的迫切需求。因此,像电磁炉、微波炉、太阳能炉、自动加工机械、自动电饭锅、自动碗碟清洗机和消毒柜等现代化设备以及不少新材料器具,也为厨房普遍使用。近年来,现代化厨具的使用量逐渐增大,并大有变为厨房设备主体的发展趋势。

此外,现代烹饪器具的仿古现象和传统烹饪器具的现代改造,亦是传统与现代共存的一种表现。

4. 专业设备发展较快,但整体水平不高

近年来,我国厨房中专业设备的发展出现速度较快的趋势。在原料初加工方面,适于厨房生产环节和工艺要求使用的各种新型设备不断出现,果蔬、肉类、面点和其他原辅料加工的机械设备十分齐全;在热加工方面,各种烹饪专业新设备以及一些特色菜品的专业生产设备不断出现;制冷、贮运、清洁、消毒、通 风、排气等方面的专业设备一应俱全,而且近两年来其发展速度不断加快,自动控制水平有很大的提高。

由扬州大学和其他几所大学联合研制的中国首个烹饪热加工机器人"爱可"于2006年10月在深圳诞生,该机器人主要有六个特点:烹饪过程自动化、菜肴烹饪大师化、烹饪品种多样化、菜肴质量稳定化、营养结构科学化和供应链条严谨化。该机器人推向市场,特别是商业用途后,可解决我国快餐标准化、机械化的问题,所以其影响深远。

但与国外先进的国家相比,我国烹饪专业设备的整体水平还不高,差距主要表现在几方面:一是,设备不能满足对烹饪生产工艺的要求,目前还没有专门从事烹饪设备的研究机构,也缺乏行业科技人员。二是,设备从研究、设计、制造到安装使用的现代技术水平较低。三是,目前厨房设备的生产厂家不少,但多为小规模和分散型厂家,其中不少是手工作坊,缺少大公司、大集团的集约化生产,因此产品缺乏全面优化和可靠性设计以及质量的全面改良。四是,设备的配套性差,通用化、标准化和专业系列化设备还基本上停留在开发阶段。五是,设备的自动化程度低,现代科技成分和手段的引入量不足,如现代控制技术、新工艺、新材料等在厨房设备上引用还很少等。

除上述情况外,还有设备发展不平衡,热加工设备落后,缺乏烹饪制品检测仪器和设备,对设备的维护和管理缺乏科学方法等这些差距。

(二) 我国厨房器具与设备的发展方向

根据我国厨房设备的现状,结合烹饪的发展趋势及其对设备的发展要求,今后我国厨房设备的总体发展方向是:要尽快建立完整统一的一系列厨房设备的专业标准,规范厨房设备的质量,促进设备的集团化生产,使设备的研究、设计、制造和使用向全面优化的技术方向发展。同时,加强专业研究,增加新材料、新工艺和新技术等现代科技手段在厨房设备中的投入,在加强技术改良的基础上,进一步发展通用化、标准化、专业系列化设备,并大力研制适于我国独特风味菜品生产的新型设备,从而促进厨房设备的机械化、自动化进程。其具体的发展方向可归纳如下几个方面。

1. 厨房设备材料的多样优化发展方向

一方面,具有优良品质和特色的器具仍被广泛使用,如陶瓷餐具、铁锅、玻璃器具、竹木器具等;另一方面,带有浓厚时代气息的新材料、新工艺和新技术制品将不断问世并广为使用,如新型瓷器、耐高温陶器、仿瓷器、新型塑料器具、复合金属锅、不粘锅等等。

目前,厨房器具与设备的不锈钢化也是一个发展方向,从各种餐具、用具、盛贮器到炉台、案台、厨柜、排烟油系统和加工机械等,全都不锈钢化,在过去的十几年,不锈钢的应用已使厨房卫生状况发生了根本性改变,在今后仍是主流方向。我国学者已经研制出了号称“百年防腐”的材料——稀土铝合金材料,值得引起重视。再者,像无菌水处理器、矿物饮器等保健型器具和可以被生物降解的塑料“绿色”器具为代表的环保型器具也是厨房器具的一个发展新方向。

2. 设备的节能和环保发展方向

设备的使用,不仅要完成厨房的工艺操作,而且还要符合节能和环保的绿色要求。比如排油烟系统不仅要能够很好地完成将厨房内的油烟排尽的要求,而且其能耗要求降低,并且能够将油烟进行分离,以保证排到大气中的油烟符合环保部门的要求。对于其他的设备也是如此,典型的如厨房热加工设备,从燃煤炉灶的被淘汰,燃气设备及电加热设备的开始风行,无不反映了设备的节能和环保的发展方向。

早在 2002 年由中国饭店协会组织起草发布的《绿色饭店等级评定》已于 2003 年 3 月 1 日起正式实施。而旅游行业和国内一些地方也出台了绿色饭店的标准。2006 年商务部在网站上公布了六部委联合提出的国家标准《绿色饭店(征求意见稿)》,核心要求就是节能环保。

3. 单元操作设备的机械化和自动化方向

单元操作是指完成单个烹饪工艺环节的岗位操作,如清洗、切制、调配、热制、冷制、消毒、杀菌等。随着现代烹饪向更广、更深的方向发展,处理过程也日趋复杂化,高效益要求日益突出,而个人的生理条件无论是工作速度、分辨力,还是效率,都有局限性。为追求高品质、低能耗和低成本,单元操作的机械化和自动化是必然趋势。如在初加工设备方面,高效灵巧的手动、半自动或全自动设备正逐渐进入厨房,取代厨师繁重的体力劳动。另外,还有制冷设备、加热设备、清洁消毒设备和通风排气设备等也向自动化方向发展,如微电脑控制的洗碗机、消毒柜、电灶、电饭锅和智能化排烟罩等,以及机器人“爱可”等。

美国一所大学研制出一种新型电脑设备,能贮存菜谱和烹饪工艺程序,并能识别菜品构成与调味品,可按指令做出不同菜肴。日本一家公司生产出一种存有 120 多种烹调方法的微波炉，温度可达 300℃以上，由气味传感器与微电脑组成控制系统，可随意选择烹调程序。

4. 过程控制的电脑全自动化方向

过程控制自动化是指烹饪的分组模式化生产流程和集约化生产流程实现电脑控制的全自动化操作。这方面的应用实例在国外已有报道，其流程结构大致是：置于餐厅的电脑内存标注营养成分、菜品特色和价格的程式菜单，顾客就餐前先在电脑上查阅，并通过键盘点菜，指令传到厨房的电脑中心，中心向生产系统发出生产指令，具有保鲜功能的贮配系统按指令选料并配菜，然后送至微机控制的熟制生产系统制成菜品，最后在无菌包装系统内装盘包装，通过输送系统将成品送给顾客。这种全自动生产在规模较大的快餐行业或大量厨房生产上较适用。过程控制的电脑全自动化方向尽管离广泛应用的现实还很远，但它至少说明电脑在厨房生产中的应用前景。

四、厨房设备的工作条件、特点及厨房工作者学习本门课程的意义

由于厨房特殊的工作条件，对其设备提出特别要求，并形成厨房设备自身的特点。

(一) 厨房的特殊条件

厨房中温度、湿度大，温差大，设备的工作温度高则 500℃，低则 −24℃乃至更低；加工中和侵蚀性物质直接接触；原料的加工质量要求高，必须满足色、香、味、意、形、器以及营养价值等要求，烹饪过程工艺多样化，有些工艺是人为的技巧和经验起决定作用，难以用机械代替。

(二) 厨房设备的特殊要求

因厨房的特殊条件，其设备必须满足下列要求。

1. 安全卫生要求

结构力求简单，便于清洗，以防止残留物质发生霉变，同时要求清洗中机械零件表面与洗涤剂接触不得发生反应。

2. 机械耐磨性要求

设备的运动机构应具有较高的耐磨性，以避免金属微粒落到被加工的烹饪制品上。

3. 化学稳定性要求

为满足食品卫生要求，烹饪原料在加工中不能与厨房设备材料间产生化学和生物作用，以防有害人体健康或影响烹饪质量。

4. 小型、多功能要求

小型、多功能，以满足场地小和工艺多样化的要求。

(三) 厨房设备的特点

1. 种类多，但同种类设备不多

由于烹饪工艺的多样化和厨房环境的要求，决定其设备种类繁多，但作为烹饪车间——厨房，其同种类设备并不多。

2. 造价高

设备中与烹饪原料接触的零件表面，一般均采用不锈钢等材料制造，因此制造设备的材料成本一般较其他类机械要高些。

3. 需要不断更新和维护

由于厨房设备的工作环境多是处在潮湿、高温的条件下，并与侵蚀性介质直接接触，零件表面在活化介质的作用下磨损会加剧，因而设备易磨损而失效，就需要不断更新和维护。

4. 厨房设备处于非连续性工作状态

厨房生产不同于食品工厂，其设备一般是属于间隙运作状态，这对设备的使用、维护和管理提出了更高的要求。

(四) 餐饮和厨房工作者学习本门课程的意义

1. 厨房设备发展的要求

厨房器具与设备的发展涉及诸多的学科知识，其中包括工艺知识。目前，我们国家的典型情况是懂得设备的人大多不了解烹饪工艺知识，而餐饮工作者则很少参与到设备的设计和制造，乃至于布置等工作中。

比如在新建或改造厨房时，片面追求设计效果图整齐；买设备看样品光重外表，结果买回的设备板太薄、质太轻，工作台一用就晃，炉灶一烧就坏，冰箱一不小心就升温。还有些设备看似新颖，功能超前，而真正的实用价值不高。往往是施工人员撤出，饭店筹建人员退场，接手的厨师叫苦不迭，厨师成了设备的奴隶。所以厨房设备的发展需要懂得餐饮知识的人的参与，才能更好地将设备与人配合，生产出符合需要的产品。

2. 现代化厨房的要求

现代化的厨房需要的不仅仅是现代化的设备，更需要的是现代化的人才。在新世纪，厨房工作者和旅游餐饮行业的工作者应当是复合型人才。厨房设备在企业中运作的成本占有非常高的比例，如厨房的水、电、气一般占餐饮业年营业额的5%，如果一家饭店全年有1千万的营业额，那么其中就有50万的能源开支。了解设备，利用和管理好设备，控制餐饮运作中的成本支出，不仅能够为企业带来经济效益，在全球能源危机和环境危机的背景下，更具有社会效益。

早在上世纪50年代，密歇根州立大学的旅馆、饭店和社会管理学院就举办了有关饭店未来的会议，会议所得的其中一个结论是：未来的饭店经理必须成为三个不同领域的专家，这三个领域分别是：食物，会计、财务及工程，经理必须在这三个领域平均分配他的时间。

3. 厨房工作者提升自身地位的要求

随着餐饮业的发展，厨房工作者的经济地位在不断提升，而社会地位的提高也是必然要求。社会地位的提高涉及厨房的工作环境和条件的改善以及厨房工作者自身的素质。

2006年10月份由四川烹饪协会派出到瑞典的“川菜技艺表演使”在瑞典进行了川菜技艺表演。他们在瑞典厨房中发现，瑞典的厨师在总体上其科学文化素质要比中国的厨师高，不仅能够娴熟合理地利用厨房里面的各种先进设备，而且对其工作原理及其维护保养也能说出一二三来。不同于中餐厨师，在使用先进设备时，主要是靠经验在使用和控制，还处于一种知其然，而不知其所以然的状态下。这样的素质也很难说能够利用先进设备生产出统一和标准量化的产品。

厨房的工作环境和条件的改善离不开设备的配备。而了解和充分地使用设备，能够将厨房工作者从许多繁琐和重复性的工作中解放出来，从事更多创造性的工作；这也是“匠”和“师”的区别。

未来的厨房是什么样的？美国旅馆和汽车旅馆协会教育学院1977年的教材《饭店业设

备维修与工程》中提到：如果顾客步入厨房，他将看到所有东西都是一系列的储存、运输和自动加工设备。没有人员做餐食。事实上，在他所呆的时间内，看到的可能仅是一些其他顾客，而不是职员。设备控制整个操作。仅需工程师来维持系统的运行。

而这时的厨房和餐饮工作者应该将精力投入到对新式菜点、菜单的研发，为人们提供更健康、美味、丰富的食品而思考。

第一章 烹饪器具

烹饪器具主要是指用以实现厨房生产和餐厅服务中使用的各种手工操作器具的总称，包括餐饮器具和烹调器具两大部分。本章主要内容是围绕着中国烹饪器具的起源、发展、分类、材料、种类和用途以及常用烹饪器具的使用与维护展开的。通过学习，能够形成对烹饪器具的总体认识，能正确辨认和使用基本的厨房器具。

第一节 概 述

烹饪器具种类繁多、历史悠久，是构成饮食文化的重要的组成部分。本节根据历史发展脉络来展示中国烹饪器具的起源以及几个重要的发展阶段，并根据使用功能的不同将厨房器具进行了简单的分类。

【案例 1-1】

70 余考古学家聚桂林，提出吃螺蛳产生我国最早陶器

新华社桂林 2003 年 12 月 23 日报道，我国学者通过研究桂林甑皮岩遗址后提出，遗址出土的原始陶片与史前人类食用螺蛳的饮食习惯有关。甑皮岩遗址是岭南众多新石器洞穴遗址之一，代表了这一地区 12 000 年至 7 000 年前的“土著文化”。科学家们在那里发现的陶片是目前中国已知最原始的，有 12 000 年的历史。岭南人类很早就懂得用火烤熟猎物，继而开始捏制陶器来煮食螺蛳这类小食物。洞穴内各地层内残留着大量螺蛳壳。螺类只有在被煮熟后，才易使壳肉分离。现场证据也表明陶片出现的时间与螺壳的大量出现几乎同步。

在桂林甑皮岩遗址的各地层中，分布着密密麻麻的螺蛳壳。专家说，当时的螺蛳比现在的大很多，直径约在 3～5 厘米之间。数亿年前的桂林地区曾被覆盖在海水之下，水线下降后，留下了密布的江湖，盛产各类螺蛳和鱼。“那个时期出现的陶器多是浅半球形，敞口较大，这些都是用于做饭的特征。”

评析：实际上，长期以来，中外考古学家都在为陶器起源问题争论不休。根据恩格斯的猜想，约在 2 万 5 千年前，人类已经可以熟练地使用火，用火取暖，用火烧烤一些食物。因为火的广泛使用，就为陶器的产生创造了必然的历史条件。在一些偶然的情况下，一些半干燥的土壤被烧烤成一种不容易破碎，也不会被水融化的东西，聪明的人类就想到了用土做成一些盛物的器皿，经过用火烧烤后，成为可以很方便使用的用具。这样，最初的陶器就诞生了。

那么，这些关于陶器的说法可靠吗？作为一种古代厨房器具，陶器又是如何发展的呢？其他的一些厨房器具的发展又如何呢？

一、烹饪器具的概念及分类

烹饪器具包括餐饮器具和烹调器具两大部分。

餐饮器具简称餐具，是人们进餐时使用的食具、茶具、酒具和其他辅助用具的统称。其主要有助食器具（如筷子、刀、叉、匙、汤勺、饭瓢等）、盛食器具（如碗、盘、碟、汤盆、火锅等）、饮用器具（如杯、壶等）和备食器具（如桌、椅、台布、餐巾、筷架、勺架、餐具柜、食橱、乘案等）四类。

烹调器具简称炊具，是在厨房进行原料的洗涤、加工、切制、调配、烹制和贮存等过程中使用的各种器具的总称，如各种锅、煲、铲、勺、刀具、瓢、盆、钵、罐、缸等。

烹饪器具的分类方法很多，按不同的地域有中餐烹饪器具和西餐烹饪器具之分；若根据历史特点可分为古代烹饪器具和现代烹饪器具；若根据材质的不同，可分为陶、瓷、搪瓷、玻璃、塑料、竹木等非金属材料和钢铁、不锈钢、铝、铝和金、银、金、铜、复合金属等金属材料制成的各类烹饪器具；如若按其使用用途来划分，有锅、铲、勺、碗、盘、碟、盅、杯、壶、筷、匙、叉、缸、盆、桶、罐、盒、刀、砧、案、笼、柜、架等等。

中国烹饪器具具有悠久的发展历史，每一种器具从其使用的装饰手段到图案，都蕴含着深厚的文化内涵，反映了特定历史时代的文化特征。而且各种器具在地域、民族、文化与生活方面的特性存在差异，这是烹饪器具复杂的主要原因。随着新材料、新工艺和新技术的发展应用，烹饪器具也不断推陈出新，种类和规格更加繁多。

二、中国古代烹饪器具的起源与发展

（一）中国古代烹饪器具的起源

考古理论家认为各种烹饪器具是从“抓而食之”发展演变而来的。在烹饪器具出现之前，我们的祖先常常是直接用手去取用食物的，比如用双手从河中捧取水来饮用。这是人类最初的饮食方式。这种“抓而食之”的原始饮食习惯直至如今也常会看到。

生产力提高使得人们能够从自然界获得越来越多的食物，饮食的品种不断增多。代替手的部分功能的各种烹饪器具也就随之而产生了。这个时期的烹饪器具主要具有两方面的功能：一种是可以用来取用食物并送至口中的工具，主要是一些代替手的功能去抓取食物的辅助性食具，如筷子、刀、叉、夹子等；另一种是具有盛装作用的容器，可以用来盛放食物和各种饮料的器皿，如碗、盘、杯、碟等。最初人类主要是利用自然界中存在的一些物件来当作烹饪器具使用，如木棍、骨棒、动物的颅骨等。这是我国古代烹饪器具形成的最初阶段。

随着人类文明的进步，当人类学会使用和制作各种生产工具以后，也逐渐开始将原来所用的一些自然状态的烹饪器具（如木棍、骨棒等）进行加工，制成匕、叉、箸之类简单的进餐用具。“匕”在新石器时代已经大量涌现，多用骨、角、木、石等质地的材料来制作。“叉”最初是模仿手的形状而制成的一种烹饪器具。“箸”多用竹木制成，也有用象牙、陶瓷、银等其他材质制作的。此外，在人类使用的各种器皿方面，人类也从最初直接使用自然界中一些可为容器的物件（如动物的颅骨等），逐渐的发展为模仿其形态来制成各种碗、钵、壶、杯、鬲、罐等各种烹饪器皿。自然界中的葫芦自古以来就是人们最爱使用和用来模仿作为器具使用的原件，故而在我们日常生活中常会有“依葫芦画瓢”、“依样画葫芦”之类的俗语。这便是我国古代烹饪器具形成的第二个阶段，是人类将原来自然界中器具的形态功能加以改进提高或是用来模仿创造新器具的时期。

由此可见，烹饪器具是根据人类“抓而食之”的需要而逐渐发展而来的。它的产生经历了一个漫长的过程，是一个从直接利用自然界中本身存在的物件到模仿自然物件加工制作的一个实践过程。

(二) 中国烹饪器具的发展

我国烹饪器具的发展历史经历了一个从无到有，从取自然之物到人工制作、从低级到高级、从简单到复杂、从粗糙到精致的发展过程。中国烹饪器具的发展历史根据几种影响较深远的烹饪器具按时间的先后和材质工艺的不同大致可以分为五个时期，即陶器时期、青铜器时期、漆器时期、瓷器时期和铁器时期。

1. 陶器时期

(1) 陶器的起源　陶器起源于人类对火的利用。而人类对于火的认识和利用的历史非常久远。大约在205万年至70万年前的元谋人时代，人类就开始用火了。在学会用火之后的人类最初的熟食法有火烹法、包烹法、石燔法和石烹法。

【提示】

把食物直接置火上烧烤至熟的方法称为“火烹法”；用草、泥包裹食物置火中煨烤成熟的方法称为“包烹法”；将食物置于灼热石块上至熟的方法称为“石燔法”；而“石烹法”是指在地上挖坑以兽皮装水下料，然后投热石头使食物成熟的方法。

用火熟食使人类直接以手取食很不方便，为避免火灼伤手，人类最先用树枝、木棒、骨棒之类的东西取食，用坚果壳、贝壳、动物头颅盖骨等作盛器。如北京周口店遗址出土的鹿头盖骨，被考证为当时人类最早使用的饮器。

陶器是用泥巴(黏土)成型晾干后，用火烧出来的，是泥与火的结晶。大约在距今15 000年左右，首先在中国南方可能已经开始制陶的试验，到距今9 000年左右大致完成了陶器的发明和探索。因此可以将距今大约15 000年～9 000年间定为中国陶器的试验和起源阶段。距今8 000年～9 000年，当农业性的村落在黄河和长江流域产生时，制陶技术已经成熟并借助这种新的社会与文化机制获得了一次空前的推广和提高机会。这一阶段恰值旧石器文化向新石器文化进化的环境与文化过渡阶段。

陶器的产生和人类定居的生活方式具有内在的联系，起源阶段的陶器显然主要应该归于炊煮器类。在新石器时代中期，人类生产方式发生重大改变，由原来的采集和渔猎发展为以农耕为主。植物类食物不再适应之前肉食的烧烤类加工方法，需要新的烹饪方式以及器具与之相适应。于是，人类根据自己在长期实践中，从被火烧过的陶土变得坚硬的现象得到启示，并模仿自然物外形，用陶土烧制成粗陶器。湖南澧县彭头山文化遗址出土的稻壳作羼和料的粗陶盆和陶盂，便是这一时期最早的陶器代表。陶器的发明标志着烹饪器具的诞生。它是人类直接用火烧烤熟食发展为用陶器间接加热熟食，解决了人类食谷问题，把人类的饮食生活推向一个文明、卫生的新时期。

(2) 陶器的种类　从有关史料看，最先烧成的陶器是陶罐。陶罐的主要功能为煮水和贮水，既作烹煮器，又作盛食器。

陶釜是最先从陶罐分化出来，其作为新石器时代早期最主要的炊具之一，外形与罐相似，一般为敞口，由于生产技术原因，釜口圆度较差，深腹微鼓，下腹徐徐内收，不同之处唯底部为圜底，与陶罐相比增大了受热面积，缩短了加热时间。这两种炊具在使用时须配以支子才能达到相对稳定。

陶罐、陶釜之后出现了陶鼎和陶鬲，这两种炊具改变了人们的使用方式。其实陶鼎和陶鬲是罐、釜类器具与陶支子相互融合的结果。陶鼎就如同是在釜或者罐下面加三足而成。陶鬲也为三足，状如鼎，不同之处是足为肥大布袋形，内空心。三足器较圜底器受热面积更大，食物加工时间短，效率高。陶鼎和陶鬲于龙山文化出土较多，但陶鼎和陶鬲还是不能煮干饭。主要是因为这些陶器材料质地脆弱，煮干饭易产生焦煳，黏于器底，清除时器具易碎。而且陶罐、陶釜、陶鼎和陶鬲使用功能单一，单独使用时一次只能完成一项任务，如烧水时就不能同时做饭，做饭时就不能同时烧水。

【提示】

关于陶支子可参看第三章第二节“古代炉灶”部分。

另一种炊具——陶甑的出现弥补了前期器具的不足。甑其实就是在原来盛食器具的底部穿孔而成，有一孔和多孔之分。将甑置于釜或鬲之上变成陶甗，这是一种类似当今蒸锅的蒸器，使用时，装水入釜或鬲进行烧煮，中间置陶箅，蒸气通过箅格和甑孔进入甑内将食物蒸熟，而在蒸饭的同时还可以烧水，煮粥。陶甑的出现标志着炊具由单一功能向多功能发展，提高了效率，节省了能源。

【提示】

云南名菜“汽锅鸡”的制作过程，即有当年陶甑用法流传的脉络。

至于后来出现的鬶，则是侧身有一提耳、口有流舌的炊饮两用陶器。

此外，在仰韶文化时期，还出现了类似现代人们烙饼用的饼铛或摊煎食物用的铁鏊子的陶鏊，这是一种圆形间接加热盘，有 3～4 个扁宽形足，使用时底下烧火加热，熬上烙煎食物。

同一时期出现的烤箅是一种直接用火烧烤食物的炊具，分圆形与方形两种，圆者中间镂有多个小孔，方者有若干箅条组成，且两端一般设有两提耳，其功能与如今用铁丝编制或用铁条制成的烤肉炙子相同。

陶制的罐、釜、鼎、鬲、鬶、甑、甗、斝、鏊、箅（见图 1-1）等烹饪器具的出现与应用，是以水和蒸气为加热介质的多种烹饪方法产生。随着陶艺技术的进一步发展，先后出现了澄泥制胚烧成的碗、钵、盂、簋、豆、盘、盆等餐食器，另外还有尊、罍、盉、壶、杯等酒器，同时还出现连釜炉、陶炉、陶灶等灶具和陶釜、陶刀、陶俎、陶案等陶制用器。

(3) 陶器的进一步发展　到了距今六七千年前的仰韶文化时期，我国的制陶工艺水平进一步提高，已能够制作出以黑彩、红彩作为主要装饰的“彩陶”；制陶技术已相当成熟，能广泛地制作泥质陶、夹砂陶、加炭陶和细砂陶等多种质地的陶器，而且器形浑圆端正，胎壁厚薄均匀。当时已会用绳纹、弦纹、彩纹、刻画、堆雕、刻镂等多种装饰手法，花色有彩陶、黑陶、灰陶、红陶、印纹陶等丰富品种，风格朴实大方，美观实用。从龙山文化时期的薄如蛋壳的“蛋壳黑陶”，大溪文化时期壁厚仅 0.5 mm 的“蛋壳彩陶”和黄河流域的装饰有精美图案的各种陶器可以看出，当时制陶技术已达到很高水平。

陶器到了夏、商、周和战国时代，仍是人们饮食生活的重要器具。夏代几百年间，陶业有新发展，在继承前人手捏、模制、轮制、泥条盘筑等方法的基础上，还出现了纹饰和内壁施加麻点的装饰，造型达 30 种以上，且有深腹盆、深腹罐、三足盘、大口盅等容量较大的新器具。殷商时代，陶业的重大突破和空前创造是出现了硬陶、釉陶和刻花白陶。硬陶采用高岭土高温烧制，质硬色白，扣之声音清脆；釉陶是在硬陶的基础上施釉烧制而成的，对瓷器发展有重要意义；刻花白陶则是以瓷土作胎，仿青铜器饰纹，在器壁上刻画雕镂华美庄重的花纹，有较高的艺术成就。西周至战国时代，既有鬲、釜、甑、簋、豆、盨、盆、盘、盅、瓮、否等素面和纹饰陶器，也有簋、罍、盉、尊、豆、盂、碗、盘、罐等器形的釉陶，釉颜色已有姜黄色、绿色、灰青色等。考古发现这一时期出现的玻璃釉，经分析是在 1 200℃高温中烧制成的，其组成已接近瓷器，为当时的原始瓷。这表明我国的陶艺在 2 600 年前已达到很高水平。新石器时代的代表陶器见图 1-2 所示。

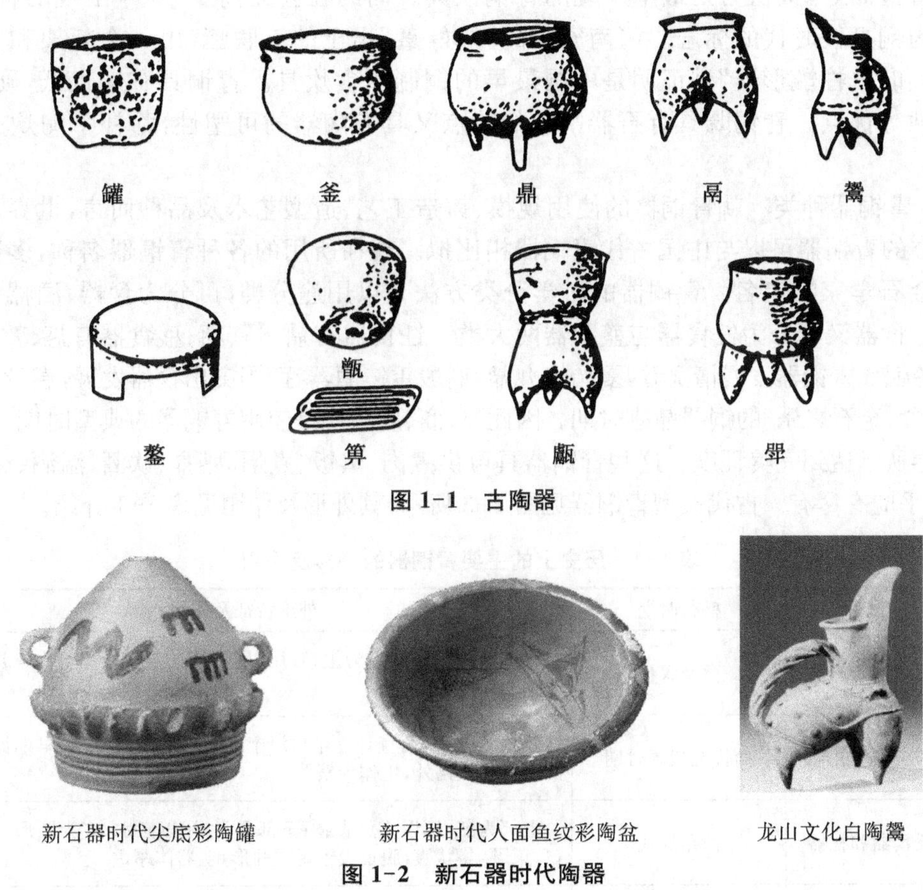

图 1-1 古陶器

新石器时代尖底彩陶罐　新石器时代人面鱼纹彩陶盆　龙山文化白陶鬶

图 1-2 新石器时代陶器

从目前所知的考古材料来看，陶器中的精品有旧石器时代晚期距今 1 万多年的灰陶、有 8 000 多年前的磁山文化的红陶、有 7 000 多年的仰韶文化的彩陶、有 6 000 多年的大汶口的蛋壳黑陶、有 4 000 多年的商代白陶、有 3 000 多年的西周硬陶，还有秦代的兵马俑、汉代的釉陶、唐代的唐三彩等。到了宋代，瓷器的生产迅猛发展，制陶业趋于没落，但是有些特殊的陶器品种仍然具有独特的魅力在各个历史时期一直未中断过制作和使用，并且在各个时期都有所发展，如宋、辽三彩器和明、清至今的紫砂壶、琉璃、法花器及广东石湾的陶塑等，都是别具一格，备受赞赏。直至今天，陶制的砂煲、茶壶、茶杯、罐、钵、盆、缸等仍作为传统特色器具再使用。

2. 青铜器时期

【小资料 1-1】

青　铜

青铜是指红铜和其他化学元素的合金，如铜与锡的合金为锡青铜，铜与铅的合金为铅青铜，其他还有铅锡青铜、镍青铜、磷青铜等。青铜与纯铜相比具有熔点低、易锻造、硬度高、抗腐蚀能力强的特点。中国商周时代的青铜合金成分主要是锡青铜和铅锡青铜。

(1) 青铜器起源　在不断总结劳动实践经验和制陶经验的基础上，人类发明了冶炼术，并开始制作铜器。据史料考证，龙山文化时期就有人类炼铜的遗迹。郑州商代遗址掘出的青铜酒尊，被认为是最早发现的青铜饮具。而约在公元前 1500 年出现的青铜鼎，则被视为铜烹饪时代的标志。河南安阳的“妇好墓”出土的三联甗(由一个甗架和三件大甗组成)和“汽柱甑形器”被证明是中国最早的铜制蒸食炊具。青铜具有熔点低，硬度高，不易锈蚀等优点。青铜既具有石器坚硬的特点又具有陶器的可塑性，弥补了陶炊具易碎的不足。

(2) 青铜器种类　就青铜器的使用规模、铸造工艺、造型艺术及品种而言，世界上没有一个地方的青铜器可以与中国古代青铜器相比拟。现在所用的各种青铜器名称，多数是沿用宋代金石学家的定名。青铜器的科学分类方法是以用途分类，可分为食器、酒器、兵器、乐器等。食器又可分为饪食器与盛食器两大类。饪食器有鼎、鬲、甗；盛食器有簋、敦、豆、盆等。从各朝代青铜器发展情况看，夏始炼九鼎，商殷重铸酒器，西周突出食器发展，春秋战国是“钟鸣鼎食，金石之乐”的铜器鼎盛时期。因此夏、商、周三代是使用青铜器的典型时期，青铜器发展至春秋已达到完美程度。这些青铜器具可供煮肉、蒸饭、煮粥、盛食、饮酒、温酒、储水、盥手等，几乎应有尽有。古代典型青铜器见图 1-3 所示，其外形及作用见表 1-1 介绍。

表 1-1　历史上的主要青铜器的外形及作用

名称	类　别	盛行时期	外形特征及作用
鼎	饪食器和礼器	商至汉代	以圆腹、双耳、三足为主，腹用以盛鱼肉等食物，耳用钩钩起或用棍棒抬起鼎体
鬲	饪食器和礼器	商代至战国时期	器身多较高，两直耳立于口沿上，侈口，圆腹，腹下部早期做成中空的袋状除炊粥外，也作为祭器
甗	饪食器和礼器	商至汉代	上部为甑，用以盛放食物；下部是鬲，用以煮水；多为圆形，直耳，侈口，束腰，袋状腹，腹下设锥足或柱形足，器体厚重
角	饮酒器	夏、商、周	与爵相似，但口沿无柱，流变成爵尾的尖角状，多有盖
尊	盛酒器和礼器	商周时期	基本造型是侈口，长颈，圆腹或方腹，高圈足
壶	盛酒器和水器	商至汉代	商代多为带扁方形贯耳和圈足的壶，春秋多为扁圆壶或方壶，战国至汉代的壶由垂腹改为鼓腹，下腹部内收，圈足微外撇或平底用于装酒和装水
盉	盛酒器和盛水器	商代至战国	基本造型为圆腹，带盖，前有流，下设三足或四足盛水以调酒
爵	饮酒器和礼器	夏、商、周	多圆腹，一侧口部前端有倒酒的流，后有尖状尾，流与口之间有立柱，腹旁有把手，下有三个锥状长足，作用相当于酒杯

续表 1-1

名称	类 别	盛行时期	外形特征及作用
觚	饮酒器和礼器	商周时期	为圆形细长身，喇叭形大口，侈口，细腰，圈足外撇，作用相当于酒杯
觯	饮酒器	商周时期	圆腹、圈足、侈口、形似小瓶、多数有盖
斝	盛酒器和礼器	商晚期至西周中期	为侈口，口沿有柱，宽身，下有长足，用于盛酒或温酒
觥	盛酒器	商晚期至西周早期	椭圆形或方形器身，圈足或四足，带盖
瓿	盛酒器和盛水器	商代至战国	似尊，但较尊矮小。圆体，敛口，广肩，大腹，圈足，带盖，有带耳与不带耳两种，用于盛酒、盛水，亦用于盛酱
罍	盛酒器和礼器	商晚期至春秋中期	圆形罍为敛口，广肩，丰腹，圈足或平底；方形罍多为小口，斜肩，深腹，圈足式，亦有少数为平底，有盖。下腹部一侧有穿鼻
簠	盛食器	春秋战国	长方形、口外侈、四短足，有盖
敦	盛食器和礼器	春秋战国	为圆腹、双环耳，三足或圈足，窄盖。 盛装黍、稷、稻、粱之用
盘	盛水器	商代至战国	多为圆形、浅腹、有圈足或三足，有的还有流
匜	盛水器	春秋战国	多为椭圆形、有三足或四足，前有流，有的带盖
簋	盛食器和礼器	商至春秋战国	多为圆形，侈口，深腹，圈足，两耳或无耳，主要用于放置煮熟的饭食
豆	盛食器和礼器	商代晚期至春秋战国	似高足盘，上部呈圆盘状，盘下有柄，柄下有圈足，最早用于盛放黍稷，后专门用于盛放腌菜、肉酱等调味品
卣	盛酒器和礼器	商和西周时期	多为椭圆形，颈微束，垂腹，圈足，带提梁
盆	大型食器与水器	春秋战国及秦汉	圆形，折肩，深腹，平底、双环耳或善耳。多数带盖，有底设三足的，主要用于盛放熟食兼用于盛水

(3) 发展和应用　由于青铜技术的蓬勃发展是在奴隶社会中进行的，所以青铜器自产生之日起，即成为社会等级名分制度的重要物质表征，被赋予了“明贵贱，辨等列”的特殊时代意义。孔子将这种现象称为“信以守器，器以藏礼”。青铜器作烹饪器具，主要在当时的贵族阶层流行，而平民仍使用陶器。青铜器在以后不断的发展和演变中，逐渐成为一种礼器，是当时统治阶级的一种身份等级和权力的象征，如青铜鼎。在统治阶级内部，青铜器的使用等级森严，《礼记·礼器》中就有“宗庙之祭，尊者举觯，卑者举角”的记载。

青铜烹器的应用，使高温油烹法产生，同时薄形铜刀的使用，使刀工技法得以形成。至春秋，已有简单的食雕出现。这一时期的菜肴品种多样，地方风味萌芽，筵席初具雏形，出现“列鼎而食，席前方丈”的排场局面，这与青铜烹饪器具的使用是分不开的。但随着青铜器的大量使用，人们发现其作食器具有一定的毒性。如在温湿条件下生成的铜绿[$Cu_2(OH)_2CO_3$]和在空气中氧化产生的红粉(Cu_2O)都是有毒物质。另外在烹调时因摩擦产生的过量铜或锡混于食物中，同样对人体健康有害。因此随着历史的发展，到了东汉末年，由于陶瓷器、铁器在社会生活中的作用日益重要，从而把日用青铜器皿进一步从生活中排挤出去，青铜烹饪器具逐渐被淘汰，转而作祀器或祭器使用。

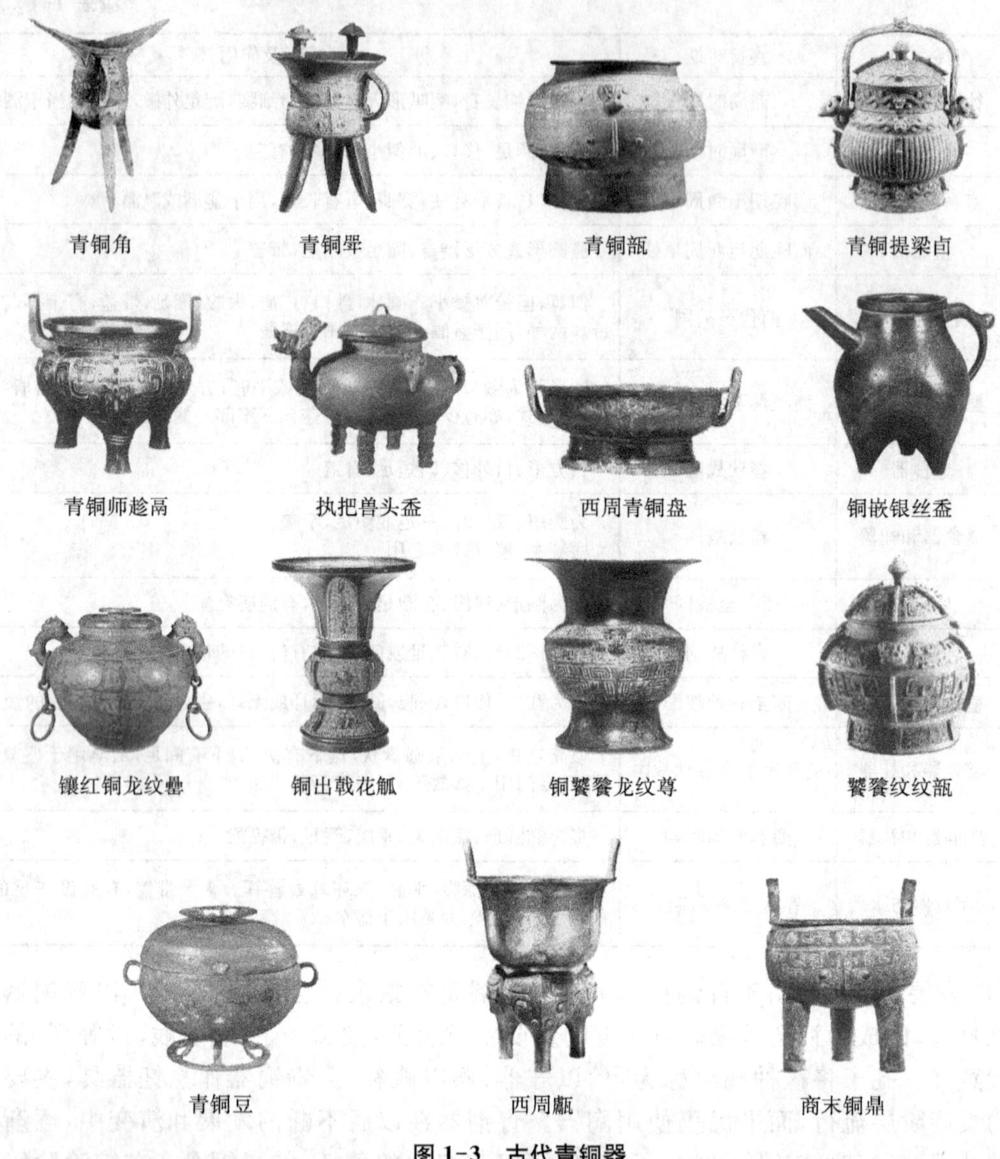

图 1-3　古代青铜器

3. 漆器时期

【小资料 1-2】

漆 器 的 制 作

漆器是以竹木皮麻为胎，经过制胎式脱胎，再髹底漆、扫磨、推广、装饰而成的一种实用性极强的工艺美术品，其具有有耐潮、耐高温、耐腐蚀等特殊性能，又可以配制出不同色泽，光彩照人。

(1) 起源　中国是世界上最早发现和使用漆的国家，也是产漆量最大、出土古代漆器最多的国家，是世界漆艺的发祥地。在中国，从新石器时代起就认识了漆的性能并用以制器。历经商周直至明清，中国的漆器工艺不断发展，达到了相当高的水平。

最早出现漆器的年代可追溯到新石器晚期，当时已有盛饭菜的生漆制的木胎漆碗、漆豆、漆盘、漆杯等漆器。迄今为止，考古发掘最早的漆器用品，是1978年从浙江余姚河姆渡新石器时代遗址第三文化层中出土的朱漆木碗，距今已有7 000年左右的时间。在中国古代文献最早记载漆器的是战国《韩非子・十过篇》记载"……尧禅天下，虞舜受之，作为食器，斩山木而财之，削踞修之迹，流漆墨其上，输之于宫，以为食器。诸侯以为益侈，国之不服者十三。舜禅天下，而传之于禹。禹作为祭器，墨染其外，朱画其内，缦帛为茵，蒋席颇缘，觞酌有采，而蹲俎有饰，此弥侈矣，而国之不服者三十三。"从文字的描述可以看出，在约四五千年前原始社会末期的舜、禹时代，以木为胎、漆色为黑色的漆器最早是作为食器来使用的。后来出现了"外墨内朱"黑红两色的漆器，并成为祭器。

(2) 发展　夏至殷商，染漆工艺已有较高水平，殷代出土的色彩绚丽的漆绘陶罐、陶盘、陶盒等漆器说明这一点。至西周，人们对制作漆器的工艺已很熟练。春秋以后，漆器的制作逐渐形成独立的手工业，染漆彩绘广为流行。在战国时期，新兴封建统治阶级提倡实用观，强化器物的实用功能，这为实用漆器的迅速发展提供了前所未有的历史机遇。战国时期手工艺发达，劳动分工与生产组织扩大，为漆器的发展提供了较好的条件。而对漆树的栽培和生产也极为重视，且专门设置官吏进行经营管理。战国时期的漆器各地出土较多，尤其以河南信阳、湖南长沙和湖北江陵最为重要，楚国成为重要的漆器生产地区。当时器型有漆案、漆盒、漆豆、漆盘、漆笾、漆杯等多种，颜色包括黑、黄、紫、白、绿等十几种以上，绘画技术已达到相当高的水平。如1978年湖北随州擂鼓墩曾侯墓出土的多件竹木漆器，不仅造型生动，图案优美，而且从其精致的绘画、艳丽的色彩和精细的雕工(还有透雕)中体现出极高的艺术水平。这一时期的漆器除木胎制品外，还有夹纻和皮胎的，如1984年安徽马鞍山朱然墓出土的两件黄口耳杯皆为犀皮漆器。另外，这一时期还出现一种在边缘上镶金嵌银、铜等金属的漆器，分别称为"金扣"、"银扣"或"铜扣"。扣器是漆器中较贵重的一种。战国以后，漆器工艺继续发展，种类日益繁多，如雕漆、金漆、螺钿器以及"夹绚造像"等，历代都有精品。

漆器的繁荣是在铜器势微而瓷器尚未成熟的时期。漆器在历史上作为高档餐具，曾在楚、汉、魏、晋时期的统治阶层的日常生活中广为流行，其中以西汉最甚，其时漆器工艺已达到完美程度。如同商周的青铜器、明清的瓷器一样，漆器作为汉代重要的文化载体，其工艺水平居各类手工业之首，并且在贵族的日常生活中使用极为普遍，如马王堆出土的汉代初年的文物中的餐具几乎全是漆器。在众多漆器中，以朱墨相间，镶金嵌银的髹制漆器最美。唐宋时期漆器生产呈现出两极分化的局面：民间漆器商品化，以实用性为主；而官方的漆器贵族化，追求陈设性、观赏性，并且成为漆器后来发展的主流。

中国漆器的制作工序繁杂，技艺精湛。在表现手法上，或雕镌成凤凰鸳鸯鸟兽，栩栩如生；或镂刻成花草云纹美斑，流畅如行云流水；或以金属镶嵌成扣，熠熠生辉；或以黑、朱、紫、白、绿、黄等颜色染漆绘画，多色相间，古色古香。杨雄《蜀都赋》中的"雕镌扣器，百计千工"就是对漆器技艺的生动描绘。当时作为食器的碗、盘、勺、敦、榼、杯、豆、笾、奁、觞等等主要漆器，因轻巧美观而赢得当时统治阶级的青睐，并广为流行。

(3) 缺点　由于漆器不能做炊具，而且与酸、碱、盐、油等接触时易使漆剥落等因素，两汉以后漆餐具越来越少，南北朝之后几乎少见，而只作为工艺品出现在人们的生活中。在现代，随着其他工艺技术如陶瓷、玻璃、塑料的发明和进步；漆艺本身繁复的工序、昂贵的成本;以及一些人对漆器过敏反应,均使其离人们的日常生活日益遥远。传统的漆器作为日常用品,特别是作为烹饪器具已逐渐成为过去。

4. 瓷器时期

【小资料 1-3】

瓷器的烧结

以高岭土(南方的一种含铁量高的瓷土)作为胎料,经过 1 200℃以上的炉温焙烧而成,其质地细密、色泽洁白,较薄者具有半透明状,叩之会发出清脆悦耳之声。

(1) 起源 我国素有“瓷器王国”之称。瓷器是我国的一大发明,有着悠久的历史,其对中国饮食文化的形成产生深远的影响,在世界上享有极高的声誉,成为世界各大博物馆里的明珠。

中国瓷器的发明和发展,有着从低级到高级,从原始到成熟逐步发展的过程。瓷器脱胎于陶器,它的发明是中国古代先民在烧制白陶器和印纹硬陶器的经验中,逐步探索出来的。

原始瓷是在我国首先出现的,这与我国许多地区分别蕴藏着丰富的瓷石、高岭土原料有关。在制陶过程中,人们开始选择高岭土为原料,提高烧制的炉温使其焙烧的温度达到 1 150℃左右,同时还逐渐摸索出在陶器上施釉的新工艺。考古专家一致认为这一时期的陶器是向瓷器过渡的产物,处于瓷器的低级阶段,所以又称为原始瓷器,这是我国瓷器的萌芽。原始瓷作为陶器向瓷器过渡时期的产物,其与各种陶器相比,具有胎质致密、经久耐用、便于清洗、外观华美等特点,因此发展前景广阔。随着原始瓷烧造工艺水平和产量的不断提高,为后来瓷器逐渐取代陶器成为中国人日常生活的主要用器奠定了基础。

(2) 发展 概括历史上我国著名的瓷窑产品,主要有青瓷、白瓷和彩瓷三大类。早在 3 000多年前的商代,我国已出现了原始青瓷,烧制瓷器必须同时具备三个条件:一是制瓷原料必须是富含石英和绢云母等矿物质的瓷石、瓷土或高岭土;二是烧成温度必须在 1 200℃以上;三是在瓷器表施有高温下烧成的釉面。再经过 1 000 多年的发展,到东汉时期终于摆脱了原始瓷器状态,烧制出成熟的青瓷器。这是我国陶瓷发展史上的一个重要里程碑。在浙江上虞、余姚的东汉窑址中发现,其窑炉都经过加高加长,从而使窑温可以达到约 1 300℃。这种窑烧制出的瓷器釉面光亮明快、质地坚实细致。考古学家还在河南、安徽、湖北、江苏等省的东汉晚期墓中发掘了大量的青瓷器。它是世界上最早的硬质瓷器。此后,制瓷业在我国迅速兴起,青瓷的发展经历了缥瓷(碧色瓷)和秘色瓷(灰蓝色瓷)两个时期。

两晋南北朝时期生产的青瓷是缥瓷,以东欧窑(今浙江永嘉县境内)最为著名。同时,在北朝时期开始出现白瓷。隋唐始产秘色瓷。在众多青瓷的名窑中,以越窑(今浙江余姚县境内)最著名。其胎质细洁致密、釉层匀净、温润如玉、婀娜多姿,令人爱不释手。其一般呈青绿色或青黄色,品种主要有碗、盘、酒器、茶具等;造型上增加了大量仿植物的外轮廓,如荷叶形碗、莲瓣形盘等。白瓷经过隋代的发展后,至唐代已有相当成熟的技术,在众多白瓷名窑中,以邢窑(今河北省内丘县和临城县内)的产品名誉最高。其已达到体薄釉润、光洁纯净的水平,与当时的越窑齐名。越窑与邢窑分别作为南北两地的制瓷中心,代表南北两地的不同风格,有“南青北白”之说。另外在同一时期,还出现了彩绘瓷器,即彩瓷。最初的彩绘装饰只有色釉或釉下印花、刻花等,以后才有釉上彩。彩瓷的出现,对我国以后瓷器的发展具有重要意义。

宋代著名的瓷窑遍布大江南北。这一时期的瓷器在历史上简称为宋瓷。宋瓷集以往各代瓷器工艺美术之大成,在此基础上又有自己全新的创造和表现,其特征是:釉质丰腴莹润,腻如堆脂,釉色多为单彩,又不乏绚丽;并呈现出“冰裂断纹”的瑕疵之美。宋代有五座著名的瓷窑,它们分别是位于今天河南开封的官窑、河南禹州的钧窑、河南汝州的汝窑、河北曲阳的定窑和浙江龙泉的哥窑(见表1-2)。

表1-2 宋代五座名瓷窑的主要产品特点

窑口	官窑	钧窑	汝窑	定窑	哥窑
主要产品特点	胎有灰、黑和米黄数种,釉有厚、薄两种,纹片大、小均有,釉色有粉青、米黄、深米黄等。土质细润、体薄色青,略带红色	因为铜在还原时呈现红色,所以钧窑利用铁、铜呈色不同的特点,烧出蓝中带红、紫斑或纯天青、纯月白的多种釉色。釉面常出现不规则的流动状的细线	天青釉,色釉莹澈;香灰胎,胎呈淡红色。细开片,圈足多包釉,底心有“芝麻钉”痕	以生产白瓷为主,胎质坚细,器体极薄。釉色白中闪黄,有“象牙白”之称,装饰有刻花、划花、印花与剔花多种。由于采用覆烧工艺,进贡皇家的上等产品多包镶金、银、铜口	釉色以灰青为主,以纹片为装饰。其中有一种大小纹片相结合者,大纹片呈黑色,小纹片呈黄色,有“金丝铁线”之称

在北宋真宗景德年间,官府在江西新平也设置了官窑,并在这种窑烧出的瓷器底座上印上“景德年制”字样,这就是如今驰名中外的景德镇瓷器。景德镇瓷器具有“白如玉、明如镜、薄如纸、声如磬”四大特点,历史上一直被历代王朝选为贡品而成为宫廷的宝物,并和丝绸一起作为我国两大珍品远销世界各国。景德镇的青花瓷又称为“国瓷”,其装饰花纹生动,青花玲珑剔透,极富美感。除青瓷和白瓷外,宋代的磁州窑还生产出釉上彩瓷,即在釉面上以色料作画,然后在小窑中用低温烧成,俗称“宋加彩”,它对我国瓷器以后的装饰艺术的发展,具有划时代的意义。

元明时代,我国制瓷业进入一个新发展阶段。除青瓷和白瓷有极高的水平外,黑釉瓷的成就也突出。如福建省建阳窑的“兔毫盏”和江西省吉州窑的“鹧鸪斑”等都是当时名品。在各种瓷器中,影响较突出的还是这一时期的彩瓷。元代景德镇创造出清新典雅的青花瓷、釉里红、红釉和蓝釉等名优新品。景德镇的青花、白瓷、彩瓷、单色釉等品种,繁花似锦,五彩缤纷。至明代其已成为全国制瓷中心,瓷釉色这时已非常丰富,鲜红釉、翠青釉、石红、黄釉、孔雀绿等都是当时著名品种。景德镇的红釉色泽浑厚,明朗鲜艳;青釉素淡雅致,柔和淳朴;花釉斑驳陆离,变化万千。另外,这一时期还创出绚丽多彩的斗彩和五彩瓷器。明代的宣窑、成窑、嘉窑和万窑是当时的“四大名窑”,所产的白釉、青花、彩瓷、一道釉和红釉等精品,成龙配套,富丽堂皇,代表当时最高水准。

清朝康、雍、乾三代瓷器的发展臻于鼎盛,达到了历史上的最高水平,是中国陶瓷发展史上的第二个高峰。景德镇瓷业盛况空前,保持中国瓷都的地位。康熙时不但恢复了明代永乐,宣德朝以来所有精品的特色,还创烧了很多新的品种,并烧制出色泽鲜明翠硕、浓淡相间、层次分明的青花。此外还有天蓝、豆青、娇黄、仿定、郎窑红、孔雀绿、紫金釉、茄皮红、蟹甲青等都是成功之作。另外康熙时创烧的珐琅彩瓷也闻名于世。具有立体感画面的珐琅彩,瓷胎洁白,薄如蛋壳。后来雍正朝的粉彩非常精致,成为与号称“国瓷”的青花相互媲美的新品种。乾隆朝的单色釉、青花、釉里红、珐琅彩、粉彩等品种在继承的基础上,都有极其精致的产品和创新的品种。乾隆时期是我国制瓷业盛极而衰的转折点，到嘉庆以后瓷艺急转直下。尤其是道光时期的鸦片战争，使中国沦为半殖民地半封建社会，国力衰竭，制瓷业一落千丈，直到光绪时稍微有点回光返照，但1911年辛亥革命的爆发，清王朝寿终正寝。长达数千年的中国古陶瓷发展史，至此落下帷幕。新中国成立后，才又逐渐恢复传统名产品的生产，而且出现了不少新技术和新产品，生产规模不断扩大，技术不断进步，产品质量不断提高。

【小思考】

景德镇的瓷器是自古以来就非常有名的吗？

5. 铁器时期

(1) 起源　有史料证明，我国在商代即有陨铁器出现。约在公元前6世纪就发明了生铁，比欧洲早近2 000年。人工冶铁始于春秋，而广泛使用于战国。而用于烹调的铁鼎大约出现在公元前475年前。1976年杨家山的一座春秋晚期墓中出土的一件铁铸鼎是这一时期较早的烹器。

(2) 发展　秦汉时期冶铁技术的成熟极大促进了铁器的使用和推广，铁制品的广泛使用又反过来促进了冶铁业的发展。冶铁业成为当时继纺织业之后的主要生产部门。西汉初期，冶铁业发展迅速，铁器价廉物美，迅速大面积取代了前期铜、石、木器。西汉中期，冶铁业进入第二次大发展时期，铁的生产无论质还是量都有了很大的提高。铁器种类急剧增加，应用愈加广泛。不仅仅有铁制农具、工具和兵器，还有大量的铁制生活器具包括炊具、食具、日用器皿等。至东汉时期为止，生产工具和兵器已经全部铁器化，炊具中也有相当数量为铁质。铁制炊具良好的导热性促进了“炒”这种中国特色传统烹饪方式的出现，使炊具的设计又向前迈进了一大步。

中国烹饪史把秦汉以来铁器的普及使用，作为烹饪发展进入铁烹时代的标志，这充分说明铁烹饪器具对中国烹饪的深远影响。铁烹时代大致可分为秦汉至南北朝的铁烹早期，隋唐至南宋的铁烹中期，元明清时代的铁烹盛期和辛亥革命以后至今的现代铁烹时期。铁质烹饪器具基本上也是按照这一过程来发展的。

汉代以来，随着铁器技术的逐步推广，铁质烹饪器具已普遍使用。这一时期不仅有生铁铸的鼎、釜、甑、炉等器具，还出现了铁煅的厨刀，另外还有轻薄的供小炒用的小釜、大口宽腹的小爨、类似隔舱锅的五熟釜和夹层蓄热的诸葛行锅等等。铁釜是汉代主要炊具之一(如图1-4)。此时铁釜肩部多有环形耳，腹部圆鼓，底部收缩成很小的平底。因小底的稳定性差，所以铁釜多与灶结合使用，其上可以置甑或加盖。由铁釜演变而成的铁锅成为延续至今的基本炊具。如河南南阳瓦房庄出土的一件汉代大铁锅，口径达2 m，与现代铁锅很相似。

图1-4　铁釜

隋唐以后，各类烹饪铁器有了明显改进，加热器具由厚变薄，制形不断推陈出新。如大葆台出土的近代铁锅，带两耳，与今天南方精巧的铁锅极为相似。湖北当阳玉泉寺保留的一口大锅为公元615年的产品，可放1 000 kg油。此外，这一时期还出现六格蒸笼和铁铸火锅。

元明清时期是铁烹饪器具的鼎盛时期，各种铁制烹饪器具的制作技术更加先进，样式更加繁多，品种更加丰富。当时“王麻子”和“张小泉”刀具闻名远近；佛山的铁锅享有极高盛誉，并行销海外；创于1837年的无锡王源吉冶坊（现名无锡铸锅厂）生产的铁锅厚仅0.7～1.0 mm，闻名大江南北。此外，湖南、山西、山东、四川等地亦产历史名牌铁锅。清代生产铁锅的技术已达到历史的最高水平。近代以后使用的铁锅和铁制烹饪器具，基本上是这一时期的器具。直到今天，铁器仍是烹饪不可缺少的重要的烹饪器具。中国烹饪能走向繁荣，与铁制烹饪器具的使用密切相关的。

第二节 器具材料

用于制造烹饪器具的材料与一般材料不同。它必须符合卫生、安全要求，并具有一定的耐腐、耐热、耐磨和抗击特性，而且在导热、强度、刚度、加工性等方面也有特殊要求。烹饪器具的制造材料主要有非金属材料和金属材料两大类。非金属材料主要有陶瓷、玻璃与搪瓷、塑料、木、竹、纸等；金属材料则主要有铝与铝合金、钢铁、铜、金、银等。随着新材料在各个领域的深入应用，合成瓷、高耐热陶、钢化与轻化玻璃、新型塑料和一些复合金属等新材料也逐渐用于制造烹饪器具。

【案例 1-2】

一次性餐具质量问题严重，违禁材料会使人致癌

据金羊网一新快报2005年11月7日报道，国家环保产品质量监督检验中心2005年9月9日所发的《一次性餐饮具、食品包装袋/膜产品情况汇报》中透露，一次性餐饮具目前存在非常严重的安全质量问题，不合格产品中所使用的违禁材料会危害人体，严重者会致癌。

评析：烹饪器具的材料，关系到食品的安全和人们的健康；不仅是案例中提到的一次性材料的问题，一些常用的材料，如果使用不当，也会危害人们健康。比如铝质餐具长期使用易造成铝在人体积累过多，导致衰老和记忆力减退。铜质餐具正常人每天需吸收5毫克铜，故铜质餐具对健康有益，但长期使用，易引起低血压，精神障碍和肝脏部分坏死。铁质餐具忌使用生锈的铁质餐具，以防呕吐、腹泻、食欲减退等。镀铬餐具适量的铬有调节人体内糖和胆固醇的代谢作用，但含量过高又会伤肺，引起病变。此外，铬还是致癌物质之一。陶瓷餐具最常用且较安全，但陶瓷中的釉含铅，而铅对人体中枢神经和造血系统都有伤害。所以最好不使用易掉釉的陶瓷餐具。竹木餐具无毒，使用比较安全，但易被病源微生物和其他有毒物质污染，故在使用时应注意经常消毒。

那么制作烹饪器具的材料其特性究竟如何？我们应如何正确认识它们？

一、非金属材料

（一）陶瓷

陶瓷的范围很广，包括工业陶瓷、建筑卫生陶瓷、日用陶瓷和其他特色陶瓷等。用作烹饪器具的陶瓷属于日用陶瓷。

广义的陶瓷可分为四类：土器、炻器、陶器和瓷器。土器，坯质粗松，多孔，色泽不洁，成陶火度（即烧成温度。下同）最低，有吸水性，音粗而韵短，如砖瓦钵；炻器，坯质致密坚硬，取天然泥色，成陶火度在1 010℃～1 020℃，无吸水性，音粗而韵长，如紫砂陶；陶器，坯质孔较细，上釉，成陶火度较高，有吸水性，音粗而韵短，如缸、瓮、罐、坛；瓷器，坯质致密透明，上釉，成陶火度最高，无吸水性，音清而韵长，如江西景德镇的产品。我们常常将前三类合称为陶器。

瓷器从陶器发展而来，两者在许多方面有相似之处，所以人们也习惯于将两者放在一起，统称陶瓷。但两者在原料成分、烧成温度、釉质、致密度、透明度、色泽、吸水率、气化率、机械强度、叩音声响等方面皆有明显区别(见表 1-3)。

表 1-3　陶器与瓷器的主要区别

类别	原　料	烧制温度	釉
陶器	一般的黏土，含铁量一般高于 3%	1 000℃以下	无釉或施低温釉
瓷器	瓷石、瓷土，含铁量一般低于 3%	1 200℃以上	1 200℃以上的高温釉

1. 陶器

陶器是用黏土造型、经过 800℃～1 000℃左右的炉温焙烧(特别粗松的仅 600℃)，无釉或上釉、作为摆设工艺品或生活日用的器皿。

目前，常用陶质烹饪器具从质地分有以下几类。

(1) 土陶　俗称“泥陶”或“瓦陶”。制作土陶的原料坚韧性很强，主要含有高岭石、水云母、蒙脱石、石英、长石等。制作时先是将陶泥取适当部分，经踩、揉、和，使胶泥有黏性和强度，再上辘轳转坯成型，经削、刮、刻，然后晾干(有的还要经过彩绘上釉)，装窑，在 800℃左右的温度下火烧半天多，散热后出窑而成。

土陶骨质疏松，断面粗糙，吸水率大，产品多为红色或青灰色，无釉或内壁上薄釉。

比较著名的有喀什土陶、伏里土陶和云南土陶。

土陶分祭祀、赏玩和生活三大类别上百个品种。生活类主要有阖缸、大小花罐、阖盆、烫酒用的酒壶等。

(2) 粗陶　又称普陶，是以可塑性好的白黏土、赤黏土和黑黏土为主要原料，手工捏制、模印成型，素坯无釉，也有施以草木灰釉或黏土易熔釉后入窑，由 1 200℃氧化焰烧成。

粗陶器有一定强度，胎质烧结度较好，表面釉层光亮，外观呈由浅至深棕红或青绿色，图案清晰美观，断面颗粒较细匀，化学稳定性较好，能耐酸、碱、盐的腐蚀。

主要产品有建筑材料、日用器具等。日用器具主要有缸、瓮、罐、锅等系列产品。缸类器具古时大都用于日常盛装食物，其中锁口大缸主要用于酿酒及豆酱用，宽口大缸部分用于家庭装饮用水或谷物。瓮类器具主要用于装酒、贮米、贮成菜，其中贮咸菜的称水瓮，口缘外有一圈形水封槽，加盖后密封效果甚佳。罐类器具主要用于日常生活中装油盐、煨汤、煎中草药等。锅类器具中的砂锅使用最为广泛。

(3) 细陶　以质地和制作工艺之精细而得名。产品多数上色料和艺术釉，有紫、绿、黑、黄、白等多种颜色，装饰手法有刻花、贴画、雕填、耙花、釉画等，造型优美、色彩鲜艳富丽。

细陶突出特点是器体细洁、质地坚韧、胎薄瓷坚(抗折强度达 870 kg/cm^2)气孔率低，具有透气性和吸水性。

主要制成民间日用器皿，如泡菜坛、罐、酱缸、壶、蒸钵、碗、茶具、花盆、花瓶等。其中以古色古香的茶壶和茶杯使用最多。如国内外著名的佛山“三煲”(饭煲、茶煲、粥煲)多数是细陶产品，此外还有宜兴的彩釉细陶等。

(4) 精陶　按质地分，精陶有软质精陶和硬质精陶两种。用作餐饮具的精陶以硬质精陶多见，它使用高岭土、长石等料制坯，在1 200℃下烧成，表面施白色透明釉或艺术釉，多用贴花饰法，胎骨纯白或浅白，有瓷器特征，表面似瓷但不是瓷。

比之瓷器，精陶的胎骨较厚，而机械强度低，叩音不如瓷器清脆，而显声粗韵长，且吸水率较高，烧成温比瓷器略低，但热稳定性好，冷热急变性好，韧性优于瓷器，从0℃突然升到水的沸点也不会炸裂。

精陶一般用于制造高级的餐具、茶具、咖啡具和啤酒杯等，具有光洁易洗，耐磕碰和适于机洗等优点，是我国陶器的主要出口品种之一。

(5) 炻器　源于欧洲，其制作技术最初由日本传入我国，是介于陶与瓷之间的一种特殊陶器，也有人视之为瓷器。

日用细炻瓷，原料以普通黏土为主，吸水率在3%以下，断面呈石状，组织致密，不透明，胎体较厚，呈浅白灰色，釉面光润，饰线清晰朴素。

炻器与陶器的区别在于陶器坯体是多孔性的，而炻器坯体坚硬、孔隙率较低、机械强度高、是致密烧结的，吸水率通常小于6%。炻器与瓷器的区别则主要在于坯体带色且无半透明性。

按坯体的细密性、均匀性及粗糙程度可将炻器分为粗炻器与细炻器两大类。粗炻器常见于工业用的耐酸化工陶瓷、建筑陶瓷和缸器；细炻常见于日用品和陈设品。

常见炻器有碗、碟、盘、盆等高级餐具和壶、杯、托等高级茶具。驰名中外的宜兴紫砂陶即是一种不施釉的有色细炻器。宜兴紫砂始于北宋，盛于明、清，是用当地独有的一种质地细腻，含铁量高的特殊陶土掺和良砂制坯，用匣钵封装入窑烧成。紫砂陶内外不饰釉，质地细腻、柔和、润光，吸水率约2%～4%，气孔率5%～7%，耐热冷骤变，器身越擦越亮。紫砂陶主要品种有壶、杯、瓶、鼎、碗、盘、碟等等，造型丰富多彩，尤以紫砂茶壶为最。紫砂壶有使“茶不变味，花不烂根”的特点。此外用紫砂锅蒸炖鸡、鸭、肉类，味道鲜美，肉嫩汤醇。紫砂陶茶具内壁无釉且多孔，有很强的吸附力，三伏酷暑季节泡茶数天不变味，仍能保持茶香。紫砂壶经久耐用，壁内存积的茶锈，名曰“茶山”，如在空壶中注入沸水，也有茶叶清香。此外由于紫砂陶茶具耐热性好，传热较慢，三九寒冬季节用沸水泡茶也不必担心炸裂。紫砂陶表面多有刻诗绘画，书法篆刻，染色等艺术装饰，市面以朱砂紫、海棠红、葵黄、墨绿、沉香、葡萄紫等品种多见，其中以紫色品见佳。从古至今，我国的紫砂陶器皆以江苏宜兴的最为著名。清代的李渔曾在其《杂谈》中对具有特异性能的紫砂陶赞不绝口：“茗壶莫妙于砂，壶之精者莫过于阳羡①。”

一般生产日用炻器的工艺与瓷器接近，也是由黏土、长石、石英等为原料制成的。与瓷器相比其坯料中黏土用量较多，对杂质的控制也不如瓷器那么严格，而长石的用量也比瓷器要少很多。炻器中有时也加入高岭土、废瓷粉和滑石，有利于热稳定性和强度的提高，并增加烧结范围。炻器的烧成温度根据其溶剂的含量的不同可低到1 160℃，高到1 350℃，也可以用低温易熔釉分两次烧成，或用高温生料釉一次烧成。炻器的导热性能较瓷器差，而机械强度和热稳定性比瓷器好很多。由于可以采用质量较为低劣的黏土为原料，因此炻器的制造成本也较瓷器低廉。此外炻器达到用于洗碗机、消毒机、蒸煮、烘烤等要求，并适宜于机械化的洗刷，因此在国际市场上也越来越多地被采用。

---

① 阳羡为宜兴的古名。

2. 瓷器

瓷器是一种以高岭土、正长石、石英等原料制坯，经高温（一般高于 1 200℃）烧成的陶器。瓷表面是高温形成的玻璃釉质层，光洁润洁，胎质致密坚硬，呈半透明，脆性较大，叩声清脆。

比之其他材料的器具，瓷器至少有四个优点：一是化学性质稳定，耐酸、碱、盐和其他物质的腐蚀，不老化；二是热稳定性好，传热慢，能经受较大温差的变化；三是气孔率和吸水率低，易清洁洗涤，卫生性好；四是美观、实用、耐用。缺点是抗击性差，易破碎，一般不适于明火加热。瓷器以其众多的优点，长期以来为人们所喜爱和使用，成为众多餐具中使用最多、最广泛和影响最深的餐饮器具。

(1) 分类　我国瓷餐具的种类繁多，根据不同的标准有多种分类方法。常见器型有碗、盘、碟、盅、壶、杯、罐、缸等。装饰手法主要有贴花、彩绘、喷花、釉上彩、釉下彩、釉中彩等，花色品种十分丰富，如常见的白瓷、青瓷、影青瓷、青花瓷、彩瓷、变色釉瓷等等，其中每一花色品种又包括各自的系列规格。

① 瓷器如果按质地的不同，可分为粗瓷、普通瓷和细瓷三大类。

粗瓷使用普通黏土，经粉碎和淘洗，采用低温釉料，以一般工艺烧制而成的档次较低的瓷器。粗瓷质粗，色灰白或青，透明性较差，装饰简单，各地小土窑烧制的多为此类产品，目前还有相当多的农村地区在大量使用这一层次的瓷器。

普通瓷是指选用适度的原料，经筛选和除铁，按一般配方配料，用较细工艺制坯，最后经高温烧成的一般瓷器。普通瓷的吸水率一般不超过 1.5%，瓷质较密，多采用蓝边、贴花、喷花和普通彩绘装饰，这是国内销售最多、使用最广的一类瓷器，普通使用的器型有碗、盘、碟、杯、盅、盆、壶等。

细瓷是按照精良的配方，选用高纯度坯料，经多次筛选、除铁、球磨、真空炼泥等处理，再精心制坯，后经高温烧成的精良瓷器。这类瓷器瓷化完全，质地细密，透明度高，吸水率不超过 0.5%，大多有高雅华丽的装饰。市面常见的这类瓷器都是中高档次的餐具和茶具，是我国出口瓷器的主要品种。

骨瓷是一种高档细瓷。按照国际标准，骨瓷内含 25%以上的食草动物骨灰，是环保的绿色消费品。独特的烧制过程和骨碳的含量使得骨瓷显得更洁白、细腻、通透、轻巧。骨瓷始创于英国，曾长期是英国皇室的专用瓷器。骨瓷的等级通常取决于材料的质地、制造技术及彩绘设计。级数越高的骨瓷，制作难度越高，成品也就越贵。好的骨瓷色泽呈天然骨粉独有的自然奶白色，对着亮光观察应该透光较佳且均匀无杂质。牛骨粉的添加使得骨瓷的重量会轻于其他瓷种，可以做到比一般瓷器薄，成品质地轻盈，细密坚硬（是日用瓷器的两倍），不易破裂。用食指和拇指轻轻一弹，就可以听到骨瓷“叮”的一声脆响。如用手沾水在碗口摩擦，还会发出像飞机飞过的轰鸣声。由于骨瓷的保温性很好，因此在使用中不要温差太大，它适合微波炉、洗碗机使用。

② 若按原料和瓷坯的结构性质分类，瓷器可分为长石质瓷、绢云母质瓷、磷酸盐质瓷和滑石质瓷四类。

长石质瓷是在 1 220℃～1 350℃温度下烧制而成的硬质瓷，为目前国内外普遍采用的一类瓷器；绢云母质瓷是在 1 300℃～1 350℃下烧成的一种硬瓷，具有透明度高、白里泛青的风格，以南方产品多见；磷酸盐质瓷是先在 850℃～900℃中素烧，后在 1 200℃～1 280℃

中烧成的一种软质瓷，瓷质纯白，透明、光泽柔和，机械强度高，置阳光下呈透绿乳白色，一般用于制作高级的餐具和茶具；滑石质瓷一般在1 300℃高温下烧成，具有瓷质细腻，透明度高，机械强度高，热稳定性好(能经受160℃温差变化)的特点。

(2) 彩釉　瓷器的生产工艺较复杂，大致经过原料处理、制坯、成形、干燥、修坯、施釉、装饰、烧成等过程。瓷器的釉彩开始比较单一，随着瓷业的发展与科技进步，由开始的一种釉彩的素瓷发展到多种釉彩的彩瓷。彩色釉分釉下彩和釉上彩两类。我国主要的彩釉品种见表1-4所示。

表1-4　我国主要的彩釉品种

<table>
<tr><th colspan="2">釉下彩</th><th colspan="3">釉上彩</th></tr>
<tr><td colspan="2">在成型的胎体上用色料绘画、上釉后入窑高温烧成。彩在釉下，光滑平整，永不褪脱</td><td colspan="3">在已烧成瓷器的釉面上用彩料绘画进行装饰的品种，釉上彩品种需要二次烧成。先在窑内烧成瓷器，再经彩绘后，入炉烤烧，温度在750℃～900℃左右。因彩在釉上，用手扪之，有凹凸感</td></tr>
<tr><td>青花</td><td>釉里红</td><td>五彩</td><td>粉彩</td><td>珐琅彩</td></tr>
<tr><td>在瓷胎上用钴料着色，然后施透明釉，以1 300℃左右的高温一次烧成</td><td>在瓷胎上用铜料绘彩。施釉后，在高温还原气氛下一次烧成</td><td>明宣德已有五彩。嘉靖、万历时期的官窑釉上五彩瓷，以釉下青花作为一种彩色和釉上多彩相结合，称青花五彩。清康熙朝，发明了釉上蓝彩和光亮如漆的黑彩，使釉上五彩取代了青花五彩</td><td>其特点是在施彩之前先用“玻璃白”打底，施彩后用笔将颜色洗开，使之呈现浓淡明暗之感。雍正朝成就最高</td><td>曾是一种极名贵的宫廷御用瓷。一般是先用高温烧成白瓷，然后以珐琅料施彩，在彩炉中以低温烧成</td></tr>
</table>

3. 陶瓷生产的现状

中国陶瓷举世闻名，早在公元7～13世纪的唐宋年代，我国陶瓷就销往日本、朝鲜和东南亚一些国家，并循着丝绸之路运往印度、波斯和埃及等地。

郑和七次下西洋和意大利人马可·波罗两度来中国，使中国陶瓷更加广泛地传给欧洲各国。到17世纪清朝初年的海运船队发展以后，我国陶瓷更加大量地销往西欧各国。

时至现在，陶瓷仍是我国主要的传统出口商品之一。目前，全国有一定规模的陶瓷生产企业约1 100多个，专业人员30多万人，主要产区分布在江西景德镇、湖南醴陵、广东佛山和潮州、江苏宜兴、河北唐山和邯郸、山东淄博、福建德化、辽宁海城、浙江龙泉、广西北海等地。中国陶瓷自古即享誉中华，蜚声海外，各地都有不少名品和精品。如景德镇的青花瓷(梧桐瓷、影青瓷、青花玲珑瓷等)、粉彩瓷和颜色釉(祭红、均红、郎窑红、美人醉、玫瑰紫等)，广州的手绘彩，佛山的细陶“三煲”和美术陶，潮州的通花瓷，醴陵的釉下彩，唐山的喷彩瓷和雕金瓷，邯郸的象牙瓷与仿宋瓷等，淄博的雨点釉和刻瓷，宜兴的紫砂陶、均陶、彩釉细陶和精陶等等。这些产品都以独具的特色和精良的品质闻名于世，在国内外享有较高的赞誉。

4. 陶瓷器具的卫生和毒性问题

经过人们长期的实践，证明陶瓷器具是安全的。但有关试验结果表明，陶瓷在一定的条件下有铅、镉等成分溶出，而摄入过量的铅、镉成分会影响人体的造血、神经、肾脏和血管等正常功能。因此，国际社会呼吁严格控制陶瓷的含铅量和含镉量，不少国家制定相应卫生法规，对陶瓷表面与食品直接接触的釉料中所析出的铅镉作出限量规定。

(1) 相关参数　例如欧共体84/500/EEC指令规定了陶瓷中镉和铅的限量。该指令规定了有可能从与食品接触的陶瓷制品的装饰物或釉料中释放的镉和铅等迁移物质的限量及分析这些物质迁移的检测方法。其具体限量标准见表1-5。

表 1-5 具体限量标准

种 类	铅 限 量	镉 限 量
高度小于 25 mm,不论是容器还是非容器	0.8 mg/dm²	0.07 mg/dm²
其他容器	4.0 mg/L	0.3 mg/L
餐具,大于 3 升的包装或储存容器	1.5 mg/L	0.1 mg/L

2005 年欧盟委员会对于第 84/500/EEC 号指令《关于与食品接触的瓷器制品的性能标准与合格声明》,即统一各成员国有关与食品接触陶瓷制品的法律的指令进行了修订。指令指出:从 2007 年 5 月 20 日起,不符合该指令的瓷器制品将禁止生产和进口。

新指令增补了在欧盟内生产和销售的可能与食品接触的瓷器制品必须附有由生产商和销售商提供的书面声明,声明的内容包括:瓷器最终制品生产厂家和欧盟进口商的身份和地址,瓷器制品的特性,声明的日期,声明瓷器制品符合本指令和欧委会 1935/2004 号法规的相关要求。经分析检测,铅和镉溶出量符合要求的瓷器制品应标示分析结果、检测条件、实施检测的实验室的名称和地址。新指令对仪器分析方法检出的铅和镉的限量标准由原来的分别为 4.0 毫克/升、0.3 毫克/升修订为 0.2 毫克/升、0.2 毫克/升,从而提高此类产品进入欧盟市场的门槛。

(2) 原因　陶瓷之所以在一定条件下溶出铅和镉的原因,是因为陶瓷釉(如各种色釉、透明釉、乳浊釉、结晶釉、釉上彩等)里含有铅、镉、锌、砷等成分和它们的氧化物以及盐类。实践表明,铅镉的溶出与制造陶使用的原料、生产工艺、所装食物的酸碱和在酸性条件下存放的时间、温度等因素有关,没有严格生产工艺的粗糙品溶出铅镉的可能性最大。

国家质检总局 2005 年 10 月份公布的对日用陶瓷产品质量进行的国家监督抽查结果显示,广东、广西等十省区市 56 家企业生产的 56 种产品,抽样合格率为 82.1%。抽查发现,有 6 种产品铅溶出量严重超标,最高为国家标准规定的 24.98 倍;其中一种产品镉溶出量也超标。而欧盟新的限量标准主要就是针对铅和镉的溶出量。

【提示】

铅、镉溶出量超标问题,长期以来一直在困扰着陶瓷行业,至今仍没有好的解决办法。虽然市场上出现了无铅、镉颜料,但只是部分颜色能够实现。对于大红等颜色仍旧没有很理想的产品可以替代铅、镉颜料。可以说未来几年,若这一技术难题得不到攻破,中国陶瓷出口企业将面临严重的困难。

【小思考】

为什么在微波炉中受热时不得采用带色彩的瓷器?

(二) 玻璃与搪瓷

1. 玻璃

我国约在西周时期就掌握了玻璃制造技术。传统的玻璃一般是指由二氧化硅与各种金属氧化物组成的经高温熔融冷却而成的复杂硅酸盐化合物。工业生产一般按组成特点将玻璃分成硅酸盐玻璃、硼酸盐玻璃、磷酸盐玻璃、铝酸盐玻璃和含两种或两种以上的玻璃形成体氧化物的多种酸盐玻璃。

玻璃成分很复杂,化学元素周期表中 85%以上的化学元素多可以用来制造玻璃。若改变氧化物的组成就可以得到不同用途的玻璃。常用的器皿玻璃组成大致含74%~78.5%的SiO_2，13.5%~15%的Na_2O，6%~8%的CaO，2%的K_2O，1.8%的MgO，0.6%的Al_2O_3等成分。如分别加入CoO，MnO，$AgNO_3$，Cu_2O，CuO等物质就会得到相应的蓝色、绿色、紫色、黄色、红宝石色和天蓝色玻璃。

(1) 成形方法　玻璃器具绝大多数都用吹制或压制方法成形。两者的区别是吹制成形的玻璃一般薄而光滑，压制成形的玻璃则厚而粗糙。

(2) 玻璃装饰手法　主要有印花、贴花、绘花、喷花、蚀花、磨花、刻花等。

根据装饰风格的特点，玻璃有乳浊玻璃、蒙砂玻璃、叠层玻璃、拉丝玻璃和晶质玻璃五种，这些玻璃都具有很强的装饰效果。如晶质玻璃是通过特殊工艺成形的，与一般玻璃不同的是，它具有良好的透明度与白度，在阳光下几乎不显颜色，而其折射较大(大于1.54)，相对密度较大(3.2~6.3 g/cm^2)，以之制成的饮食器具，如水晶般光辉夺目，叩之如金属般清脆悦耳，显示出较高档次。

(3) 品种　常见的玻璃器形有杯、壶、盅、盘、缸等，其中以杯的花色品种最多，用量最大。另外，一些耐热玻璃器具如玻璃煮锅、玻璃热壶、冷热玻璃料缸、透明玻璃电饭煲盖等，也广为使用。

耐高温热变的器具一般是含Al_2O_3 20%左右的耐高温硅酸铝玻璃或是含硅酸硼的派热克斯(Pyrex)玻璃制成的。

(4) 特点　玻璃器具具有化学性质稳定、刚度高、透明光亮、清洁卫生、美观等优点，用作餐饮器具，能产生一种特殊效果；但同时也有笨重、易破碎、不耐振动和抗温变性差等缺点。

(5) 改良玻璃的方法　为克服玻璃的缺点，现代玻璃生产通过下面方法改良其性质。

① 钢化：又称物理强化或淬火，即先将成形的玻璃器皿热至接近软化温度，后以冷空气对其内外表面进行强化激冷，使其具有均匀压力而增加强度和热稳性。

② 离子交换强化：又称化学强化，即将玻璃置于熔融的KNO_3中，让K^+与玻璃表面的SiO_2网目中的Na^+交换，使表面结构发生挤压而获得均匀结实的表面强度。

③ 涂层：包括在退火前用$SnCl_4$或$TiCl_4$高压蒸汽喷射玻璃表面使之沉积反应成保护膜的热端涂层和在退火后用单硬酸、聚乙烯、油酸、硅烷、硅酮等盆盖在表面上形成抗磨润滑层的冷端涂层，这样获得的涂层玻璃有较强的抗划伤力，不易破碎。

④ 包塑：即用静电粉末喷涂、悬浮流化、包涛等方法将聚酯、聚乙烯、泡沫聚苯乙烯等紧裹于玻璃表面从而形成保护膜的方法，它能增加抗击强度和内压机械强度。

上述几种方法制的玻璃器具具有质轻(减轻30%~50%)、抗磨、抗冲击、耐高温、高强度和不易破碎的特点。这类饮食玻璃器具已投入实际使用，相信玻璃在烹饪器具领域将有更广更深的用途。

(6) 卫生要求　玻璃器具的卫生特性与陶瓷相同，各国基本上都有自己的法规，对铅、镉等成分析出作限制。由于实验方法不同会影响铅和镉的萃取性，因此，一般推荐采用4%的醋酸作模拟溶剂，在室温下萃取24小时，然后用双硫腙作试剂，以比色分析法或原子吸收光谱法测定铅和镉的转移量。

2. 搪瓷

搪瓷是在金属表面通过特殊工艺高温涂烧一层或几层不透明无机材料而形成的一种

复合材料及其制品的统称。

(1) 起源　搪瓷起源于古代埃及，以后传入欧洲。但现在使用的铸铁搪瓷始于 19 世纪初的德国与奥地利。搪瓷工艺传入我国，大约是在元代。明代景泰年间(公元 1450 年～1456 年)，我国创制了珐琅镶嵌工艺品景泰蓝茶具，清代乾隆年间(公元 1736 年～1795 年)景泰蓝从宫廷流向民间，这可以说是我国搪瓷工业的开始。

(2) 种类　目前日用搪瓷的种类有很多，用于烹饪器具的搪瓷属日用搪瓷。

根据涂烧工艺的差异，日用搪瓷分为一次搪瓷、二次搪瓷和多次搪瓷。普遍使用的搪瓷器形有盘、碟、盆、托、盅、碗、口杯、汤锅和烧锅等，另外还有不少器具亦有光亮美观的搪瓷层。

(3) 结构　搪瓷的结构包括金属胎体和玻璃化或瓷化釉层两部分。常用作胎体的材料有铜、铝、铝合金、铸铁钢薄板、低碳或脱碳钢板、深冲型普通钢板、钛钢板和合金钢板等。釉层原料由基体料加助熔剂、乳浊剂、氧化剂、增密剂、着色剂、悬浮剂等助剂组成，分底釉、面釉和色釉三种，成分相当复杂。搪瓷制作大体要经过切板、制胎、表面处理、涂搪、彩饰、干燥等工艺过程后，最后在 820～930℃温度中烧成。

搪瓷最突出的结构特点是在高温下金属与非金属发生物理化学变化，析出晶体并形成化学键，将二者牢固地结合为一体。因此搪瓷釉层里含大量的晶体物，近似玻璃。但由于烧制不如玻璃充分，气孔较多，釉质也不如玻璃均匀，但遮盖力和乳浊度比玻璃大。

(4) 特点　搪瓷有良好的耐酸碱盐的特性、还具有耐热性、耐压性、抗磨性和绝缘性等优点。因此这类烹饪器具以轻巧、卫生、易洗涤、保温性好、美观耐用等优点而曾深受人们的喜爱。但搪瓷制品的抗冲击性差、撞击后釉层容易剥落。随着时代的发展、技术的进步，搪瓷类器具的烹饪使用也越来越少见。

(5) 安全要求　因搪瓷釉质含铅、锑、砷、镉等成分，使用不当就有可能溶出铅、镉等有毒成分，所以各国都制定了有关搪瓷的卫生标准规定。一般以 4%醋酸溶液浸泡 30 分钟，若浸出铅的搪瓷不准使用。我国对搪瓷制的口杯、碟、盆、盘、碗、锅、桶等食器规定对耐酸测试后的醋酸溶液加入 K_2CrO_4，无铅反应，加入 $Na_2S_2O_3$，无锑反应。因此对厨房用搪瓷一般要求不施含铅或含镉的釉。

【小思考】

玻璃与搪瓷、陶瓷等材料上的共性是什么？

(三) 塑料

塑料为合成的高分子化合物，是利用单体原料以合成或缩合反应聚合而成的材料，由合成树脂及填料、增塑剂、稳定剂、润滑剂、色料等添加剂组成的。其主要成分是合成树脂。树脂这一名词最初是由动植物分泌出的脂质而得名，如松香、虫胶等，目前树脂是指尚未和各种添加剂混合的高聚物。树脂约占塑料总重量的 40%～100%。塑料的基本性能主要决定于树脂的本性。有些塑料基本上是由合成树脂所组成，不含或少含添加剂，如有机玻璃、聚苯乙烯等。

1. 特点

塑料与其他材料相比，具有如下特点：耐化学侵蚀性；呈透明或半透明；可自由改变形体样式；大部分为良好绝缘体；重量轻且坚固；加工容易，可大量生产，价格便宜；用途广泛、效用多、容易着色、部分耐高温等。

2. 应用

随着塑料在社会各个领域的广泛应用，烹饪器具也有不少塑料制品，并有不断增多的趋势。

如用作餐具的塑料盒、盘、碟、碗、筷、匙、勺、杯、盆等；用作盛储器的桶、筐、篮、箕、箱、盆、调味盒、罐、瓶等；用作洗涤器具的洗槽、洗盆、水桶等；用作加工用具的砧板、杆具、模器等。其中有不少能经高温消毒的塑料餐具，如仿瓷材料的碗、盘、汤匙、仿象牙筷等。

此外，不少烹饪设备也是塑料制品，如电热设备的外壳、加工设备的接触部件等。

3. 常用塑料

常用制作烹饪器具的塑料主要有聚乙烯（PE）、聚丙烯（PP）、聚氯乙烯（PVC）、聚苯乙烯（PS）、聚酯（PET）、聚偏二氯乙烯（PVDC）、乙烯-乙烯醇共聚物（EVAL）、乙烯-醋酸乙烯共聚物（EVA）等热塑性塑料和聚醚砜（PES）、密胺树脂（MF）、聚砜（PSF）等热固性塑料。

4. 要求

用于制作烹饪器具的塑料必须满足卫生安全和化学稳定的最基本要求。同时，对不同用途的塑料器具，还有一定的耐热、耐冷、保温、耐腐、耐油和阻隔性要求以及一定的机械强度、抗磨性、韧性等性质要求。因此不同塑料制成的烹饪器具有各自不同性质和用途，使用时要加以区分。

(1) 耐热性要求　餐具中的碗、筷、杯、碟、盘、匙等和其他一些物料盛器，因经常要进行消毒杀菌，要求具有一定耐温性。一般要求要耐 100℃水煮杀菌，较理想的是能耐 120℃消毒柜消毒或更高要求的蒸气杀菌以及微波加热等。用于制造这类器具的塑料主要有 HDPE（高密度聚乙烯）、PP、PET、PSF、PES、MF 等。其中 HDPE、PET 和 PP 制品较多，它们都能耐 100～121℃温度，并保持良好特性；PSF、PES、MF 等是类新型工程塑料，能在 150～165℃温度中连续使用，PES 甚至可在 180℃下连续使用，并且即使在 2×10^5Gy 剂量辐射下仍可保持大部分机械特性，因此是制微波炉器皿的最好材料。另外，这类热固性塑料还可广泛用来制造咖啡具、热杯、热壶、煮器、热水泵、仿骨牙筷子以及仿陶瓷餐具等。其中密胺仿瓷塑料餐具，不仅有陶瓷易去油污、性质稳定、密度大的特性，而且质轻不易划伤，不易破碎，耐高温处理，以之代替易碎笨重的陶瓷，很有发展前途。

(2) 耐寒性要求　冷冻条件下使用的烹饪器具，要求在低温下有较小的脆性和较大的抗击强度。如常用的冷饮杯具和冷藏食物的盒、盆、箱、薄膜袋等，一般用 LDPE（低密度聚乙烯）、PET、PVDC、EVA、PVC 等塑料制造。其中 EVA、PET 制品在－60℃下仍有较强的抗击性。大部分冷饮杯都由 PVC 片吸塑成型。

(3) 保温性要求　保温箱、保温厨、保温盒、保温杯等塑料器具要求有保暖或保冷特性。制造这类器具有泡沫塑料和多层复合塑料两类。前者有聚苯乙烯泡沫塑料、聚乙烯塑料、聚氨酯等，后者有两面层加一泡沫夹层组成，保温性能很好。前段时间大量使用的一次性快餐盒或卫生杯有三种：一种使用聚苯乙烯泡沫塑料热固成型的，可保温 3～4 小时，且冲入开水不烫手；另一种是用聚乙烯钙塑片材制成的透明盒或透明杯，性能较差但价格便宜；第三种是低发泡聚乙烯深拉成型的盒或杯，只有几克重量，成本很低。但由于这类餐具造成的“白色”污染很严重，目前正被各个城市淘汰，取而代之的是以能被生物降解的纸制餐具。

(4) 耐油性和隔气性要求　用于盛装油、盐、酱、醋、酒和其他调味料的塑料器具要求具有一定的耐油性、隔气性和遮光防潮性能。由于PE和PS能被一些油脂溶解，且透氧率高，易使油氧化酸败，因此一般不作装油器具，而常用PVC和PP；味料器具一般用PET、EVA、PVDC等塑料制成；酒类容器可用PET或PE、PVDC组成的复合塑料制成。

(5) 机械强度和韧性要求　对箱、桶、盆等储物塑料用具要求有一定的机械强度、韧性、抗击性和抗磨性。除用HDPE和掺有EVA的PE外，还可用PP和PVC等塑料制造这类器具。

(6) 安全性要求　用于制造食品器具的塑料，一般都经过各种毒性试验，被证明对人体无毒害后方可使用。塑料毒性成分主要有两类：一类是在一定条件下可能游离出来的单体，如氯乙烯、乙醛等；第二类是用于改善塑料性质而加入的各种助剂，如催化剂、增塑剂、抗氧化剂、稳定剂、发泡剂等等。这些成分如被摄入人体，将会对人体健康带来损害。因此，各国都制定有关卫生法规，对这些成分的转移量作严格限定，如EEC、美国FDA、加拿大SPI、英国的BPF和BIBRA等机构，都制定有严格的标准。

(四) 竹木与纸

1. 竹木器具

(1) 应用概述　少数民族喜欢用大自然中的一些天然物品做炊具或餐具，用其烹饪的食品，不仅风味独特，造型也别具一格。品尝用这些炊具制作的食品，那是一种真正体验回归自然的享受。云南少数民族居住的地方多竹木。他们就地取材，用竹做桶、罐、杯、碗、饭盒、勺，并用竹当作锅煮饭或做菜烧汤。景颇、傣、德昂、独龙、佤、基诺、傈僳等民族用比较粗的大竹，砍成长约一米，短约一尺，上端斜开口，然后把各竹节打通，只留下面的竹节做底装水，很多民族用这种竹节当桶背水。独龙族还用竹筒酿酒。他们将煮好的高粱(大米、小米，小麦也可)拌上酒药装进竹筒，七天后就酿出了香气四溢的酒。至于竹碗、竹筷、竹勺等餐具品种更是丰富多彩。一些少数民族用竹篾编织罐、盆、饭盒，精致雅观。其中用竹根雕制的竹碗和子母饭盒最具代表性。因为竹根质地坚硬，据说经过水泡处理后，趁其发软，砍、凿、雕刻出的碗、饭盒不易破碎。

有的少数民族还将竹筒当锅用。傣族的竹筒饭就是用竹筒烧成的。制作时人们把刚砍倒的竹子砍成节，节的一端开口，按比例掺水，用竹叶塞紧口，放置火上烧烤，烧熟后把竹筒剖开，即可食用，吃时有一股浓郁的清香味。最著名的香竹米饭是用细长的香竹筒当锅，用火炭烘烤而成。烧出的饭颜色都成了绿色的，特别清香。景颇族则用竹筒烧菜，他们把肉、鱼、禽切成块或剁碎，拌上佐料、盐，装进新鲜的大竹筒里，再用叶子塞紧口，放到大火上不断翻转烧烤，直到竹子烧焦，剖开竹筒，香味四溢，烧出的肉原汁原味再加上竹子清香，食用时软而不烂，味道鲜美独特。

(2) 种类　厨房使用的竹木器具不少，如竹制的筷子、筛、簸箕、筐、箩、篮、小铲、木制的砧板、案板、杆具、模具、碗、铲、筷、蒸架、盘、拖、储物柜等等。竹木器具有独到的使用功能，具有质朴价廉、卫生轻便的特点。其中竹木餐具很具传统风格，间或与其他高级餐具一同使用，能产生独特的艺术效果。

目前市面上的竹木餐具大致有三类：一类是实木原竹器具，如木碗、木盘、竹铲、竹勺等；第二类是竹木漆器，主要是茶托、果盘、果盆之类；第三类是竹木片材胶合成型制品，质地轻薄，可通过竹木片拼摆出各种图案织纹，极具艺术效果。

2. 纸质器具

纸质器具通常采用纸浆为原料，在模具中成型、烘干生产而成的一次性餐具。这种方法制作的餐具因其无毒无害、易回收、可再生利用、可降解等优点而被冠以“环保产品”的称号。在我国禁止使用一次性发泡塑料餐具以后，纸质餐具就成为我国餐饮市场上主要推荐使用的一次性餐具，具有极大的发展前途。

(1) 种类　目前纸质餐具多为纸盘、纸盒、纸碗、纸杯。根据纸质的不同，这些纸具可概括为普通纸器、涂蜡纸器、涂塑纸器和注浆成型纸器四类。

① 普通纸器由普通纤维纸板制成，无耐水耐油功能，主要用于盛装干物，如常用于装瓜子、干货、糖果等食物的纸盘就属于这一类。

② 涂蜡纸器有表面涂蜡和干蜡(渗蜡后干燥成型)两种。耐水耐油，但因蜡纸不耐热，所以这类纸器只作为冷饮杯、冷藏盒、冷藏盘等。制作材料一般用以漂白硫酸盐浆生产的白纸板(横向拉伸不大于3%，含碳量小于1%)，纸板厚度均匀，不含荧光增白剂等有害物质。

③ 涂塑纸器是在漂白或不漂白纸的单面或双面涂一层塑料(如PE、PP、PVDC、PET等)，使之具有耐水、耐油、耐热和耐冷的特性。涂塑的盘、碗、盒、杯等即可装含油含水食物，又可装油和开水，或作冷藏盛具用。其中用作微波炉或烤箱的纸制烘烤盘，是用长纤维纸板经PET挤出涂塑成型的，能耐232℃高温。厚型涂塑纸器一般可用高温消毒，并可反复使用。

④ 注浆成型纸器一般用硫酸漂白纸(横向拉伸不大于3%，含碳量小于1%)加入防水剂制浆，然后注入模具而成型的纸器，以碗、盒、盘最多，有较好的保温性，极易被生物降解，是目前不少城市推行使用的环保型餐具。

(2) 制作方法　纸质餐具还可按其制作方法的不同分为纸浆模塑餐具和纸板淋膜餐具。

纸浆模塑餐盒是以木浆、草浆为主要原料，添加功能性化学助剂，在制浆、抄造过程中模塑一次性成型。这种成型制品不需再加工，已具有抗水、抗油、耐酸碱等特性，并具有符合使用要求的挺度、耐破度等物理指标。纸浆模塑快餐盒的优点是生物降解性能较好，保温隔热和抗压性能与泡沫塑料餐盒相当。缺点是设备投资较大，耗用工时、人力较多，但所用原料便宜，生产成本介于纸餐盒和高发泡塑料餐盒之间。其最大的特点是可以根据不同消费层次确定选择相应的原材料和加工工艺。供出口和高级宾馆使用的高档餐具可以用进口高级木浆生产，一般消费的中档餐具可用普通木浆，而大量使用的普通快餐具则可用芦苇浆、白纸边等。

纸板淋膜餐具是在纸板的表面淋膜一层无毒无害的PF后压制成型，该产品是目前新开发的各种餐具中质量最好的，而且它还具有其他各种餐具所没有的独特的优势——餐具外观表面的可印刷性。

(3) 环保餐具　目前研究和准备推广绿色环保型一次性餐具，还有植物材料制成的餐具和以淀粉为主要成分的可降解餐具等类型。

植物材料制成的餐具是由淀粉和粮食外壳以及稻麦秆、玉米秆、蔗渣等植物材料制作的快餐食具。用先后可完全溶解，且无毒无害、无致癌物质。不但可在自然环境中腐烂，还可作为有机肥料和牲畜食用的饲料，对环境没有任何污染。

以淀粉为主要成分的可降解餐具按所用降解剂的不同，又可分为生物降解餐具和光—生物双降解餐具两种。

生物降解餐具是在聚乙烯和聚苯乙烯材料中以助剂相配合，且混一定量的普通淀粉制成。这种餐具丢弃后，在自然条件下被环境消纳可实现三级降解：一是被微生物吞噬降解；二是被低等动物、昆虫等吞食；三是受自然氧化剂作用裂损、起层、脱落直至碎化、粉化、消失，整个降解过程大约需要300天左右的时间。

光—生物双降解餐具是在聚丙烯材料中加入50%以上的淀粉，10%的光热电催降剂，而聚烃类物质不足40%所制成。用这种材料制成的餐盒使用后，其中的淀粉数月内自然分解，余下的聚烃类物质在光、热、电、催降剂作用下一年内可分解成水和二氧化碳，分解率可达100%。此类产品具耐水、耐油、强度好、感观清洁的优点。

二、金属材料

金属具有特有的机械强度、硬度、韧性、延伸性、热导性和金属光泽等特性，早在几千年前已开始被用于制造烹饪器具。金属烹饪器具一直是现代厨房器具的主流，随着金属材料的发展，用于制造烹饪器具的金属材料也更加广泛。

(一) 铝与铝合金

1. 概念

铝是一种银白色或灰白色轻金属。工业纯铝是指纯度在99%以上的铝，俗称“熟铝”或“钢精”，而“生铝”一般指含较多杂质的铸铝。

2. 特点

纯铝具有良好塑性与延伸性，用于制造冲压成型的器具；铸铝的机械强度和硬度比纯铝大，但脆性大，适于造翻砂铸型的烹器。这两种铝虽有许多良好的加工特性，但由于强度小，应用受到一定的限制，若在纯铝中加入适量的硅、镁、锰、铜、锌等元素，便可制成强度比较大的各种铝合金。目前市场上还有一种稀土铝合金，其主要用于高压锅和普通铝锅等制品方面，由于强度大和冲压性能好，可以减薄制品的壁厚，既节省材料又精巧耐用。

3. 应用

根据性能和使用特点，铝合金分为防锈铝、硬铝、超硬铝、锻铝和特殊铝五种。用于制造烹饪器具的铝合金一般是防锈铝，而且以其中的Al-Mn和Al-Mg合金系列使用最多，如国内的LF2规格系列和国外的3000与5000规格系列等。这类铝合金有中等强度，塑性、耐腐蚀性与焊接性都较好，适于制造各类日用器具。

铝与铝合金的相对密度约为钢铁的1/3，导热性与反射性约为钢铁的3～4倍，加上良好的塑性、延伸性和一定的耐腐蚀性能等优点，使其成为制造烹饪器具的理想材料。在铝制器具中，以纯铝和铝合金器具的花色品种最多，常用的器具有煮锅、炒锅、壶、盒、盆、铲、勺、蒸笼、蒸屉、锅、箅、漏瓢、篮子等。铸铝烹饪器具近年来较少，常见有炒锅、蒸锅、粗盆、水壶、饼铛、铲、勺等。其中铸铝锅常由铝锭、铝屑或再生铝等熔铸而成，纯度在93%以上。

为增加抗腐、抗磨性能和改变外观，铝器表面一般经特定处理，如磨光、抛光、电洗、阳极氧化、氧化着色、喷绘等。其中阳极氧化法使用最普遍，它能给表面增加一层耐腐抗磨薄膜，可延长使用寿命。由于铝极易与酸碱发生反应，因此铝器不耐酸碱，食用时要特别注意。

4. 安全性

铝不是人体的必需元素，人体缺乏铝时，不会给人体带来什么损害，但是，铝盐能致人体中毒。铝制烹饪器具一般是安全无毒的。因为用于制造食品器具的铝制材料都有严格的规定，其含铅、镉、砷等成分不得超过0.01%。铝在空气中被氧化成Al_2O_3薄膜，有一定的抗腐作用，即使在一定的食品条件下亦不易溶出。一般来说，铝制烹饪器具如果用来盛水基本不溶出铝。熟铝锅用来做米饭和烧水时溶出铝的分量也是极微小的。

但在酸性条件下，铝制品铝的溶出量会随酸度的增高而逐渐增多。温度也是影响铝溶出的重要因素，用铝锅在高温下长时间加热食物也会使铝溶出。此外铝制品直接接触食盐后会有明显的腐蚀的现象。在各种铝制品中，以铸铝(生铝)制品铝溶出量最多，熟铝(精铝)较低，而合金铝几乎无溶出。因此为了防止铝制器具对人体健康造成的危害，铸铝锅最好只用于蒸食品或贮存干食品，煮饭、煮粥可用高压合金铝锅或不锈钢锅。烹调食物(特别是含酸性的食物)需要用不锈钢锅。

由于铝制炊具，质轻软，易刮伤，能与糖、盐、酸、碱、酒等发生缓慢的化学反应而溢出较多的铝元素，从而增加了人们摄入铝元素的机会。因此用铝制炊具盛放盐、酸、碱类食物时间不要过久。不使用铝铲、铝勺等用具，因为它们在炒菜、盛饭的长期刮擦中，产生肉眼看不见的铝屑，这些铝屑可随饭菜入口进入人体。铝锅应用竹木勺或无毒塑料勺盛饭。

铝盐一旦进入人体，首先沉积在大脑内，可能导致脑损伤，杀死神经元，造成严重的记忆力丧失。铝还能直接损害成骨细胞的活性，从而抑制骨的基质合成。同时，消化系统对铝的吸收，导致尿钙排泄量的增加及人体内含钙量的不足。铝在人体内不断地蓄积和进行生理作用，还能导致脑病、骨病、肾病和非缺铁性贫血。

(二) 钢铁

我国使用铁制烹饪器具已有数千年的历史，从古至今，铁制烹饪器具一直是一种广为使用，影响最大的厨具，尤其是铁锅被认为是永远不可取代的烹饪器具。

1. 种类

日常使用的铁材料都有碳成分，一般把含碳量高于2%的称为生铁，把含碳量小于2%的称为钢。通常说的“熟铁”是指含碳量小于0.05%的工业纯铁，而“生铁”指含碳量较高和杂质较多的铁，包括炼钢生铁和铸造生铁两类，前者称白口铁，主要做炼钢材料，后者称灰口铁，包括灰口铸铁、百口铸铁和麻口铸铁三种。铁制烹饪器具主要指用生铁和熟铁制造的各类器具。

2. 特点

生铁烹饪器具以铸铁锅为代表，如铁制的深锅、鼎锅、平锅、笼锅、蒸锅等，另外还有铁叉、铁模、铁箅、铁盘等其他烹饪铁器。这类器具大都是翻砂铸件，所用铸铁含碳较高(2.5%～3.5%)，硬度大，传热迅速均匀，效果较好，适于制造加热各类烹饪器具。缺点是脆性大，延伸性差，使用不当易生锈。

熟铁含碳量比生铁低，因此具有较好的韧性和延伸性，加工性能良好，可加工成各种形状的器具。典型的熟铁烹饪器具有炒锅、铁勺、铁铲、烤盘、漏瓢、抓钩、铁叉、铁架等，刀具主要以钢制成，为了使刀具锋利，大致是一般经淬火处理，有的还掺入合金钢以增加刚度，并使刀刃更加锋利。

铁锅和钢刀是用量最大、使用最广的铁烹器具，尤以铁锅最为典型。铁是人体必需元素，使用铁锅可增加人体对铁元素的吸收，利于人体健康。

(三) 不锈钢

我国通常把含铬量大于12%或含镍量大于8%的合金钢叫不锈钢。这种钢在大气中或在腐蚀性介质中具有一定的耐蚀能力，并在较高温度(>450℃)下具有较高的强度。含铬量达16%～18%的钢称为耐酸钢或耐酸不锈钢，习惯上通称为不锈钢。

1. 特性

不锈钢之所以具有不锈性，关键是由于钢中含有铬这种元素。含铬钢在与氧化性介质或腐蚀介质接触中，由于电化学作用钢件表面生成一层坚固致密的氧化物膜，称作钝化膜。这层膜使金属与外界的介质隔离，阻止金属被进一步腐蚀。并且还有自我修复的能力，如果一旦遭到破坏，钢中的铬会与介质中的氧重新生成钝化膜，继续起保护作用。不锈钢的不锈性还与使用环境有关。不同的环境，要使用含铬量不同的不锈钢。含铬量的高低是决定不锈钢性能的根本因素。据悉欧美等国标准规定铬含量最低不能小于10.5%，日本规定不能低于11%，我国规定不能低于12%。为了提高钢的耐蚀能力，通常增大铬的比例或添加可以促进钝化的合金元素，如Ni、Mo、Mn、Cu、Nb、Ti、Co等，这些元素不仅提高了钢的抗腐蚀能力，同时改变了钢的内部组织以及物理力学性能。这些合金元素在钢中的含量不同，对不锈钢的性能产生不同的影响，有的有磁性，有的无磁性，有的能够进行热处理，有的则不能进行热处理。

2. 种类

根据钢组织特性，不锈钢包括铁素体、马氏体、奥氏体、奥氏铁素体和沉淀硬化型五种类型。

铁素体型和马氏体型不锈钢具有较高的韧性与冷变能力，并有良好的塑性、焊接性、抗氧化性和加工性，是制造厨房不锈钢设备的常用钢种，如橱柜、案台、洗槽、烟罩、灶台等。其中13Cr-低碳属于马氏体型不锈钢，常用来制造餐刀、切肉刀等刀具，具有良好的切屑性、耐磨性和很高的硬度。

奥氏体型和沉淀硬化型不锈钢是目前生产不锈钢烹饪器具使用最多的钢种，尤其是高级餐具，常用材料如1Cr18Ni9、1Cr18Ni9Ti、1Cr18Mn8Ni5N等，它们都具有很好的耐腐蚀性、防污染性、韧性、抛光性和较高的强度，即使在800～850℃温度下仍保持上述良好特性。在这五类产品中只有奥氏体型和一部分沉淀硬化型不锈钢是无磁的，所以当用吸铁石敲击时，有抗拒吸铁石的能力。剩余类型的则是有磁性的，因此完全可以用吸铁石吸住。

根据我国颁布的不锈钢食具容器卫生标准(GB 9684—88)规定：各种存放食品的容器和食品加工机械应选用奥氏体型不锈钢(1Cr18Ni9Ti，0Cr19Ni9，1Cr18Ni9)；而各种餐具应选用马氏体型不锈钢(0Cr13，1Cr13，2Cr13，3Cr13)。

3. 特点

不锈钢烹饪器具从一面世就博得人们钟爱的主要原因，是它具有其他材料的烹饪器具无法比拟的优点：耐腐蚀、抗冲击、卫生清洁、耐高温高压，可用任何一种方法杀菌消毒。它特有的银灰色金属光泽，显得美观、高雅和大方。

近二十年来，不锈钢烹饪器具发展很快，煮锅、蒸锅、铲、勺、蒸笼、蒸屉、盆、罐、桶、碗、盘、碟、壶、杯、匙、叉、刀、案、柜、架、槽等各种不锈钢器具应有尽有。在近十年，不锈钢厨具的大量使用，极大地改善了厨房的卫生状况，它是现代厨房器具发展的一个大方向。

（四）铜

铜是人体内一种必需的微量元素，在人体的新陈代谢过程中起着重要的作用。人类应用铜已有数千年的历史。墓葬考古发现，早在 6 000 年前的史前时期，埃及人就使用铜器。铜是人类祖先最早应用的金属。我国 4 000 多年前即有炼铜的历史。从颜色分，目前的铜材料有紫铜、黄铜、青铜和白铜等四种。其中紫铜即是工业纯铜，在此基础上添加锌、铅、镍、锰等元素可制得黄铜；而以镍为主要添加元素的铜合金称为白铜；青铜是铜锡合金，另外把含铝、锰、硅等元素的合金铜也称为青铜，我国古代的青铜器主要是铜锡合金。

作为中国饮馔史上的第二代烹饪器具，青铜器曾在历史上产生过巨大影响，但由于青铜器缺陷的限制，随着历史的推移，渐渐被其他金属器具所取代。到近代，还有少量的纯铜或黄铜烹饪器具被使用，如铜锅、铜盆、铜杯、铜壶、铜刀、铜模具等。现代烹饪器具也保留了一些铜质烹饪器具，如北京东来顺的羊肉火锅，以及少数很具民族特色的器具。但总的来说，铜质烹器的使用是越来越少。

（五）金银餐具

1. 概说

金与银都属于稀有的贵重金属。它们具有美丽的光泽，质地柔软，易于加工，因而成为最受工艺匠人欢迎的加工材料。与其他材料相比，这种易于加工的特点，使金银器还能够加工改制、花样翻新，从而形成多种形式的金银制品。

但另一方面，由于金银质软，其制品便容易在挤压或碰撞后变形或损坏。此外与其他一般金属材料比，金、银又都具有耐大气氧化和腐蚀的特性，可以历经千年仍然新亮如初。所以不少金银制品历代相传，成为传世之宝。特别是黄金，这种特性更佳，既不会锈蚀，又不易失去光泽。与金相比，银的这种性能则稍差。潮湿的臭氧会使银表面氧化，银制品使用或搁置时久了，其色泽会由白亮转变为灰或黑色。另外银抗硫化物腐蚀的特性也不及金。

金银用来制作餐具已有悠久的历史。唐朝是中国金银器发展的繁荣鼎盛阶段。这个时期不仅金银器数量剧增，而且品种丰富多彩。其器型与纹饰的风格汲取域外文化并融于本民族文化的基础上，形成了独立的民族风格。在古代的皇宫贵族和巨商富贾阶层，壶、杯、盘、碟、碗、筷、勺等之类的金银餐具甚为风行。如图 1-5 所示为唐金杯，图 1-6 为战国金碗。

据史料统计，在慈禧太后的宁寿宫的膳房内，就有金银餐具 1 500 多件，可折成黄金 290.8 kg，白银 529.5 kg。满汉全席所用的餐具大多为金银餐具。古代金银餐具是众多餐具中的奢侈品，以象形器具多见，有极高的艺术成就。也许是太昂贵的缘故，金银质餐具在以后的使用中逐渐少见，目前，除少数银质餐具还在高级场所使用外，金质餐具已演变为艺术品。

2. 金银镀制品

在许多高级宾馆和饭店使用的金银餐具主要是金银镀制品，这类餐具虽不如金银器具昂贵，但仍可再现金银器具之高贵和富丽，或金光闪闪，或银影生辉，显示出极高的档次与品位。

图 1-5　唐金杯

图 1-6　战国金碗

金银镀制品多数以表面黏着性较好的青铜薄板，经焊接、打磨、雕琢等复杂工序制成坯，然后用电脑控制的现代电镀技术，将高纯度的金银(99.99%)镀上青铜坯胎表面，从而形成质地极其光滑、细腻、充满豪华气派的金银餐具。目前这些餐具主要有宴会、自助餐和西餐三大系列，以盆、盘、碟、品锅、食盖、盅、把、勺、匙、刀、叉、篮、架等器形较多。

第三节　烹饪器具的种类和用途

烹饪器具的种类繁多，按其主要用途可分为餐饮器具和烹调器具两大类。每一大类又根据不同的内容有进一步的分类。每种烹饪器具均有其特有的形态、规格和使用方法。

【案例 1-3】

酒店个性餐具

武汉雄楚大道楚灶王大酒店有一种陶制汽锅，外形如一尊小鼎，专门用于蒸汤。还有一种用竹篾编成的簸箕，样子小巧而精致，里面装着金黄的藕圆子，别具乡土风味。而在汉口惠济路的和合茶膳房里，小紫砂壶被用来装排骨汤，喝时倒在茶杯里。楚灶王相关负责人说，陶制汽锅是该酒店负责画图设计好后，专门请湖南汨罗镇的制陶企业制作，每个需近 300 元。

评析：菜肴本来就有“色、香、味、形、器、意、养”的说法，而且随着餐饮业竞争加剧，酒店越来越重视餐具，个性餐具的投入也越来越大。据了解，面积在一万平方米左右的中型酒店每年在餐具上的投入为 20 万元左右。而在 5 年前，武汉的餐饮企业对餐具并不重视，只要整洁就行，花在餐具上的费用仅占酒店开支的 0.5%。现在各酒店特别重视选用别具特色的器皿来装菜。尤其在推出新菜的时候，往往要耗费很大的精力设计配套的餐具。在历届烹饪大赛上，美食与美器的配合也为参赛菜肴增色不少。而这些设计精美的个性化餐具往往是从常规的烹饪器具之中得到灵感的。

故本节介绍一些常规的餐饮和烹调器具，以便正确地使用和举一反三。

一、餐饮器具

餐饮器具包括盛食类器具(如碗、盘、碟等)、助食类器具(如筷、匙、刀、叉等)、饮器具(如杯、壶等)和备食器具(其他服务用具)。根据中西特点又中式餐饮器具和西式餐饮器具之分。

(一) 中式餐具

中式餐具以瓷餐具为主体，以筷子为其特色，碗、碟、盘、盆、勺、杯、壶等是餐具的重点器型。

1. 碗

碗是众多餐具中使用最多和销量最大的餐具，种类十分繁多，器型规格亦非常复杂，不同产地的产品特点各异。从材质看，碗有陶瓷碗、不锈钢碗、搪瓷碗、塑料碗、木碗、纸碗等。其中以瓷碗使用最广，影响最深。在此以瓷碗为例，说明碗的种类和规格。瓷碗根据不同标准有不同的分类方法。若按规格大小分，有特大型碗，大型碗，中型碗和小型碗四种。

特大型碗，又名“品碗”，粤人称“海碗”，鲁豫一带称“汤海”，通称“大汤碗”。其直径一般大于 250 mm，主要用于盛汤或带汤汁多的菜肴。

大型碗，直径约为 175～250 mm，俗称菜碗或面碗。其中椭圆形大碗学名“鸭碗”，通称“鸭池”，苏州人称“鸭船”，主要用于盛有汤汁的全鸭菜肴，如“三套鸭”等。

中型碗，直径约在 110～175 mm 之间，中餐主作饭碗，又用于炊具的“扣碗”，蒸各种菜肴食用。如荔芋扣肉，扣三丝等。

小型碗，直径一般小于 110 mm，以 70～90 mm 规格的多见，常作口汤碗，也有作蒸品碗用的，如“碗儿糕”、“碗水糕”等。最小的碗口径约 70 mm 左右，高档筵席常用这种碗来为每位客人分食菜肴。

碗的外形多样，根据其外形特点，有圆、方、椭圆、多角等形状，并有高矮之分，还有夸肚大足和尖底细足之别。高碗之口夸肚，容量大；矮碗体矮撇口，底宽外秀、容量略小。另外，碗据沿口形状，又分为撇口碗、瓶口碗、荷口碗、莲口碗和绳纹碗等。我国主要的传统碗形见图 1-7 所示。

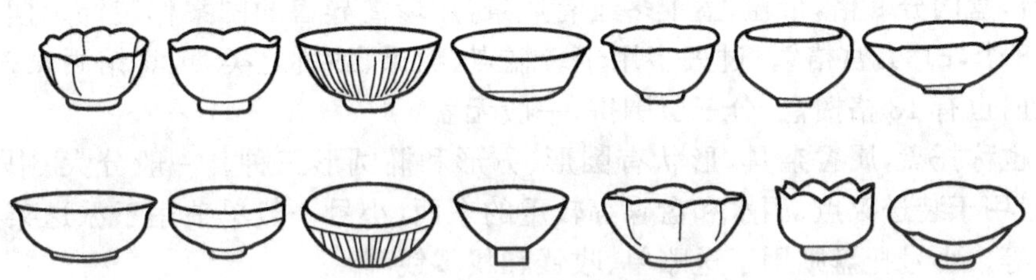

图 1-7　我国主要的传统碗形

除上述碗外，还有许多新的器型以及一些很具民族特色的碗，如少数民族中的青釉八角碗，为广西饮食摊店使用最多的碗，质厚朴实，浅底宽沿，光滑易洗，结实耐用，很具特色；又如藏木碗，也称“泥西木碗”，藏族同胞多用以喝奶茶和拌渣粑，旅行时揣在怀中，随时取用，不易破碎。

2. 盘碟

盘碟在餐饮活动的使用量仅次于碗，主要用来盛装菜肴、点心、水果、调味品和作垫托盘等。盘与碟的区别是，一般习惯以直径 166.7 mm(5 寸)以上为盘，直径 166.7 mm(5 寸)以下为碟。盘碟的种类很多，从制造材料看，除主要的瓷盘外，还有不锈钢、搪瓷、玻璃、塑料、竹木等材料制成的盘。其中不锈钢盘多用于自助餐和冷餐酒会时盛冷菜或点心；玻璃和塑料盘一般作盛装糖果、小菜拼盘。盘的形状有圆形、椭圆形、方形、三角形、多角形和象形等多种，沿口分圆口、荷口、直口和撇口等。常用瓷质盘碟有下面几类。

平盘，盘角平坦而边缘伸延，有圆形与荷叶边两种，大小规格在 127.0～812.8 mm 之间共 16 种，常作水果点心盘、冷拼盘和无汤汁菜盘以及垫盘用。平盘也是西餐常用的盘型。

汤盘，俗称窝盘，边高盘深，分圆形和荷叶边两种，主要有 127.0 ～302.0 mm 共七种规格，主要做盛汤用，也可装汁水较多的烩、焖、扒类菜肴和水饺，也是西餐常用装汤的盘形。

正德盘、锅盘，这两种盘分别由正德碗和锅碗演变而来，多为出口品，国内也适销。其中锅盘也称“扒盘”，有多种规格，小号的主要用于盛装整鸡，肘子等大菜或扒菜，大号的常为内蒙古和新疆喜用，常用于盛装“手抓羊肉”、“手抓饭”、“馓子”、“馕”等食物。

鱼盘、鹅盘，又称腰盘或长条盘，分平坦阔边和锅深两种造型，规格有 152.0～803.2 mm 共两种，主要盛装整只造型的菜肴，如装全鱼和整只鹅、鸡、鸭、乳猪等，也可作水果和冷拼使用。

高脚盘，又称“坝盘”，属高档器皿，平底直口，浅锅形盘面，喇叭形高脚，形似高脚酒杯，分大、中、小三种型号，规格有 68.6 mm、203 mm、406.4 mm 等多种。另一种“高桩盘”也是一种高脚盘，通常四个为一组，也有金属和玻璃两种材料制的，小号的作味盘，中号的用于盛干果、糖果、炒货、点心等，大号的可放水果。坝盘与平盘配用，错落有致，别具一格。所谓“四庄桌”就是在高档筵席中，大中号坝盘用于盛菜，小号的配作“跟头”。

长方盘，呈长方形，盘腹深，盘角呈圆弧形，有大中小号之分，常用来盛装造型菜。

六和盘，学名“和合盘”，圆形，带盖，盘心深凹，造型古朴大方。盘径规格主要有 240～300 mm 等多种。既可装菜，亦可装汤，有保温防尘作用，常在高档筵席使用，一般用于装“大排翅”之类的菜。

攒盒，长江中下游一带称“果盘”，俗称“果盒”，分固定和活动两种，瓷制、漆制、玻璃制、塑料制皆有，盒内分 9 格，带盖，盖上多绘有风景，用珍禽异兽的图案作装饰。摆放时，中间 1 个，周围 8 个，曰“九宫格”。过去多用于装糕点、糖果、炒货之类，现宾馆酒家多用于拼装冷菜。另外，也有 13 格攒盒，分三层围拼，一般无盖。

捧盘，也称托盘，属餐杂具，形状有圆形、方形和椭圆形三种。一般分大、中、小号。大中号盘一般用于装送菜点、酒水和盘碟等较重的东西，小号一般单独用于派送菜、酒、茶水、咖啡、纸巾等。小号托盘则用于送账单、收钱和找零钱等。

味碟，也称“醋水碟”，有圆形、椭圆形、方形和扇形等不同形状，是盛装酱油、醋、辣酱、蒜茸等调味品的小碟子，专供客人蘸食以调剂口味用的，规格以 68.6 mm、70 mm、76.2 mm、101.6 mm 等多见。另外，粤式酒楼还习惯用较大的味碟盛装茶点小吃，如蒸排骨、烧卖等。

隔碟，是味碟的不同种类，中间隔开 2～3 格，形成“太极型”和“品字形”，可同时盛装两种到三种调味品，作用同味碟一样，但不能作垫托碟用。

骨碟，也称“吃碟”或“骨渣碟”，是为客人就餐时集骨、刺、壳、渣等用的碟子，以 160 mm 的多见。吃碟也可与其他小菜碟混用，用于筵席上分食的餐具。通常摆放在每个宾客前面，服务员摆台时常以之定位。

搁碟，筵席上用于垫托杯、碗、匙等使用的碟子，盘形平坦，可用味碟代替。其中长方形大碟一般作搁置毛巾用。对档次要求不高的酒楼，吃碟、味碟、搁碟往往混用。

3. 筷、匙、勺、叉、刀

这是一类专门用于夹食、取食或助食用的餐具，种类规格较多，常用的介绍如下。

筷子，古时称“箸”或“楮”，是中餐特有的夹食用具。制造材料有竹、木、塑料、银、不锈钢等，另外还有象牙筷。其中以竹筷和木筷最多，常用的有普通竹木筷、红木筷、楠木筷、乌木筷、铁木筷、漆木筷等。筷子规格繁多，最长的是云南景颇族人使用的和北京吃烤羊肉专用的筷子，最短的是儿童使用的筷子。筷子可以用来夹东西，在没有刀叉的时候可以用来当作刀具分餐，没有漏勺的时候还可以充当漏勺来使用。中国筷子举世闻名，在某种程度上它是中国饮食文明的象征，还有较深的文化内涵。

匙，俗称调羹或食匙，用途较广，有瓷质、不锈钢质、银质、镀金和镀银质等品种，以瓷质和不锈钢质的使用最普遍。传统中餐一般用瓷匙喝汤或吃流质食物，故名“汤匙”，也称“茶匙”或“针匙”。匙的样式花色和规格很多，根据大小分大汤匙(14 cm)、加二汤匙(13 cm)、三号汤匙(12 cm)、四号汤匙(10 cm)、五号汤匙(8 cm)等五种。其中有一种瓷制大匙(长约22 cm)，又称“汤勺”或“汤瓢”，主要用于“品碗”等大型盛汤皿中，供舀汤或舀羹使用。不锈钢等金属匙常在西餐、快餐或取咖啡、白糖时用；塑料匙一般用作调味料匙。

汤勺，又名“汤瓢”，两广人称“汤壳”，一般用于盛汤，亦可用于盛粥。有瓷制、不锈钢制、竹木制和塑料制等多种的。汤勺柄长而勺深，规格分大、中、小三种型号，舀饭用的饭勺与汤勺不同，其柄短而勺浅，也有称“饭匙”或“饭铲”的，以竹木、塑料、不锈钢制品居多，也有海螺壳制的。

刀叉，除西餐用刀叉外，中餐也有用刀叉的。如内蒙的烤羊腿，上席时在羊腿上插一把蒙古刀，吃手抓羊肉时也是各自用佩戴的蒙古刀割食，新疆人也有此习俗。江苏一带吃蟹时流行用的“蟹八件”(即是在食整只大蟹时使用凿、镊、针、匙、剪、锤、斧、叉等八种小巧玲珑的银质或铜制餐具)中就有叉。

4. 品锅

品锅形似盆，边壁比碗厚实，带盖附两提耳，有1～4号四种规格，其直径分别是250 mm、230 mm、210 mm和190 mm，因其保温性好，故作汤盆或以之装带大量汤汁的菜。除了这类传统陶瓷品锅外，目前还有密胺仿瓷品锅、新型陶瓷品锅和不锈钢品锅等。

5. 火锅

火锅又名暖锅，是冬令热食常用的一种炊餐两用器具，可边煮边食，使用很方便。目前有铝、铝合金、不锈钢、铜、搪瓷、陶等材料制造的各类火锅。从结构看，常使用的火锅有四种类型：第一种是连体型火锅，即除锅盖外，烟筒、环状小槽和炉体连成一体；第二种是分体火锅，由锅盖、环形水槽(连烟筒)、炉箅、底座和拔火筒等五部分组成的火锅，使用时再组装，携带方便，洗刷容易；第三种是由锅和炉两大部分组合而成。锅可用各式各样的锅，炉可用炭炉，酒精炉、煤油炉、液化气炉、固体燃料炉、电磁炉等，这是一类目前专业火锅店使用最多的火锅，如燃烧固体燃料或酒精的“酒锅”就属于这一类；第四种是电热火锅，即装有热管、热盘、热膜或电磁等加热装置的火锅，可随意设置或调节温度，使用方便、卫生、清洁，具有较强时代特色。

6. 烤锅

这是一种类似火锅但顶部是一圆凸的铁板，中间部分为火源，铁板四周有槽，供烤肉时汁水油流淌用。使用时，先在铁板上刷一层油，然后将肉料直接置于铁板煎烤。

7. 保温锅

保温锅是供菜肴保温用的一种锅，这种锅一般为不锈钢制，规格主要有：80 cm×45 cm的长方形锅、45 cm×45 cm的长方形锅和直径为40 cm的圆形锅三种。保温锅一般分为三层，上层放水，中间置被保温的菜肴、下层为燃料加热层，多用酒精或固体清洁燃料作热源。

8. 铁板

铁板是用生铁铸成的椭圆形或象形盘子。使用前先将铁板烧成灼热，然后垫上一层洋葱片，再铺上调好味料的原料或半成品，如牛肉、大虾、猪肉、肉串等，上席时浇上兑好的卤汁，由于温差较大，菜肴就会吱吱作响，热气腾腾，品质别具风味，还能增添席面欢乐的气氛，如粤菜中的铁板类菜肴大多使用之。

9. 盅

盅是一种形似缸但比缸小的盛器，以陶瓷盅和玻璃盅较为多见。按盅的用途可分为三类，一类是装调味品的调味盅，如糖盅、盐盅、果酱盅、油盅等；另一类是供客人就餐时洗手用的洗盅，容积较大；第三类是炖盅，形似鼓，口小而肚大，以口径 80 cm 的多用，多为陶瓷品，主要用于炖制汤品、菜肴和甜羹等食品。西餐餐具中有一种类似盅的称谓"焗盅"，用特种耐热玻璃制成，有圆形、方形、腰形多种，无盖，可用于隔水高温蒸炖，也是高温烧炙，如西炉焗制的不少菜点就是使用这类盅。

10. 杯

杯是一种茶、水、酒、饮料等流质食物的饮食器皿。杯的器形种类很多，是餐具中较复杂的一类。从材质看，有瓷杯、玻璃杯、钢杯、塑料杯、纸杯等。从用途分，有白酒杯、啤酒杯、色酒杯、茶杯、咖啡杯、饮料杯等。

(1) 瓷杯　我国传统的瓷杯概括起来有四种：

有盖有耳杯，杯身筒形，盖上有提拿的柄突，身附提耳，供泡茶用，如胜利茶杯、白玉茶杯、金菊茶杯等。

有耳无盖杯，亦称耳杯或耳盅，如鸡心耳杯、莲子耳杯、大耳杯等，常与壶配成成套茶具。

无耳有盖杯，是一种泡茶用杯，包括两种类型：一种是形似马蹄带托的马蹄杯，分为马蹄饭杯、马蹄茶杯和马蹄参杯三种；另一种是不带托的，包括大号庄的大饭杯和小号庄的二饭杯两种。用这类杯喝茶时可用杯盖撇开茶面浮叶，避免茶叶入口。

无耳无盖杯，这类杯亦称盅，稍大的用作茶杯，稍小的作酒杯。如江盅，玉兰盅、罗汉盅、大肚盅、正德令盅、石榴盅等。其中酒杯有高脚和矮脚之分，高脚杯分两种，容量为 20～40 mL；矮脚杯容量 20～50 mL，常见的杯如汉酒杯(容量 20～25 mL)、大令酒杯(约 40 mL)等。

(2) 玻璃杯　是目前使用最多的杯。根据结构特点，有普通玻璃杯、钢化玻璃杯和轻化玻璃杯等品种。普通玻璃杯易破碎；钢化玻璃杯耐热性好，强度高，不易破碎；轻化玻璃杯一般经涂层或包塑，重量轻，不易划伤和破碎。

从耐热性分，玻璃杯又分热饮杯和冷饮杯，热饮杯可耐 95～99℃温差变化，常作茶杯、咖啡杯等；冷饮杯可耐温差约为 43℃，常作啤酒和饮料杯，但不能作茶杯用。

若从形状分类，玻璃杯包括筒形杯和高脚杯。其中筒形杯有方底、圆底和五星底三种，容量为 25～350 mL，小容量的作白酒杯，中大容量的作茶杯、咖啡杯、饮料杯和啤酒杯。高脚杯按装酒的种类分香槟杯、红白酒杯、白兰地杯、鸡尾酒杯、雪利酒杯、巴德酒杯、葡萄酒杯、柠檬威士忌酒杯、啤酒杯等等，它们容量一般在 100～365 mL 之间。

11. 壶

壶是用来盛装茶、水、酒、油、醋、酱油等液体的容器，因此有茶壶、水壶、酒壶、油壶和咖啡壶之分。壶的种类繁多，形状各异，从材质看，有陶壶、瓷壶、铝壶、电热壶、塑料壶等多种。其中铝壶与钢壶主要用来烧水沏茶，有120～260 mm八种规格；塑料壶一般供装油、酱油和醋用；电热壶是在各类耐热壶中，装电热管或热膜而成，使用方便；陶壶与瓷壶是使用较多的壶，下面分别介绍。

陶壶　陶壶的品种大约有600～700种，概括起来有紫砂壶、精陶壶和细陶壶三类，其中以紫砂壶最负盛名。陶壶若按造型可分提梁壶和端把壶两种，其中提梁壶又称桶壶、桥壶、桥梁壶，容量500～3 000 mL，包括圆壶、直形壶、蛋形壶和黑砂壶等多个品种，其中每个品种又包含多种规格；端把壶又称执壶，形式较复杂，容量150～1 000 mL，如常用的海棠壶、柿子壶、佛手壶、桃扁壶、莲子壶等。

陶壶的装饰有几何形、自然形和筋纹形几类。几何形包括掇球、仿古、汉扁、四方、六方、八方、长方等及一些抽象造型等；自然形以饰松竹、花鸟、树草、瓜果为主，集绘画和书法于一体；筋纹形主要饰以筋纹线条图案。其中自然形饰在紫砂壶中尤为突出，从而形成陶壶千姿百态、雄浑飘逸、幽雅古朴的独特艺术风格。

瓷壶　瓷壶的形式与陶壶相似，也分把壶和提梁壶两种。其中把壶又称提耳壶，有四合壶、圆壶、气球壶和柿子壶等多种，为国内销量最多的品种；提梁壶包括活动提梁壶和固定提梁壶两种器形，容量较大。瓷壶的容量约在200～2 000 mL之间，装饰以贴花和喷花居多，花色品种非常丰富。瓷壶的规格按传统的方法分5件、10件、15件、20件、30件、50件、60件、70件、80件、100件等10种。所谓“件”是指单位体积的瓷窑内能容纳瓷壶坯的件数，件数越多，容量越小，餐厅一般用30件和50件两种。

除了上述各类餐具外，还有许多餐杂器具，如餐巾、小毛巾、台布、筷筒、筷架、勺架、胡椒筒、牙签筒、饭盒、提盒、食盒、烟缸、起子、温酒器、五味器、蜡烛台、台号座、座签等。另外还有许多少数民族餐具未作介绍。

（二）西餐餐具

西餐餐具的种类繁多，不同的国家因各自的地域文化的不同而形成了饮食上的差异，因此各国的餐具也各具特色。其中较为普遍使用的餐具如盆、碟、盘等，很多与中餐具相同或相似，在此不再介绍，下面主要介绍较为通用的其他各类西餐餐具。

1. 餐刀

西餐用的餐刀主要有不锈钢、铝合金和银质几种。按形状大小及用途分为正餐刀、鱼刀、白脱刀、牛排刀、切肉刀、黄油刀、面包刀、水果刀等。鱼刀主要用于吃鱼类菜肴或中盘菜；正餐刀（约20 cm长）用于吃大盘菜；白脱刀是吃面包点心时用于挑白脱油或果酱用的；牛排刀带有锯齿，在切制牛排时，要用有齿锯那边斜着切，切一块吃一块，切完刀子要放盘子上；切肉刀主要用于切割各种烧烤卤熏肉类菜；黄油刀用于取抹黄油；水果刀专用于食水果。餐刀常与餐叉配合使用。在西餐中一般上一道菜就换一次刀叉。

2. 匙

西餐匙或称勺，按形状大小和用途可分为清汤匙、茶匙、冻糕匙、奶油匙、点心匙、小咖啡匙、服务用匙等，另外还有一种用于分餐用的大汤勺。

3. 餐叉

餐叉同餐刀一样，有不锈钢、合金铝和银质三种。按大小、形状和用途分类，有海鲜叉、鱼叉、正餐叉、龙虾叉、蜗牛叉、切肉叉、服务用叉等多种。海鲜叉主要用于食海鲜，也可以用来吃小盘菜、点心和水果；鱼叉主要用于食鱼，也可用来吃色拉和甜点心；正餐叉又叫大号叉，用于食大盘菜，也可以作为分菜叉；龙虾叉较特殊，主要用于吃带甲壳类的海鲜菜品，如龙虾、螃蟹、蛎黄等；蜗牛叉主要用于吃蜗牛等特殊菜品，与蜗牛夹配用；服务叉较大型，用于分菜；切肉叉又为两齿叉，在切熟肉时用于固定肉块。

4. 西餐酒器

西餐酒器以玻璃具居多，按不同酒进行分类，下面介绍几种常用杯（图 1-8 已有部分列出）：

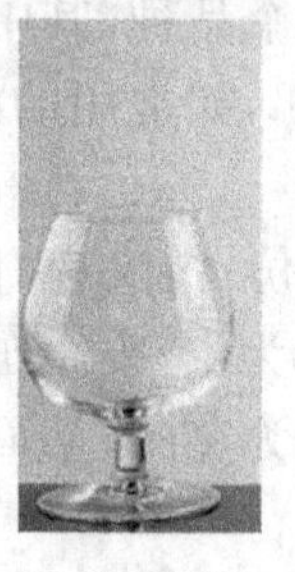
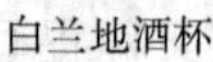
白兰地酒杯

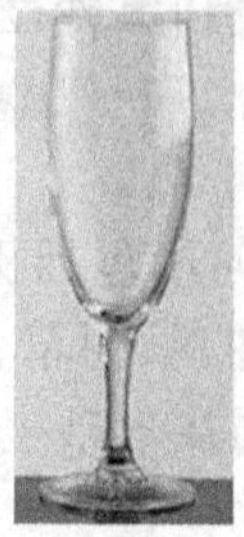
香槟酒杯

红葡萄酒杯

白葡萄酒杯

利口酒杯

图 1-8 西餐酒品常用酒杯

白兰地酒杯，小口腹大的郁金香球形矮脚杯，可装 220～300 mL 酒。倒酒时一般只将酒倒至酒杯横截面最大处。

香槟酒杯，分浅碟形，长笛形和郁金香形三种，容量约为 180 mL，其中长笛形和郁金香形香槟杯能使香槟酒的发泡时间更长，使香槟酒连绵不绝的气泡优美地显示出来。

红、白葡萄酒杯，是一种较大型的酒杯，形如郁金香，可装 380 mL 酒，有普通形和空心形两种。通常红葡萄酒杯的容量比白葡萄酒杯要大些。

利口酒杯，是一种口大底小的喇叭形高脚杯，其容量较小，可装 110 mL 酒。通常用于服务烈性酒或利口酒。

波特酒杯，是一种中型酒杯，可容 180 mL 酒，适于盛装波特酒（一种产于葡萄牙的强化葡萄酒）、雪利酒（一种适于女性常饮甜酒）和开胃酒。

雪利酒杯，上部呈喇叭状，杯身较深，可容 75～110 mL 酒。

鸡尾酒杯，样式较多，以 V 形和细颈形常见，大小各异，可装 110～380 mL 酒。一般鸡尾酒的酒度越高，所用酒杯的容量就越小。

柠檬威士忌杯，又称酸味酒杯，上部较小，杯身深，可容 150～200 mL 酒。

啤酒杯，体积较大，容量也较大，杯壁敦厚结实。主要有口大底小的皮尔森杯、带脚的皮尔森杯和带把的扎啤杯三种杯形。

水杯，形似葡萄酒杯，但比葡萄酒杯容量要大。

海波杯，圆筒形的直身玻璃杯，平实而厚重，容量较大。

柯林杯，又称哥连式杯，形状与海波杯相似，但比海波杯要高，适于制作口感变化的酒品。

古典杯，又称岩石杯，底平而厚、圆筒形，稳重大方，有些杯口略宽于杯底。常用于烈性酒的净饮或加水、加冰饮用。

西餐用杯还有用于调酒的调酒杯、用于量取液体的量杯，以及摇和饮料用的摇酒杯等。量杯和摇酒杯通常为不锈钢制。摇酒杯主要有 250 mL 和 350 mL 两种规格，由壶盖、过滤网和壶身三个部分组成。

5. 饮料用器

饮料用具包括杯、壶、缸等器具，主要用于饮用茶、咖啡、牛奶、果汁、冷饮等饮料。如咖啡壶、茶壶、热水壶、塞压壶、牛奶壶、咖啡过滤器、茶漏、茶杯、糖缸、奶盅、果汁杯、冰淇淋杯等。

其中果汁杯又名求司杯，容量约125 mL，可装橘子汁、菠萝汁、番茄汁、苹果汁、柠檬汁等多种果蔬饮料汁。

此外还有其他服务用具如：酒嘴、过滤器、调酒棒、冰铲、冰夹、碾棒、冰桶、酒吧匙、开塞钻、蛋糕托、通心面夹、蛋糕刀、蔬菜斗、坚果类、橘子模、另外，还有胡椒磨、糖瓶、盐瓶、暖锅、汤锅、食盆、酒篮、面包篮、碟盖、顶盖和一些布件实用品等。

二、烹调器具

烹调器具包括中西菜肴烹调和面点制作时所使用的各种手工操作工具、器皿和用具。

(一) 中式烹调器具

中式烹调器具指生产菜品过程中用于清洗、整理、切制、调配和烹制等操作时使用的主要器具。

1. 锅

锅是一种用于煎、炒、蒸、煮、煨、炖等烹饪操作的加工器具，是最重要的一种烹饪器具。根据烹调工艺、用途和结构特点，锅主要有炒锅、蒸锅、煮锅、行锅、砂锅、平锅、鼎锅、高压锅和不粘锅等。

(1) 炒锅　炒锅是专门用于煎炒的锅，根据制造材料主要有铁锅、铜锅、铝锅和复合金属锅等几类。实际操作时，几乎所有的烹法都可用炒锅完成，这是使用最频繁的一类锅。

铁炒锅分生铁锅和熟铁锅两种。生铁锅由铸铁铸成，质硬脆，刚性大，以色青发亮者为优；熟铁锅由较纯的铁用浇铸或锻压的方法制成，有较好的韧性和抗冲击性，以表观白亮者为优，暗黑者为差。铁锅的规格种类较多，以口径25～40 cm的使用普遍，形式分耳锅和把锅两种。耳锅带两耳，有大耳锅、中耳锅和小耳锅之分，规格较多。把锅有一灵活操作把柄，柄有木制或耐热塑胶制两种，在锅缘另一边设有一耳。一般南方多用耳锅，北方多用把锅。粤式炒锅底一般较浅，广东人称“炒镬”，而把底较深的锅称烩汤锅。“炒勺”是一种带柄锅，也称“炒瓢”，其底较浅。底部较深且平的锅又称为“扒勺”，为鲁菜多用。

铝炒锅由纯铝或铝合金制成，一般是双耳圆底锅，有传热迅速(热效果是不锈钢锅的16倍)、不易生锈、锅体较轻和不易结底糊锅等特点。但铝锅不易清洗、用油多时油烟大。常见规格有28 cm、30 cm、31 cm、32 cm、34 cm等多种，多数附有铝锅盖。

铜炒锅一般少见，藏族地区寺院中有可供制作百人饭食的大铜锅。

复合金属锅是一种新型材料锅，锅内层为铁，外层为铝合金，外表涂高辐射吸收涂层，集铁锅和铝锅的优点于一身，代表锅的发展方向。

(2) 蒸锅　蒸锅用于蒸炖面点饭食和各种菜肴的专用锅，有铁制、铝制和不锈钢制三种。其结构主要分三种类型：一是中箅式蒸锅，由高腰锅内置1～2个蒸箅组成，多为铝锅；二是架笼式蒸锅，即由一般深锅架上蒸屉或蒸笼组成；三是连为一体，多为不锈钢制品。前两类为中小型蒸锅，可作煮锅用，大部分有固定规格，其中高腰铝锅有220～400 mm共

12 种规格。第三种是宾馆饭店常用的稍大型的专业设备，有固定规格，也可根据实际需要定做。

(3) 煮锅　煮锅是常用于煮肉、制汤、烧水和煮粥的锅，以铝锅和不锈钢锅常见。锅型有高锅、矮锅、柿形锅、菊花锅、浅底锅、光复锅、沙土锅、牛奶锅等多种。其中每一种类型又有多种规格，如高锅从 160～360 mm 共有 11 种；柿形锅从 160～300 mm 共 8 种等等。

(4) 砂锅　砂锅由陶土制成，广东人称为“砂煲”，主要用来炖汤粥之类的食品。砂锅由于传热慢，加热时间长，化学性质稳定，以之烹煮食物有酥香嫩烂和味道厚浓之特点，如“砂锅狮子头”、“砂锅什锦”、“砂锅豆腐”、“砂锅胖头鱼”等。根据容量大小，砂锅分为一号、二号、三号、四号和特号五种。其中一号和特号为大型砂锅，二号和三号为中型砂锅，四号为小型砂锅。它们的容量分别是大锅大于 5 000 mL，中锅约为 2 500～5 000 mL，小锅小于 2 500 mL。从颜色看，砂锅有黑、白、紫三类。

白砂锅包括盆形、高形和云斗形三种。盆形白砂锅口大、唇卷、肚鼓；高形白砂锅撇口、平沿、扁唇、直颈、腹突；云斗形白砂锅如旧式熨斗。其中每一种砂锅又有 1～5 种规格，在众多砂锅中，以广东的“三煲”(饭煲、粥煲和茶煲)最出名。市场有一种耐高温白色陶煲，这是一种新型细陶砂锅，质地细腻，耐高温，不易破裂。

黑砂锅包括老豆腐锅、大酱锅、大明锅、老勺、砂勺和各式火锅等 10 多个品种。以山西平定、河北彭城和山东淄博等地的产品最出名。

紫砂锅由紫砂泥制坯烧成，颜色有黄、赭、绿、赤、紫多种，是一类很具特色的陶锅。其中有一种口大腹深、形如品锅的气锅最具代表性，以该锅制菜肴别具风味，如紫砂气锅鸡就是一道名菜。这种锅的锅中设有一中心气管，可将蒸气导入锅内把食物煮熟。

(5) 平锅　这是一种形似茶托的圆形平底锅，锅唇外翻，多数为生铁铸成，也有熟铁制品，大小各异，高约 30～80 mm，口径以 400 mm 的多见，可用来摊煎和烙制鸡蛋、油饼、面饼、卷皮等各类食物。另有一种称为“鏊子”的也是一种平锅，生铁铸成，平面圆形，中间稍稍鼓起，不翘边，大小不一，是北方民间烙制单饼(春饼)的炊具。

(6) 行锅　由钢板制成，长方形，平底，有锅沿，带耳，一般规格为长×宽×深＝100 cm×45 cm×15 cm，用于炸小批量的油条或其他油炸食品。另有一类圆形直身平底油炸锅，与行锅一样也是专用炸锅。

(7) 鼎锅　这是一种形如陀螺的古老传统烧煮锅，用生铁铸成，锅身上下尖小，中部外凸，可用铁丝悬挂起来烧煮，分大吊子、中吊子和小吊子三种，可用于烧饭、熬粥和煮肉制汤。

(8) 高压锅　高压锅又叫压力锅，其原理是高压锅把水相当紧密地封闭起来，水受热蒸发产生的蒸气不能扩散到空气中，只能保留在高压锅内，锅内加热时产生的蒸气，形成 $9.8\times10^4 \sim 1.2\times10^5$ Pa 的压力和高达 124℃左右的温度来熟煮食物。高压锅具有省时、节能、快熟的特点，有在极短的时间内煮出软绵、酥烂和味道香浓的食物来。

压力锅(如图 1-9)由铝合金或不锈钢制造，有一般压力锅和不粘压力锅两类，规格有 180～340 mm近 10 种。形式主要有单长柄式和双短柄式两种，其结构包括锅身、锅盖、塑胶手柄、硅橡胶密封圈和安全装置等五大部分。其中安全装置含限压阀、安全阀、安全窗、超压报警阀、泄气浮阀和自锁开关等六部分，即所谓的“六保险”机构。较简单的安全装置只限压阀和安全阀，容

图 1-9　压力锅

积较大的加设安全窗，很多压力锅不设高压报警阀。

压力锅的质量要求非常严格，其技术指标要符合《铝压力锅安全及性能要求》(GB13623—92)或《不锈钢压力锅》(GB15066—94)标准。因此，使用压力锅时一定要先仔细阅读说明书，按规定严格操作，慎防事故发生。

(9) 不粘锅　不粘锅在我国的生产历史，可以追溯到70年代末。是一种在铝合金锅或铁锅表面涂一层不粘材料的新式锅，具有不黏附不煳底和易清洁的特点，近年来广为流行。目前，这类锅有不粘煎炒锅、不粘电饭锅、多用不粘电子炒锅和不粘压力锅等多个品种。

【小资料 1-4】

特富龙风波

不粘锅涂层一般使用杜邦公司的特富龙材料，主要成分为聚四氟乙烯(PTFE)。喷涂方法是将含有PTFE微粒的液体喷涂至表面，然后在400℃高温下经3秒钟烧结，此过程重复数次。

美国环保署自2004年7月开始调查杜邦特富龙是否存有致癌物质全氟辛酸铵，引发了国内消费者对特富龙不粘锅的担心。2004年10月13日，中国检验检疫科学研究院公布的检测结果表明，所有被检测的不粘锅产品中都未发现全氟辛酸铵及其盐类残留。2006年2月15日，美国环保局下属的科学顾问委员会得出结论称，生产特富龙等品牌不粘和防锈产品的关键化工原料——全氟辛酸铵(PFOA)“对人类很可能致癌”。针对社会广泛关注的特富龙不粘锅质量安全问题，国家质检总局有关负责人3月3日表示，我国企业生产的符合国家强制性标准的不粘锅产品质量安全有保证，消费者可以放心使用。

【提示】

在西方发达国家，不粘锅早已普遍使用。在我国不粘锅的普及是从90年代开始，其独特的性能已被越来越多的消费者认同。但随着人们对新材料认识的不断进步，不粘锅所使用的不粘材料的安全性越来越引起人们的关注。特富龙风波事件使国内消费者对厨具的选择越来越谨慎，并引发人们对传统烹调器具(铁锅)和健康生活方式的关注。

不粘锅拥有许多的优点，如能正确使用也能保证其安全性。不粘锅的选用与正确使用及维护我们将在本章第四节中详细讲解。

目前，生产不粘锅使用的不粘材料主要是氟树脂，即聚四氟乙烯塑料(PTFE)，它是四氟乙烯单体的均聚物。由于它有高能的C—F键和碳链，外有氟原子形成的屏蔽效应，因此，其表面张力很小，对其他物质的吸引力极弱，这是不粘的主要原因。另外，它还具有优异的耐高温性、耐腐怀、化学稳定好和抗老化性。添加石墨、玻璃纤维等物质可降低膨胀系数和提高耐磨性与导热性。因此不粘涂层有很强的着附力，并且耐热、耐磨、耐腐，可在250℃温度下长期使用，在300℃温度下短期使用，但在327℃下便开始熔融，在415℃下分解，并有白色升华物和有毒氟化物放出。聚四氟乙烯有一个先天缺陷，就是它的结合强度不高。

【小思考】

为什么使用不粘锅时应特别注意的问题是要控制温度、不准用硬物洗锅内表面，并禁用金属铲?

2. 蒸器

这是一类专门用于蒸制各种食物的烹饪器具,与前面所述的蒸锅配合使用,包括蒸屉、蒸笼、蒸箱、蒸柜等。一般把圆形的称为蒸笼,小矩形的称为蒸箱,大矩形的称为蒸柜。蒸屉是置于蒸箱和蒸柜内的形似抽屉的小蒸具;蒸箱和蒸柜一般设门,内设多格层,可同时放多个蒸屉,其中每个蒸屉可以间歇使用而不影响其他蒸屉的蒸制;蒸笼一般带锥顶盖,可重叠若干个同时使用,规格最大的有 133 cm 以上,最小的约 20 cm,以 70～80 cm 的常用。面点制作时与蒸笼配套使用的通常还有各种材质的笼垫,如草笼垫、铝笼垫、钢笼垫等。

3. 锅勺、锅铲、锅刷、锅架

锅勺和锅铲都是在调料、加味、搅拌、出锅和装盘时使用的工具,带有不同长度的长柄。其中锅铲还可用来搅米、盛饭和翻起菜点,锅勺则还可用来出汤和盛粥。锅勺与锅铲有多种规格,制造材料主要有熟铁和不锈钢两种。此外还有塑料和竹木制的,一般在不粘锅上使用。锅刷和锅架是洗刷锅和架锅使用的小用具。

4. 铁钩、铁叉、铁扦、铁筷、铁丝网

这是一类烹制辅助用具,因各地习惯不同,这类器具在用途、结构、形状、大小、长短等方面各具差异,作用五花八门。但多数是作为在锅中捞取原料或烤制食物时使用的工具。

铁钩主要用于在锅中捞取大块或整只荤料,而带环铁钩用于吊烧鸭、烧鹅和烧烤肉类。

铁叉的规格用途较多,有单头叉和双头叉之分,据叉长分为长叉、中叉和短叉三种,柄长短不一。烤乳猪一般用专用长叉,广西厨师亦用此来烤乳狗。正宗北京烤鸭叉有近 3 m 长,叉头较小,而各地烤鸭叉的差异较大。另外,各地对铁叉的使用不同,如豫菜用铁叉串炸虾,粤人用铁叉削鳝鱼,下江师傅用铁叉拌凉菜,朝鲜族用铁叉拌凉面,河北人用铁叉扒草灶,桂北人用铁叉捅煤眼等等,不一而足。

铁扦有粗细长短之分,粗铁扦一般用于检验大块或整只荤料的成熟度或用于取块料,细铁扦用于串菜烤炙,而烧卤档的带环铁扦则用于串制叉烧、烧肠等。另外,烤肉串、烤全鱼等可用细小铁扦,也可用一次性竹扦。

铁筷是用于锅中划散或夹取细碎原料的工具,长约 30～40 cm。

铁丝网是专供在炭火上烤肉用的网具。

5. 滤器

滤器是用来过滤或沥干油、水、液汁和用来分离粉状物的工具。常用的滤器有漏勺、笊篱和网筛三种。

漏勺又称漏瓢,勺深如锅,带长柄,底冲无数小孔,分铁制、铝制和不锈钢制三种,有大、中、小多种规格,常在捞取水饺、面条、汤圆等水煮食物时使用。

笊篱由铁丝、铜丝或竹丝制成,圆形,口径有 133～400 mm 多种,底深约 50 mm,带长柄,用途与漏勺基本相同,偏用于滤沥油炸食物。

网筛由细铜丝、细钢丝或尼龙丝编织成的圆形筛,网眼常用 80～200 目,筛框分不锈钢框、铜框和木框三种,主要用于固体粉末原料的分离,亦可用来滤汤汁。

6. 水瓢

水瓢又称水勺,是专门用来舀水或大量舀汤的勺具。形式主要有桶形和半圆形两种,规格大小不一，以塑料、不锈钢和铝制品多见。

7. 调料罐

专门用来盛装油、盐、酱、醋、酒和其他调味料的容器。产品有陶瓷、不锈钢和塑料三种，以不锈钢罐最好。调料罐无统一规格，分大中小多种，一般商业厨房的味罐的大小规格要求能用锅勺方便取到味料为好，多数味料罐都带盖，多数是由多个组合成套，以方便使用。

8. 切配加工器具

切配加工器具是指对食物原料进行砍切、加工、雕刻、造型、调理和备存时使用的各类器具，包括刀具、案具、模具、搅拌器、盛器等。

(1) 刀具　中餐烹调使用的刀具较多，形式也十分丰富。常用的刀具包括砍刀、切刀、片刀、斩刀、文武刀、刮刀、批刀和雕刻刀等。

砍刀用来砍带骨的肉类或坚硬的原料的刀，刀体厚重，呈长方形；切刀用来切块、切丁、切片、切条、切粒、切丝的刀，刀身略宽，背厚刃薄，呈长方形；片刀用于切薄片或细丝的专用刀，刀身窄而薄呈长方形，体轻锋利；斩刀使用广泛，可用于斩、切、批等，其刀背较厚，口刃锋利，刀形多样；文武刀刀口前段可切各种肉片、丝，后段可斩鸡、鸭、鹅及剁肉等，广东厨师多用；刮刀供刮洗肉皮或去鱼鳞用的刀，刀体小而灵巧；旋刀前尖后圆，背、刃薄，主要用于旋剥皮骨或宰杀禽畜；批刀刀体长而尖，刃薄锋利，轻巧灵活，主要用于批剥瓜果或剔剥肉骨；马头刀刀身似马头，前高后低，刀背较厚，刀口锋利，北京厨师多用；镊铲刀两合刀柄，方口平背，尾为镊，前刀用于铲、刮肉皮脏物，尾镊可拔畜禽毛；雕刀专门用于食品雕刻的刀具，种类较多，形状各异，一般由若干把组成套，形状或平尖凹凸，或弯直圆斜，或四方三角，器型没有固定标准，材质有铜、钢和不锈钢三种。

(2) 案具　作垫托或支撑用的用具，包括砧板、案板等。

砧板是为方便刀工操作和保护刀刃而设的垫木或垫胶。木砧板一般用铁树、红柳树、青杨树、白果树、皂角树和杂树的横截段或纵面板做成，较薄的纵面板一般作切菜板，较厚的横截段作砧，又称“墩子”。塑胶砧板多数是聚酯塑料制品。此外还有竹质的砧板。砧板应设生、熟两种，且生、熟砧板分开使用。

案板是用来切菜、配菜和摆餐具用的木板，有的做成案台或案柜。除切菜板外，现代厨房的案台柜多为不锈钢制成，黏菌率低，易清洁，较卫生。

(3) 盛器　厨房常用的盛器有桶、缸、盆、罐、钵、坛、篮、筐、箱、箕、箩等。其中盆和罐的使用较频繁，其种类也多，材料有铁皮、不锈钢、铝、搪瓷、塑料和竹木等几种，以不锈钢材质的使用最为广泛。盆的器型分标准型、德胜型、深型和平边型四种，规格较多，大型有450～570 mm 六种，中型有 280～400 mm 七种，小型有 180～260 mm 五种。

(4) 搅拌器　有打蛋器和手动搅拌器两种。打蛋器是由多根不锈钢丝捆扎而成形似灯泡的笼状工具，供搅打蛋液用；手动搅拌器是一种具搅拌和破碎功能的新式小器具，由料桶、盖和固定在盖上的曲柄、搅拌轴与搅拌刀叶组成，使用时，手转动曲柄使齿轮带动搅拌刀叶飞速旋转，达到快速搅拌目的。

(5) 模具　中式菜肴烹调时常用模具中的卡模来用于菜肴造型以增加美观。一般用铜片或马口铁加工焊接成，有花、草、鱼、虫、鸟、兽和花边等形状，有木雕或塑料模型，使用时，原料一般经预处理，使之具有一定塑性或成为薄片，然后用模具造出各种样的形状。

此外,还有围锅板、手磨、擂钵、蒜臼、小钢磨、皮刨、擦床、磨刀石、油温表、秤、食罩、搌布等器具。

(二)面点制作器具

大量面点的工厂化生产主要依赖于机械设备,但厨房里的小量面点制作大部分还靠手工操作。面点制作器具在此是指面点生产过程中用手工操作使用的各类器具,除烹调使用的一些通用器具外,还有擀具、刀具、模具、筛、笼、簸、面案等用具。

1. 擀具

用来辊压面片的一类滚筒状或棒状工具,除了用来碾压面片外,还可用来碾碎辅料。常用的擀具多为木制,以枣木或檀木为好,质地实,无异味,表面光洁。主要的擀具有擀面杖、通心槌、橄榄杖、单手杖、双手杖等。

擀面杖,擀面杖又称擀面棍,是面点制皮时不可缺少的工具,要求结实耐用、表面光滑。擀面杖截面呈圆形,因尺寸不同,有大、中、小之分,大的约长 100～120 cm,主要用以擀制面条、馄饨皮等;中等的约长 55 cm。宜用于擀制花卷、饼等;小的约长 33 cm,用以擀饺子皮、包子皮及小包酥等。

通心槌,通心槌又称走槌,用细质材料制成,呈圆柱形或鼓形,中间空,供插入轴心,使用时来回推动。槌分大小两种,大走槌主要用于层酥面坯的开酥,制作花卷等;小走槌用以擀制烧卖皮等。

橄榄杖,橄榄杖又称枣核杖、橄榄棍,中间粗、两头细,形如橄榄,长度约 15～20 cm,是用于擀制烧卖皮的专用工具。

单手杖,单手杖又称小面杖,长约 25～35 cm,光滑笔直、粗细均匀,常用不易变形的细韧材料制成,是擀饺子皮的必备工具。

双手杖,双手杖也是制皮的专用工具。大小均有,两头稍细,中间稍粗,双手杖比单手杖略细,擀皮时两根并用,双手同时配合进行,出品速度较快。

2. 刀具

面点使用的刀具属异形刀,一般较轻便且刀刃不甚锋利,这一点区别在于菜品切配刀具,但不少菜品刀具可作面点刀具使用。面点刀具主要用于原料加工和切割成型或美化造型,按用途可分为切刀、批刀、花片刀、拍皮刀、糕刀、盆刀、菜刀、滚刀、刮刀、小页刀等。

3. 模具

模具是在面点生产过程中,用按压、浇注或挤注等方法对面点进行造型美化的工具,中式面点使用的模具主要有印模和套模两种。

印模,又叫印版,通常为木质材料,其形状有方形、扁形、长形等,底部表面刻有各种花纹图案及文字图案,坯料通过印模成型,可形成具有图案的、规格一致的面点制品,如制作糕团、糕饼、定胜糕、各式月饼等。印模的图案、形态、式样很多,大小各异,可按照品种制作的特色需要选用。

套模,又称卡模、花戳子,是以金属材料制成的一种两面镂空,有立体模孔的模具,形状有圆形、梅花形、心形、方形等。使用时,将已经滚压成一定厚度的片状坯料铺在平铺的案板上,一手持套模的上端,用力向面皮上压下,再提起,使其与整个面皮分离。就可得到一块具有套模内径形状的坯子。套模常用于制作酥皮类面点及小饼干等。

从材料看,模具主要有铁皮模、铜片模和木模三种。铁皮模以冷扎薄钢板或马口铁薄板冲压或焊接成型，形状较多，适于浇注、按压、缠绕等成型方法使用。铜皮模以黄铜片冲压或焊接而成，一般12～50个配成套。除有铁皮模的用途外，主要用于挤注成型操作，如花式蛋糕常用此裱制。木模一般用梨木、桐木和铁木等质密坚硬的树木雕刻而成，分单眼模和多眼模两类。常见的单眼模如广式月饼模、玫瑰饼印模、雪茶果酱塔印模、格子酥印模等；多眼模是在一块板上雕多个印孔，常见的如核桃酥印模、绿豆糕酥印模、玉露霜印模等。

4. 面案

面案又称为案台，是制作面点的工作台。因制作内容的不同，需配备不同的操作台。通常有三种不同用途的案台。

木板案台，木板案台又称案板、面板，以优质木材制成，用于调制面坯成形等。一般用厚的木板制成，其尺寸、大小按生产规模需要而定。案台表面要求平整、光滑，拼接无缝隙，便于操作及洗刷。木制案台有搁板式和桌台式两种。搁板式案台的特点是拆卸比较方便、灵活，多用于小型饮食店。桌台式案板是利用下部空间做成柜橱或抽屉，可以用来存放各种工具等用品，大中型饭店厨房都使用桌台式案板。

石板案台，石板案台又称石案、石台板，用大理石制成，表面光滑、平整，是糖制工艺和制作用糖粘裹的某些特色品种的必须设备。大小按需要而定。

金属板案台，金属板案台有不锈钢板和合金铝板等，可代替石板案台使用，但一般不宜代替木板案台使用。

【提示】

关于案台的内容可参看第五章第三节“工作台”部分。

此外，面点制作器具包括筛、簸、排笔、毛刷、刮刀、铜夹、镊子、馅挑、裱画嘴、花车、糕架、箍环、木尺、长板、铜镜、踏方、铲板、饼槌、炸滤、蛋帚等等。

（三）西餐烹调器具

西餐烹调器具较多，各国使用的烹饪器不尽相同，以下介绍的只是较为通用的部分。

1. 煎盘

煎盘又称煎铛，以合金钢板模压成型，也有铁铸的，分大、中、小号，规格有200～500 mm多种，圆形平底，带柄，可用于煎、炒、炸、烙等操作，是西餐加工的主要烹器。

2. 锅

西餐用锅均为桶形，平底，带盖，分大、中、小号，大者口径达70～80 cm，小者仅为20 cm。锅型有深形、浅形、厚底形等几种，各种锅深度不一，最深的有80 cm，最浅的约为10 cm。深形锅多用于煮炖，浅形锅多用来炒烧或打少司。大锅一般设有两耳把，中小锅一般设有一长柄和一端耳。西餐用锅的制造材料以铁、铁合金和铝合金多见，其中有相当一部分为不粘锅。

3. 烤盘

烤盘一般与烤炉配套，长方形，大小不一，用熟铁或铝合金制成，要求表面光滑，传热迅速，耐高温。其中铝烤盘传热比铁烤盘快，但易变形；铁烤盘耐用不易变形，但易生锈。如今有些烤盘上本身就带有一定的模具形状，通过一次挤注烘烤即可初步成型。

4. 厨刀

厨刀是切割各种原料的主要刀具，刀形前尖后宽，背略厚，刃薄而锋利，形式较多，长度以150～250 mm的多见。

5. 砍刀

砍刀是一种用来砍剁带骨或硬质肉类的刀具，外形与中餐厨刀相似，刀体短而宽厚，刀刃锋利，是比较重的一种刀。

6. 拍刀

拍刀是一种无刀刃的熟铁刀，带柄，正面平滑，背面脊棱，中间厚而四周薄，刀长约10 cm，宽6 cm，两边厚约1.5 cm。主要用来拍砸肉扒或肉排之类的肉类。

7. 肉锤

肉锤是一种木制或金属制的锤子，锤头四方状，两面突起，一面平滑，另一面有排状枝齿，柄无长短大小规格。亦有圆头状锤，其结构较简单。主要用来拍砸或锤打质地粗老的肉。

8. 磨刀棒

磨刀棒是一根很细的有螺纹的高硬高钢棒，属于刀锉的一种，直径约10～20 mm，长约300 mm，顶端稍细，操作端带木把或塑胶把，是专用来锉磨刀具的工具。

9. 打蛋器

打蛋器又称蛋抽子或清甩子，由不锈钢丝捆扎成，一端弯成灯笼状，一端扎成把柄或固定在木把上。主要供抽打蛋清或奶油用，使之充气成泡沫状，起膨松作用，也用来搅拌少量马乃司、少司和制热少司等，使之均匀柔和而不产生疙瘩。

10. 肉叉

肉叉是一种带木柄的钢叉，质地坚硬，型号有大小之分，大叉一般为双齿叉，主要用来叉大块肉，小叉有3～4个齿，用于叉取或烤炙小块食物，

11. 肉串钎

肉串钎用来串肉的带柄或带环的尖端钢钎，分大、中、小三种型号，大者长约65～80 cm，小者长约25 cm。一般大钎子用于串烤整只动物原料或较大肉串与肉片；中号钎只串烤一般肉串或肉片，且可带钎上桌；小钎只供煎炸肉串用，一般也可连钎上菜。

12. 搅板

搅板是一种形似船桨的专用于搅打少司的熘板，形状有多种，多数呈方形，长柄式，大小不一，分木制和竹制两种，有时也用于搅拌原料和菜肴。使用搅板可保护锅器，尤其是不粘锅。

13. 铲子

铲子为烹调时用于翻挑或搅拌食物的工具。有不锈钢制、竹制和塑料制等，以不锈钢铲居多。铲长短不一，长者有12 cm，短者有8 cm左右，铲柄长一般在30～35 cm之间，铲型有光面铲和带孔铲(圆孔或方格孔)，后者使用时可沥掉一部分油或水。如蛋铲、水波蛋铲等。

14. 勺

勺是用来舀汤和菜肴的长柄用具，有提勺、漏勺、圆勺和鸭嘴勺多种，多数为不锈钢制品。其中提勺主要用来舀汤(因西餐汤锅较深)；鸭嘴勺的勺头扁而长，主要用来调剂少司；圆勺的勺头圆而深，主要用来调剂菜肴或舀菜；漏勺底部有眼，规格较多，功能与中餐漏勺相同。另外有一种大圆口勺，又称水舀子，底平，容量大，功能与中餐用的水瓢相同。

15. 夹蛋器

夹蛋器为用于加工熟蛋的特制工具，底座由铝、不锈钢或塑料制成，中凹成蛋形，上有

数根能转动的细钢丝，操作时先将去壳的熟蛋置于凹处，然后用钢丝夹成薄片。

16. 土豆夹

土豆夹是一种专用于夹制土豆成茸泥的工具，分旋转式和挤压式两种，多为不锈钢制成。

17. 量杯

量杯是一种玻璃或塑料制成的透明量具，有刻度。液体量杯以毫升(mL)为单位刻度，固体量杯以克(g)为单位刻度，一般大小成套，如 50 mL、125 mL、250 mL 可配成一套等。

18. 量匙

量匙用来计量配料或调味料用的量具，主要有铝制，不锈钢制和塑料制三种，一般以 1 汤匙，1/2 汤匙、1/4 汤匙为一套，或 1 mL、2 mL、5 mL、25 mL 为一套配合使用。

除上述器具外，盆、方盘、冰淇淋勺、计司擦床、削刮器、案板、磅秤和做西点用的花镊子、裱花嘴、花戳子、擀面杖、刮板、模具、尺板、粉帚、毛刷、粉筛、簸箕、剪刀、油纸、布袋等器具，也是西餐常备的器具。

第四节 常用烹饪器具的选用与维护

常用的烹饪器具主要有餐饮器具中的不锈钢餐具、陶瓷餐具、塑料餐具、搪瓷餐具、铜餐具、竹木餐具等；烹调器具中的铁锅、刀具、砧板、高压锅、不粘锅等。正确选用和维护这些常用的烹饪器具对于厨房及餐厅的工作者来说是一件极其重要的事情。

【案例 1-4】

高压锅为什么爆炸？

据中国消费者协会投诉部门年度统计，1997 年全国各省市消协上报的“消费投诉重大案件季度统计表”中显示；有关高压锅爆炸事件占总数的 20%以上，造成 1 死 7 伤和大量财产损失；1998 年重大案件统计显示：有关高压锅爆炸事件占总数的 10%，其中浙江三门市 9 至 11 月间就发生爆炸事件 3 起。寺后村的诸荷莲老人用高压锅煮粥，放米点火后 8 分钟即发生爆炸，造成她 3 处骨折、精神失常。一位高压锅爆炸受害者悲痛地说：我才 25 岁呀，高压锅把眼睛崩瞎了，还负债累累，以后的日子怎么过？我想到了死！

评析：根据对高压锅事故原因的调查分析表明，爆炸的主要原因有三个方面：①肇事压力锅一般为国家已明令禁止生产销售的旧标准压力锅。旧式压力锅设计上有缺陷，缺乏必要的安全使用装置。同时，国家还颁布实施了《铝压力锅安全及性能要求》的强制性指标，规定压力锅必须具有防堵、防爆、手柄开合安全装置。②使用“超期服役”的压力锅。压力锅一般使用年限为 8 年，超过 8 年仍在使用的压力锅极易造成事故。③使用不当造成事故。这类情况在高压锅爆炸事故中所占比例很大，主要因为使用者对压力锅的工作原理、安全部件的性能和作用不清楚，因而不能合理使用。

从以上案例分析看出，由于使用不当，在压力锅的爆炸事故中占主要原因，那么我们如何正确地使用压力锅，才能避免惨剧呢？此外，如陶瓷餐具中含有铅和镉，如何正确地使用才能减少其逸出，以免对人体造成伤害？现在厨房的炊餐具有不锈钢化的趋势，那么不锈钢可以“独孤求败”吗？

一、常用餐饮器具的选用与维护

(一) 不锈钢餐具的选用与维护

1. 不锈钢餐具的选用

不锈钢是由铁铬合金再掺入一些微量元素制成的,由于其金属性能良好,并且比其他金属耐腐蚀,制成的器皿又美观耐用,因此越来越多地被用来制造餐具并逐渐进入家庭。餐具上印有"13—0"、"18—0"、"18—8"三种代号的是用不锈钢生产的餐具。代号前面的数字表示含铬量,材料中的铬使产品做到"不锈";后面的数字则代表镍含量,从性能上说,产品的镍含量越高,耐碱性越好。但由于镍铬等重金属对人体有害,国家对其溶出量又有相关的卫生标准。一般来说,正规商场出售名牌企业的产品,不论从质量性能来说,还是从卫生指标来看都应该是没有问题的。

2. 不锈钢餐具的维护

不锈钢餐具如果使用不当,产品中的有害金属元素同样会在人体中慢慢蓄积,当达到一定限度时,就会危害人体健康。因此在使用不锈钢餐具时,尤其是在烹制和盛放儿童食品时,人们应该注意以下几点:

(1) 不可长时间盛放盐、酱油、菜汤等,因为这些食品中含有许多电解质,如(2) 果长时间盛放,不锈钢同样会像其他金属一样,与这些电解质起电化学反应,使有毒金属元素被溶解出来。

(3) 不能用不锈钢器皿煎熬中药,因为中药中含有很多生物碱、有机酸等成分,特别是在加热条件下,很难避免不与之发生化学反应,从而使药物失效,甚至生成某些毒性更大的化合物。

切勿用强碱性或强氧化性的化学药剂如苏打、漂白粉、次氯酸钠等进行洗涤。因为这些物质都含电解质,同样会与不锈钢起化学反应。

【小思考】

现在所谓的厨房革命有不锈钢化的趋势,怎么看待这个问题?

(二) 陶瓷器具的选用与维护

1. 陶瓷器具的选用

陶瓷餐具不生锈、不腐蚀、不吸水,表面坚硬光滑,易于洗涤,具有其他餐具难以相比的优点,但是陶瓷中含铅也是几千年的制作工艺无法避免的问题。

多年来,国家质量监督部门的有关抽查表明,铅溶出量超标已成为陶瓷餐具的普遍问题。人们用这种餐具盛放水果、蔬菜、牛奶等含有有机酸的食品时,餐具中的铅等重金属就会溶出并随食品一起进入人的肠胃、肝肾等重要的器官和组织,久而久之,当蓄积量达到一定程度时,就会引发铅中毒。

陶瓷餐具中铅的溶出主要来源于餐具的贴花饰物中。由于铅的折光指数高,因此贴花饰物中的铅可以使陶瓷餐具更加流光溢彩。但是一些小企业,为了降低成本,使用铅、镉含量高、性能不稳定的廉价装饰材料,或是抢工图快,随意缩短烤花时间或降低烤花温度,导致铅溶出量超标;一些企业为了提高产量,装窑过密,致使铅不易挥发。另外,装饰面积过大,烤花温度不够,或工艺处理不当,同样会引起陶瓷制品铅溶出量超标。

由于陶瓷餐具的铅、镉溶出量超标主要来源于装饰材料，因此消费者在选购陶瓷餐具时，应注意选择装饰面积小或是安全的釉下彩或釉中彩的餐具，特别不要选择色彩非常鲜艳及内壁带有彩饰的餐具。釉下彩的花面装饰在釉下，其上好比覆盖了一层“安全膜”；釉中彩陶瓷采用釉中彩花，是在1 250℃左右的高温中快速烧成，不需要使用含铅、镉等强降温性熔剂原料，而且在烧制过程中，彩料因自身重量会渗到釉面的一定深度。而釉上彩瓷很容易用目测和手摸来识别，其画面不及釉面光亮、手感欠平滑甚至画面边缘有凸起感。因此那些表面多刺、多斑点、釉质不够均匀甚至有裂纹的陶瓷产品，也不宜做餐具。另外大部分瓷器黏合剂中含铅较高，故补过的瓷器，最好不要再当餐具使用。挑选瓷器餐具时，要用食指在瓷器上轻轻拍弹，如能发出清脆的罄一般的声响，就表明瓷器胚胎细腻，烧制好，如果拍弹声发哑，那就是瓷器有破损或瓷胚质劣。如果经济允许，还可以选择价格比普通陶瓷餐具贵3～4倍的无铅釉绿色餐具。

2. 陶瓷器具的维护

在此主要以含铅较重的彩瓷食具为例来说明其使用的注意事项：

(1) 刚买来的彩瓷食具可用食醋浸泡一段时间。因为彩瓷颜料中的铅、镉易溶于酸性溶液。浸泡后，将食醋倒掉，用清水反复冲洗，也可用4%食醋加水煮沸后，再用清水反复冲洗，这样可以去掉部分铅、镉等重金属。

(2) 彩瓷食具不宜用来盛放牛奶、咖啡、啤酒、果汁以及其他各种酸性食物。

(3) 婴幼儿慎用彩瓷食具。儿童处于生长发育期，各类器官发育不成熟，对毒物最为敏感，尤以铅、镉、砷等对儿童的神经系统、造血系统、肾脏等的损害极为明显，所以婴幼儿要慎用彩瓷食具。

(4) 彩瓷食具不宜使用消毒柜消毒。目前家庭使用的消毒柜大都是通过高温灭菌的，在高温下，彩瓷食具中含有的铅、镉等重金属容易溢出，会使食品受到污染，危害健康。

3. 其他常用餐饮器具的选用与维护

(1) 塑料餐具　目前市场上销售的塑料餐具大多为聚乙烯和聚丙烯制品，这两种物质都可耐100℃以上的高温，使用起来比较安全。消费者可挑选商品上标注PE(聚乙烯)和PP(聚丙烯)字样的塑料制品。市场上的糖盒、茶盘、饭碗、冷水壶、奶瓶等均是这类塑料。

但是与聚乙烯分子结构相似的聚氯乙烯在80℃就会释放出有害物质，不宜用于制作食器。凡摸上去手感光滑、遇火易燃、燃烧时有黄色火焰和石蜡味的塑料制品，是无毒的聚乙烯或聚丙烯。凡摸上去手感发粘、遇火难燃、燃烧时为绿色火焰、有呛鼻气味的塑料是聚氯乙烯。

许多塑料餐具的表层都有漂亮的彩色图案，如果图案中的铅、镉等金属元素含量超标，就会对人体造成伤害。一般的塑料制品表面有一层保护膜，这层膜一旦被硬器划破，有害物质就会释放出来。劣质的塑料餐具表层往往不光滑，有害物质很容易漏出。因此消费者应尽量选择没有装饰图案、无色无味，或是图案简单，颜色素净，表面光洁、手感结实的塑料餐具。

(2) 搪瓷餐具　搪瓷制品有较好的机械强度，结实，不易破碎，并且有较好的耐热性，能经受较大范围的温度变化。质地光洁，紧密不易沾染灰尘，清洁耐用。搪瓷制品的缺点是遭到外力撞击后，往往会有裂纹、破碎。涂在搪瓷制品外层的实际上是一层珐琅质，含有硅酸铝一类物质，若有破损，便会转移到食物中去。所以选购搪瓷餐具时要求表面光滑平整，搪瓷均匀，色泽光亮，无透显底粉与胚胎现象。

(3) 竹木餐具　竹木餐具的最大优点是取材方便,且没有化学物质的毒性作用。但是它们的弱点是比其他餐具容易污染、发霉,假如不注意消毒,易引起肠道传染病。涂上油漆的竹木餐具遇热时对人体有害。

二、烹调器具的选用与维护

(一) 铁锅的选用与维护

1. 铁锅的选用

铁锅的选用与维护对铁锅的使用寿命有很大影响。

挑选铁锅时要一看二听三试水。一看就是看铁锅内外是否光滑、平整、颜色一致。熟铁锅以白亮者为优,暗黑较差,生铁锅以色青发亮者为优,暗黑较差。还要将锅放于地面,看其是否平稳。二听就是用五指轻敲锅边,声音应当沉闷而富有弹性。三试水是将铁锅底部放进水中,试其是否渗水、漏水,此外还要注意锅中有没有砂眼、裂缝等缺点。

2. 铁锅的维护

(1) 铁锅买回来后,先要用砂石蘸水轻磨铁锅内面,直至光滑平整为止。锅磨好后用淘米水或米汤煮开熬煮半个小时,然后洗净。再在火上烧干,用猪肉均匀的在锅内涂上一层油脂。一般新买回来的铁锅内往往附着一层黑灰粉和锈斑。应当将其清洗干净。若三五日后铁锅炒菜时仍带黑色,可用醋水刷抹热锅,然后再用清水洗净即可。

铁锅使用时切勿用锅铲乱敲乱铲。空锅加热时间过长后要特别注意不要使其骤然受冷开裂。尽量避免使铁锅外面沾水。铁锅外面受潮。时间一长就会形成一层层氧化脱皮层。每隔一段时期,应将铁锅置于炉上加热烧红,然后铲净外锅底的这层油污和焦灰,以改善锅的受热效果。

(2) 铁锅每次使用后必须清洗干净,洗锅的方法主要有干洗法和水洗法。

① 干洗法:即用竹帚将锅中油污擦净,再用抹布揩擦干净。此法可使锅中光滑,再使用时原料不粘锅。如遇原料烧焦粘在锅底,可在锅中洒点粗盐,再用竹帚擦洗干净。

② 水洗法:即用水冲洗净后揩干。水洗后的铁锅温度下降,而且总会带有一些水分,再使用时必须先将铁锅烧热,水分蒸干才行。烧汤菜的锅必须水洗,干洗不能洗净残留在锅中的汤汁。

(二) 切削刀具的选用与维护

1. 切削刀具的选用

首先要注意刀口是否正直、均匀,刀背有无明显的裂痕、夹砂、夹灰,有无发蓝发黄的地方,否则说明其钢质不纯。再用刀斜压在另一把刀的背部,从刀根主刀口往上推,如刀背上出现均匀的刀印表示刀的软硬适度,如有打滑现象则说明刀的局部过软。还有就是要看刀身是否光滑,有无虚泡,刀把是否装牢,手握木柄粗细要适中。

2. 切削刀具的维护

刀的使用还应注意其维护,经常保持锋利不钝。只有这样才能使处理后的原料整齐、均匀、美观,不出现相互粘连的毛病。切削刀具的维护应当注意以下几个方面:

(1) 每次用刀后必须将刀揩擦干净,特别是切咸味或带有黏性的原料,如咸菜、藕、菱等原料后。黏附在刀两侧的鞣酸容易氧化而使刀面发黑。

(2) 刀使用后必须挂在刀架上以避免其生锈,刀刃不可碰到硬的东西以免损伤刀口。

(3) 梅雨季节时空气湿度较大，刀易生锈。每次使用后要揩干并在刀口涂抹一层油。

(4) 长期使用刀刃会钝，因此每间隔一段时间就要求进行一次刃磨。

(三) 木质砧板的选用与维护

1. 木质砧板的选用

质量好的木质砧板表面呈微青色，颜色一致、树皮完整，树心不烂不结疤。这些说明其是从生长的活树上砍下制成的，其木材质地坚密耐用。相反若表面呈灰暗色，有斑点，版面出现霉烂点，可断定是用隔了较长时间的死树制成。此材质的砧板质量很差。我国树种较多，通产以橄榄树、银杏树为制作砧板的最佳木材。此外还有皂角树、榆树、红柳树等树种也是制作砧板的良材。

2. 木质砧板的维护

(1) 新购买回来的砧板在使用前必须用盐水涂在表面或浸在盐卤中三天，使木质纤维收缩，质地更加结实耐用。再用开水加漂白粉进行消毒处理，然后用水冲洗干净。

(2) 使用砧板时不可长期在一处切，应四面轮换使用，以免出现凸凹不平。如果已经出现凸凹不平的现象，应及时刨平以延长砧板的使用寿命。

(3) 砧板使用完毕后应及时刮清洗净，收干水分并用洁布罩好，不能放在太阳下暴晒。小的砧板应侧向翻转 90 度侧立放置，大的砧板必须用三脚架支放，底部要通风透气。不可水平放在木质、石质、钢质的案台上，否则天长日久砧板会发霉腐烂。

(4) 每次切完菜(特别是剁肉馅后)，应用清水刷洗，最好能刮去表面的食物残渣，清洗完毕，用布揩干。使用一周后，最好用开水洗烫一遍，然后放入浓盐水中浸泡几小时，取出阴干。这样不但可以杀死细菌，而且可防止菜板干裂，延长使用寿命。

(四) 高压锅的选用与维护

1. 高压锅的选用

购买压力锅，一定要挑有牌号、有厂家、有说明书的、质量合格的压力锅。不要购买冒牌货。压力锅从规格上分，一般有 20、22、24、26 厘米四种型号。从热效率考虑，一般以大一点的型号为宜。压力锅从原材料上分，一般分为铝制的、铝合金的和不锈钢的三种。三种各有其特点：铝制的重量轻、传热快、价格便宜，使用寿命可达 20 年以上。但是使用它无疑要增加铝元素的吸收量，长期使用它对健康不利。铝合金的要比纯铝制品好一些，耐用、结实。不锈钢压力锅虽然价格偏贵，但它耐热、美观，不易和食物中的酸、碱、盐起反应，而且使用寿命最长，可达 30 年以上。

2. 高压锅的正确使用及维护

(1) 初次使用压力锅，必须阅读压力锅使用说明书，认真地按说明书要求去做。

(2) 使用时，首先要认真检查排气孔是否畅通，安全阀座下的孔洞是否被残留的饭粒或其他食物残渣堵塞。若使用过程中被食物堵塞，则应将锅移离火源，强制冷却，清洁气孔后才能继续使用。否则在使用过程中食物会喷出烫伤人。还要检查橡胶密封垫圈是否老化。橡胶密封垫圈使用一段时间以后就要老化。老化的垫圈易使压力锅漏气，为此，需要及时更新。

(3) 锅盖的手柄一定要和锅的手柄完全重合，才可放到炉子上烹制食物，否则会造成爆锅飞盖事故。

(4) 不可擅自加压。使用时有人擅自在加压阀门上增加重量，为的是使锅内的压力加大,强行缩短制作的时间。殊不知锅内压力的大小是有严格的技术参数的,无视这种科学设计,就等于用自己的生命开玩笑,就会造成锅爆人伤的严重后果,千万不可冒这个险!另外在使用时,如果锅上的易熔金属片(塞)一旦脱落,绝不允许用其他金属物堵塞代替,应更换同种新件。

(5) 使用高压锅放食物原料时,容量不要超过锅内容积的五分之四,如果是豆类等易膨胀的食物则不得超过锅内容积的三分之二。

(6) 在加热过程中,绝不可中途开盖,免得食物爆出烫人。在未确认冷却之前,不要取下重锤或调压装置,免得食物喷出伤人。应在自然冷却或强制冷却后才能开盖。

(7) 使用高压锅很讲究火候,尤其不能大火猛烧。上火加热后,只要锅中的蒸气从排气管发出较大的"嘶嘶"声时,就可以降低炉温,使限压阀保持轻微的"嘶嘶"声,直到烹调完毕。这样既安全,又能省时间,节约燃料。

(8) 高压锅用后一定要及时清洗,尤其检查安全塞是否藏有食物堆积物、残渣,要保持锅的外观清洁不要用锐利的器具如刀、剪、铲等括、铲锅内外,否则锅易变形成凸凹状,或被铲出横一道竖一道的划痕,有损保护层。

(五) 不粘锅的选用与维护

1. 不粘锅的选用

购买不粘锅时,要仔细看看有没有划伤或砂眼等毛病;再看表面涂层是否光洁均匀,有没有破损现象;锅各部位的安装是否有松动不牢之处;锅的形状是否周正对称。

2. 不粘锅的维护

(1) 使用不粘锅之前,要先在锅内壁上涂上一层食用油,用来保护不粘层的完整无损。

(2) 在烹饪时,要注意不能使用金属的锅铲,要尽量使用木的、竹的或硬塑料制成的锅铲或菜勺,以免碰伤涂在表面的不沾层。

(3) 使用不粘锅烹饪时,不要用过大的火,要用中火或小火。

(4) 烹饪过后不要立即清洗不粘锅。正确的方法是,让不粘锅自然冷却,然后用抹布轻轻擦洗锅内壁。如果锅外壁有污物,可用少量去污粉轻轻擦掉。清洗不粘锅时,不要用腐蚀性过大的洗涤剂,那样容易使不粘层受损。

本章小结

烹饪器具是指用以实现厨房生产和餐厅服务中使用的各种手工操作器具的总称,包括餐饮器具和烹调器具两大部分。

烹饪器具最初是根据人类抓而食之的需要而逐渐发展而来的。它的产生经历了一个漫长的过程,是一个从直接利用自然界中本身存在的物件到模仿自然物件加工制作的实践过程。我国烹饪器具的发展历史经历了一个从无到有,从取自然之物到人工制作、从低级到高级、从简单到复杂、从粗糙到精致的发展过程。中国烹饪器具的发展历史根据几种影响较深远的烹饪器具,按时间的先后和材质工艺的不同大致可以分为五个时期:陶器时期、青铜器时期、漆木器时期、瓷器时期和铁器时期。

烹饪器具的制造材料主要有非金属材料和金属材料两大类。

非金属材料主要有陶瓷、玻璃与搪瓷、塑料、木竹纸等;金属材料则主要有铝与铝合金、钢铁、铜、金银等。烹饪器具的种类繁多,每种烹饪器具均有其特有的形态、规格和使用方法。

常用的烹饪器具主要有餐饮器具中的不锈钢餐具、陶瓷餐具、塑料餐具、搪瓷餐具、铜餐具、竹木餐具等;烹调器具中的铁锅、刀具、砧板、高压锅、不粘锅等。正确选用和维护这些常用的烹饪器具对于厨房及餐厅的工作者来说是一件极其重要的事情。

检　　测

复习思考题

1. 我国古代烹饪器具形成经历了哪两个阶段?这两个阶段的特点各是什么?
2. 烹饪器具的概念及其分类是怎样的?
3. 在中国烹饪史上影响较深的烹饪器具有哪些?他们对中国烹饪产生什么影响?
4. “唐三彩”是陶器还是瓷器?唐三彩适合于用作现代的餐饮器具吗?
5. 青铜器和漆器的鼎盛时期分别是在什么时期?
6. 何谓“南青北白”?
7. 宋代五座名瓷窑的主要产品特点是怎样的?
8. 景德镇瓷器、宜兴紫砂陶的特点分别是怎样的?
9. 陶器与瓷器的区别表现在哪些方面?
10. 根据质地的不同,陶器与瓷器各有哪些类别?各有何特点?
11. 我国主要的彩釉品种有哪些类别?各有何特点?
12. 玻璃器具有何特点?现代玻璃强化的方法有哪些?
13. 对于制造烹饪器具的塑料有哪些要求?
14. 根据纸质的不同,纸制餐具可分为哪几类?
15. 绿色环保型一次性餐具有哪些?
16. 生铁与熟铁的区别表现在哪几个方面?
17. 什么叫做不锈钢?其不锈的原因什么?不锈钢有哪五种类型?各有什么特点?
18. 分别说明瓷质碗、盘、碟、壶、杯的常用类型和特点。
19. 分别说明西餐酒杯的常用种类及用途。
20. 分别说明砂锅的常用种类及特点。
21. 谈谈你对“特富龙风波”的思考。
22. 请说明不锈钢餐具、铁锅、刀具、砧板、高压锅、不粘锅的选用及维护方法。

第二章 厨房初加工设备

厨房初加工设备，主要是指对烹饪原料在熟制前进行初加工的设备，一般以电动机作为动力，消耗电能转化为机械能。

厨房初加工的内容很多，相应的厨房初加工设备种类也很多，按不同的标准，其分类方法可有多种。可按照功能进行分类，如细加工与粗加工设备；可按照加工机理和结构特征进行分类，分为搅拌加工设备、切割加工设备等；也可按照加工原料对象进行划分，分为果蔬原料、肉类原料和主食原料加工设备。

本章首先按照加工原料对象进行大类的区分，再在大类中按照功能及机理进行划分，对厨房初加工设备进行详细介绍。

【提示】

细加工设备主要是针对切配、形制等方面的工作。而粗加工设备，主要是针对初加工中的清洗、面团的揉制等工作。

第一节 果蔬原料初加工设备

果蔬作为烹饪中的主要原料，在加工前不可避免地受到微生物及固体灰尘等一些污物的污染，所以要进行清洗方面的粗加工。同时，作为食物原料，对其不可食部分(非食用部分和腐败部分)要进行除杂。此外，要符合烹饪中对菜肴的色、香、味、型等外观和品质方面的要求，就必须对原料进行切割等方面的细加工。

【案例 2-1】

机切土豆丝的三赚

据《学习导报》2004 年第 10 期报道，江苏省阜宁县条河农林站职工季天华发现市场上土豆一年四季销量都挺大，但要把土豆切成丝就不是一件容易的事。一般饭馆每天都得花费两三个小时，切配工腰酸腿痛不说，在不经意间还可能将手指切得鲜血直流。他找到一家食品机械厂，请他们设计一台土豆切丝机。1 小时可切 260～265 kg 土豆丝。土豆丝上市后，由于价格适中又方便食用，十分畅销，工厂、学校、机关食堂及饭店纷纷上门订货。土豆丝每天销量都在 2 000 斤左右，纯利润在 500 元以上。季天华说土豆切丝有三赚：一赚土豆批量进货与零售的差价，二赚土豆切丝后的增值，三赚土豆切丝带来的副产品——淀粉。

评析：可以看出，对厨房初加工设备的合理利用，不仅能够给厨房生产上带来“革命”，而且在经济上也能够带来显著的效益。目前厨房中果蔬初加工的工作，都可以配备相应的初加工设备，用以代替手工操作，不仅提高生产效率，减少厨房的占地面积，还能将厨房工作者从繁重的劳动中解放出来。

那么，厨房中这些果蔬初加工设备有哪些，他们又是如何工作的呢？

一、果蔬原料粗加工设备

果蔬原料的粗加工，主要包括清洗和分离（去皮、去渣）等方面的工作。

厨房所用的清洗设备，按其工作方式可以分为清洗机、手动涡流清洗器和人工（气流）清洗槽。其中清洗机有连续式和间歇式两种，按照洗涤方法可分为浸泡法、喷射法（压力喷嘴）、摩擦法（旋转滚筒、旋转毛刷、螺旋推进器等）、振动法等。按照工作介质又可分为水流、气泡及臭氧和超声波等。实际应用中的清洗机，大部分情况是各种工作方式的综合，以提高其清洗效率和效果。

厨房用的分离设备主要包括去皮机、液汁分离机等。

（一）清洗设备

1. 传统的清洗槽

传统的原料清洗方法是使用如图 2-1 的清洗槽。这种清洗槽不但可以清洗果疏原料，也可以清洗肉类和其他食品原料。但是，当食品不断加到水槽里，随着泥沙的降落，清洗槽下层的水会变得越来越脏，而上层水龙头流入的水却不断地溢流走，这样既浪费水资源又不干净。有时候是先用洗涤液洗涤，然后放掉脏水，再用清水冲洗，但水的浪费和洗涤液的残留依然是不可避免的。

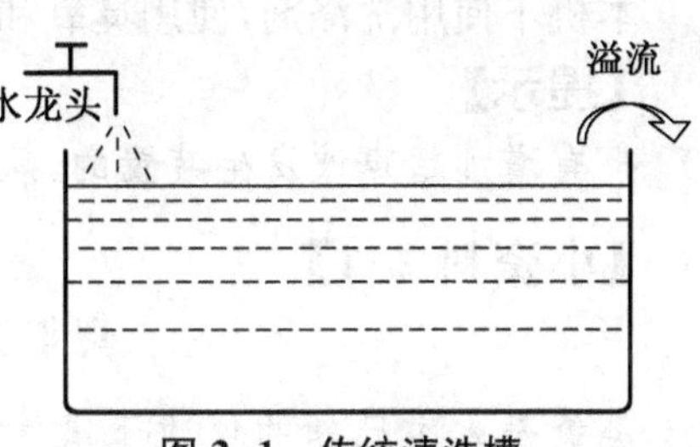

图 2-1　传统清洗槽

这种清洗方式除家庭和小型餐饮企业以外已逐渐失去其应用价值，让位于自动化、科学化的清洗设备。

2. 食品清洗机

图 2-2 是广州某公司开发的一款食品清洗机。该机集自动清洗、水处理、杀菌消毒、降解残留农药的技术于一体，从而达到干净卫生、提高清洗效率、节省劳动力、节约用水等目的。专门清洗蔬菜瓜果、海产、肉类食品，也可以消毒清洗过的餐具。

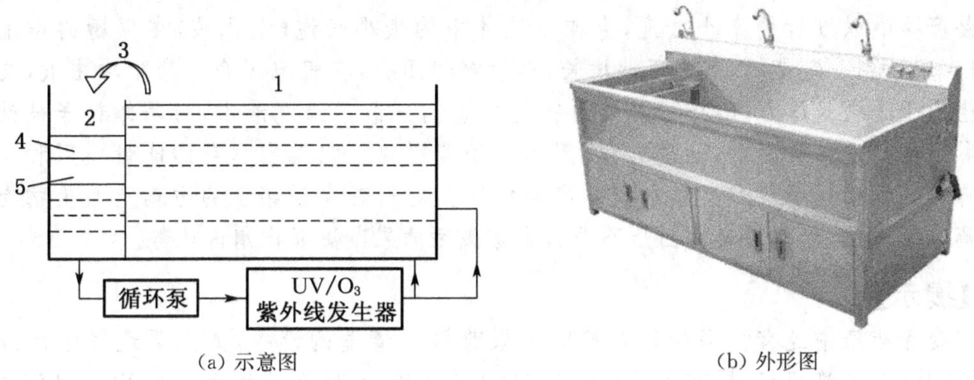

(a) 示意图　　(b) 外形图

图 2-2　食品清洗机

1—清洗槽；2—处理池；3—水流方向；4—垃圾收集箱；5—活性炭过滤器

(1) 结构与工作原理　该机由清洗槽、处理池、循环泵及 UV/O_3、紫外线发生器等组成。

水槽分为清洗槽和处理池两个部分，清洗池中放满清水，处理池上部是垃圾收集箱，下部是活性炭过滤器，水槽底部安装有循环泵和臭氧、紫外线发生器。

(2) 使用　工作时将需清洗的食品放入清洗槽(不超过容积的一半)，按下启动按钮，从循环泵送出的水经紫外线和臭氧消毒杀菌后流向清洗槽进行清洗。由于水中带有大量的空气，在清洗槽中猛烈翻转，使泥沙和杂质与食品分离，被溢流的水带入处理池，经垃圾收集箱粗滤，再经活性炭过滤器过滤后进入循环泵，如此往复，循环洗涤。

(3) 特点　该机的特点是利用臭氧(O_3)和紫外线的复合作用进行食物消毒杀菌和降解残留药物，且其专利技术(UV/O_3 技术)使臭氧达到饱和浓度时，仍能大量存在于水中，从而大大提高了臭氧利用率，也避免了臭氧逸出对人体的影响。使蔬菜瓜果的残留农药、海产水产品的重金属污染、肉类产品的残药和激素都可以得到清除和降解。

臭氧在水中的杀菌速度较快，而且臭氧使用后，会自身转变成氧气；紫外线杀菌属于纯物理消毒杀菌方法，无二次污染。

本机不使用洗涤剂，使用臭氧和紫外线复合杀菌，是符合环保要求的先进清洗方式。

【提示】

也有增加超声波发生装置的，从而加强清洗效果。

【小资料 2-1】

臭氧及臭氧洗菜和超声波清洗

臭氧是人类已知的仅次于氟气的第二位强氧化剂，臭氧在一定浓度下能与细菌、病毒等微生物产生生物化学氧化反应，臭氧具有很强的活性，对病毒、细菌等微生物有较强的氧化作用，而且它灭菌消毒属于溶菌剂，即可达到“彻底，永久地消毒物体内部所有的微生物”。它与常规消毒灭菌方法相比具有高效性、高洁净性、方便性和经济性的优点。

利用臭氧杀菌消毒没有二次污染，在处理过的水、空气、食品、器具等中不残存任何有害物质，这也是其他杀菌剂无法比拟的优点。

超声波清洗的原理是由超声波发生器发出的高频振荡信号，通过换能器转换成高频机械振荡产生数以万计的微小气泡，存在于液体中的微小气泡(空化核)在声场的作用下振动，当声压达到一定值时，气泡迅速增长，然后突然闭合，在气泡闭合时产生冲击波，在其周围产生上千个大气压力，破坏不溶性污物而使它们分散于清洗液中，当团体粒子被油污裹着而黏附在清洗件表面时，油被乳化，固体粒子即脱离。它具有本身的能量作用和空穴破坏时释放的能量作用及对臭氧水搅拌流动作用。对附着在果菜上的污垢及微生物有很强的解离分散能力，尤其对表面凹凸不平的容易藏污的果菜更显出清洗优势。

【提示】

在食品生产中还有很多种针对特定的果蔬原料清洗的设备，如主要适用于清洗如萝卜、马铃薯、苹果等根茎、果实类原料的 XGJ-2 清洗机，如图 2-3 所示。与 XGJ-2 清洗机工作原理相接近的还有由旭众食品机械有限公司和章丘市炊具机械总厂等企业生产的sz-100 或 cx-100 的洗菜机，其生产能力达 300～500 kg/h。

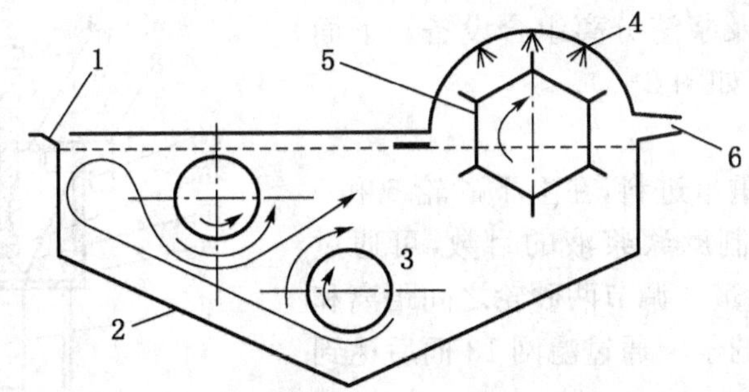

图 2-3　XGJ-2 清洗机

1—进料口；2—清洗槽；3—刷辊；4—喷水装置；5—出料翻斗；6—出料口

(二) 根茎类果蔬摩擦式去皮机

适用于各种根茎类蔬菜和水果，进行清洗去皮的工作，是单位食堂、宾馆饭店、酱菜制作行业及罐头加工厂清洗去皮的机械，如图 2-4 所示。

1. 工作过程

其工作过程是利用原料在旋转的波轮磨盘 8 上与荆棘凸起的摩擦内筒 5 之间的摩擦碰撞，磨去原料表皮。同时从注水管 7 流进的水，完全散布在筒体内，将已经剥皮的原料清洗干净，而污水从污水出口 11 排出。

2. 使用

使用时，剥皮室内的原料应 8 分满，太长的根茎原料应切割成段，每段在 15 cm 左右；当圆盘旋转时，不要将手伸进剥皮室内；要保证排水管时刻通畅；使用完毕后用水将在圆盘和圆盘下的容器底部残存的皮屑或沙土冲洗干净；要使地线有效地接地。一般剥皮的时间只需要 1～3 min。生产能力达 200 kg～1 000 kg/h 不等。

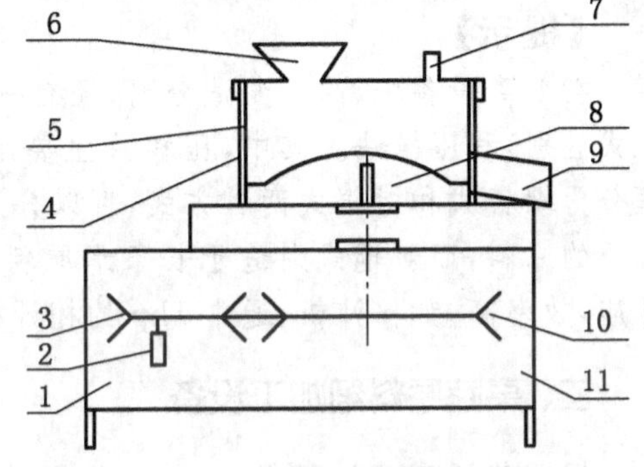

图 2-4　摩擦式去皮机

1—机体；2—电机；3—小带轮；4—摩擦外筒；5—摩擦内筒；6—进料斗；7—注水管；8—波轮磨盘；9—出料口；10—大带轮；11—污水出口

【提示】

现在市场上对果蔬进行去皮的机械有很多种，本文所阐述的是应用比较广泛的摩擦式去皮机。如以上所述的利用刷辊的毛刷摩擦作用的 sz-100或者 cx-100 的洗菜机，在清洗的同时也可以对果蔬去皮。此外，还有利用碱液和蒸气去皮的设备，如秦皇岛市山海关胜明轻工机械有限公司的螺旋式去皮机，需要同碱液去皮机合用。利用蒸气去皮的一般是大型的去皮设备，如 ZQP-350 蒸气去皮机和蒸气与摩擦综合利用的 BF88 型干式去皮机等。

【小思考】

摩擦式去皮机综合运用了哪几种清洗方法？

(三) 磨浆机

磨浆机在饮食行业主要用于米、面、豆、花生、芝麻、杏仁等物料的湿磨浆。目前，此类设备根据工作方式有单式碾磨和复式碾磨两种，其区别在于旋转的磨盘数。按操作工艺也可分为纯磨浆和磨浆及浆渣分离组合设备。下面介绍浆渣分离磨浆机(如图 2-5)。

1. 工作原理

利用物料的自身重量进料,在上下砂轮 6 和 5 之间进行磨浆。为控制磨浆浆液的目数,可通过调节螺母 11 和调节弹簧 7 调节两砂轮之间距离和弹性。符合质量要求的浆液通过滤网 13 而后达到浆渣分离。

2. 使用

该机器在工作前必须经过试运转,把调节螺母 11 拧紧,使上下砂轮分离,同时打开视孔盖板 12,接通电源,检查砂轮转向与机盖上的转向标志是否一致。而后,关闭视孔盖板 12,加水至出浆口 14 有水流出,再慢慢放松调节螺母 11 使上下砂轮 5 和 6 有轻微接触,即可投料磨浆,待出浆正常后再调节水量控制浆液的浓度。在工作完毕后,应及时清除浆渣、拧紧调节螺母,打开视孔盖板,清洗干净,保持机器内部干燥、通风。

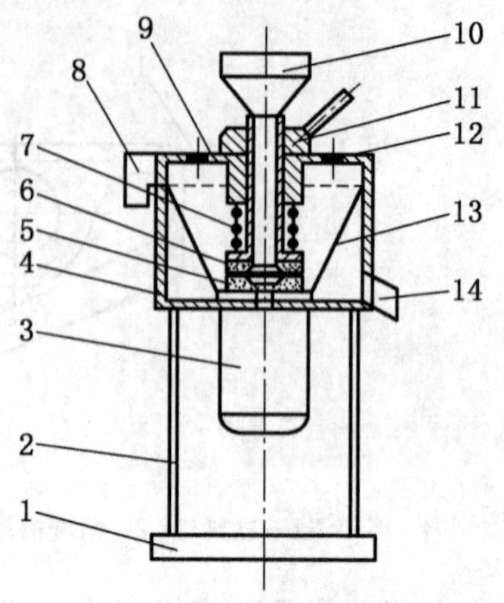

图 2-5 浆渣分离磨浆机

1—底座;2—支柱;3—电机;4—机体;5—下砂轮;6—上砂轮;7—调节弹簧;8—出渣口;9—机盖;10—料斗;11—调节螺母;12—视孔(盖板);13—滤网;14—出浆口

【提示】

在分离设备中,除了浆渣分离,还有一类设备是液汁分离,通常有离心分离法(有卧式、立式区别)和压榨法。其中,压榨法主要用于对水果、甘蔗等新鲜原料的榨汁,根据压榨原理分为螺杆式和对辊式两种方式,可以分别针对不同形状的原料。如螺杆式主要适于外形短小的原料,而对辊式则适于长条形原料的压榨。它们一般用于酒店的酒吧、咖啡厅或果汁店,效率高,如榨汁机,通常 1hp 的榨汁机可榨甘蔗汁 1 000 mL/s。

二、果蔬原料细加工设备

根据菜肴烹调的要求,一般在将果蔬粗加工完成后,需要将果蔬切割成各种片、丝、丁粒及馅状,此过程都可以由机械加工来完成。这些工作有切菜机、刹菜机及斩拌机等完成。

根据工作原理的不同,切菜机有圆盘式、转子式和冲头式及组合式等。

【小资料 2-2】

切　割

食品切割是食品物料在外力的作用下,克服其分子间的内聚力而分裂破碎的过程。在此过程中物料的体积由大变小,单位体积的表面积由小变大,而物料的化学性质却几乎不发生变化。

【提示】

不管是何种形式的切割机械,都是通过动力作用,使果蔬物料同切刀做相对运动,达到对物料的切割的目的。

(一) 多功能瓜果切割机

该机器主要适用于根茎类果蔬物料的切割,使得物料成丝、片、粒及其状,为圆盘式切菜机的一种。该机器结构紧凑,操作简便、可靠,功能齐全,通过更换切刀,可将根茎类物料一次性切成各种规格的片、丝、块等。同时还可将干酪、杏仁、巧克力、面包刨萁。其工作结构图如图 2-6 所示。

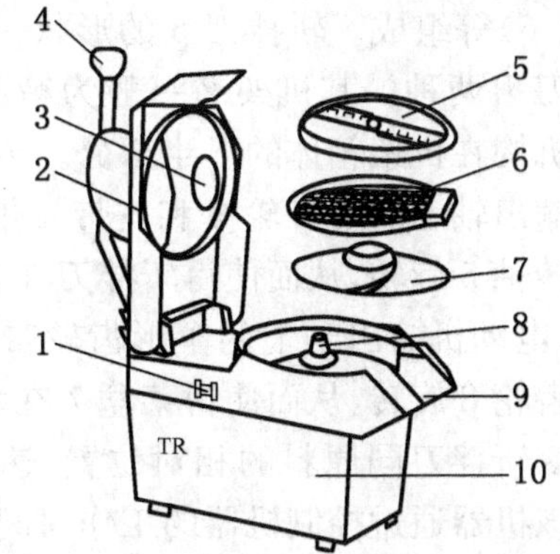

图 2-6 多功能瓜果切割机工作结构图

1—开关;2—机盖;3—进料口;4—定位手柄;5—动刀盘;6—定刀盘;7—拨料盘;8—切刀转轴;9—出料口;10—机体

1. 工作过程

工作时以机体 10 内的电动机作为动力,通过传动系统,带动转轴 8,在转轴上依次安装有拨料盘 7、刀盘组 6 和 5。物料通过进料口 3,而后利用定位手柄 4 将物料推向动刀盘 5,通过动刀盘 5 的切制,到达拨料盘 7,将物料拨到出料口 9。

2. 使用

在使用时,根据配菜物料的形状和规格要求,需要选用不同的切割刀使用。常用的切刀主要有切片、切丝刀、切粒组合刀和刨萁刀组。切片刀主要用于水果蔬菜的切片,其结构是一把一字形切刀,将其安装在圆形动刀盘上,通过切刀的调整更换,可以把原料切成不同厚度的片块。切丝刀主要用于果蔬切丝,其结构是在横向一字形切刀口前加装竖向组排刀,安装在动刀盘上,通过动刀盘的旋转,横竖切刀同时工作,一次性把物料切成丝状。切粒的时候需要用到组合刀组,将切粒刀安装在定刀盘上,与切片动刀盘配合使用,方可将果蔬原料切成粒状。刨萁刀为 2~3 对一字形切刀,安装在动刀盘上,刀刃同刀盘面距离比单独切片时下一些,可用于干酪、面包、坚果等刨萁。果蔬切割刀盘附件见图 2-7 所示。

而定位机构则起到定位和进料的双重作用,通过定位手柄 4 同安全盖上的两个进料口来完成。长形进料口可以使得物料自然横放,适于切割长片和长丝操作;圆形进料口需将物料竖直放进去,适于切割短片或圆形物料。不同的进料口必须使用专用进料定位器。同时,在开机前还须注意检查接地和装置的安装是否完好。同时在使用后须及时进行清洗并抹干水分,以备下次使用。

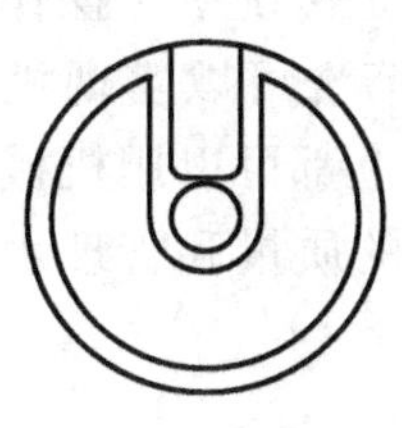

(a) 切片刀盘

(b) 切丝刀盘

(c) 切粒刀盘

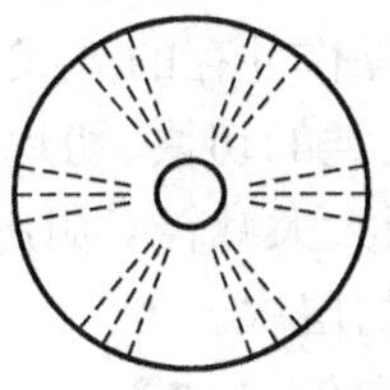

(d) 刨萁刀盘

图 2-7 果蔬切割刀盘附件

(二) 蔬菜斩拌机

在宾馆饭店、学校食堂等场所,对于蔬菜菜泥(馅)的加工,主要可应用蔬菜斩拌机、刹菜机或者切馅机来完成。蔬菜斩拌机按其斩拌刀的旋转方向可以分为卧式和立式两种。该机器工作时无需定位机构,整个机体简洁,操作方便。

1. 工作过程

如图 2-8 所示,卧式斩拌机主要由电动机 9、传动机构(2、3、4、8)和工作部分斩拌机构(5、6)等组成。斩拌刀6的形状一般有直面刀刃和弯面刀刃两种。其机架2一般为箱体结构,电动机和传动机构在机架箱体的下半部分。传动机构则通过电动机输出轴上的皮带轮3和皮带4带动安装斩拌刀6的旋转轴5旋转,从而使得斩拌刀在竖直平面内旋转;同时,电动机输出轴上的伞形齿轮带动连接菜盆7的伞形齿轮8旋转,从而使得菜盆7在水平面内旋转,连续改变斩拌刀同原料的相对位置,达到粉碎斩拌的目的。该机器通过控制机器的工作时间达到控制斩拌馅的粗细程度。

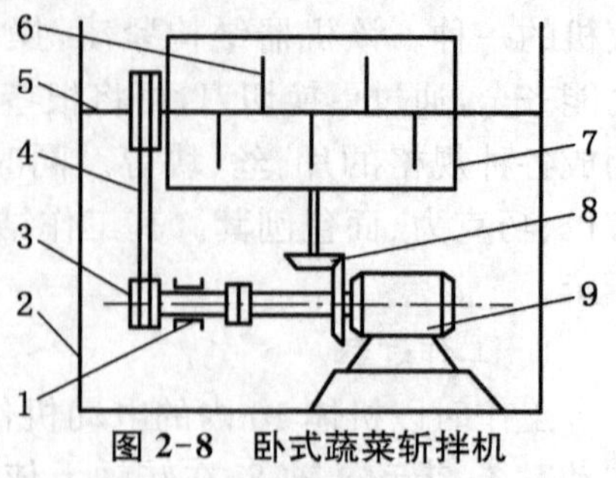

图2-8 卧式蔬菜斩拌机

1—轴承;2—机架;3—皮带轮;4—皮带;5—斩拌刀轴;6—斩拌刀;7—菜盆;8—伞形齿轮;9—电动机

2. 使用

使用该机器时,为尽可能减少刀具对原料组织细胞的锤裂效果,保持菜馅风味,需要检查保证斩拌刀的锋利状态;同时,需要对原料进行清洗和精选等预处理的工作,把一些粗老纤维组织去除,以防损坏刀具。同时,开机前应将菜盆上盖锁死,保证原料的卫生和操作上的安全。使用完毕后应及时清洗抹干水分,防止微生物繁殖、生长。

【小思考】

为防止维生素在蔬菜切制成馅的加工中损失过大,需对斩拌机如何处理?

第二节 肉类原料初加工设备

肉类原料的初加工主要包括肉类的解冻、肉类的清洗、肉类的分割和切配四个方面。

肉类食品通常是由动物的肌肉组织、结缔组织、脂肪组织和骨骼组织所构成的动物胴体,具有肉类的强度、弹性、韧性、黏性等物理机械特性,它与果蔬类食品具有不同的特点,因此一般与果蔬初加工设备不能通用。

目前,在烹饪行业中,解冻和清洗以及对肉类的初加工基本都是传统手工操作和部分机械化操作并存的方式。根据目前的机械加工水平,不但解冻和清洗可以实现机械化操作,对肉类的切块、切片、切丝、切粒、斩拌、绞碎、锯骨等操作,基本上都可以用机械设备进行,从而大大减轻对厨房原料处理操作中的劳动强度,使烹饪食品的质量和管理水平上了一个新的层次。

【案例2-2】

四川大学的中央厨房

据四川在线一天府早报消息:2005年5月11日,四川大学华西医院中央厨房投入使用,在这个可以供应1.5万人饭食的厨房里,厨师们不是挥动铲子,而是按下一个个按钮,该医院营养科负责人比喻说:"一头杀好的猪送进我们这里,按下按钮,就可以炒出上千份回锅肉。"例如炒1 000份青笋肉片需要70千克肉、230千克莴笋头,经过清洗后,分别送到各自的切片机切片;然后它们被送到打码味机器里,盐巴,调料,完全按照调度中心的指令,倾倒在肉片里,电钮摁下,肉片搅拌,混合。1 000份回锅肉从原材料送进工作间到成菜,用时

15 分钟。全套设备总价格在 1 000 万元以上。

评析：肉类原料从清洗到加工成熟，实现了自动化生产，从而大大提高了生产效率，减轻了厨房工作者的劳动强度。那么，这些肉类加工设备是如何运作的呢？

本节将对厨房肉类加工中的解冻方式、清洗、锯骨、切割、斩拌、绞肉以及制作肉丸等设备进行介绍。

一、肉类的解冻

在现代烹饪行业中使用的肉类原料，除小企业还在使用鲜肉以外，大、中型企业都使用固定渠道进货的冻肉；即使是使用鲜肉的小企业，其采购的鲜肉也有部分或大部分被冷冻起来，需要时再解冻后用作食品原料。因此肉类食品的解冻和清洗是必不可少的初加工环节。

解冻是指冻结的物料受热融解恢复到冻结前的柔软新鲜状态的过程。本质上是将冻结时食品中形成的冰晶还原成水，因此，解冻可视为冻结的逆过程。根据加热方式不同，可分为外部加热解冻法和内部加热解冻法两种。

（一）外部加热解冻法

目前国内烹饪企业对冻结物料的解冻几乎全部沿用热空气或者水浴解冻方法。通常称为常规解冻法。也叫外部加热解冻法。也有将冻品从冷冻室转移到冷藏室，用一天左右的时间缓慢回温解冻的方法。

【提示】

常规解冻时，冻结品处在温度比它高的介质中，冻品表层的冰首先解冻成水，随着解冻的进行，融解部分逐渐向内部延伸。由于冰的导热系数（2 kcal/m·h·℃）比水的导热系数（0.5 kcal/m·h·℃）大 4 倍，因此解冻后的表面水影响了热量向内部的传递，解冻速度随解冻的进行逐渐下降。这和冻结过程恰好相反，解冻所需的时间比冻结长。如图 2-9 所示，厚 10 cm 的牛肉块在 15.6℃的流水中解冻曲线与－35℃平板冻结器中冻结曲线比较，冻结只需 3 小时而解冻需要 5.5 小时。从图上看出，从－5℃～0℃的温度上升非常缓慢。

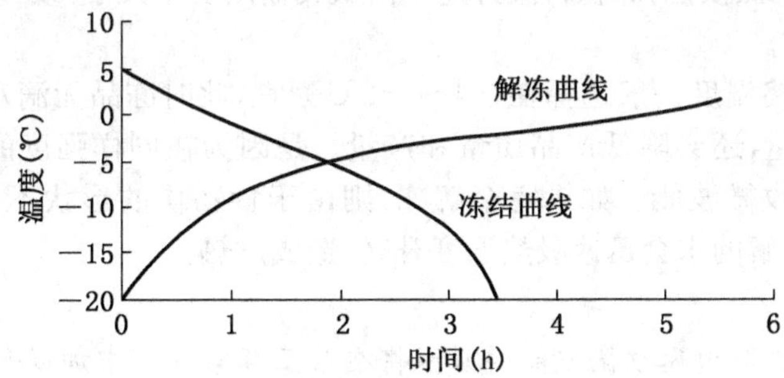

图 2-9　牛肉(厚 10 cm)的冻结解冻曲线

1. 常规解冻设备

用热空气解冻的设备有连续送风解冻装置、低温加湿送风解冻装置、加压空气解冻装置等，水浴解冻装置有低温流水解冻装置、喷淋浸渍组合解冻装置、真空解冻装置等，通常处理量大，主要用于食品加工企业。烹饪行业的肉类解冻通常是浸渍在清洗槽中浸渍解冻。

2. 常规解冻的缺点

（1）由于解冻时间长，特别是在－5～0℃的温度带，停留时间长易发生蛋白质变性、产生异味、臭味；

(2) 肉品在冻结时，肌肉内的水分结冰会破坏细胞结构，解冻后的细胞液会随肌肉的收缩挤压出去造成汁液流失，特别是水浴解冻流失更多；

(3) 为了避免冻物料表层出现熟化，通常采用低温解冻过程法，这又导致细菌急剧生长繁殖的问题，影响冻品的品质。

因此，理想的解冻是：①内外同时均匀解冻；②快速解冻，尽快通过－5℃～0℃的温度带；③作为加工原料的肉品，实行半解冻（即中心温度－5℃），以用刀能切断为准，此时汁液流失少。

(二) 内部加热解冻法

内部加热解冻法是不经过热传导而把热量直接导入冷冻品内部而进行解冻。主要有利用电阻加热的低频电流解冻，利用微波的高频电磁波解冻。微波解冻是近年来较为普及，方便、高效的解冻设备。

【提示】

微波加热的原理将在本书第三章第五节中加以介绍。

1. 过程

从加热角度来看，微波解冻实际上是使冷冻物料整体加热升温，温度由深冻温度（－22～－19℃ 以下）回升到接近冰点温度（－4～0℃左右）。因此，微波解冻确切地说应为微波回温。

2. 优点

(1) 冻品能整体加热回温，减少了冻品的解冻层之间温度不均匀性，不存在如常规法解冻时冻品出现的再结晶现象；

(2) 由于内外同时加热，节约了热量传递所需时间，解冻过程耗时短（通常只需几分钟），细菌等微生物不易繁殖生长；

(3) 微波加热无热惯性，冻物料温升速率由微波输出功率大小，或者说微波供能速率控制，相互具有同步性。

微波解冻的最终温度一般选择在－4～－2℃为宜，此时冻品无滴水，也能用刀切割加工。否则既浪费能量，还会降低产品质量和产量。是因为在同样强度的微波作用下，水比冰会更为迅速地吸收微波能。如果完全解冻，则由于食物块的形状不规则造成的边缘效应，边缘处先解冻融解的水会迅速吸热温度升高，造成过热。

【提示】

水比冰能更为迅速地吸收微波能的原因将在第三章第五节中加以介绍。

市面上的微波炉都设置有解冻挡位，可以自行设点解冻时间，也可以输入冻品重量，微波炉会自动设置解冻时间。餐饮企业使用的微波炉功率和容量都更大。

【小思考】

煮回锅肉、冷冻肉丸或者冷冻蔬菜如豆角、冻青豌豆的时候，还有许多冷冻食品如冻水饺、冻汤圆等都不用解冻，直接投入沸水之中，这是为何？

沸水解冻也是解冻方式之一。沸水中解冻可以使肉类蛋白质一边解冻一边凝固，汤圆等食物淀粉熟化，避免汁液流失或未熟淀粉散落在汤中。

【提示】

肉类清洗设备参看本章第一节相关内容。

二、肉类切配设备

肉类切配设备是指对肉类原料进行切块、切片、切丝、切粒等操作的设备。是厨房必备设备之一。

（一）锯骨机

锯骨机是一种采用锯齿状刀刃在高速运转下对肉块或骨骼进行分割处理的切割机械，可以快速锯断大块骨头、肉块及冻结的肉类、家禽、鱼类等块状物料，也可进行冻肉切片，也是日益兴起的西餐行业必备厨房通用机械。根据切割刀具及运转方式分为带锯机和圆盘锯机两种。图 2-10 为带式锯骨机及结构简图。

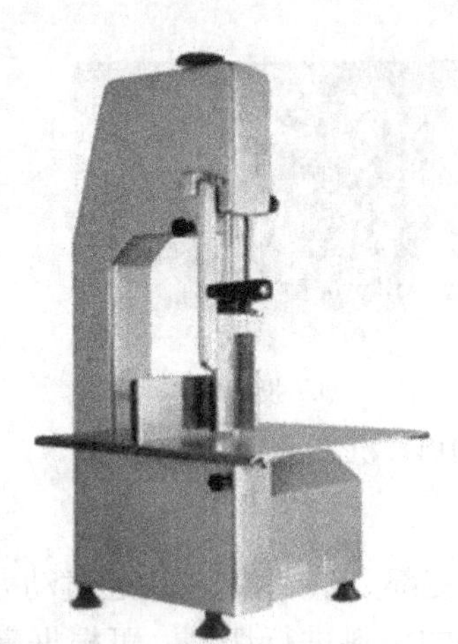

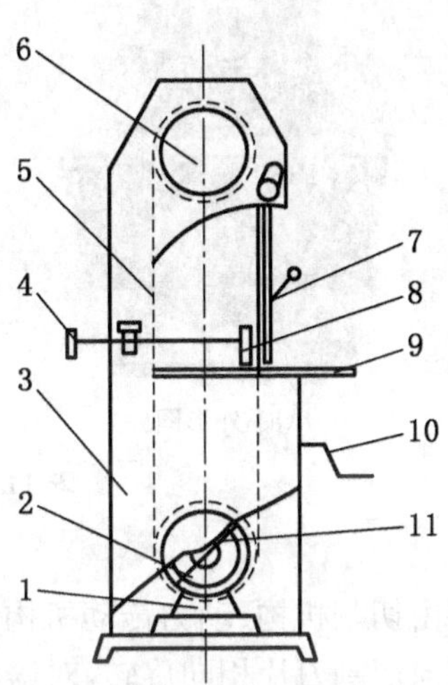

图 2-10　带式锯骨机及结构简图

1—电机；2—下导轮；3—机体；4—定位手柄；5—带锯；6—上导轮；7—推料手柄；8—定位挡板；9—工作台；10—导轮调节手柄；11—清刮器

1. 结构与工作过程

该机由驱动机构、切割机构、给料机构及机架等四大部分组成，在电机的驱动下，通过上下导轮，使锯带保持惯性高速运转，对肉块实施切割作用，上下导轮同锯带的松紧可通过调节手柄调节。肉块置于工作台上，根据所需切割肉块的厚度调节定位挡板与锯带刃口间的距离，通过推料手柄把肉块向前推进，直至锯断为止。

2. 使用

为保证机器的切割效率，在锯带上安装有锯带清刮器，保证锯带在工作时黏附的肉沫和骨屑能及时清除，同时，在上下机盖上装有联锁装置，只有在锁紧状态时，机器才能启动，从而保证机器操作时的安全性。

机器在启动以前，应检查锯带张紧程序和清刮器同锯带的贴紧情况，在机器运转正常后，再进行切割物料，每次使用完毕后，需打开机盖，冲洗清除工作时残留的骨屑和肉末等，以保持机器内的卫生。

【提示】

用锯骨机切冻肉片有什么不妥？因为锯骨机既然可以将带骨冻肉切断、切块，当然也可以切片。但是由于锯条有约 1 mm 的厚度，如果切 2 mm 厚的肉片，每次切掉的厚度却是 3 mm，另外的 1 mm 冻肉变成了“锯末”；因此，用锯骨机切肉片在厚薄的均匀性方面和切很薄的肉片方面都有困难。所以下面会介绍专门的切肉片机。

（二）鲜肉切片机

肉类切片机主要用于肉类和其他具有一定强度和弹性的物料的切片、切丝、切粒的设备，广泛用于宾馆、食堂、肉类加工厂等肉类加工场所，是一种不可缺少的常用设备，按其切刀工作轴的构型，可以分为立式肉类切片机和卧式肉类切片机两大类型。

如图 2-11 所示为台式双孔切肉片机。

(a) 外形图

(b) 投料口

图 2-11　台式双孔切肉片机

1. 结构

该机主要由切割机构、动力传动机构和给料机构三部分组成，电动机通过动力传动机构使切割机构的双向切割刀片相向旋转，对给料机构供给的肉料进行切割。可根据烹饪工艺要求将肉块切成规则的片、丝、粒状。图 2-11 的双投料口使两边切出的肉片可以有不同的厚度。

切割机构为该机的主要工作机构。由于鲜肉质地柔软且肌肉纤维不容易切断，不适合使用蔬果切割机上使用的旋转刀片，此类切肉片机一般采用同轴圆形刀片组成的切割刀组，这是一种双轴相向的切割组合刀组，如图 2-12 所示。

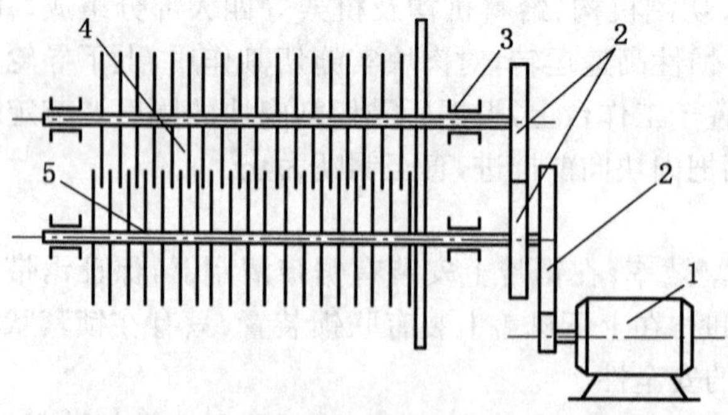

图 2-12　切肉片机切割刀组传动原理

1—电机；2—传动齿轮；3—轴承；4—从动圆形刀片组；5—主动圆形刀片组

该刀组的两组圆刀片沿轴向平行，刀片相互交错，并有少量错入，每对错入的圆刀片形成一组切割副，两组刀片通过主动轴上齿轮传动，使两轴上刀组做相向运转，既可方便进料同时又达到自动切割的目的。肉片的厚度通过调节圆刀片之间的间隙来保证，而这个间隙又是由压在每块圆刀片之间的垫片厚度决定的。刀片数目与肉片厚度的关系如表 2-1 所示。

表 2-1　刀片数目与肉品厚度的关系

肉片厚(mm)	2.3	3	4.5	6	8
刀片数(组)	24	20	14	11	9

2. 使用

该机在使用前应先将需要切割的肉类原料分解成与进料口合适尺寸的肉块，当机器运转正常后(注:空转运行时，时间不能超过 2 min，以防刀片发热，损伤刀刃)，再将肉块按顺序投入，在刀片的带动下进料切割，在刀片组下部即可得到规格的肉片，通过出料口排出。如果是切肉丝时，则把切好的肉片顺序平整地重新送入刀组，即可切成肉丝。同样，如果需切肉丁(粒)，则把切好的肉丝，按刀轴方向平行再投入刀组中切割，即可把肉块切成肉丁(粒)。

【小思考】

冻肉一般解冻到什么程度进行切肉最适宜?

(三) 鲜肉切丝机

图 2-13 为落地式切肉丝机，是把两组切割刀组(结构原理与上述切片机相同)上下交错装配而成，能将各种鲜肉一次性切成肉丝。肉块从投料口喂入后经上部第一组切割刀组，将肉块切成肉片，再顺势下落，被第二组切割刀组切成肉丝。

图 2-13　落地式切肉丝机

其特点是刀具组设计为悬臂式，可轻易拆卸、清洗，并能快捷方便地更换不同规格的刀组。加装紧急开关和安全开关，可有效地保护使用者的安全。底部设有脚轮方便移动。适合酒楼、超市、肉市场加工、小型加工厂等使用。

(四) 冻肉刨片机

冻肉刨片机是切、刨肉片以及脆性蔬菜片的专用工具。用于厨房切割各式去骨冻肉、土豆、萝卜、藕片，尤其是刨切涮羊肉、小牛肉片等。切出的切片厚薄一致，省工省力，使用频率很高。

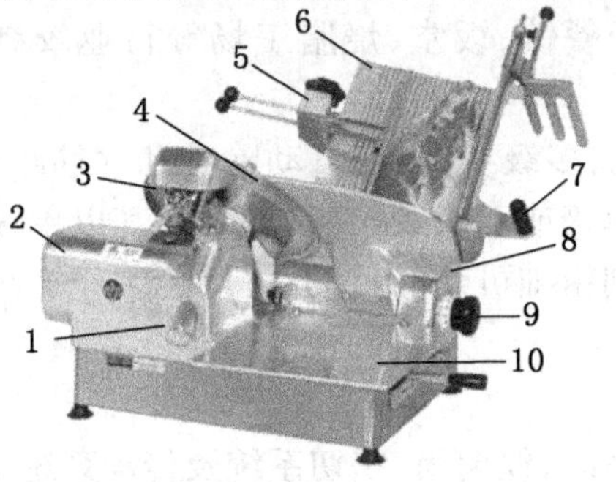

图 2-14　台式半自动冻肉刨片机

1—切割刀轴；2—动力传动；3—磨刀砂轮；4—切割刀盘；5—肉块夹持器；6—滑动刀架；7—移动刀架手柄；8—切割工作台面；9—肉片厚薄调节旋钮；10—肉片承接工作台

1. 工作原理

采用齿轮传动方式，外壳为整体不锈钢结构，维修、清洁极为方便。刀片为一次铸造成型，锐利耐用。冻肉刨片机按结构形式有落地式和台式，按使用方式有全自动和半自动。图 2-14 为台式半自动刨片机。

2. 操作过程

(1) 将无骨冻肉块用锯骨机切成合适的大小，用可以上下滑动的肉块挟持器固定在滑动刀架上，该肉块由于重力作用向下紧贴在切割工作台面；

(2) 转动肉片厚薄调节旋钮使切割刀片与切割工作台面离开适当距离(与肉片厚薄相当)；

(3) 按下启动按钮，电机启动，通过齿轮传动带动刀片轴、从而使固定在轴上的圆形切割刀片高速旋转；

(4) 移动刀架手柄，使滑动刀架带动肉块向切割刀片方向运动，受高速刀片切割，一块肉片被切下，掉入放在承接工作台上的容器内；

(5) 移动刀架手柄复位，肉块挟持器上的肉块由于重力作用下移靠在切割工作台面；

(6) 往复移动刀架手柄，肉片一片片切下，直至挟持肉块切割到极限，再重新挟持肉块直到切割完毕。

落地式刨片机较高，其动力传动设置在承接工作台下部；全自动刨片机没有移动刀架手柄，滑动刀架的移动靠动力传动装置带动自动往复运动，工作效率更高。

【提示】

鲜肉和冻肉切片机工作原理有何不同，可不可以互换使用？因为鲜肉和冻肉的物理机械性能完全不同，所以不能互换使用。鲜肉具有柔软、弹性和韧性的特点，用冻肉切片机切片时，刀片对肉块的挤压会造成切出的肉片变形、扭曲；用鲜肉切片机切冻肉时，由于切割刀组的整齐排列，使坚硬的冻肉无法喂入。

三、肉类斩拌设备

肉类斩拌设备是指对肉类原料进行绞、切、斩、剁等操作，将块状肉料做成粗细不同的肉糜的操作设备。

熟练的厨师在需做肉馅的时候，首先是将肉块切细，然后双手双刀在砧板上上下翻飞，并随时翻转，便可剁出所需粗细的肉糜。不过，再高明的师傅，剁一公斤肉糜也免不了累得双臂酸疼，而一般绞肉机每小时却可以轻松绞肉 100 公斤。多功能斩拌机由于集斩、切、搅拌操作于一身，可以斩拌出手工无法达到的粒度小、均匀性好、韧性和凝冻强度高、口感细腻的肉糜。

(一) 绞肉机

绞肉机是肉类处理中使用最为普遍的一种机器，主要利用不锈钢格板和十字切刀的相互作用，将肉块切碎、绞细形成肉馅。广泛用于餐馆、饭堂、烧腊工场等行业绞制肉糜之用。

根据其结构特征，绞肉机可以分为单级绞肉机、多级绞肉机、自动除骨和除筋绞肉机、搅拌和切碎组合绞肉机等。在饮食行业中以使用单级或双级绞肉机较多，尤其以单级绞肉机最多，它可以通过调换不同孔径的绞肉格板，达到粗细可调的目的，可避免因经连续多次绞肉使肉原料温度升高而影响肉质的质量。

1. 结构

图 2-15 为单级绞肉机的结构图，主要由进料系统、绞肉筒、绞切系统及传动系统组成。

进料系统包括螺旋强制送料辊和料斗。在料斗中的物料借自身的重力和螺旋送料辊的旋转，把肉料不断送到绞肉筒内的绞切系统进行绞切。为使螺旋送料能达到强制状态，通常改变送料辊的螺距和直径，即前段辊螺距大，辊轴直径小；后段辊螺距小，辊轴直径大。这样就可以保证对肉块产生一定的推压力，保证进料的平稳和绞切的肉糜(馅)能顺利从格板孔中排出。

绞切系统包括十字切刀、绞肉格板和锁紧螺母等。十字切刀通常有四个刀刃，由碳素工具钢或合金工具钢制造，中间孔是正方形，安装在同是方形的轴上，与送料辊一起旋转，而绞肉格板则由定位销固定在绞肉筒上，由于送料辊带动十字切刀强制旋转，与绞肉格板紧密配合，形成切割副，达到绞切肉馅的目的。格板通常用不锈钢或优质碳素钢制成，为了保证其有足够强度，要求其厚度不小于 10 mm，格板上有规格的孔眼，孔眼直径大于 10 mm 为粗绞格板，孔眼直径在 3～10 mm 为中细绞格板，孔径小于 3 mm 为细绞格板。在实际生产操作中，可以根据不同要求选用不同规格的格板配合使用。

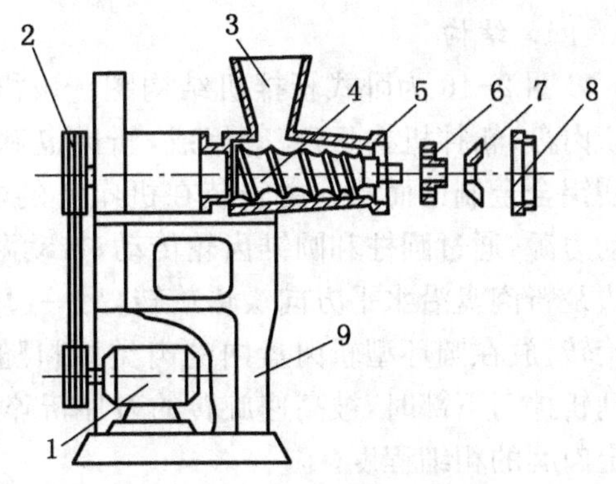

图 2-15　单级绞肉机结构

1—电机；2—皮带轮；3—料斗；4—螺旋送料辊；5—绞肉筒；6—切肉刀；7—绞肉格板；8—锁紧螺母；9—机架

切刀的转速与送料辊相同，其转速需要与选用的格板孔眼直径大小相配合，孔眼直径大的格板，出料容易，切刀转速可以大些，反之，转速可小些，一般可控制在 150～300 r/min 之间，最高不应超过 500 r/min。

2. 使用

因为绞肉机的生产能力是由格板孔眼直径和切刀的切割能力决定，而不是由螺旋送料辊的转速决定，转速过高，容易造成供料过多，引起肉料堵塞，肉块温度升高，传动系统负荷过大，导致电机容易损坏。

锁紧螺母是保证格板与切刀之间不产生相对位移的锁紧装置，是影响切刀工作效率的关键部件。在装配或调整切刀和格板时，应注意旋紧锁紧螺母，否则会因为格板的位移而影响切刀的工作效率和绞切后肉品的质量。

对于大型绞肉机或需要肉糜特别细的场合，可以使用双级绞肉机。双级绞肉机与单极的不同点在于绞切系统有两组十字切刀和绞肉格板组成切割副，前级切割副的绞肉格板孔径较大，第二级较小，肉糜粗细由第二级绞肉格板决定。

【提示】

绞肉机决定肉糜粗细的主要因素是什么？绞肉机肉糜的粗细与切刀片数，转速等参数有关，但决定性的是格板孔眼直径。因为切刀切断的总是陷入格板孔内的部分。孔径越大，可能陷入得越多。而切刀片数和转速由设计决定，能够保证肉料的喂入。

【小思考】

为什么绞肉机出来的馅料没有人工斩切的馅料好吃？

（二）斩拌机

斩拌机是集切、绞、搅、斩于一体的食品加工机械，能将去皮、去骨的肉块进行切、剁、搅拌、破碎、拌匀等操作，斩成肉糜。并可在斩拌过程中同时掺入其他辅料、调味品以及用于降温的冰块，用于加工肉丸、肉饼、肉馅和灌肠等，是现代厨房机械中，用途最为集中的一种机械设备。按其旋转刀轴安装方式，常见有卧式斩拌机和立式斩拌机两种类型。

1. 结构

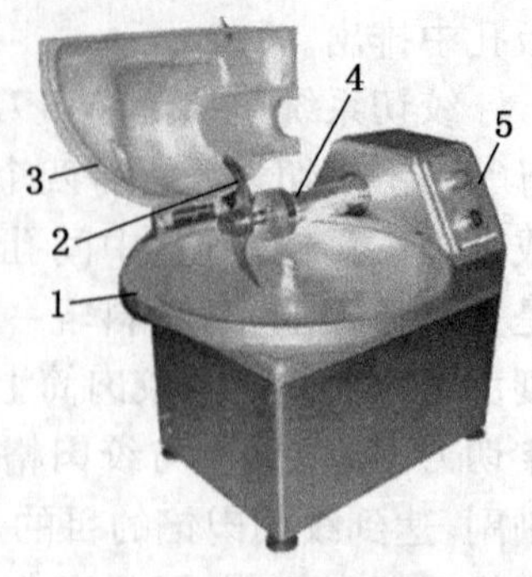

图 2-16　卧式斩拌机

1—斩肉盘；2—斩拌刀；3—刀盖；4—斩拌刀轴；5—传动箱

图 2-16 为卧式斩拌机结构图。该机由电机及传动机构、斩肉盘、斩拌机构、刀盖等组成，斩肉盘和刀盖采用精密压铸，镁铝合金制造而成。由安装在机座上的电机作为驱动机构的动力源，通过圆柱和圆锥齿轮传动，带动两个运动同时进行，一边是斩肉盘沿水平方向缓慢旋转，另一边是斩拌刀绕刀轴高速旋转，放在圆环型斩肉盘内的肉类原料随斩肉盘水平旋转，转到斩拌刀下部时，被高速旋转的刀片斩碎。斩拌时间的长短决定肉糜的粗细程度。

刀轴上的刀片可以是 2～6 片，沿圆周对称布置，刀片的刃口成弧形，使其切割角在工作时随切割半径增大而增大，可以减小切割阻力，而且运转平稳，能耗更低。

2. 使用

刀盖在工作时放下，把斩拌刀盖起来，同时也防止肉糜飞溅。刀盖上装有保护开关，当刀盖揭起时会自动切断电路(电机不能启动)，只有刀盖锁紧的情况下才能安全启动。

该机斩肉盘直径 400 mm，容积 8 L，转速 16 r/min，使用电机功率 370 W(220 V)。

【提示】

斩拌机除上述斩拌刀轴水平布置卧式斩拌机以外，还有斩拌刀轴垂直布置的立式斩拌机。立式斩拌机的工作原理请参考下述肉丸打浆机。斩拌机除肉类食品的斩拌以外，也可适用于前节所述的蔬菜斩拌。

【小思考】

使用肉类斩拌机与使用绞肉机切制出的物料有什么不同?

(三) 肉丸机

在中国人的饮食消费中，各类肉丸是一大食品种类。由于肉糜的黏滞、流变特性，用肉糜制作丸子是较复杂的操作，尤其是包心丸子，不仅生产率低，还有技术难度高，形状、大小难于统一等难点。肉丸机可以大大提高生产效率，保证成品质量，由于不用手工操作，也减少了污染环节，清洁卫生。

制造肉丸需经过肉类原料打浆和肉丸成型两个步骤，即通过肉丸打浆机和肉丸成型机完成。

1. 肉丸打浆机

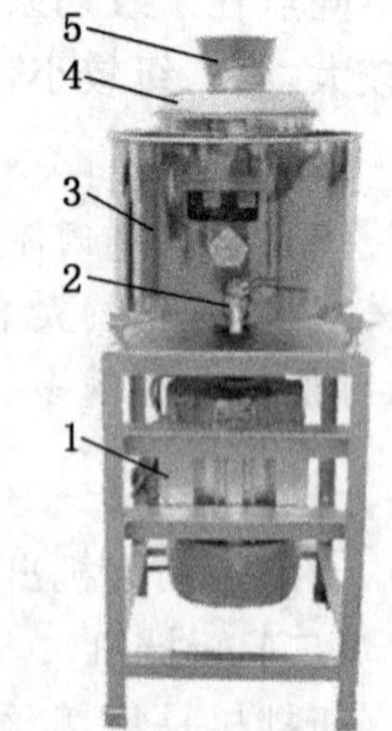

图 2-17　肉丸打浆机

1—电机；2—冷却水口；3—料桶；4—桶盖；5—投料口

肉丸打浆机是将做肉丸的肉类原料与配料一起进行斩拌，混合的设备，如图 2-17 所示。

本机下部电机直接与料桶内斩拌刀轴连接，刀轴上对称安装若干圆弧刃口刀片，一次装肉量为 1～4 千克，从投料口投料，开机后电机带动斩拌刀高速旋转，在切割、搅拌、捶打等力综合作用下，2～3 分钟即可完成打肉、配料、搅拌成浆，肉桶外罩和桶底装有冷却装置，通过夹层换热，可确保肉浆新鲜。该机比手工锤打的肉浆精细，所产肉丸、鱼丸弹性好，色泽洁白，可加工牛肉丸、大肉丸、鸡肉丸、弹性肉丸、潮州肉丸、普通肉丸等。

2. 肉丸成型机

肉丸机属于肉类食品初加工中的成型机械，有单桶、双桶之分。

单桶肉丸成型机采用不锈钢材质，可以制作各类爽脆、有韧性、有弹性的猪肉丸、牛肉丸、鸡肉丸、鱼肉丸等，花色品种多，肉丸直径可达 15～35 mm，口味可根据需要自行调整。

双桶肉丸机也叫包心肉丸机，用于制作复合肉丸，其中一个桶做面料，一个桶做心料，通过复合机构成型为包心肉丸。可自动生产台湾包馅贡丸、香港撒尿牛丸、包馅鱼丸等，如只用单桶则可生产各种实心肉丸。

图 2-18 所示为双桶包心肉丸机。该机由电机、传动机构、输送机构、肉料、心料桶、包心成型机构、调节机构等组成。

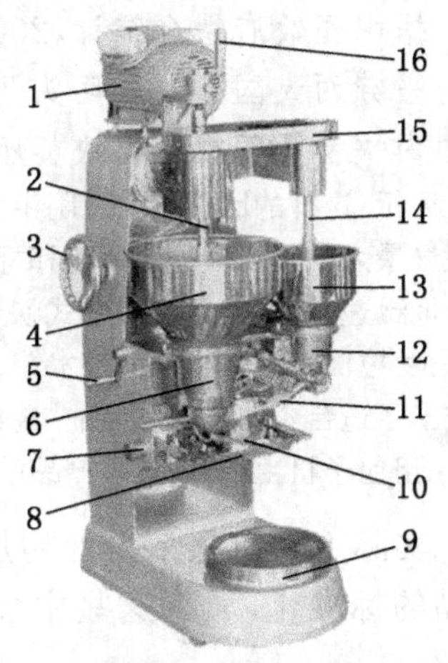

图 2-18 包心肉丸机

1—电机；2、14—推料杆；3—切丸调速轮；4—肉料桶；5—包馅副机离合挡；6、12—螺旋送料器；7—可调弹簧螺母；8—刀架、铜板、活动刀片；9—机架转盘；10—转动齿轮模头；11—心料输送管；13—心料桶；15—传动链罩；16—肉量调节杆

工作时，将斩拌好的肉料和心料分别装入肉料桶和心料桶，启动电机后，传动机构带动两个桶中的推料杆旋转，推料杆上部有可调节推料板，对桶内肉料进行搅拌，下部是变容积螺旋送料器，分别将肉料和心料定量送入包心成型装置，通过转动齿轮模头 10 和刀架、铜板、活动刀片 8 的综合作用，旋转包心、成型、切割，做成的包心肉丸从铜板下部落入放置在机架转盘上的容器中。

推料杆的转速和包心成型装置内齿轮模头的转速以及活动刀片的切割速度都是预先调整、匹配的，传动系统内有无级调速装置，通过调速手轮可改变肉丸的生产能力(150～250 粒/分钟)。可调弹簧螺母用于调节铜板上刀架、活动刀片的往复距离，改善成品质量。旋转机器上部的肉量调节杆，可以升降推料杆，改变送料螺旋环行出口的大小以调节肉料供给，左侧的包馅副机离合挡可对心料的供给量进行调节，关闭该离合挡则可制作实心丸子，相当于单桶肉丸机。

【小资料 2-3】

香港撒尿牛丸

“撒尿牛丸”——有着悠久历史的传统中华美食，早在清朝顺治年间的江南古镇松江，由王氏家族经过特殊工艺和配方精心研制而成，后因王家后人辗转到香港，逐渐成为港岛名吃。鸦片战争时期，港式牛丸流传到国外，甚至英国女皇竟将该美食御封为“贡丸”。

距今已有几百年历史的撒尿牛丸怎么取了个如此登不了大雅之堂的名字？原来，撒尿牛丸是把牛肉泥、虾爬子搅拌在一起，再把虾汁熬炼成冻，包入牛肉中煮熟，吃时丸中带汤，咬一口汤汁四溅，形象比喻叫撒尿牛丸。而另有一说是，虾爬子在香港称之撒尿虾，故得此名。

第三节 主食初加工设备

主食分面食和大米两大类，其中面食初加工设备又分原料处理和成型加工两部分。面食初加工设备主要有和面机、打蛋机、面条机等，成型加工设备主要有蛋糕机，馒头成型机、面条、饺子成型机等。大米初加工设备主要是大米清洗、浸泡设备如洗米机等。

【案例 2-3】

中西式快餐的比较

据中国饭店协会统计，2004 年国内快餐业的年收入约为 1 800 亿元，而在其中，肯德基和麦当劳两大国外快餐巨头几乎占据了近 10%的市场份额。值得注意的是，尽管 90%以上的国内快餐份额被中式快餐所占据，但这块蛋糕要被数万家企业所瓜分。

评析：这样的比例很能说明中式快餐的生存现状——多以手工制作，经营零散，单店经营，缺乏规模。洋快餐最大的长处在于工业化和标准化，这一点是中式快餐必须学习和超越的。近几年，面对洋快餐滚雪球般地迅速扩大，为了改变中式快餐经营模式落后、量化标准欠缺、品牌运行滞后的局面。狗不理、食为天、马兰拉面、新亚大包、大娘水饺、深圳面点王等中式快餐企业在与洋快餐的竞争当中不断学习、摸索，相继推出了适合企业自身发展的"量化"指标。其中新亚大包早在上世纪的 90 年代就已经建立起了加工中心，采用包子机生产，保证了产品的标准统一。

实际上还有很多主食初加工设备，可使得我们实现主食初加工的现代化，从而实现产品的标准化，那么这些主食加工设备有哪些呢？其工作原理又如何呢？本节将予以介绍。

一、面食初加工设备

面食是北方地区的主食，在以大米为主的南方地区也越来越普及。面点是烹饪行业中的重要组成部分，以面粉为原料的西点也受到人们的欢迎。西点和面点的加工设备经过多年的发展和经验总结，已经标准化、系列化。目前，在西点和面点加工中定型并使用的机械主要包括原料处理、成型加工、熟化、包装等四个方面的机械设备。

（一）原料处理设备

面食原料主要是各种规格的面粉。根据面食产品的需要，面粉的面筋蛋白含量和麸星含量等指标各不相同。本小节主要介绍各式和面机、搅拌机、辊压机这些初加工设备的结构原理和工作过程。

1. 和面机

和面机主要用于原料的混合和搅拌，并以此调节面团面筋的吸水胀润，控制面团韧性、可塑性等操作性能，因此，和面机又称调粉机或搅拌机。由于调制面团的黏性很大，流动性能非常差，使得和面机各部件结构强度非常大，工作轴转速较低，一般为 20～80 r/min，广泛用于面包、饼干、糕点、面条及一些饮食行业的面食生产中。

和面机主要有两大类型，即卧式和面机和立式和面机，卧式和面机结构简单，加工量大，使用较为普遍。

(1) 卧式和面机　卧式和面机结构简单，清洗、卸料操作方便，制造维修简便，主要由机架、和面斗、搅拌器、传动装置、电机、料斗翻转机构等组成，其结构如图 2-19 所示。

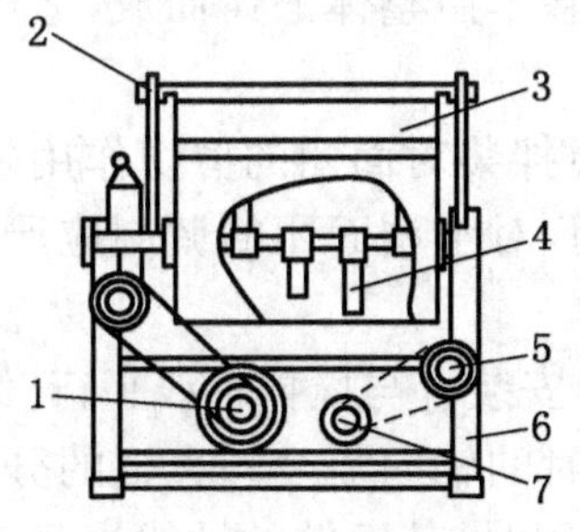

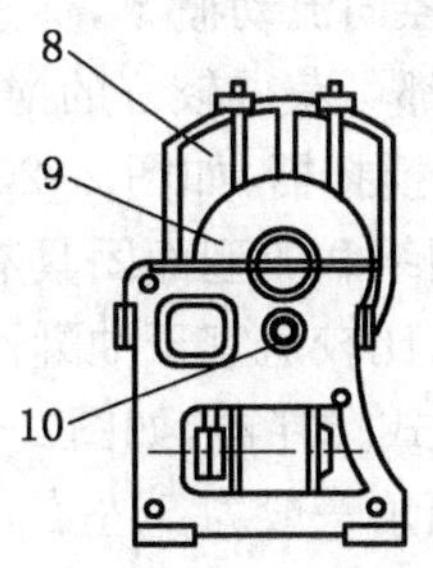

图 2-19 卧式和面机

1—主电机；2—固定盖；3—可开启盖；4—搅拌桨；5—翻转机构；6—机架；
7—副电机；8—搅拌传动机构；9—蜗轮箱；10—和面料斗

卧式和面机的拌料主轴主要通过电机传动，以蜗轮蜗杆和齿轮传动降速，搅拌器根据搅拌物料性质和面团特性要求，选择不同类型。

和面机的传动装置主要由电机、减速器、联轴节等组成，传动装置有两个，一个是主电机，输出的动力经减速箱减速后，带动搅拌轴旋转。主电机配置功率一般以空载功率不超过最大额定功率 25%为宜，和面机容量与配置电机功率的经验参考值如表 2-2 所示，副电机通过蜗杆蜗轮减速后，带动和面料斗翻转，用于和面结束后的面团卸料。有的和面机也可以不配副电机，通过和面料斗外侧齿轮或手柄与蜗轮传动相配合在外力作用下使料斗翻转。

表 2-2 和面机容量与电机额定功率配置经验值

容量(kg)	25	50	75	100	150	200
额定功率(kW)	2.2	3.0	4.0	5.5	7.5	10.0

根据调制面团的用途，搅拌轴上配置的搅拌器类型有如图 2-20 所示的三种。

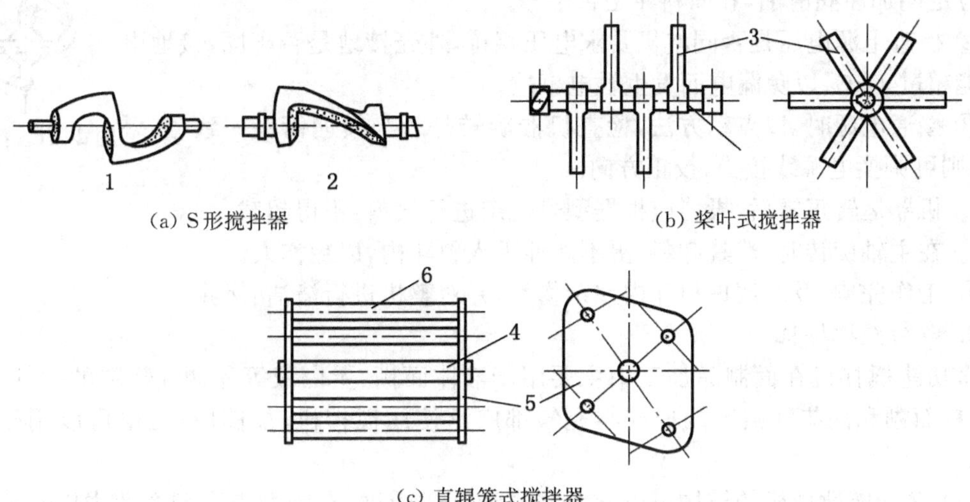

图 2-20 搅拌器类型

1—S形桨；2—Z形桨；3—桨页式叶片；4—搅拌轴；5—直辊连接板；6—搅拌直辊

① S形搅拌器，如图 2-20(a)所示。其桨叶的母线与轴线偏离一定角度，以增加物料搅拌时的轴向和径向流动概率，促进物料混合，构型基本由整体锻铸而成，适用范围广，对各种高黏度物料都可获得较好的搅拌效果。

② 桨叶式搅拌器，如图 2-20(b)所示。这种搅拌桨对面团的剪切作用较强，拉伸作用较弱，对面筋网络和成型面团具有极强的撕裂作用，对水调面团的调制应严格控制桨叶转速和操作时间，比较适宜于油酥性面团的调制。

③ 直辊笼式搅拌器，如图 2-20(c)所示。直辊安装有与搅拌轴线平行、倾斜两种形式。倾斜安装时，倾角一般为 5°左右，以利于面团调和时的轴向流变。直辊的分布依赖于搅拌轴上的连接板形状，一般以 S 型，X 型为多，安装使用时，其回转的轴线半径不同，有利于物料混合和避免面团抱死现象，同时，在调制过程中可对面团进行压、揉、拉、延等操作，对面筋的机械撕裂作用较弱，有利于面筋网络的形成，适用于面包、饺子、馒头等水调面团的操作。

和面料斗亦称搅拌槽，根据调粉量可分为大、中、小型，一般有 25 kg、50 kg、75 kg、100 kg、200 kg 等，料斗一般以不锈钢焊接或铆接而成。有的料斗还设置夹层水控调温装置，控制面团的中心温度，但国内大部分和面机都以调节物料(如水、面粉、糖浆等)混合前的温度来控制面团的中心温度。

(2) 立式和面机　立式和面机的搅拌器沿搅拌轴的轴线设置，结构简单，但同卧式结构相比，其卸料和清洗操作比较麻烦。搅拌器主要以扭环式为主，如图 2-21 所示，其次有扁形，钩形等，对面团的作用力较大，可以促进面筋网络的形成，适用于韧性面团、发酵面团的调制，一般适合小规模制作面点使用。同时，通过更换搅拌桨，还可适于其他搅拌工艺操作，因此，立式和面机也称作搅拌机，将在后面具体描述。

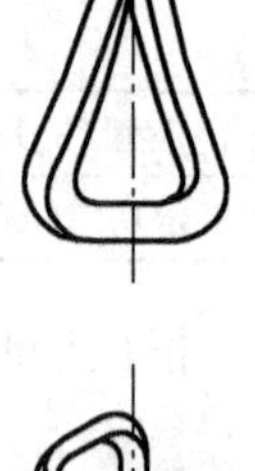

图 2-21　扭环式

(3) 使用和面机时的注意事项

① 使用前，应对机器进行全面检查，如各传动部位是否有障碍物，转动部位应定期加注润滑油，和面料斗是否干净。

② 检查电源电压是否同本机要求电压相符，外壳接地是否牢固，接地电阻不能超过 1 kΩ，以免漏电而发生触电事故。

③ 接通电源时，以点动方法，检查机器旋转是否与转向箭头一致，如果相反，则可调换电源线接头，校正方向。

④ 机器运转正常后，投料应根据型号规定进行投料，不得超载。

⑤ 在主轴旋转时，严禁卸料，更不能伸手入料斗内，以免伤人。

⑥ 工作完毕，及时清理料斗内残余物料，并对整机进行清洁、保养。

2. 多功能搅拌机

多功能搅拌机在面制品加工中主要用于液体面糊、蛋白液等黏稠性物料的搅拌，如糖浆、蛋糕面糊和裱花乳酪等的搅拌与充气都广泛使用搅拌机，如前所述，也可以用于调制面团。

(1) 多功能搅拌机的结构可以分为立式和卧式两种，在中西点小型企业中以立式搅拌机使用为主，广泛用于液体面浆、蛋液等搅拌，且通过更换搅拌器，可适应不同黏稠度物料的使用，达到一机多用的目的。

图 2-22 为立式搅拌机结构示意图，由机座、电机、传动机构、搅拌桨、搅拌锅以及装卸机构组成。

搅拌机工作时，以电机作为动力源，通过传动箱内的齿轮对传动来带动搅拌器，使搅拌器在高速自转的同时又产生公转，对物料进行强制搅拌和充分摩擦，以实现对物料的混匀、乳化和充气作用。

立式搅拌机的机座、机架及传动调速箱一般由整体锻造而成，以增加机器运转时的整体平稳性，其他同食品物料直接接触的部位均采用不锈钢制成。

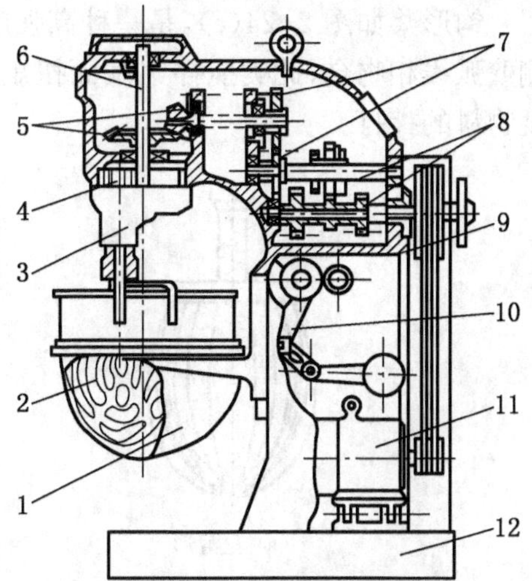

图 2-22　立式搅拌机结构示意图

1—搅拌锅；2—搅拌桨；3—搅拌头；4—行星齿轮；5—锥齿轮；6—主轴；7—斜齿轮；8—齿轮变速箱；9—皮带轮；10—搅拌锅升降机构；11—电机；12—机座

(2) 行星搅拌头的传动原理如图 2-23(a)所示。皮带轮 1 通过伞形齿轮对 6 改变轴Ⅰ方向，轴Ⅰ穿过固定齿轮 5，连杆 4 的一头固定在轴Ⅰ上，另一头则铰接于轴Ⅱ上，轴Ⅱ的齿轮 2 上端同固定齿轮 5 啮合，下端则根据搅拌物料选择安装搅拌桨。在轴Ⅱ上的齿轮 2 与固定齿轮 5 的啮合回转及横杆的共同作用下，使齿轮 2 上的搅拌桨在绕齿轮 5 公转的同时又形成自转，从而实现行星运动，搅拌桨上某点的运动轨迹如图 2-23(b)所示。由于这两种运动的同时存在从而在搅拌锅中产生一种复杂的搅拌运动，大大增强了其搅拌效果。搅拌桨的转速可通过三级变速机构来调节，以满足不同工艺操作的需求。

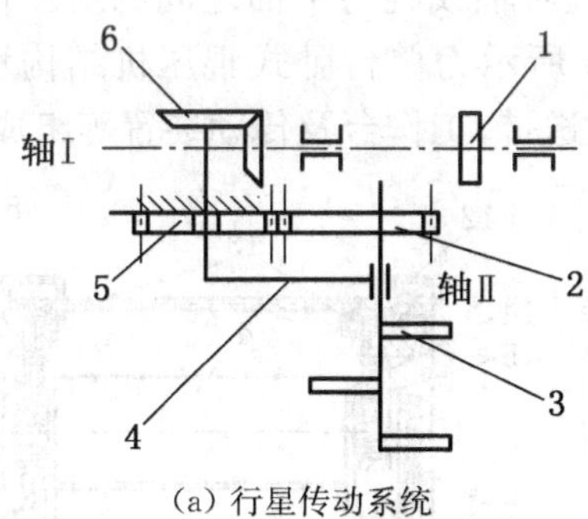

(a) 行星传动系统

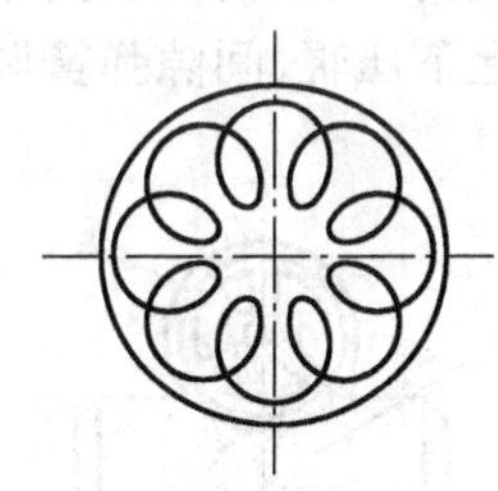
(b) 搅拌桨上某点运动轨迹

图 2-23　搅拌头的行星传动示意图

1—斜齿轮；2—齿轮；3—搅拌桨；4—传动横连杆；5—固定齿轮；6—锥齿轮对

目前，立式搅拌机的搅拌桨结构主要有花蕾形、扇形和钩形三种形式，如图 2-24 所示。

花蕾形搅拌桨如图 2-24(a)，由很多粗细均匀的不锈钢钢条制成，桨的强度相对较低，在旋转时，可起到弹性搅拌作用，增加液体物料的摩擦机会，利于空气的混入，适宜在高速下对低黏度液体物料的搅拌，如蛋面糊的搅拌。

扇形搅拌桨如图 2-24(b)，其结构一般是由整体锻铸而成，强度较高，且作用面亦较大，适宜于中速运转下对黄油、白马糖等中等黏度糊状物料的搅拌。

钩形桨如图 2-24(c),是一种高强度整体锻造的搅拌桨,外形结构一般都是与搅拌锅的侧壁弧线相吻合,此类搅拌桨截面扭矩均较小,应在低速下运转,适宜于糖浆、面团等高黏度物料的拌打。

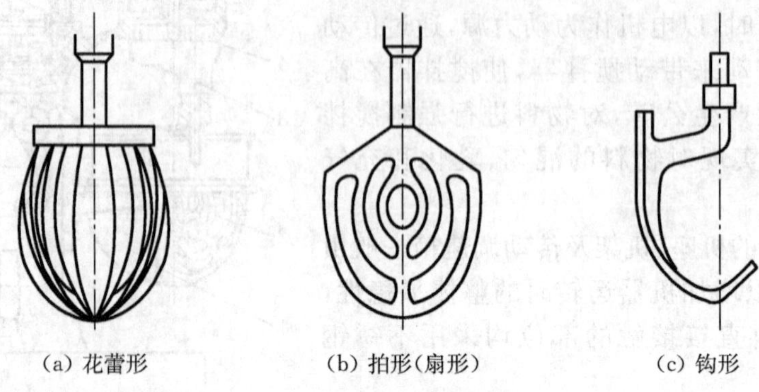

图 2-24　典型的搅拌桨

搅拌机的搅拌锅以不锈钢材料制成,同机架上的升降机构配合,以达到装卸物料方便和工作时的自锁的目的。

【小思考】

为什么说和面机有逐步被搅拌机取代的可能?

3. 辊压机

辊压机又叫起酥机,是在中西烹饪操作中,专门用于完成辊压操作的机械,主要用于压片和成型,中餐如方便面条、夹酥面点的生产,西点如丹麦酥等起酥面皮的压制成型,也可用于面包面坯的辊压操作。根据其对面团的作用与形成,可以分为卧式辊压机和立式辊压机两类。

(1) 卧式辊压机的式样有多种,但都是通过对辊或辊与平面之间的对压作用来对面团进行压扁与压延的,其结构比较简单。图 2-25 所示为单台卧式辊压机结构示意图。主要由机架、电机、上下压辊、间隙弹簧调节装置、输送带、工作台及传动装置等组成。

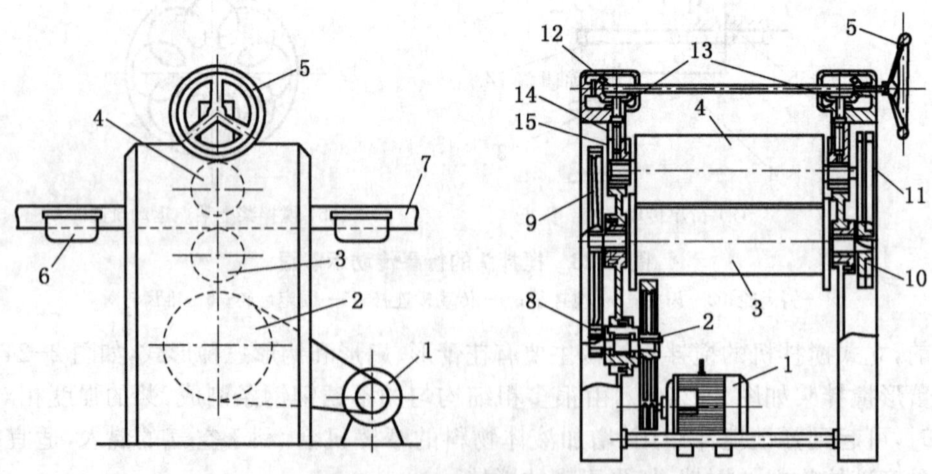

图 2-25　卧式辊压机结构示意图

1—电机;2—皮带轮;3—下压辊;4—上压辊;5—调节手轮;6—干粉箱;7—工作台;8、9—齿轮对;10、11—齿轮对;12、13—圆锥齿轮对;14—升降螺杆;15—上压辊轴承座螺母

该机上、下压辊安装在机架上，由电机带动皮带轮 2，经一次减速后，再由齿轮对 8、9 第二次减速并带动下压辊 3 转动；下压辊通过背面等速齿轮对 10、11 带动上压辊，使上下压辊等速相向旋转；放置于工作台上的面团通过上下压辊碾压可得到相应厚度的面带。面带的厚度通过旋转调节手轮 5，带动圆锥齿轮对 12、13，使锥齿轮 13 轴上的升降螺杆 14 旋转，通过上压辊轴承座螺母 15 调节上下压辊的间隙，以适应不同工艺性质和面片厚度的需求。一般调节范围：小型压辊（直径在 120 mm 以下）可调间隙约为 0～15 mm，大型压辊（直径在 150 mm 以上）可调间隙约为 0～40 mm。压辊的工作转速一般在 0.8～30 r/min 范围内无级调速，辊的外表面需进行聚四氟乙烯的喷涂或镀铬处理，以增加其光洁性。

该机工作台上的干粉箱可防止面带在辊压过程中与压辊粘连。现在的辊压机多把干粉箱置于压辊之上，干粉箱底部有孔，通过干粉箱内毛刷的转动自动洒粉。工作台设计成皮带输送工作台，工作台上的平皮带随压辊的转动同方向同速度运动，起到输送面带的作用，电机开关为双向开关，当面带由一边向另一边辊压完成后，调节压辊间隙，按下反向开关，压辊和工作台输送带反向运动，进行再次辊压。节省了往复运输面带之苦。

传递运动的齿轮对 10、11 为大模数标准齿轮，齿廓宽厚，可以保证对辊间隙调节后，从动辊与主动辊齿轮间的正确咬合，保证传动的平稳进行。

(2) 立式辊压机也叫压面机，具有占地面积小，操作灵活方便，进料容易的特点，主要用于单一面片压延作用，对辊工作原理与卧式辊压机相同，如图 2-26 所示。

图 2-26 立式辊压机

立式辊压机在操作中主要依靠面团的重量和喂料辊的作用进行垂直供料，直接进入压辊之间进行辊压，压延厚度可根据工艺要求调节压辊对之间的间隙，一次压延后的面带由人工提起，重新放入喂料斗再次压延，直到满足工艺要求为止。

【小思考】

辊压机能够对面团起到压延的作用，那么为了促进面筋网络的形成，最好对面团施加什么样的作用？

二、成型加工设备

在饮食业中，面食成型机械的类型较多，主要分为中式面点设备和西式西点设备两大类。

按其所成型的产品，大致可形成以下几类：一是蛋糕浇模成型机，月饼包馅成型机等软料糕点类成型机械；二是面条机、馒头机、包子机、饺子机和蛋卷成型机等以生产大众类主食品的饮食成型机械；三是面包、饼干、面条、米线等成型机械，此类机械已形成整套生产线设备，自动化程度较高。

如按其成型方式，面食成型机械可以分为浇注成型、灌肠式成型、感应式成型、折叠式成型、钢丝切割成型、真空吸入式成型、卷切式成型以及辊印、辊切等成型方式。本节着重介绍与厨房生产联系密切的常见产品面条机、馒头成型机和饺子成型机的成型方式及结构原理。

(一) 面条机

面条机分工业面条机和餐饮行业使用的小型面条机。工业面条机生产能力大,工艺流程分工细,且配备有干燥、切断、包装等设备。餐饮业使用的小型面条机主要生产即食性湿面条。湿面条机也有中式面条机和西式通心粉机两种不同设备。

图 2-27 为餐饮业使用的中式面条机。是用和面机和好的面团制作湿面条的机器。

该机是先将面团压制成合适厚度的面带,然后将面带纵向切割成面条。

面带的压制与图 2-26 立式辊压机的原理和结构一致。不同的是,从压辊下落的面带不通过切面刀,扑粉后人工裹在下面辊上,从面团成型的面带裹完以后,移动到上面辊架上,通过面带厚薄调节旋钮调小压辊间隙后,将上面辊上的面带放入压辊再次辊压,薄面带又裹在下面辊上,如此反复,直至面带厚度合适。

切面时,从压辊下落的面带通过切面刀,被纵向切成长面条,根据使用需要人工切成合适的长度即可。

切面刀和压辊一样,也是成对布置,相向旋转,刀辊表面有等距离分布的环状凹陷和凸起,上辊的凸起与下辊的凹陷正好吻合,形成切割副,将面带纵向切割成面条,面条的宽度与凹陷和凸起的宽度一致。更换切面刀,可以得到不同宽度的面条。

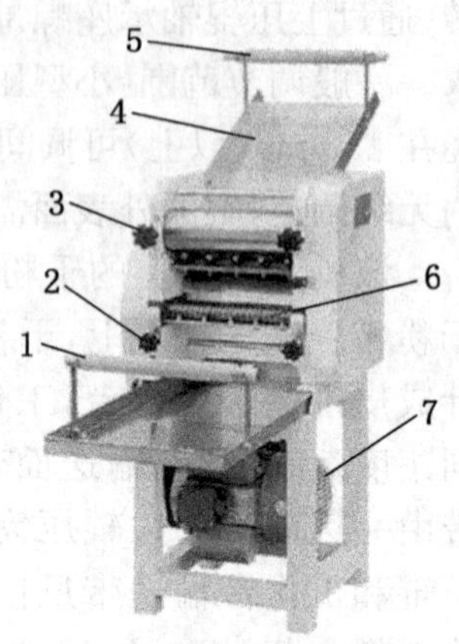

图 2-27 中式面条机

1—下面辊;2—切面刀调节;3—面带厚薄调节;4—面料斗;5—上面辊;6—切面刀;7—电机

(二) 馒头成型机

馒头是大众主食,特别是在北方地区,已经形成了馒头的批量化生产。馒头成型机就是适应这种大规模消费需要而产生的。按成型馒头的原理,有辊压成型和刀切成型两类。

【提示】

辊压成型中有对辊式、盘式和辊筒式等方法。

馒头辊压成型机　在目前所使用的馒头成型机械中辊压成型的方式较多,图 2-28 所示为螺旋对辊式馒头成型机,主要由电机、螺旋供料机构、辊压成型机构及传动系统组成。

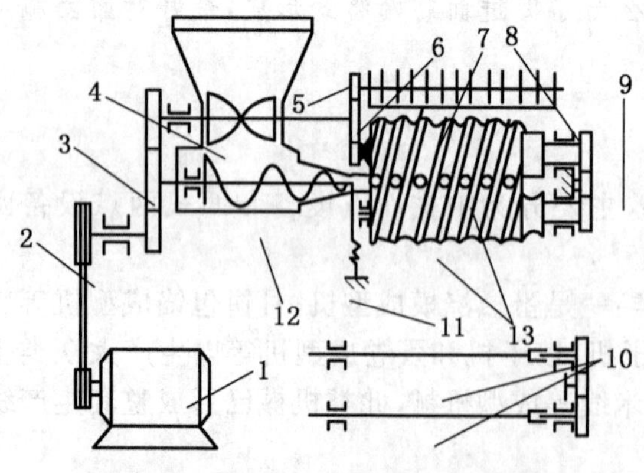

图 2-28 螺旋对辊式馒头成型原理

1—电机;2—皮带轮;3—齿轮组;4—搅拌桨;5—料斗;6—传动轮;7—粉刷;8—干粉槽;9—压辊齿轮组;10—前后挡杆;11—面团闸门调节旋钮;12—供料螺旋;13—成型辊

其工作过程是这样的:将和面机和好的松软适度、水分均匀的面团投入料斗,由重力喂入螺旋供料器中,经变容积螺旋的强制供料,把面推进至锥形出面嘴,被挤出的面团经出口处的切刀周期切割成定量的面块,然后直接进入一对螺旋成型辊中成型。成型对辊相对旋转(旋转方向相同),使面团块在成型的同时逐渐向成型辊另一端推进,从辊的另一端出料,完成馒头成型操作。另可通过更换对辊表面成型槽的方法，达到改变成品外形目的。

为了使对辊成型推送过程中面坯不会掉下，在垂直对辊的中央两侧安装了前后挡杆10，此外，对辊手柄的干粉槽中有粉刷7，通过传动轮带动旋转，将干粉从干粉槽底部筛孔漏下，防止成型过程中的黏结。

馒头辊压成型机传动路线是：电机轴通过皮带传动1次降速，经传动齿轮组2次降速后带动搅拌桨轴和螺旋供料辊轴转动；供料辊轴另一端通过传动轮6带动粉刷轴和上成型辊转动；上成型辊另一端的齿轮组9又通过中间舵轮，使下成型辊与上辊以相同速度同向转动，将两辊间面团搓圆成型。

（三）饺子成型机

该机通过机械作用来代替传统的手工操作，完成饺子的包馅成型操作过程。国内常用的成型机中，以灌肠辊切成型为主。图2-29所示为饺子成型机外形图。由输馅机构、输面机构、辊切成型机构、传动机构和各种调节辅助机构组成。工作时由输馅机构通过输馅管将馅料定量输入输面机构制成的面坯内，再由辊切成型机构将包馅的饺子切断并压模成型，从振动的出料板排出。

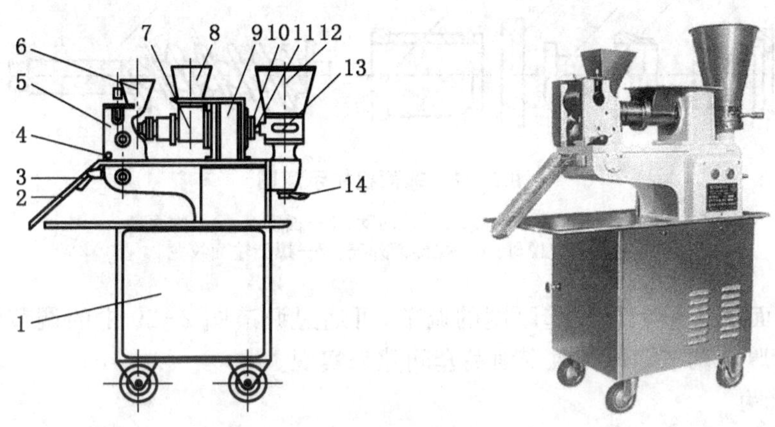

图2-29　饺子成型机

1—机架；2—出料板；3—振动杆；4—固定销；5—成型机构；6—干面斗；7—输面机构；8—湿面斗；9—涡轮传动机构；10—调节螺母；11—输馅管；12—馅料斗；13—定量输馅泵；14—传动控制手柄

1. 输馅机构

主要由定量输馅泵和输馅管组成。由机械作用把馅料斗的馅心通过输馅管直接送至输面机构形成的面管，同时进行馅心的充填过程。输馅泵常用有两种形式，一种是齿轮泵，另一种是肉糜滑片叶片泵。目前用于饺子成型机上的均为滑片叶片泵，它可以克服齿轮泵对肉糜造成的直接机械挤压，有利于保持肉馅的原有汁液和风味，其工作原理图如图2-30所示。

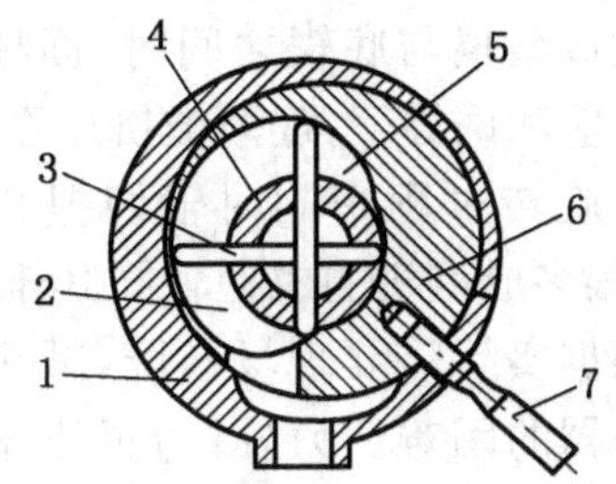

图2-30　输馅滑片叶片泵工作原理

1—泵体；2—压力排料腔；3—滑动叶片；4—转子；5—吸料腔；6—定子；7—定量调节手柄

此种泵属于定量容积泵，具有压力大、噪音小、振动小、流量稳定、定量准确等特点。在饮食机械中，滑片泵专用于肉糜输送，其结构主要由转子、定子、滑动叶片、调节手柄等组成。其工作原理是肉糜以自身重量和输馅铰龙向泵内送料，也有的通过泵体与真空管连接，使泵体内形成负压而把肉馅等吸入。其中转子是具有径向槽的圆柱体，槽内装有可伸缩滑动的滑片，其旋转轴心同泵体内腔中心偏离，在动力驱动下旋转时，转子中的滑片受离心力的作用向外滑出，紧压在泵体内壁，形成一个封闭空间。前半转时，泵体内相邻的两滑片间的体积逐渐增大，不断吸入馅料，在后半转时，泵体内相邻两滑片间的容积逐渐减小，使该腔内压力增大而不断通过馅管排出馅料。流量调节可以通过调节手柄调节定子同转子间隙容积实现。

2. 输面机构

输面机构是把预调制的面团经输面铰龙的挤压而形成可充馅的直通面管，由输面铰龙、螺旋槽外壳、内外面嘴套以及面管厚度调节机构等组成，如图 2-31 所示。其工作过程是具有一定锥度的螺旋输面铰龙，在动力作用下通过匀速旋转均匀地改变铰龙同螺旋槽壳间的工作体积，使在铰龙中输送的面团所受的压力逐渐增大，保证面团被匀速地从内外面嘴套中挤出而形成可充馅的直通面管，从而完成输面操作。

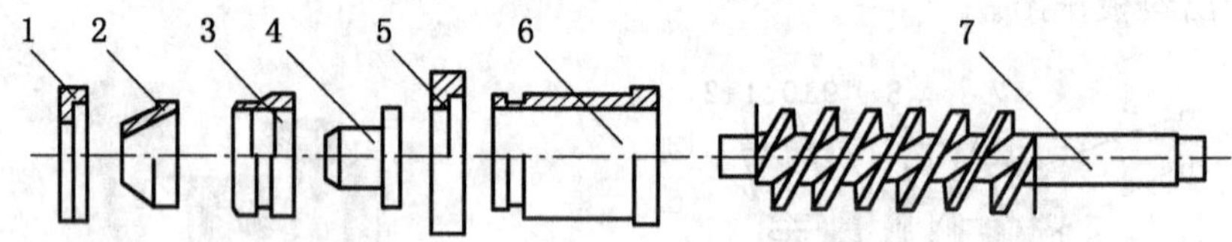

图 2-31　输面机构示意图

1—面管厚度调节螺母；2—外面嘴；3—面嘴套；4—内面嘴；
5—固定螺母；6—螺旋槽外壳；7—螺旋输面绞龙

输面机构面团流量和面管壁厚度的调节，可通过调节图 2-29 中的调节螺母 10 和图 2-31中的面管厚度调节螺母 1 改变面嘴套间隙来实现。

3. 成型机构

采用辊切成型方式，即输馅机构同输面机构共同形成的含馅面柱，通过传输机构进入成型机构进行辊切成型，其工作机构如图 2-32 所示。成型机构主要由底辊和成型辊组成。在从动成型辊上设置若干饺子凹模，通过饺子捏合边缘同底辊相切成型。当含馅面柱经过成型辊与底辊之间时，面柱内的馅料先在饺子模的感应和诱导下，逐渐被挤压至饺子模坯中心位置，然后在旋转过程中同时辊切捏合成型为饺子生坯。目前，很多成型机的成型辊同其辊上饺子模独立设置，可以根据实际需要现场装配，减少因改变饺子外形而拆装机器的困难。另外，为了成型辊的辊切和饺子脱模顺利，在成型辊上方设置振动撒粉装置。

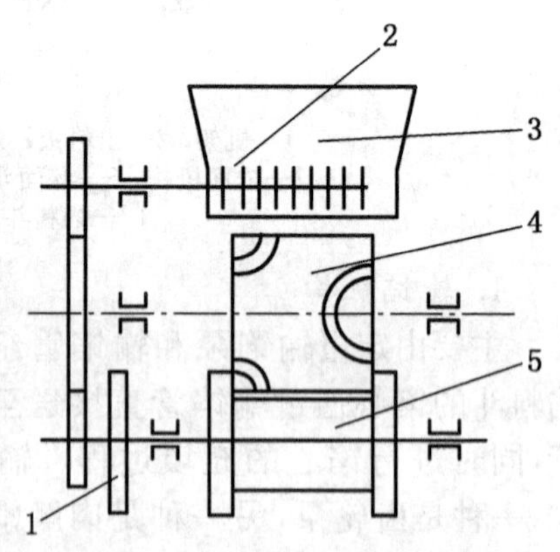

图 2-32　饺子成型机构示意图

1—齿轮；2—粉刷；3—干粉斗；
4—成型辊；5—底辊

【提示】

上述饺子成型机是传统的灌肠式成型方法，现在市场上还有注馅式成型的。

【小思考】

如果包饺子的时候，面皮太薄该如何调节？

三、大米初加工设备

在餐饮行业，大米作为主食之一，是以米饭的形式提供给消费者的。

米饭的生产工艺看似简单，但是，要做出松软可口的米饭，对炊饭工艺和参数的要求并不简单。米饭的科学炊饭工艺是：

洗米（淘米）→浸泡→炊饭→焖饭→搅拌→分装

作为米饭的初加工，主要是洗米（淘米）和浸泡工艺。

（一）洗米和洗米机

大米的主要成分是淀粉，其淀粉的颗粒状结构使干燥的米粒具有硬、脆的物理特性。而米粒吸水以后，随着淀粉颗粒膨润，机械强度会迅速降低，经10分钟吸水后的米粒强度只有原来的5%，因此洗米时间不宜超过3分钟。此外，为了避免米粒表面附着的米糠味混入米饭中，洗米时间也应尽量缩短。洗米过程中应避免过分揉搓，除了容易破碎以外，过分揉搓还会使米粒中的可溶性矿物质和维生素B1流失。用尽可能少的水起到最好的洗米效果，这也是洗米工艺中必须考虑的问题。

在传统的加工中，洗米是手工劳动，不仅劳动强度大，而且效果差。而利用洗米机，不仅适用于大米，也可适用于小麦、玉米、豆类等颗粒粮食淘洗。

1. 工作过程

旭众机械生产的SZX系列水压式洗米机采用自来水作为洗米机的动力，自来水通过该机的主体水阀进行加压，将大米送入U形洗米机管内腔进行冲洗，米粒随着水流在管内流动过程中与管壁或米粒相互间摩擦，起到洗刷大米的效果，并在洗米过程中将大米的上浮物质通过洗米机溢水面进行排放。不仅节约了动力传动，也避免了机械搅动对米粒的伤害。

2. 结构和工作原理

该机的结构图2-33所示。

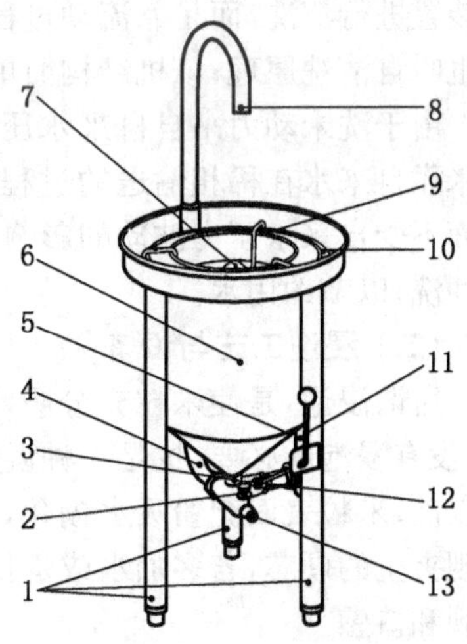

图2-33 水压式洗米机

1—支撑脚；2—流量调节开关；3—主体水阀；4—U形洗米管；5—排水管；6—洗米桶；7—大米分散架；8—出米口；9—排水槽；10—溢流面；11—排水操纵杆；12—排水开关；13—进水口

工作时，洗米机进水口与自来水接管连接，排水开关阀调节到关闭位置，将要清洗的大米放入洗米机洗桶内，（放入大米数量不能超过洗米桶内凹线位置），将U形洗米管出米口对准桶内大米分散架，打开连接自来水球阀开关，自来水通过洗米机主体水阀进行加压（主阀体带有流量调节开关，用户按要求进行流量调节），从主体水阀高速冲入U形洗米管，通过高速水流造成的负压将洗米桶内的大米吸入U形洗米管内腔，随水流在管内进行冲洗，然后从出米口回流洗米桶内，完成一次洗米流程，回流大米通过分散架将大米分散到桶内边缘，避免与未清洗的大米混合，这样反复冲刷直至洗净为止，洗米过程中，溢流的自来水会将大米上浮杂物通过溢水面排出洗米机外，确保所清洗的大米干净卫生，完成冲洗流程后（每桶 10 kg 的洗米机约 2～3 分钟），将不锈钢洗米箩放在分散架上对正 U 形管口，冲洗完的大米从出米口自动装入洗米箩。也可将 U 形管口旋转到洗米机主体外，使出米装入其他容器，直至洗米管内无大米冲出，此时洗米过程全部完成。

洗米过程完成后，将洗米机排水开关阀打开，将桶内余下的水全部排放，排放完毕后，打开洗米机的自来水连接开关，旋转 U 形管口，用自来水将洗米机冲洗干净，以确保洗米机卫生清洁。

3. 洗米机的产品规格和技术标准（表 2-3）

表 2-3　SZX 系列洗米机产品规格和技术标准

型　号	外形尺寸(mm)	洗米能力	作业时间
SZX-10	350×250×600	10 kg	2～3 分钟
SZX-15	400×300×700	15 kg	2～3 分钟
SZX-25	450×350×750	25 kg	3～5 分钟
SZX-35	500×400×800	35 kg	3～5 分钟
SZX-50	550×450×850	50 kg	3～5 分钟
SZX-75	600×500×900	75 kg	5～8 分钟
SZX-100	650×550×950	100 kg	5～8 分钟

使用水压：1.5 kg/cm³　进水量：25～351/分钟　进水管：Φ32 mm　排水管：Φ 38 mm

4. 洗米机的优点

不用动力装置，利用自来水压力即可进行水压式冲洗；洗米原理不是靠旋转元件或搅动装置进行清洗，而是靠流动过程中米粒与洗米管、米粒与米粒之间的摩擦力进行清洗，所以也叫自清洗原理；该机结构简单，并可同时排除糠屑等上浮杂物，清洁卫生，操作方便。

由于洗米动力来自自来水压，在自来水压力不够的地方必须另配水泵作动力。此外，大米靠自来水在稀相输送的过程中清洗，耗水量较大，所以，大型洗米机都配置循环泵，一方面不受自来水压力波动的影响，另一方面，在初洗浊水排出后，可切换自来水为溢流水进行冲洗，以节约用水。

（二）浸泡工艺与设备

所谓浸泡，是使米粒充分吸水的操作。一般认为做饭时要洗米，炊饭时米粒自然会吸水，没有浸泡的必要，这是一种误解。如果大米淘洗以后直接蒸煮，在米粒中心尚未充分吸水以前，米粒表面淀粉吸水糊化，出现糊粉层，该糊粉层是水和热的不良导体，炊饭后容易出现夹生的硬芯，若多加水或延长炊饭时间，则由于米粒内外吸水膨胀不均造成爆裂，影响外观和口感。

假定冬天的水温为 5℃，夏天水温为 30℃，其中间值 20℃，根据日本的实验数据，粳稻大米的浸泡水温和时间与吸水率的关系如表 2-4 所示。

从表中可见，在 3 个温度条件下，30 分钟内的吸水速度都非常迅速，两小时以后基本饱和。因此单从饱和吸水率来看，两小时以上的浸泡没有必要，如果急需用饭来浸泡时间不足 2 小时的情况下，可用 30～40℃的温水至少浸泡 30 分钟左右。

表 2-4 大米不同浸泡时间和水温与吸水率 （单位：%）

吸水率 时间 / 水温	10分	20分	30分	60分	90分	120分
5℃	15.55	18.89	25.40	26.97	27.46	28.57
20℃	18.09	23.96	25.71	28.09	28.25	28.57
30℃	25.87	27.93	28.32	29.04	29.37	31.27

以上是指精白米的浸泡参数。如果用糙米烧饭的时候，由于糙米表面种皮的阻碍作用，浸泡到饱和状态需要约 20 小时。

一般家庭和小型餐饮企业通常使用电饭煲炊饭，洗米后适当加水，在电饭煲中自然浸泡即可。

大型的自动化炊饭生产线上有专用浸泡设备，用水压式洗米机洗米后，不用沥出，用水流直接送入浸泡槽内，浸泡槽为上部圆柱、下部倒圆锥形，浸泡 2～3 小时后，与水一起放入锥下部的定量充填装置，经称量、沥水后装入炊饭釜中进入自动加水和炊饭流程。

炊饭前的加水量也是影响米饭口感的因素之一。新米和陈米、粳米和籼米、甚至使用的炊饭器具不同，所需的加水量也不相同。一般认为，米饭含水率在 60%左右时，松软适度，颗粒晶莹，口感较好。

【提示】

现代大型的自动炊饭系统每小时可生产 2 000 kg 以上的米饭，多用在食堂和快餐公司，如北京大学食堂和宝钢快餐公司都得到了应有的。

本章小结

本章主要介绍了果蔬原材料、肉类原材料、主食初加工设备。

在果蔬原材料粗加工和细加工设备中，分别介绍了清洗机、去皮机、磨浆机、切割机及蔬菜斩拌机的结构、工作过程和使用，并简略介绍了其他初加工设备的情况。

肉类初加工设备中，对肉类的解冻和清洗、肉类切配、肉类斩拌要求及相关设备，如食品清洗机、鲜肉切片机、鲜肉切丝机、冻肉刨片机、绞肉机、斩拌机、肉丸机、肉丸打浆机、肉丸成型机等设备的相关情况作了介绍。

主食初加工方面介绍了面食初加工的要求及设备如原料处理设备（和面机、搅拌机、辊压机）及成型加工设备（馒头成型机、饺子成型机）；大米初加工的要求及设备如洗米和洗米机和浸泡工艺与设备。

检　测

复习思考题

1. XGJ-2 清洗机是如何对果疏原料进行清洗的，适用于什么原料的清洗操作？
2. 臭氧清洗机的清洗原理是什么，适合于哪些食品原料的清洗，它与 XGJ-2 清洗机相比有何特点？
3. 浆渣分离式磨浆机主要用于什么物料的磨浆，其浆渣分离有何特点？
4. 多功能果疏切割机由哪几部分组成，有哪些切割功能，它们是怎样实现的？
5. 卧式蔬菜斩拌机有何传动特点？其斩拌菜馅的粗细程度由什么因素决定？
6. 肉类的解冻和冻结速度有何差别，理想的解冻条件有哪些？

7. 试述鲜肉切片机的切割刀组结构和工作原理,该机如何实现肉类的切片、切丝、切丁?

8. 绞肉机如何实现对肉糜的绞切,决定肉糜粗细的主要因素是什么?

9. 试述卧式斩拌机的组成、工作原理和主要用途。

10. 和面机的S形、桨叶式和直辊笼式搅拌器各适用于什么面团的调制,为什么?

11. 多功能搅拌机的行星传动系统对提高搅拌效果有何作用?立式搅拌机的三种搅拌桨各适用于什么物料,应在何种转速下工作?

12. 简述螺旋对辊式馒头成型机的系统组成和工作原理。

13. 饺子成型机由哪些主要机构组成?各起什么作用?

14. 水压式洗米机的洗米原理是什么,洗米时间和揉搓程度对洗米质量有何影响?

第三章 厨房热加工设备

当原辅料经过初加工后，就可以对需要加热的原料进行热加工。厨房内凡直接利用热源，对烹饪原辅料进行加热、熟制等热处理的设备，称为热加工设备。本章按设备利用不同的热源的角度，对厨房热加工设备作介绍，并涉及与厨房热加工设备相关的如传热方式等知识。

【小资料 3-1】

热　源

凡能够直接产生大量的热，且能够经济而有效地被应用于食品的热处理方面，即称为热源。热源可分为：固体燃料、液体燃料、气体燃料、电能和其他能源。

第一节 概　　述

烹饪原辅料通过热加工设备的处理，直观上是其温度、组成、结构、外形、色泽等得到改变，而实质是其内能得到了改变，这种改变是厨房的加热设备通过各种传热而得以实现的。

【小资料 3-2】

内　　能

内能是指物体整个系统内部所具有的能量，通常所指的内能是指分子无规则运动的动能、分子的转动动能和分子之间相互作用的势能之和。改变内能的方式主要有热传递和做功两种。

【案例 3-1】

为什么大黄鱼的内外温度不一致？

据实验：一条大黄鱼放入油锅内炸，当油的温度达到 180℃时，鱼的表面达到 100℃左右时，鱼的内部也只有 60～70℃左右。

评析：之所以如此，是因为内部和外部经历了不同的传热方式。外部与容器内的汤水接触，主要是通过热对流的传热方式，传热比较快，但大黄鱼的内部是通过热传导的方式，由表面向内部传递，原料自身传热，传热比较慢。

一、传热的基本方式

传热或热交换是不同温度的两个物体之间或同一物体的两个不同温度部分之间所进行的热量的转移。温度差是传热的推动力。厨房热加工设备将热源的热量传递到原辅料，是一个极其复杂的传热过程，根据其传热机理，可分为热传导、热对流和热辐射三种基本方式。

(一) 热传导

热传导发生的条件是：当不同温度的两个物体直接接触，或物体内部不同部分之间存在温度差时，即发生了热传导。

其实质是分子或自由电子相互碰撞而传递动能的结果。温度较高部分的分子(或自由电子)具有较大动能，通过碰撞将动能传递给温度较低部分的分子(或自由电子)。热传导是物体内部分子微观运动的一种传热方式。

不同物体其导热的能力是不同的：金属的导热系数最大，固体非金属次之，液体较小，气体最小；一般用导热系数来表征。

同一物质，其导热系数还随该物质的结构、密度、湿度、压力和温度而变化。金属的导热系数会随着纯度的降低而迅速降低，随温度的升高而降低。在液体中，纯水的导热系数最高；溶液的导热系数随浓度的增加而降低。除水和甘油外，大多数液体的导热系数随温度的升高而降低。气体的导热系数随温度的升高而增大。

【小思考】

为什么在烹饪中，我们需要急火时，都采用金属锅具，而在蒸、焖时可考虑采用砂锅等非金属锅具？为什么用不锈钢的烧菜明显不如用铁锅快呢？

(二) 热对流

在烧肉时，与锅壁接触的汤水通过热传导得到锅壁的热量，而后我们可以看到汤水产生流动，最终锅内各部分汤水都得到了热量，这就是热对流的过程。热对流发生的条件是：当流体中的质点(大量分子)发生相对位移时，则会产生热对流。

热对流分为自然对流和强制对流。自然对流的实质是当流体内部温度不同而产生密度差(轻者上升、重者下沉)，而强制对流是由于受到外力作用(如泵、风机、搅拌)，流体的质点发生了运动而引起的传热现象。当然，在强制对流中，也存在自然对流，只有当速度很大时，自然对流的影响才可以忽略。

对流传热过程也伴随着流体质点间的热传导。工程上习惯将流体与固体壁面之间的传热称为对流传热，实际上包括对流和传导两种形式。

【小思考】

房间内的风扇在旋转时，将房间内的各处温度降低，是因为热对流。那么这种热对流和锅内汤水的热对流是否一样呢？

(三) 热辐射

热辐射产生的条件是通过电磁波，将能量传递到原料，被原料吸收而转化为热，使原料获得热量而升温，达到对原料进行加热、熟制的目的。热辐射实质上属于电磁辐射，原则上所有从零到无限波长的电磁波被原料吸收后均可转化为热。

实际上，对传热有效的电磁波的波长范围为 0.5 μm～1 m，在这一波长范围内，根据波长的不同，将辐射加热分为红外线加热、高频加热和微波加热。

1. 红外线加热

红外线的波长在 0.75～1 000 μm 之间，位于无线电波与可见光之间。食物原料之所以能够吸收红外线,其原理是由于构成原料的分子总以自己固有的频率在运动着,如果入射的红外线频率与分子本身固有的频率相等,引起分子、原子的运动加剧,此过程称为晶核共振;其外部表现为温度升高。据研究,水、有机物及高分子物质能有效地吸收红外线,所以,红外线加热对食品的热处理有特别重要的意义。

2. 高频加热

高频加热机理是:原料是由分子构成的,而分子是由带正电的阳离子(或构成分子的原子中的原子核)和带负电的阴离子(或构成分子的原子的电子)相对存在,即所谓偶极子。当原料在外加强大电场中时,偶极子就会进行定向排列,带正电端朝向外电场的负极,反之亦然,此过程称为极化。若所加外电场方向为高频变化,则偶极子也会以同样的高频随之改变方向,在此过程中,由于分子的交互摆动,产生摩擦力,转化为热能,于是以热的形式表现出来,原料的温度升高了。

3. 微波加热

微波是指波长为 0.001～1.0 m,频率为 300～300 000 MHz 的电磁波。微波加热的工作机理同高频加热一样,都是由于偶极子的极化现象。但微波是一种辐射现象,而高频加热是静电现象。国际上规定微波加热的频率远大于高频加热的频率。

【小思考】

热辐射加热过程为什么一般比热传导和热对流的过程要快?

二、炉灶的生命历程

厨房加热设备的发展,大体经历四个阶段,即原始炉灶(坑灶)、传统炉灶、清洁能源(气、油、电)阶段,而后进入电气化阶段。原始的炊事设施第一阶段为篝火;第二阶段为火塘,随后发展有三角支撑的应用;第三阶段为火灶的出现。

(一) 篝火

在漫长的旧石器时代,人们的居所都比较简单,或洞穴、或树上、或简易性窝棚。在居所中心或一隅,生一堆火,人们环火而坐,不断往其中添柴,使火不致熄灭,直至迁徙他处为止。

此时篝火的作用有三:取暖、熟食和照明。而后发展有吊锅子,所谓吊锅子,为浅腹锅,两侧有耳环。使用时,在篝火上方搭一个木三脚架,一米多高,从顶部悬下绳索,有两个把手,正好钩住锅的两耳,把手在锅内,不会将把手烧坏。在考古中,曾出土过内耳陶器。而现在的鄂伦春族就有用带两耳铁锅煮肉或煮粥的。

(二) 火塘

在我国新石器时代,人们开始定居了,这时开始出现了火塘。如图 3-1 所示为卡若火塘。火塘是一种人工修筑的、多为圆坑形的升火设施,特点是位于住室中央,敞口,并配以石三脚或陶支子,进行炊事活动。图 3-2 所示为陶支子炊具。

我国的火塘,基本有三种形式。一种是平地火塘,这种火塘在室内正中或近内侧升火,一般不进行任何加工,放三块石头为三脚架。另一种是凹坑火塘,特点是敞口,挖穴为之,其上立三脚石。在三脚石上架锅炊煮,下边添柴升火,火势集中,热效率高。还有一种是平台火塘,在室内一平台上修建火塘,水平位置升高。

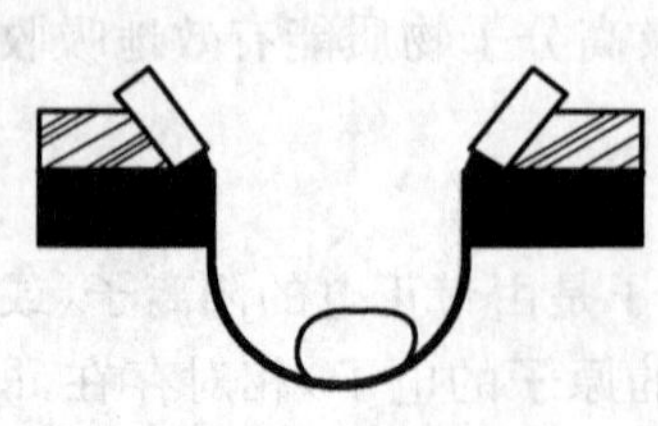

图 3-1　卡若火塘

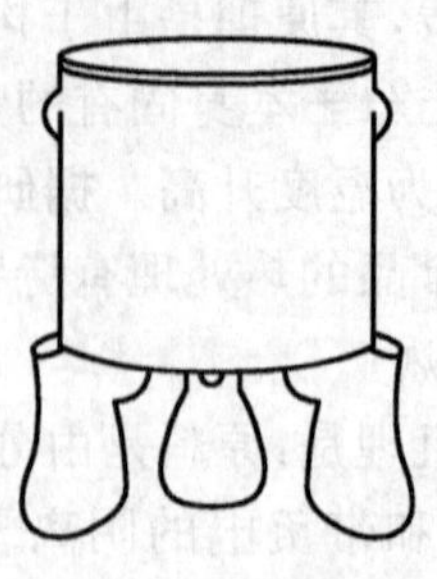

图 3-2　陶支子炊具

（三）火灶的出现

就炊煮而言，火塘的火势比较分散，室内浓烟多，消耗燃料多，而且容易失火。所以人们一直在寻找控制火势的方法，以解决火塘的缺点。人们在实践中发现，三脚石和陶支子不仅有架置炊具的作用，也在一定程度上控制了火势，既能防火，又能使火焰集中。一旦把三脚架围起来，留下一个空口和上面的出烟口，那么就成为灶了。

可以看出，灶壁代替了火塘的三脚架，即成为灶。春秋以前多用土石砌灶，战国始用砖石，汉代后多用砖砌。火灶最早起源于黄河流域的文化发达地区，后由于秦始皇统一六国，很快推广到其他地区。

火灶的发展演变很有规律，时代特点和地域特点很明显。如秦人灶的样式，整体为前方后圆，前有火门，后有烟囱。西汉早期火灶灶面为曲尺形，一般不见烟道。西汉中期开始，火灶样式变化多姿，以长方形的为主，烟囱加高，并设置挡火墙。从东汉开始灶形成南北两大体系。北方的多是方形，南方的多是尖尾弧背式。但后来南北也互为影响，形式中包含对方的一些特点。

灶有两种，一种是固定的，一种是可移动的，称为炉。早期有陶制，也有金属制的。到目前为止，考古没有发现史前的灶，但发现了可以移动的陶炉。新石器时代晚期出现了筒状或簸箕状的小陶炉，其外形南北也有差异。新石器时代晚期，还出现了连釜灶，将陶釜和陶炉连成一体的形制。西周时期出现的青铜突鼎，春秋战国时期的炙炉，西汉的染炉，均为炉灶与炊具相结合的典型形式。汉代的火炉多将炉身上部做成碗状，下部做成直筒形或喇叭座。宋代多呈鼓形，同时，考古发现的火炉还有三足鼎式、盘式、杯式等。

古代的炉灶有单火眼土灶、连眼灶、风箱灶、一面灶、连釜灶、炙炉、染炉、炭盆等各种形式。

（四）炉灶的发展命运

炉灶主要包括燃煤炉灶和生物质炉灶如燃柴炉灶等。但由于燃煤炉灶产生大量的污染，现在我国各地方政府一般规定，只有达到一定蒸发量的大型燃煤锅炉在达到排放指标后才可使用，或者干脆直接取缔燃煤锅炉。

从化学的角度看，生物质的组成是含 C-H 键的化合物，它与常规的矿物燃料，如石油、煤等是同类。生物质是矿物燃料的始祖，被誉为即时利用的绿色煤炭。与矿物燃料相比，它的挥发组分高，炭活性高，含硫量和灰分都比煤低。因此，生物质利用过程中 SO_2、NO_X 的排放较少，造成空气污染和酸雨现象会明显降低；这也是开发利用生物质能的主要优势之一。

我国《可再生能源中长期发展规划》确定的主要发展目标是：到 2010 年，沼气年利用量达到 190 亿立方米，生物固体成型燃料达到 100 万吨，生物质能年利用量占到一次能源消费量的 1%。

总体而言，我国目前尚处于厨房加热设备的第三阶段，部分发达国家已经进入第四阶段。

【小资料 3-3】

生 物 质

生物质包括动物、植物及其排泄物、垃圾和有机废水等。从广义上讲，生物质是植物通过光合作用生成的有机物，它的能量最初来源是太阳能，所以生物质能本质上也是太阳能的一种。

【小思考】

我们可以从历史事实中看出，人类对于厨房加热设备是围绕什么要求发展的？

三、厨房热加工设备的分类

厨房热加工设备的分类，可按不同的特征加以分类：生产用途、热源以及不同的厨房形式。

(一) 按生产用途

1. 专用设备

可分为食品蒸煮设备(蒸气蒸煮箱、咖啡蒸煮器)、煎烤设备(煎锅、油炸锅、煎烤箱)、烧水设备(煮水器、水加热器)、食品分发设备(保温柜、加热柜台)等。

2. 炉灶

按用途也可分为炒灶、蒸灶、烘炉、烤炉等。

(二) 按热源

分为电热的、火力的(固体、液体、气体)和其他形式的热源。以固体作为热源的如：木炭灶、糠壳灶、燃柴灶、烟煤灶、无烟煤灶等。以液体作为热源的主要有煤油炉、油炉。气体作为热源，主要是燃气(煤气、天然气、液化石油气)和沼气。电加热设备将能量转化为热能，按其转化途径也有很多种。

其他形式的热源包括蒸气和太阳能、生物质能等能源。蒸气实际上是二次热源，由各种一次热源将热量传递给蒸气，而后蒸气在加热设备中对原料加热。

(三) 按不同的厨房形式

1. 中餐厨房设备

中餐烹调方法主要是炒、煎、炸、炖、焖等，因此中餐加热设备以灶为主。如炒灶、炮台灶、汤灶、蒸气灶等。现代中餐厨房已走向专门化，新式灶具不断出现，如平头炉、蒸炉、汤面炉、烤鸭炉等。另外，节能蒸气锅、内热式炸锅、电瓶锅等，也在中餐厨房出现。

2. 西餐厨房设备

西餐烹调方法主要是烤、焗、扒、烩等，因此西餐加热设备有扒炉、烤炉、平板炉等。仅明火炉就有四头、六头、八头明火炉，还可附设烤箱。

四、厨房加热设备的要求

(一) 工艺要求

工艺要求主要包括热负荷和对热负荷、温度、时间等的控制要求。

所谓热负荷(热流量),即加热设备在单位时间内能够产生的热量,即通常所说的火力大小。

不同用途的加热设备对于火力的要求是不一样的。而在烹调过程中,炉灶上对于不同的烹调方法、同一种烹调方法中不同的菜肴、相同的菜肴在不同的加热阶段所需要的火力、温度或时间也是需要调节的。

只有对火力、温度、时间能够操纵自如的加热设备,才符合厨房加热的需求。

【提示】

我国的炉灶热负荷由于中餐工艺的特点,要求比国外炉灶的热负荷更高。比如中餐燃气炒菜灶一般要达到35 kW,才能满足旺火热油的炒菜效果。

(二) 热效率要求

热效率就是将燃料完全燃烧时所放出的总热量中能够用于烹调部分所占的百分比,称为热效率。

热效率的高低反映了加热设备对能源的有效利用程度。目前厨房中使用的普通火力加热设备,燃料往往不能充分燃烧,或即使燃烧后所产生的热量也只能有一部分能够用于烹调,大部分都散失到空气中。不仅浪费了能源,而且污染了环境。

【提示】

普通的燃煤炉灶其热效率一般为20%~30%,家用煤气灶具的热效率一般约为50%~60%,中餐燃气灶的热效率则很少能够达到20%。而一般的电加热设备的热效率可达60%~70%。

(三) 安全要求

加热设备在使用过程中,要确保其安全,比如在使用过程中,温度很高时,其相关制造材料是否能够承受高温?火力加热设备在使用过程中燃料的泄漏量如何,以及是否有自动熄火装置?烟气中一氧化碳含量、接口和焊口的气密性、点火燃烧器的稳定性如何,等等,都必须符合安全要求。

【提示】

最新的《中餐燃气灶》国家标准(CJ/T28—2003)要求间接排烟式燃气灶的CO的排放量为0.1%,而烟道式排烟式燃气灶的CO的排放量为0.2%。

(四) 清洁卫生要求

因为厨房的产品是食物,所以厨房中加热设备的清洁和卫生是一项非常重要的要求。设备在结构上必须保证与食品接触部分和外表部分易于清洗,同时,在使用中还必须要求不能够给食品和人体带来任何不卫生问题。

【提示】

对于加热设备的要求,有些方面是相抵触的。2006年11月,中国拟颁布新的《家用燃气灶具》的标准，将热负荷提高到 3.5 kW，遭到一些生产企业的反对，主要也是因为安全性和热效率方面的考虑。《中餐燃气灶》国家标准(CJ/T28—2003)已经取消了对于热效率性能要求和热力试验，主要也是因为实际应用中，为达到旺火炒菜的要求，热效率不可能在燃气灶中得到保证。

第二节 燃气热设备

目前，燃气热设备在我国的厨房中占主导地位，本节将对燃气的特性、燃气热设备的结构及典型的燃气热设备作介绍。

【案例 3-2】

老板这样做是对的吗?

2006 年 05 月，深圳市一家餐厅，因为橡胶软管老化，液化气发生泄漏，“砰”的一下就燃起了大火，并将厨师的后背烧伤。餐厅其他几名员工试图用灭火罐灭火，但未能成功。这时在厨房中还有 9 个液化气瓶。此时，有人说，赶紧将这几个气瓶拧紧搬走。而老板则说，赶紧将这些气瓶打开。请问，此时正确的做法是什么?

提示：有关液化石油气的特性可见下文。

评析：如果我们对液化气的特性比较了解，那么我们就可以知道，老板的做法是对的。否则，其他的气瓶受到烘烤，温度升高，液化气体积膨胀，压力增大(经测定，温度每升高 1℃，则气瓶内压强会上升约 0.7 MPa，而标准大气压不过约 0.1 MPa)，会超过钢瓶所能承受的压力，引发爆炸，从而引起更大的事故。实际上，在此次事故中，有很多经验教训可以吸取。首先，液化气的泄漏来自于橡胶软管，根据国家有关规定，橡胶软管的使用寿命为 2 年，到了第三年必须进行更换。若发现其老化、开裂、烧坏和弯折等现象，应及时修理和更换。且平常也可用肥皂水进行检测。

那么燃气灶具在使用上还有哪些问题需要我们值得重视的? 燃气灶具的正确使用与我们对燃气特性和灶具结构的了解是分不开的。

一、燃气

人类发现和使用气体燃料的历史，可追溯到 2000 多年前。约在公元前 100 多年前的前汉时期，我国的四川盆地就发现了天然气，并开始了简单的应用。18 世纪初，随着冶金工业的发展，人们开始懂得用煤加工成焦炭，在炼焦过程中产生一种副产品气体，即煤气，它是可以燃烧的。后来，随着石油工业的发展，液体的石油气也随之产生。从此，气体燃料进入工业供热和民用燃料的应用范围。

(一) 燃气的种类

燃气按其材料来源的不同，可分为天然气、人造煤气和液化石油气等。

1. 天然气

天然气是埋藏在邻接石油或煤矿区的地壳内的有机物，经过化学分解而形成。如果开采出来的燃气中不含有石油就叫纯天然气，如果含有石油，就叫石油气。

天然气的主要成分是甲烷和乙烷，此外还含有氮、二氧化碳、硫化氢以及微量的氢气等。通常把甲烷含量在 90%以上的天然气称为干气；反之称为湿气。

天然气的特点是热值高，一般在 33 350～41 860 kJ/m^3，其开采成本低，产量大，输气压力高，毒性小，适于远距离输送，并且天然气中杂质含量比较少，不易对管道和燃气灶造成堵塞及腐蚀，是一种优质的气体燃料。

2. 人造煤气

人造煤气是从固体燃料或液体燃料加工中取得的可燃气体，相比于天然气，其具有强烈气味和较强毒性，泄漏时容易向上扩散。因其含有硫化氢、氨、焦油等杂质，容易腐蚀输送管道和灶具。按原料和制取方法的不同，又可分为以下几类。

(1) 干馏煤气　又称炼焦煤气，是把煤在隔绝空气的条件下加热而产生的可燃气体。主要成分是甲烷、氢、一氧化碳等，热值为 16 750 kJ/m^3。这种煤气有毒，使用时需注意安全。

(2) 气体煤气　又称发生炉煤气，是由固体燃料在高温下与氧或氧化物作用而产生氢和一氧化碳等可燃气体收集而成。这种煤气热值低，而且一氧化碳含量高，一般用于工业。

以烟煤、无烟煤、焦炭和木柴等原料在发生炉中加热，如果鼓入发生炉的是空气，则制取的煤气称为空气煤气，热值约 3 760～4 600 kJ/m^3；如鼓入的是水蒸气，制取的煤气称为水煤气，热值约 10 030～11 270 kJ/m^3；如鼓入的是空气和水蒸气，则制取的煤气称为混合煤气，热值约 5 020～5 230 kJ/m^3。

(3) 油裂解煤气　使用轻油或重油经高温裂解而制取的煤气称为油裂解煤气。这种煤气的可燃成分和热值视不同的原料油而异，但都包含烷烃、烯烃等碳氢化合物，其热值约 16 700～18 800 kJ/m^3，毒性较小，是城市理想的气源之一。

(4) 高炉煤气　高炉炼铁过程中伴生的煤气称为高炉煤气，其主要成分是一氧化碳，热量很低，约在 3 300～4 200 kJ/m^3，宜供加热炉使用。

3. 液化石油气

主要来源于天然气的湿气、油田伴生气及炼油厂的石油气。其主要成分是丙烷、丁烷、丙烯、丁烯等。这种燃气在常温常压下是气体，当加压至 0.79～0.97 MPa 时变成了液体，可将其储存于钢瓶。

液化气热值约 87 900～108 900 kJ/m^3，热值比煤气高 5～6 倍，是一种优良的民用气源。但在燃烧时所需要的空气量也应增加。液化石油气比空气重 1.5～2 倍，泄漏后不易扩散，易沉积于低处，是造成危险的因素之一。其体积随着温度升高而增大，热体积膨胀系数较大，以丙烷为例，在 15℃时，他的体积膨胀系数比水大 16 倍。

(二) 燃气燃烧原理

1. 燃烧过程

燃气是由多种碳氢化合物组成的，燃烧时各组分与氧气激烈化合，产生热和光，其化学反应式可用如下通式表示：

$$C_nH_n + \frac{5}{4}nO_2 \longrightarrow nCO_2 + \frac{n}{2}H_2O$$

由于燃气燃烧时的烟气温度都超过 100℃，因此烟气中由氢与氧化合生成的水都以水蒸气的气态形式消失在大气中。燃气在燃烧时所需的空气量与燃气的组成有关，一般分子中含碳多的所需空气量大。

【小思考】

同样体积的天然气和液化气，哪一种需要的空气量大？

当燃气喷离火孔的速度大于燃烧速度时，火焰就不能维持稳定，呈现颤动，并离开火孔一段距离。若燃气离开火孔的距离继续增大，以致最后完全熄灭，这称为脱火。

当燃气离开火孔的速度小于燃烧速度时，火焰将缩入内部，导致混合物在燃烧器内进行燃烧，形成不完全燃烧，这种现象称为回火。回火和脱火均为不正常燃烧过程。

燃烧完全时，火焰呈蓝色，也不会产生有毒的一氧化碳。空气量过大时，火焰不稳，易产生脱火。空气量过少时，，燃烧不完全，呈黄焰和冒黑烟，且温度不高，会生成大量的一氧化碳，易使人中毒，且造成燃气浪费。

2. 燃烧条件

燃气的燃烧必须具备温度（着火温度）和空气（氧气）的条件。

着火温度即燃点，取决于某种燃气中各组分的含量，燃气与空气的分扩散转移速度、燃烧室形状和大小、混合物的加热方法和速度等。如果在燃气中加入惰性气体，如 CO_2、N_2 等，则着火温度将提高，即难以点燃。

当混合气体所处的温度超过燃点时，燃气和空气在任何比例下均能迅速着火。

【小思考】

为什么房间内燃气产生泄露时，不能用打火机、点蜡烛或打开电灯？

3. 燃气的燃烧方式

在燃烧器中，燃气未燃烧之前就供给的空气量称一次空气量，用 V_1 表示。而燃烧所需的另一部分空气量，称为二次空气量。一次空气量与理论空气量之比称为一次空气系数，用 α 表示。其式如下：

$$\alpha = V_1/V_{理论}$$

根据 α 的大小，燃气的燃烧方式通常有三种：扩散式燃烧、部分预混空气燃烧和无焰燃烧。

(1) 当 $\alpha=0$ 时　为扩散式燃烧，所需的空气，完全依靠扩散作用从周围大气中获取。其火焰长而无力，分为三层。中心未达到着火温度而较暗，中间一层发光明亮，碳氢化合物受热分解生成碳化氢，而游离在高温下，灼热发光；最外层由可燃气体扩散在空气中燃烧形成，如图 3-3 所示。这种方式混合速度慢，所以火焰温度较低，将会发生不完全燃烧。此时可采用机械鼓风的方式予以解决。

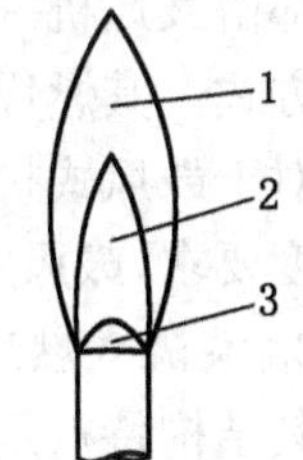

图 3-3　扩散式燃烧火焰

1—外层；2—中层；3—内层

(2) 当 $0<\alpha<1$ 时　为部分预混合空气燃烧（大气式），燃气与所需的空气预先部分混合，然后混合气体从火孔流出，则一经点燃，就有部分燃气依靠一次空气量首先燃烧形成火焰的焰心，即内锥。其余的燃气与内锥生成的产物混合在一起，以便与空气进行扩散式燃烧，形成外锥。这种燃烧方式的温度要高一些。正常时，火焰的内锥一般呈淡绿色，轮廓清晰，外锥呈淡蓝色，有些风动。

(3) 当$\alpha=1.05\sim1.1$时　为无焰燃烧。燃烧所需的全部空气可预先得到充分的混合。燃烧进行得十分迅速,化学能转化为热能过程中,损失最小,几乎看不到火焰。它的燃烧温度很高,可用于热负荷比较集中的地方,如外辐射器和高温加热炉灶等,是较先进的燃烧方式。但要求气源压力较高,且燃烧的稳定性较差,易发生回火。

【小资料 3-4】

扩 散 作 用

由于粒子(原子、分子或分子集团)的热运动自发地产生物质迁移现象叫扩散。扩散可以在同一物质的一相或固、液、气等多相间进行,也可以在不同的固体、液体和气体间进行。主要由于浓度差或温度差所引起。物质直接互相接触时,称自由扩散。一般都是从浓度高的地方扩散到浓度低的地方。其实质是分子运动的结果。

二、燃气具基本结构

我国目前民用燃气灶具基本上由燃烧器、供气系统、自动控制装置、点火装置和其他部件(如外壳、支架、灶盘和锅架等)五大部分组成。

(一) 燃烧器

燃烧器的种类很多,分类方法也不尽相同。要用一种分类方法来全面反映燃烧器的特性是困难的。

按一次空气系数分为:扩散式、大气式、完全预混式。

按空气的供给方式,分为:引射式(空气被燃气射流吸入或燃气被空气射流吸入),鼓风式(用鼓风设备将空气送入燃烧系统)和自然引射式(靠炉膛中的负压将空气吸入燃烧系统)。

此外,还有按燃气压力进行分类等方法。低压燃烧器:燃气压力为 5 000 Pa 以下;高压燃烧器:燃气压力为 $5\ 000\sim3\times10^5$ Pa。

1. 扩散式燃烧器

按扩散式燃烧原理设计,一次空气系数$\alpha'=0$的燃烧器称为扩散式燃烧器。

根据空气供给方式不同,又可分为自然通风和强制鼓风两类。鼓风式燃烧器所需的空气全部由鼓风机一次供给,但燃烧前空气与燃气并不能实现完全预混合,所以还是扩散式燃烧方式。其燃烧强度由空气与燃气的混合程度决定。

对于鼓风式扩散燃烧器,根据对空气与燃气强化混合过程所采取的措施及工艺对火焰的强度要求,鼓风式扩散燃烧器可做成套管式、旋流式、平流式等各种式样。

2. 旋流式燃烧器

其结构特点是燃烧器本身带有旋流器,一般都是鼓风式。根据旋流器的结构(蜗壳、导流叶片、螺旋板)及供气方式的不同,这种燃烧器又可做成多种形式。

图示 3-4 为带旋流器的 ZZT2 燃气灶结构简图。为了使燃气与空气良好混合,燃气分成若干股并经喷头上的斜小孔(小孔中心线与喷头径向角度为 15°)喷出,进入旋转上升的空气流中。来自离心风机的空气经过调节蝶阀进入空气旋流器头部,在头部静压力作用下,从旋流器的斜孔(斜孔的中心线与旋流器头部径向角度为 45°)喷入环形火道内,形成逆时针方向旋转气流。在火道内,燃气旋流与空气旋流相遇,并在火道内边混合边燃烧,形成一定形状和尺寸的火焰。在炉膛上方放置炒菜锅,炉内火焰可贴近锅底,以辐射和对流的方式向锅底传热。炉内烟气则由保温烟道排出炉膛。经燃气阀前一小旁通管送入的微量燃气,从喷孔流出并点燃后形成小火焰作为长明火。点火燃烧器用一根铜管制作,专门用来点燃长明小火。

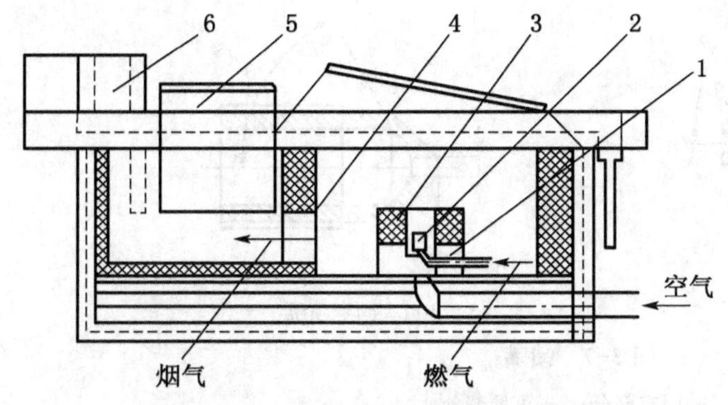

图 3-4 ZZT2 型中餐燃气炒菜灶结构示意图

1—旋流器;2—燃气旋流喷头;3—环形耐火砖;4—炉膛;5—余热锅;6—保温烟道

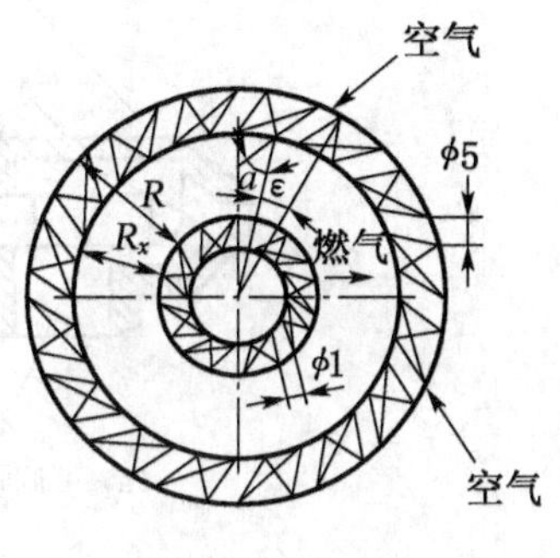

图 3-5 旋流器结构简图

空气旋流器是在圆环形铸铁管上钻许多斜小孔作为空气喷出口而构成的。旋流器头部中的空气从斜喷孔流出时,因气流速度具有切向分量,而在炉膛环形通道内形成旋流。其工作原理类似于放置在径向流中的导流叶栅。环形通道内气体流动如图 3-5 所示。

与热负荷相同的引射式燃烧器相比,其结构紧凑,体型轻巧,占地面积小。当热负荷较大时,该优点更为突出。热负荷调节范围大,可预热空气或预热燃气。要求的燃气压力较低。能容易实现油—燃气的混合燃烧。缺点是需要鼓风,耗费电能,噪声较大。本身不具备燃气与空气成比例变化的自动调节特性。

3. 大气式燃烧器

大气式燃烧器通常为引射式,主要由引射器和头部组成,如图 3-6 所示。通常是利用燃气引射一次空气,即燃气在一定压力下以一定的流速从喷嘴流出,进入吸气收缩管,靠燃气的能量吸入一次空气,在引射器内二者混合成为预混可燃气,然后经头部流出,进行部分预混式燃烧,形成火焰。

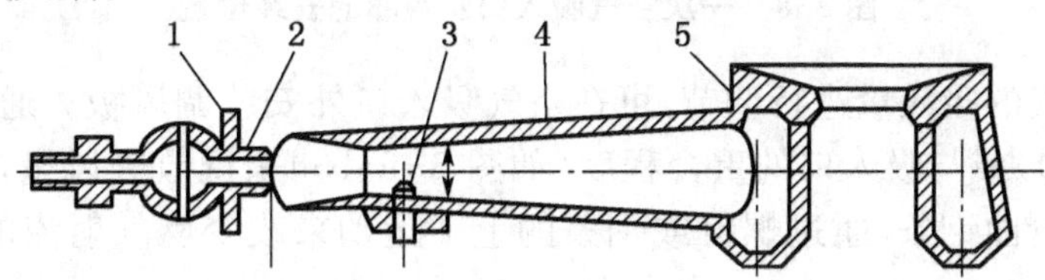

图 3-6 大气式燃烧器

1—调风板;2—喷嘴;3—调风螺钉;4—引射器;5—火盖

大气式燃烧器的 α 通常在 0.45～0.75 范围。根据燃气压力不同,大气式燃烧器又可分为低压与高(中)压两种。大气式燃烧器主要由引射器和燃烧头两部分组成。

(1) 引射器 主要由喷嘴、吸气收缩管、一次空气吸入口、混合管、扩散管等组成。喷嘴的作用是输送所要求的燃气量。喷嘴的形式很多,其形状和孔径大小直接影响燃烧器的热负荷和引射空气的流动。一般喷嘴有固定和可调两种,如图 3-7 所示。固定的喷孔面积不能调节，但制造容易，引射空气性能较好，适于家庭使用的燃气种类基本稳定的灶具。可调喷嘴引射空气能力相对差，但适于燃气种类可更换的，但要保持稳定热负荷的灶具。

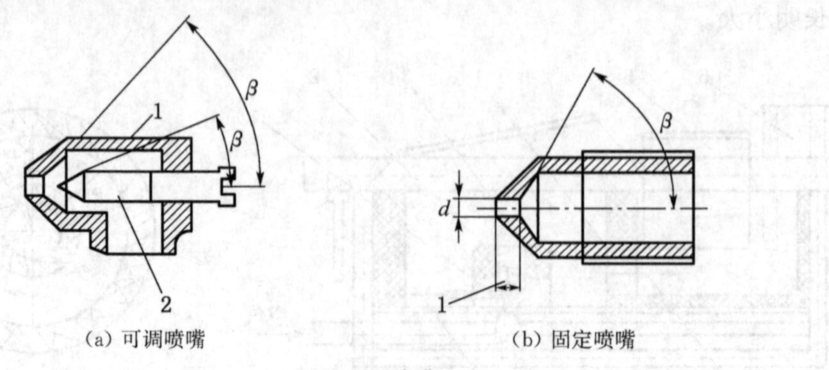

图 3-7　喷嘴

1—固定部分；2—可调部分

【小思考】

当原用于液化气的喷嘴改用于天然气的灶具时，喷嘴孔径该如何变化？

吸气收缩管，其作用是减少空气吸入时的阻力，可做成流线型或锥形。二者阻力损失相差无几。为制造方便，一般做成锥形。在收缩管中，压力下降，速度上升，当降低到一个大气压以下时，外界空气通过一次空气吸入口进入。

一次空气吸入口，设在收缩管上，其开口面积一般为燃烧器火孔总面积的 1.25～2.25 倍。开设位置如图 3-8 所示。图 3-8(a)为一次空气吸入口截面与喷嘴轴线垂直，空气沿轴线方向吸入，因此阻力较小。图 3-8(b)为一次空气吸入口截面与喷嘴轴线平行，吸入空气阻力较大。

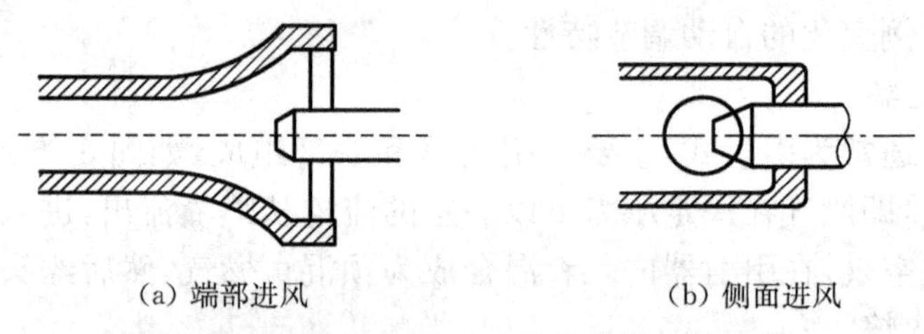

图 3-8　一次空气吸入口及喷嘴的安装位置

为对一次空气的吸入量进行调节，可在空气吸入口外安装调风板。通过调风板的前后移动(如图 3-9(a))或与吸入口的重合程度(如图 3-9(b))来调节进风量，也可在混合管上安装调风螺钉或弯曲钢条，通过螺钉或钢条的上下运动来改变燃气射流的能量损失，从而调节一次进风量。

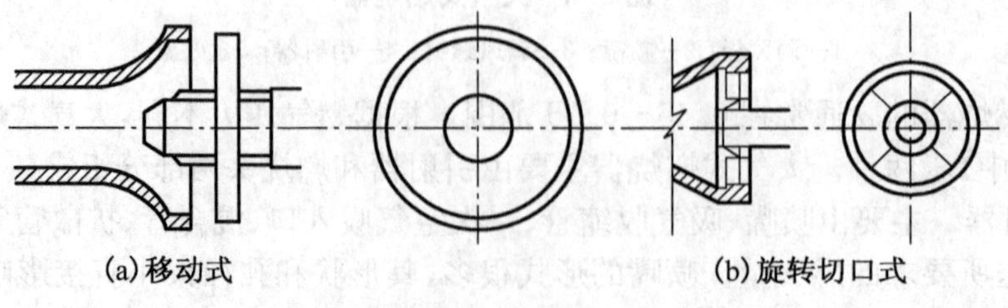

图 3-9　调风板

混合管,有时又称为喉管(因此段截面积最小),其作用是使燃气与空气的混合物的速度、浓度、温度混合后,分布均匀,一般采用圆柱形。有些引射器没有混合管。

扩散管,也称扩压管,将气体的部分动压能转换为静压能,以满足燃烧器头部所需要的压力。同时,还可使燃气与空气能进一步混合均匀。

(2) 燃烧器头部 作用是将燃气—空气混合物均匀地分布在各火孔上,并进行稳定和完全的燃烧。为此要求头部各点混合气体的压力相等,要求二次空气能均匀畅通地到达每个火孔上。此外,头部容积不宜过大,否则会噪声过大。根据用途不同,大气式燃烧器头部可做成多火孔或单火孔。

对于大气式燃气灶,其头部主要有三种形式,即多嘴立管式燃烧器(最适于天然气),如图 3-10;多火孔式燃烧器和缝隙型燃烧器(适于人工煤气),如图 3-11。

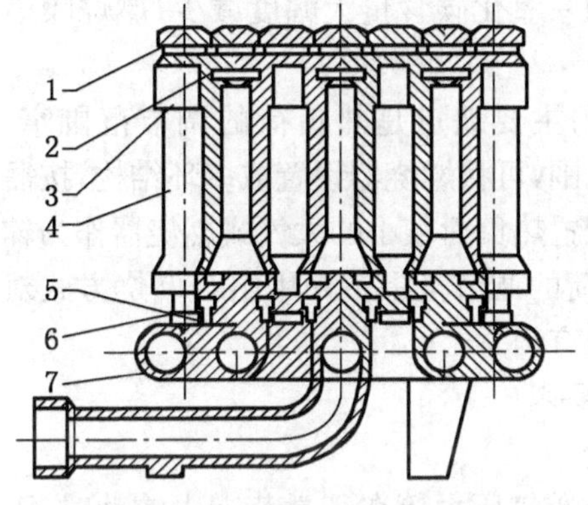

图 3-10 多嘴立管式燃烧器

1—燃烧器顶盖;2—沉头螺钉;3—燃烧器头部;4—引射器;5—喷嘴;6—垫片;7—集气盘管

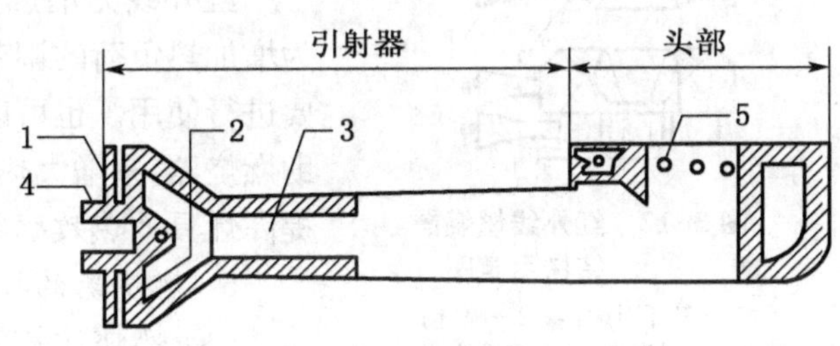

图 3-11 多孔大气式燃烧器

1—调风板;2—一次空气入口;3—引射器喉部;4—喷嘴;5—火孔

(3) 大气式燃烧器的特点及应用 大气式燃烧器由于预混了一部分空气,所以比自然引风式燃烧器火焰短,火力强,燃烧温度高。可以燃烧不同性质的燃气,燃烧比较完全,燃烧效率比较高,且烟气中 CO 含量比较少。但是当热负荷较大时,多火孔燃烧器的结构比较笨重。

多火孔大气式燃烧器的应用非常广泛,在家庭及公用事业中的燃气用具如家用灶、热水器、沸水器及炒菜灶上用得最广。

【提示】

现有的中餐燃气炒菜灶绝大多数采用的是大气式或鼓风式燃烧方式,这些燃烧方式主要通过烟气以对流形式加热锅底进行传热,但烹饪中餐菜肴一般使用的是尖底锅,烹饪时仅使用锅深 1/3～2/3 以下的部位,而锅底的有效利用面积较小,仅靠对流传热,大部分热量不能被有效利用,因而导致热效率低。

4. 完全预混式燃烧器

按照完全预混合燃烧方式设计的燃烧器称为完全预混式燃烧器,在燃烧之间实现全部预混,即 $\alpha \geqslant 1$。

完全预混式燃烧器由混合装置及头部两部分组成。根据燃烧器使用的压力、混合装置及头部结构的不同,完全预混式燃烧器可分为很多种。

红外线无焰燃烧是一种完全预混式无焰燃烧技术，具有过剩空气系数较小（大约为1.05～1.1）、燃烧速度快、燃烧完全、燃烧温度高、燃烧噪声低等特点。这种燃烧是以辐射和对流两种形式传热，一般辐射热量占总热量的45%～60%。通过调整辐射面的形状，容易达到定向加热的目的，能够满足中餐燃气炒菜灶对火力集中、锅底局部热强度高的要求，有利于提高燃烧设备的热效率。此外，由于红外线具有一定的穿透能力，可以穿透锅底进行加热，因而可以缩短加热时间，这也是中餐燃气炒菜灶所要求的。

【提示】

过剩空气系数就是实际燃烧的空气量和理论空气量的比值。

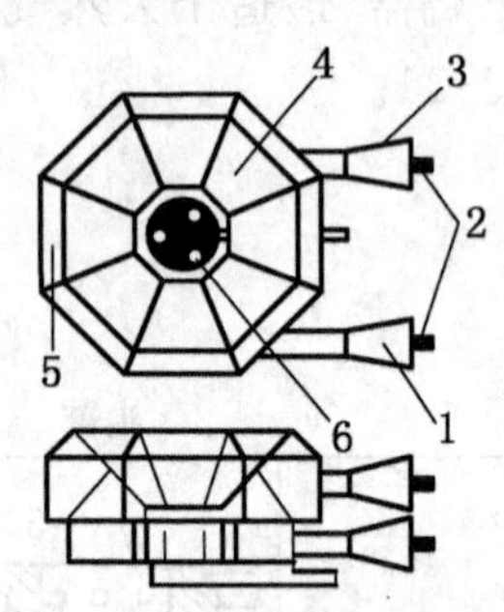

图 3-12　红外线燃烧器结构示意图

1—多环引射器；2—喷嘴；3—内环引射器；4—多孔陶瓷板；5—燃烧器外壳；6—辅助燃烧器

哈尔滨建筑大学燃气教研室研制的采用红外线无焰燃烧技术的中餐燃气炒菜灶燃烧器结构见图 3-12，其热效率能达到42%，烟气中的一氧化碳含量大幅度减少，燃烧噪声有所降低。

红外线无焰燃烧的主要缺点是热负荷的调节范围窄。为增加热负荷的调节范围，可将燃烧器设置成多环结构，按需要进行使用。也可以配置热负荷较小的大气式燃烧器作为辅助燃烧器，来增大热负荷的调节范围。采用组合燃烧方式对提高灶具的热效率更为有利。

5. 燃烧器的技术要求

(1) 燃烧比较完全。

(2) 燃烧稳定。当燃气压力等在正常范围内波动时，不发生回火和脱火现象，无黄焰与积碳现象。

【提示】

产生黄焰及积碳现象标志着化学不完全燃烧的存在，这种燃烧产生大量一氧化碳（CO）有毒气体，既浪费能源又污染环境，其往往是由于助燃空气不足引起的。

(3) 燃烧效率高。

(4) 在额定压力下，燃烧器能达到所要求的热负荷。

(5) 结构紧凑，材料消耗少，条件方便，工作无噪声。

（二）点火装置

自动点火装置，按点火源的不同，通常有下列三种。

1. 小火点火

小火点火器是一种早期的简单点火装置。其机理是由点火源向燃气混合物传递热量。主要有直接式和间接式两种。

(1) 直接式　如图 3-13 所示，只有一个固定的小火引火器，有时为了防止被风吹熄，加一个耐热金属网罩。在小火点燃后，将长明不灭。当需点燃主燃烧器时，打开主燃烧器阀门 4 即可。

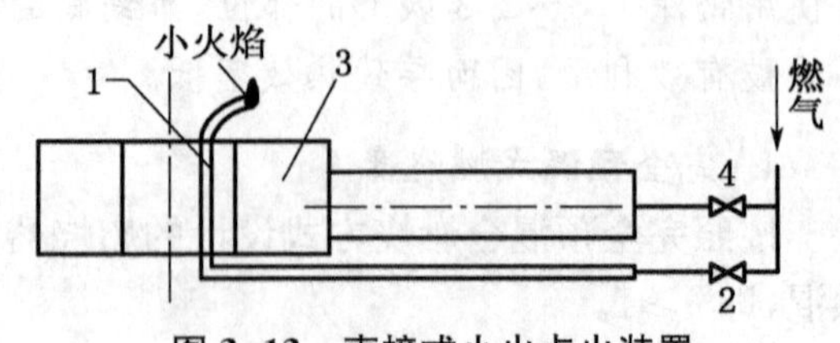

图 3-13　直接式小火点火装置

1—小火点火器；2—点火器阀门；3—主燃烧器；4—主燃烧器阀门

(2) 间接式　不仅有一个固定的小点火

器，还有引火管或爆炸室，既能有防风的作用，又能减少固定小点火器的数目。

小火点火结构简单，结构可靠，但因小火长明，既有浪费，又可能被风吹灭。不适于自动化技术发展的要求。

2. 热丝点火

大多数情况下，与小火点火相似。主要由小火点火器、电源与开关、热丝点火元件组成。其装置如图 3-14 所示。设置小火点火器的目的主要是为防止热丝长期接触火焰而被损坏。电源在家用灶具上一般用干电池，而在大灶上一般多用市电。热丝即电阻丝，在民用灶具上多用铂、铂锈丝，此外，也有碳化硅和二硅化铝等非金属电热丝。电热丝点火时点火可靠，缺点是需外加电源。

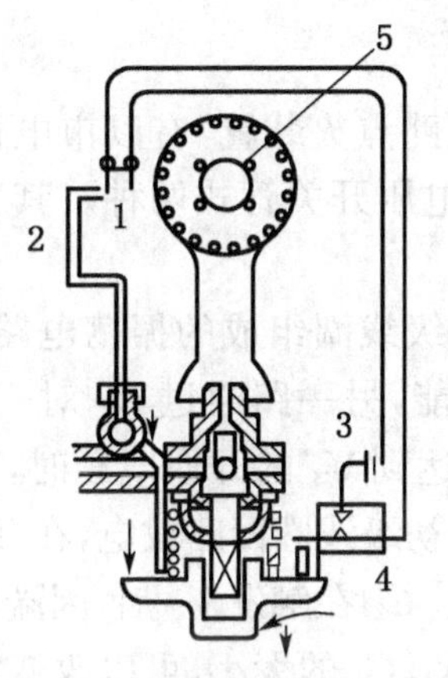

图 3-14　热丝自动点火装置

1—热丝；2—小火点火器；3—电池；4—电开关；5—主燃烧器

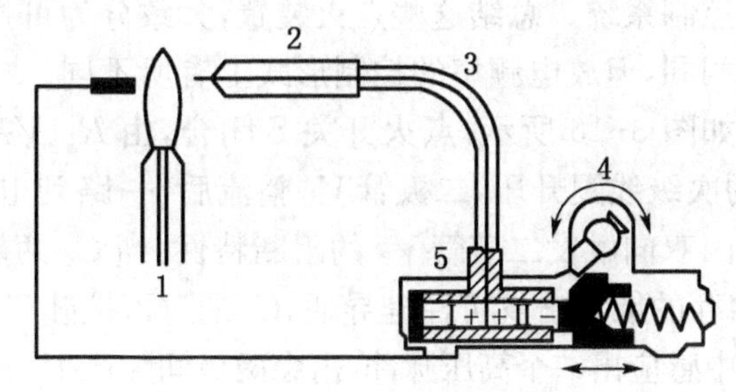

图 3-15　单脉冲陶瓷点火装置

1—燃气喷嘴；2—绝缘陶瓷；3—高压导线；4—撞锤机构；5—压电陶瓷

3. 电火花点火

目前在民用燃具上主要使用电火花点火方式，即利用点火装置产生的高压电在两极间隙产生电火花，来点燃燃气。电火花点火装置可分为单脉冲点火装置和连续电脉冲点火装置两种形式。

(1) 单脉冲电火花点火装置(图 3-15)　即每操作一次燃具点火开关，点火装置只产生一个电脉冲。单脉冲点火装置主要有压电陶瓷和电子线路两种。

压电陶瓷点火器由两组压电陶瓷Ⅰ和Ⅱ组成，需要点燃时，凭借旋转点火开关动作的外力，在弹簧的作用下，使压电陶瓷Ⅰ和Ⅱ发生撞击，把机械能转变为电能，输出 8～18 kV 的瞬时高压。高压导线与安装在小火口或主燃烧器旁边的电极相近，电极由绝缘陶瓷包起来，露出针状尖端。与针状电极间隔一定距离的是接地放电端子，它可以是片状铁片式针体。瞬时高压击穿电极间隙 4～6 mm，产生电火花，燃气从电极旁边喷出，即被点燃。

【提示】

压电陶瓷是 20 世纪 50 年代发现的一种信息无机材料，其受冲击力作用时将产生高电压。

(2) 连续脉冲点火装置(图 3-16)　连续脉冲点火装置是指当按下燃具点火开关时，点火装置可以连续不断地放出电脉冲火花。其优点是操作方便，点火着火率高，达 100%。

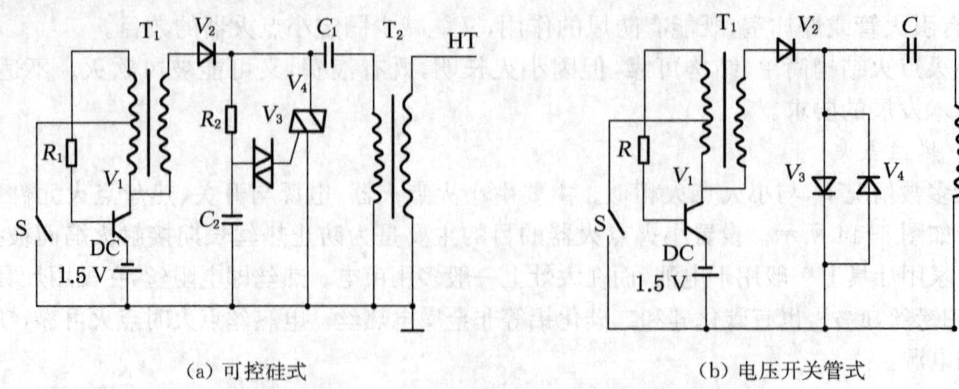

(a) 可控硅式　　(b) 电压开关管式

图 3-16　连续电脉冲点火装置

目前应用于民用燃具上的有以干电池的晶体管电子电路点火装置，有以市电作电源的自动控制系统。总结这些点火装置，大致分为可控硅式和电压开关管式两种。其工作原理基本相同，但放电频率的控制形式上有所不同。

如图 3-16 所示，点火开关 S 闭合，由 R_1、V_1 和 T_1 初级线圈组成的振荡电路起振，经 T_1 的次级线圈升压，二极管 V_2 整流后，一路到电容 C_1 储能，另一路通过 R_2 对 C_2 进行充电。因双向触发二节管 V_3 的阻断特性，当 C_2 两端的电压达到 V_3 的开通电压时，V_3 导通，C_2 储存的能力击发可控硅导通，C_1 通过可控硅 V_4 和 T_2 的初级线圈回路放电，在 T_2 的次级线圈中感应出一个高压脉冲，击穿两极间隙产生一个电火花。C_2 在触发 V_4 后，因端电压低于 V_3 的开通电压，V_3 断路，电路再进行第二次充放电。改变 R_2、C_2 的大小，可以改变放电电火花的放电频率。

【小思考】

当采用连续脉冲的家用燃气灶发现打不出火花时，首先该如何处理？

（三）熄火保护装置

现代燃具在熄火保护方面，采用了两种处理方式，一种是当意外熄火时，如风吹或炉灶上汤水沸腾浇灭火焰时，能够自动点燃燃烧器，常应用于家用燃气灶。另外一种是当意外熄火时，能够自动切断燃气的供应，如《中餐燃气炒菜灶》(CJ/T28—2003)所规定的。

1. 自动点燃熄火保护装置

使用灶具前，先点燃小火燃烧器。如图 3-17 所示，当打开旋塞 1 时，燃气与空气的混合气体进入燃烧器头部，并由喷孔 3 流出，进入小火管 4，同时引射空气，形成能够燃爆的混合气体。该混合气体遇到小火即能点燃，火苗通过小火管 4 窜到主燃烧器，将其再次点燃。

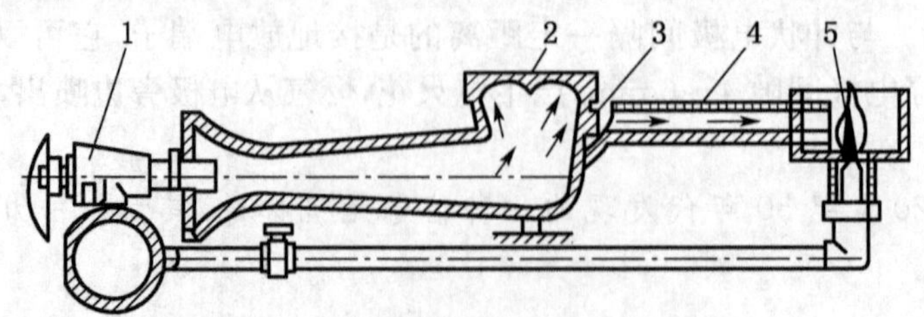

图 3-17　火眼燃烧器自动点燃系统

1—旋塞；2—头部；3—喷孔；4—小火管；5—小火

2. 自动切断熄火保护装置

按检测元件检测原理，熄火保护装置有双金属片式、热电偶式、光电式和火焰导电式（离子针）等。其中热电偶式熄火保护装置又有直接关闭式和隔膜阀式两种。下面简单介绍直接关闭式（图 3-18）。

按下气阀钮时，点火装置产生的电火花点燃火种，热电偶的感热部分被加热，由于热电偶的"热惰性"，需保持此状态一段时间，直到热电偶产生的电流能激励电磁阀的铁芯和衔铁保持吸合状态，再松开气阀钮，此时灶具正常使用。

如在使用中，常明火种熄灭或其他原因造成热电偶热端温度下降，导致热电偶产生的电流降低到一定值时，电磁阀的铁芯和衔铁脱离，在弹簧力的作用下，电磁阀的密封垫切断气路，有效防止人身事故，还可以节省能源。

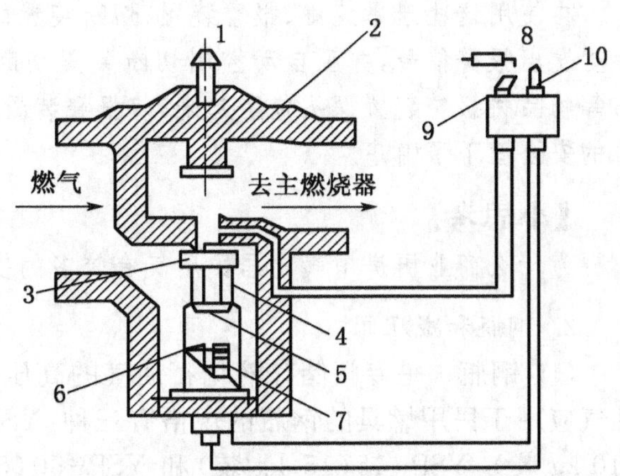

图 3-18　直接关闭式热电偶式熄火保护装置

1—气阀钮；2—气体阀；3—密封垫；4—弹簧；5—衔铁；6—铁芯；7—感应线圈；8—高压放电针；9—长明火种；10—热电偶

【小资料 3-5】

热　电　偶

利用两种成分不同且有一定热、电特性的材料构成回路，则如果相接的两端温度不同，在回路中即有电动势（即热电势）产生，此电势经放大后可用来控制执行机构。

【提示】

目前市场上在售的燃气灶，基本上采用的意外熄火保护装置都是"热电偶熄火保护"。随着科技的不断发展，一种全新的安全技术"离子熄火保护装置"——即"离子针"技术正式诞生，"离子针"是基于火焰导电的原理而发明的。当意外熄火时，离子针会在 0.1 秒内感应电流状况，感应不到电流时电磁阀就会在 4 秒内切断气源。

（四）供气系统

民用燃气分管道供气和钢瓶供气两大类。对于天然气和城市煤气，一般采用管道供气的方式，液化石油气一般采用钢瓶供气。

1. 管道供气

城市供气系统由气源分配、输配部分和用户三部分组成。我国现行供气系统是以输送压力来划分等级的，用户所需的压力一般在 8～16Pa 之间，气源的燃气要经由输配系统的调压室降压后才能进入低压管网输送到用户端。

对于商业厨房的用气，在日常使用燃气中，除了要遵循居民用气的通用规则之外，还应当掌握特定的安全技术规范。要有特别装置，以策安全。

(1) 燃烧装置采用分体式机械鼓风，或者使用加氧、加压缩空气的燃烧器时，应当按照设计位置安装止回阀（防止回火），并在空气管道上安装泄爆装置。

(2) 燃气管道以及空气管道上应当按照设计要求安装最低压力和最高压力报警装置、

切断装置。

【提示】

在使用这些泄爆装置、报警装置、切断装置的时候,不能违规操作。有的用户担心报警装置发出报警信号,并且自动控制切断装置切断气源而给自己增加工作量,干脆使用塑料布等物品将报警装置探头包裹起来,使报警装置无法正常工作。这种做法实际上给自己单位的安全埋下了隐患。

【小思考】

为什么商业厨房用气比居民用气有较多的安全规范要求?

2. 钢瓶和减压阀

(1) 钢瓶　是专门储存液化石油气的高压钢瓶,它是一种有缝的焊接容器。液化石油气应用于民用燃具的钢瓶的规格有三种:YSP-10(10 kg 装)、YSP-15(15 kg 装)和 YSP-50(50 kg 装)。

钢瓶的结构如图 3-19 所示,由底座、瓶体、护罩、瓶嘴等组成。一般钢瓶的材料采用 16Mn 低碳合金结构钢或 20 号优质碳素结构钢,以防止钢瓶在低温环境中焊缝发生冷脆裂痕。设计工作环境温度为 $-40\sim60$℃之间。小于 YSP-15 的钢瓶自制造日期起使用寿命为 15 年,第一次至第三次检验的周期均为 4 年,第四次检验有效期为 3 年。如若出现严重腐蚀、损伤及其他可能影响安全使用的缺陷时,应提前进行检验。

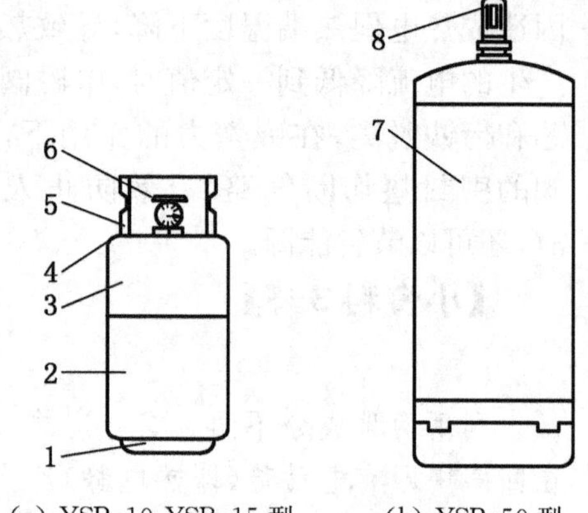

图 3-19　钢瓶

1—底座;2—下封头;3—上封头;4—瓶阀座;5—护罩;6—瓶阀;7—筒体;8—瓶帽

钢瓶在工作时,打开角阀,则液化气在环境温度的作用下变成气体,此时汽化后压力可高达 196～980 kPa。但是对于家用燃气灶和中餐燃气炒菜灶,其压力变化范围(对于液化石油气),一般分别为2 800～3 000 Pa 及 2 800～5 000 Pa。故需要在角阀和灶具之间设置减压阀。

【小思考】

如果没有减压阀,那么会发生什么情况?

(2) 减压阀　又称为减压器、调压器、调压阀,其作用是将从钢瓶来的燃气高压降低,并调节稳定在适应燃烧器燃烧的一定范围之内。所以,它实际上一种自动调压装置。一般的,常用的减压阀有往复式和杠杆式两种。

杠杆式减压阀结构如图 3-20 所示。其工作原理为:当进气压力升高时,进入减压室的液化石油气增多,其压力随之升高,从而使橡胶薄膜上凸,上气室的空气由呼吸孔排出阀体。这样就带动杠杆向上移动,使阀垫下移,进气喷嘴变小,进气量变小,压力降低。当减压室压力降到一定程度时,橡胶薄膜下凹,带动杠杆向下移动,外部空气从呼吸孔进入上气室,使阀垫向上移动,进气喷嘴变大,进气量增加,压力升高。这样就保持了进气压力无论偏高或偏低，减压室的压力总是恒定的，出口压力也是恒定的，从而起到减压和稳压的作用，保证灶具燃烧的稳定性。

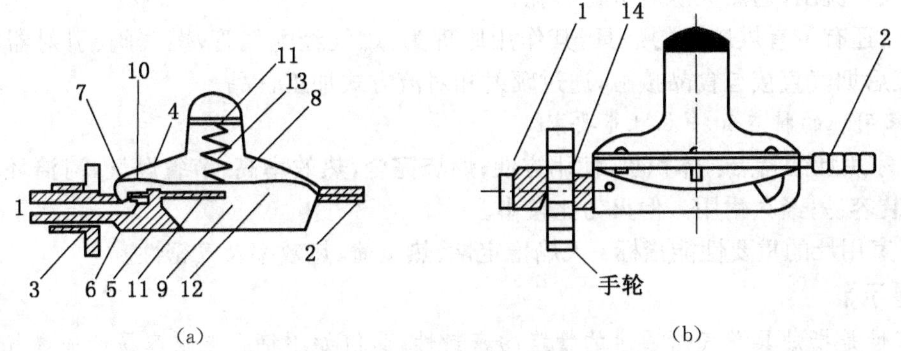

图 3-20　减压阀的结构原理与外形图

1—进气口；2—出气口；3—手轮；4—上阀盖；5—下阀盖；6—进气喷嘴；7—呼吸孔；8—上气室；9—减压室；10—阀垫；11—杠杆；12—橡胶薄膜；13—弹簧；14—反扣连接

三、典型燃气热设备

燃气热设备是城市燃气应用的终端设备，依不同的应用领域，主要分为民用燃气用具、工业燃烧设备、燃气采暖和空调设备及新兴应用设备。

民用燃气用具主要有家用燃气灶、家用燃气热水器、商用燃具及家用燃气两用炉、燃气空调器等等。

(一) 家用燃气炉灶

家用燃气灶按炒菜灶的火眼数量，可分为单眼炒菜灶、双眼炒菜灶、三眼炒菜灶等。按形式，可分为台式和嵌入式以及比较少的埋入式。按使用燃气的种类，可分为：人工煤气炒菜灶(R)、天然气炒菜灶(T)、液化石油气炒菜灶(Y)。下面对双眼台式家用人工煤气灶(图 3-21 所示)作介绍。

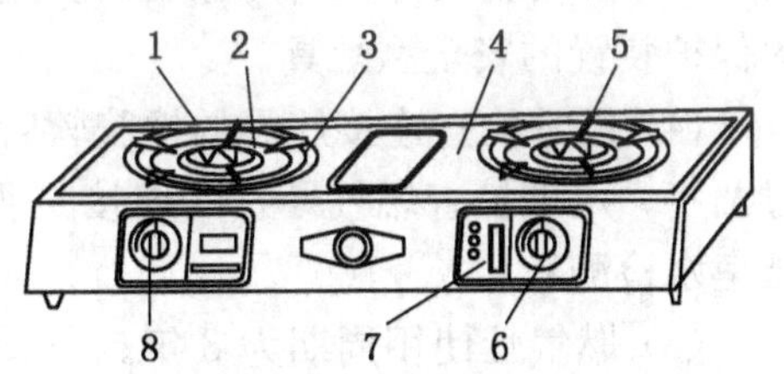

图 3-21　台式双眼灶

1—主燃烧器；2—承液盘；3—锅支架；4—灶面；5—右燃烧器；6—火力调节手柄；7—开关及火力标志；8—阀门旋钮

1. 结构

家用燃气炉灶由四部分组成：燃烧系统、输气系统、辅助系统和点火系统。一般采用大气式燃烧器，材料主要是铸铁或黄铜。输气系统包括燃气阀和输气管。燃气阀控制燃气通路的开断，要求经久耐用，密封性能可靠，一般采用黄铜或铝合金材料。输气管一般采用紫铜管等材料，要求密封性好，不易变形。辅助系统包括灶具的炉架、承液盘、面板、框架等。框架可以用铸铁或钢板。灶面的材料，目前主要有三种，即不锈钢面板、钢化玻璃面板及特氟成涂层冷轧钢面板。炉架一般有两种形式：一种有三个锅支架，有三个支爪，每个支爪可以 120°角上下翻动；一种是整个支架整体翻转，一面放平底锅，一面放尖底锅。常用的点火器有压电陶瓷点火器和电脉冲点火器。此外，对于嵌入式，相关国家标准有自动灭火装置的强制要求。

2. 家用灶工作原理

燃气通过配气管到达燃气阀,燃气阀开启后燃气从喷嘴流出,进入引射器,再经燃烧器头部,自火孔流出,遇点火源后进行燃烧。

另外,还有带有烘烤器的灶具,其作用原理为:燃气经配气管、燃气阀、引射器、头部在火孔燃烧后烟气直接与食品接触,通过辐射和对流方式加工食品。

3. 家用灶的特点和技术性能要求

(1) 家用灶的特点:体积小,使用方便;燃烧完全,热效率高,节省燃气,清洁环境,操作简单,安装容易;经久耐用。但火力比较小。

(2) 家用灶的重要性能指标:火焰稳定性、热负荷、热效率及气密性。

【提示】

气密性是指灶具燃气所通过的管路的密封性,此值如不符合要求容易造成燃气泄漏。

4. 家用灶的安装

灶具不应安装在地下室及卧室;灶背面与墙壁净距不小于100 mm,侧面与墙净距不小于250 mm,若墙面为易燃材料,必须加设隔热防火层;安装家用灶的台面应采用非燃材料,灶台高度一般为600 mm左右;除液化石油气家用灶可用耐油橡胶软管连接外,其他燃气灶最好使用金属管道连接。而软管长度一般为1～1.5 m,与燃气管道、接头管、灶具的连接处应采用压紧螺帽(锁母)或管卡固定;且软管不得穿墙、窗和门。

5. 家用灶的使用及注意事项

(1) 了解燃气的安全特性,按燃气设备说明书要求操作。

(2) 首次使用家用灶时,如果出现点不着火或严重脱火现象时,说明管道内有空气,此时应将厨房的窗和排风扇打开,在瞬间内放掉管内的空气后即可点燃。

(3) 使用燃气时,要有人照看,防止火焰被汤水溢灭或被风吹熄,最好使用带有自动熄火保护装置的安全型灶具。

(4) 经常检查连接灶具的橡胶软管是否压扁、老化,轧头是否安装正常,胶管使用不超过两年。定期检查燃气导管的连接是否稳固,燃气导管自身是否有老化和漏气现象(可用肥皂水检测)。

(5) 燃气灶使用周期为8年。

(6) 发生燃气泄漏时应立即关闭燃气总开关,打开门窗,打电话报告燃气公司修理,严禁用明火检漏和启闭电器开关。

(7) 用户可以按照说明书的提示定期清洗燃气灶表面,包括燃烧器的炉头部分。

(8) 用户可以根据说明书的提示,适时地调节位于产品底部的风门,这样能够有效地保证燃气充分燃烧产生很少的一氧化碳有害气体。

(9) 要正确使用锅支架,使用圆底锅或平底锅时,要把锅支架分别调整到各相应的状态。

(10) 无论灶具是否处于工作状态,都要防止杂物掉入火孔中,否则会造成燃烧器头部的严重腐蚀,并影响燃烧。烧开水时,壶内的水不要灌得太满,防止开水溢出将火熄灭。

(11) 在炖菜或煲汤时,有些人喜欢把火苗开得很小,这样容易引起漏气或者不完全燃烧。所以，燃气灶在使用中，火不能开得过小。

(12) 灶具停用时，将旋钮转到关闭位置即可。晚上休息或较长时间不用时，要将灶前管路阀门关掉，以保安全。

(二) 中餐炒菜灶

商用燃气用具指的是在酒店、餐饮、学校和大型公共设施内用于烹饪、沸水、烘干及冷藏，以燃气为热源的设备。

主要有中餐炒菜灶、中餐大锅灶、煲仔灶、汤灶、燃气烤箱、燃气油炸炉、西餐灶、和沸水器等。近年，有些外商投资的服务项目，进口了用于衣物烘干、辐射取暖、食品冷藏的大型商用燃气用具。

【提示】

煲仔灶　由于炒灶火力猛，不适合对火力要求小的菜点进行加工，如食物(饭、菜蔬或肉类)炖、焖、煨、扒的烹饪工艺，而用煲仔灶解决这些问题。煲仔灶一般使用天然气或煤气作为燃料。炉头数量有单炉头、双炉头、四炉头、六炉头，甚至有十二头的等多种类型，厨房完全可以根据自己的需要选择。煲仔灶一般紧靠炒灶，由上杂的厨师负责，制作砂锅或煲锅类的炖烧菜。

汤灶　汤灶又称矮子灶，它比一般的炉灶低，主要是便于烧制汤料，一般汤桶加水后自重较大，不适宜常移动，多数汤桶加满水后或炖成汤后，汤桶直接放置在灶上。正是因为汤灶的特殊性，一般汤灶的灶口为正方形，炉眼比煲仔灶要大，火力相对较猛。

1. 中餐炒菜灶类型

根据一次空气的供给方式来分，炒菜灶可分为直燃式(引射式燃烧器)和鼓风式燃气灶(一般为铸铁鼓风式旋流燃烧器)。直燃式燃气灶比较适合中小饭店使用。其优点是操作简便、火焰稳定、噪音较小，并可通过调节燃气阀控制火力的大小；缺点是不如鼓风式火旺。鼓风式燃气炉灶比较适合各类大中型饭店或食堂使用，其优点是火力旺，火焰稳定，热效率高，可通过调节炉头的燃气阀和进风量控制火力；缺点是噪音大、耗电量大。

【提示】

中式炒菜灶因菜式烹调要求的不同，其构造与款式上有一定的差别。如广州地区为两个12寸炒菜灶头配两个利用余热的热汤炉；四川地区为两个炒菜灶头配一个小炮台(有炉头)焖菜用；北京地区是两个炒菜灶头配三个小炮台(两个支火，一个汤灶)；淮扬地区因小笼包做成三个呈品字形的灶头。当然，现在中餐厨房的设备也趋向专业化，有专门的煲仔灶、汤灶等。

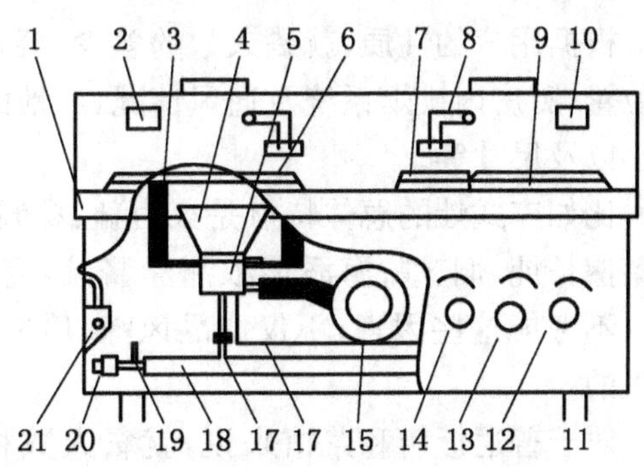

图 3-22　鼓风式燃气灶结构示意图

1—灶架；2—标牌；3—耐火砖；4—发火碗；5—燃烧器；6—副眼；7—水罐；8—水开关；9—锅圈；10—标牌；11—灶脚；12—气阀；13—火种阀；14—调风开关；15—鼓风机；16—火种管；17—气管；18—总气管；19—压力表；20—进气接口；21—电机线盒

2. 主要的结构

如图3-22所示，炒菜灶由燃气供应系统、灶体和炉膛等几大部分组成。燃气供应系统包括进气管、燃气阀、主燃烧器、常明火和自动点火装置等;灶体包括灶架、后侧板、灶面板等;炉膛包括灶膛(特级的耐火砖)、锅圈等。

对于鼓风式燃气灶还有鼓风系统(鼓风机、风管、调风开关)。此外,还有附属设施,如灶面上有调料板、后侧板上有供水龙头,还有排水槽等。高档的燃气灶为防止长时间的加热,灶体不锈钢板发生变形,设有喷淋装置,以降低温度。

3. 炒菜灶的工作原理

以鼓风式燃气灶为例,燃气与鼓风机送来的空气在燃烧器内混合,遇到长明小火后点燃主燃烧器,利用燃气燃烧产生的热能直接对锅进行加热达到烹煮食物的目的。而长明小火是由点火装置或点火棒点燃的。

4. 炒菜灶的特点和性能指标

(1) 特点　火力集中,热强度高,具有火力集中、热负荷大等特点,能满足爆、炸、煎、煸、熘等多种工艺要求,不锈钢炒菜灶外形美观、轻便、安装方便、使用中易于清扫,但价格较贵。

(2) 炒菜灶重要性能指标　批量生产的中餐燃气炒菜灶,符合其他指标的同时,达到一定的热效率指标是很困难的,特别是热负荷超过 35 kW 时,难度更大。中餐燃气炒菜灶锅底热强度一般应为 0.015～0.029 kW/cm^2。此外,还有气密性、燃烧的火焰状况、点火等方面的要求。比如点火方式可以是人工点火棒、常明小火或电点火器。采用电点火方式时,应同时设置人工点火装置。点火燃烧器的供气管内径不得小于 2 mm,其结构应能防止被异物堵塞。

对于鼓风式炒菜灶应设置点火燃烧器或加装熄火保护装置,加装熄火保护装置的炒菜灶需在燃气电磁阀前加装手动式快速切断阀。

【提示】

热强度＝热负荷/锅深 2/3 的球冠面积,因为中餐炒菜锅炒菜时使用部分仅为锅深度的 2/3～1/3 以下的球面。

5. 炒菜灶的选择

根据用户的性质,就餐人数的多少,菜肴的种类、特点,厨房的位置及大小,炒菜灶的安装位置,厨房内排烟系统及通风情况,当地的气源情况等综合考虑选择燃烧器方式、热负荷大小以及尺寸等。

比如广式灶的总体特点是火力猛、易调节、好控制,最适合于旺火速成的粤菜烹制。淮扬菜擅长炖、焖、煨;海派菜浓油赤酱,讲究火功,这都需要炉灶有支火眼配合猛火使用等等。不考虑这些因素,不仅成品风味、质地难以地道,而且对燃料、厨师劳动力的浪费也是惊人的。

对于普通饭店和菜馆来说,就餐人数相对较少,大多数中餐灶使用炒勺,其热负荷取 21～24 kW 为宜,对于就餐人数较多的大宾馆或高级饭店,开饭时间比较集中,每锅要炒的菜多,质量又要好。因此,对于这类使用煸锅的中餐炒菜,其热负荷按 35 kW 确定。个别厨师认为热负荷 42 kW 左右更合适,但能量浪费太大,热效率降低很多,不宜采用。

6. 炒菜灶的安装

(1) 为了做好燃气安全的管理及控制燃气的使用,在炉具安装使用前用户应首先向燃气管理部门提出申请，获准后才能安装。

(2) 中餐燃气灶供气系统必须由具有城市燃气设计资格的专业单位进行供气系统的安装设计，绘出设计施工图，经当地燃气管理部门会签后，方可交由施工单位进行安装。

(3) 供气系统的安装应由当地燃气管理部门同意的，具有燃气工程施工执照的施工单位进行安装。安装完毕，应由燃气管理部门验收后方可通气。

(4) 燃气灶具要进行气密性试验，压力为 800 mm 水柱，2 分钟不得有压降现象。在燃气灶具要进行气密性试验合格后，要进行试火，检查火焰燃烧是否正常，并调试火焰的灵敏性。燃气灶具检漏时严禁使用明火，通堵时禁止使用高压液化气吹堵。

(5) 炉灶附近不要堆放易燃、易爆的物品，炉与气表、电器设备的水平净距离均不得少于 0.5 m，其上部不得有电力线路及电器设备等。靠近烟道的一侧的墙应能耐高温。

(6) 对于厨房不在底层的，要请建筑设计部门验算地面的承载能力。

(7) 炉灶的燃气管应采用无缝钢管，液化石油气可采用耐油软管，但软管两端必须用紧固卡或细软金属丝紧固。灶具丝扣接口应采用四氟乙烯为填料。

(8) 炉灶必须牢固地直立于平坦的地方，并调整好水平。

7. 炒菜灶的使用及注意事项

(1) 准备工作　打开排烟气系统，如是鼓风式燃烧器，要打开鼓风机开关和炉头的风阀，排除灶内余气后，再关闭炉头风阀。关闭炒菜灶的全部燃气阀。然后打开石油气钢瓶角阀或燃气管道上的总阀。

(2) 点火顺序　打开点火棒气阀并将其点燃，再将点火棒接近炉头的常明火处，打开火种气阀并点燃火种，再打开主燃烧器阀，点燃；对于鼓风式燃烧器，然后打开鼓风机和风阀并将其点燃。

(3) 火焰调节　应调节调风板的开度或调风螺钉，以保持火焰稳定和无黄焰。对于鼓风式燃烧器，可调节炉头气阀和风阀。

(4) 停火顺序　先关闭石油气钢瓶角阀或燃气总阀，再一次关闭风机开关(如果是鼓风式)、炉头气阀(及常明火气阀)和风阀。最后需要拨下风机电源插头(对于鼓风式)。

(5) 保养要求　每班烹调作业后，要注意保持灶台的清洁卫生。对燃烧器头部上的污物要定期清理，以免堵塞部分出火孔而产生黄焰。在清洗灶体时，不要用水冲洗，以免水进入风机电机内。如出现火孔或喷嘴有堵塞现象，可用孔径相适合的钢针疏通，但要注意切勿用力过猛而将喷嘴孔扩大。定期擦拭排烟罩的油污，以免影响排烟效果。应经常检查供气配套设施，如输气管头、燃气阀、液化石油气减压阀等是否有漏气现象，软管是否老化，接头固定卡是否松动。

8. 燃气炒菜灶使用中的一般故障的排除

(1) 供气系统常见故障　供气系统的主要故障是泄漏或堵塞。其原因有多种，可能是使用时间较长，自然损坏，或因安装不良或使用不当等造成的。

如果是气阀阀体的密封磨损或有灰尘进入而造成的漏气，应更换气阀；如果是供气管与灶体接头拧不紧，而造成的漏气，要检查接头的丝牙是否烂牙或密封垫是否破损，更换接头或密封垫；如果是使用管道燃气的用户，燃气管接头腐蚀穿孔、渗漏，燃气表外壳破裂，应及时通知有安装和维修资质的单位进行检查和维修，严禁自行修理；如果是使用液化石油气的用户，由于钢瓶、减压阀、角阀、胶管等地方而造成的漏气，因及时通知有关单位进行维修,千万不可懈怠或自行修理,以免发生事故。

(2) 火焰很小　可能是喷嘴堵塞、气源快用尽等原因。燃烧室内的喷嘴孔堵塞,发火碗内的小孔被积碳堵塞,使燃气和空气流出受阻,火焰小而无力。其排除方法是,可将喷嘴取下用通针疏通喷嘴,并用钢刷清理发火碗内的小孔,经过这样处理后的燃烧器,其火焰很小的故障一般可得到排除。

气源快用尽:使用液化石油气的燃气灶,应更换新的气源。使用管道煤气的燃气灶火焰变小的原因还可能是由于管道口径较小、发生锈蚀堵塞或燃气表内通气不良造成燃气不足等。

此外,燃气使用点集中,在燃气使用高峰时间内,管内的燃气压力低,也会使火焰小而无力。处理的方法视具体情况而定,例如检修管道,更换大管径的管,检查燃气表是否畅通,或避开高峰时间用气。对于大面积地区供气压力不足,应由供气部门调整压力。

(3) 发生黄火　风量不够,引起空气供给不足,导致燃烧不良现象。此时,可以通过调节风量的办法来解决。风门通道被堵塞。燃气灶使用一段时间后,由于有积碳、铁锈、杂质等赃物,把进风口堵塞,造成进风量不足,产生黄火。此时把风门通道内的赃物清除干净,黄火即可排除。

喷嘴孔径过大,喷嘴孔径大小根据所用的气源不同而有所区别,孔径过大时,往往使燃气流量超过额定流量,引起空气补给不足,燃烧所需要的空气量不够,因而产生黄火,甚至当氧气严重不足时,还会积碳冒出黑烟,此时,应更换适合该种气源的合格喷嘴。燃气质量不稳定也会形成黄火。要选用质量好的燃气。

(4) 离焰和脱火　主要原因及排除方法如下:(针对大气式燃烧器)

一次空气量过多,往往易引起离焰和脱火。只要调节调风板,减少风门进气面积,降低一次空气的进气量,就可以使火焰恢复正常。

燃气压力过高,也容易产生离焰和脱火。遇此情况,则使用液化石油气的用户,可请专业人员检查和调整调压器,以降低燃气的压力至正常使用范围;使用管道煤气的用户,应与煤气公司联系,通过调整气喷,适当减压来解决。

二次空气流速大是造成离焰和脱火的另一原因。当燃烧器周围风量过大时,有时还易将火焰吹灭。应设法改善炊具的使用环境,降低二次空气的流速。

烟道抽风过猛,也易产生离焰与脱火。调整烟道抽力、避免抽风口对准燃烧器的火焰。

厨房内通风条件不好,废气排除情况不良时,也易引起离焰与脱火。可在厨房内装一个排气扇,并保持厨房内的通风换气,这样,在一般情况下,离焰和脱火现象可排除。

炊具与燃气灶规格不相符时,也会产生离焰和脱火。处理方法是更换炊具。

(5) 回火　回火不仅破坏了燃烧的稳定性,形成不完全燃烧,而且易损坏灶具。燃气压力过低,易发生回火。排除与防止方法:如果是用户为节省燃气将火焰控制得太小时,应适当将火焰放大些。使用液化石油气的用户,应检查一下瓶内燃气是否快用完。换新气瓶后,仍有回火现象时,应请专业人员检查减压阀的功能是否正常;对于管道气的用户应与煤气公司联系解决。

燃气喷嘴堵塞,使一次空气量大于燃气量而导致回火,可用细钢丝捅疏喷嘴内孔,使燃气畅通。火盖的火孔堵塞或引射器内有污物造成回火,可用钢丝疏通火孔和引射器内孔,将污物清除干净。燃气喷嘴不正或喷嘴孔径偏心,使燃气喷出时受阻碍而造成回火,此时,应校正燃气喷嘴的中心线或与厂家在当地的维修部联系更换喷嘴。

(6) 燃气灶在点火或熄火时有噪声 如点火时发出爆鸣声;熄火时也有爆鸣声。导致这种现象的原因及其排除方法如下:

燃烧器点火时,如果操作方法不正确,或者多次打不着火时,从喷嘴流出的燃气与空气混合气,便会在燃烧器的周围空间积聚,随着打不着火的次数增多,积聚的混合气数量迅速增加。这些数量不小的混合气,一旦被火点燃时,便会产生爆鸣声。因此,掌握正确的点火方法是很必要的。当点火器多次不能点燃时,应停止点火,待周围的燃气与空气的混合气逸散后再点火。同时,应及时查找点火不燃的原因或送维修部修理。

当开大气门猛火燃烧而突然熄火时,由于火孔处的燃气与空气混合气流速突然降低而产生回火(气速为零的回火),也会发出"噗"的爆鸣声,熄火时,不宜快速急关。另外。当熄火噪声大于规定值时,还应从燃烧器的结构设计质量方面去查原因。

(7) 燃气灶在点火后会发出"呼呼"响声 其主要原因是:火盖未盖好或火盖不配套。这时候,应放正火盖,使之与炉头接触良好或更换火盖,一般响声便会消失。

(8) 闻到燃气臭味 燃气灶在使用时,闻到燃气臭味,一般是供气系统或燃气灶发生泄漏所致。遇此情况,用户应谨慎对待,认真处理燃气泄漏:

当燃气轻微泄漏的时候,可用肥皂水查找漏气部位,切忌用明火检查。

当燃气泄漏量较大的时候,应先关闭气源总开关,轻轻开大门窗,让空气流通,然后人员离开现场。在现场,切勿开关电器和打电话,开了的灯不要关,关了的灯也不要开,以免开关产生火星引爆泄漏燃气。待泄漏的燃气驱散以后,方可进入现场查找泄漏的部位。

通常,燃气泄漏的原因及其检查排除方法如下:使用液化气的用户应检查进气管和接头连接处,若连接不好,则易造成漏气,引发着火事故。因此使用前应仔细检查。燃气灶的减压阀漏气,应立即更换或及时送专门维修部修理。煤气管道及其设施漏气,应及时关闭总开关,并立即报告煤气公司来处理,用户切勿自行解决。火焰意外熄灭导致漏气时,此时供气管仍在继续供气(在没有熄火保护装置的情况下),燃气与空气的混合气体就会不断从火孔流出,逸散在厨房空间,不仅可闻到一股刺鼻的煤气臭味,而且遇明火还很容易引发火灾或爆炸事故。因此,应轻轻开大门窗,让室内通风换气良好,驱散泄漏的气体后,方可重新点火。

【提示】

商用燃气用具的最新燃烧方式是采用小型燃烧机。

【小资料 3-6】

燃 烧 机

燃烧机是以燃油(轻柴油、重油)或燃气(天然气、焦炉煤气、液化石油气)为燃料,燃烧充分,烟气排放达到国家环保要求。主要由空气系统、燃料系统、燃烧系统、电气控制系统和安全保护系统等组成,是机电一体化的节能降污的热能产品。

第三节　燃油和蒸气热设备

【案例 3-3】

小心燃油灶

1999 年 4 月 30 日，上午 11 时左右，昆明市尚义街尚义饭店一小工在给柴油灶加柴油时跌倒，一桶柴油随即泼在炽热的灶具上，引起火灾，笔录时，肇事者仍不明白为什么会着火。

评析：作为燃油用的灶具——气化炉、煤油灶和柴油灶，人们对它的火灾危险性认识不足，只停留在把煤油、柴油同汽油相比较，认为不易着火，不存在什么危险。正因为许多人存有这种想法，麻痹大意，这些年来，在餐饮行业和居民火灾中，因燃油灶具(气化炉、煤油灶、柴油灶)引起的火灾，是继液化气火灾后发生火灾较多的起火源。

要正确安全地使用燃油热设备，除需了解燃油特性外，还需了解燃油热设备的结构与工作原理。

一、燃油热设备

燃油设备的使用极广，尤其是缺乏天然气的地方，以辽宁和广东的产品最多。目前的燃油设备分两类，一类是专门燃油热设备，此类又分为两种：一种是鼓风式，应用较广；另一种是雾化式，由油与空气先混合雾化，在形成一定压力下如燃气设备一样燃烧，一般由空压机、缓冲罐、混合器、控制阀、喷嘴、燃烧室、灶体等组成。其中雾化系统常单独成系，燃烧灶可据需要并列安装多个。

另一类是油气两用灶，即既可用液体燃烧，又可用气体燃料，如管道煤气、液化石油气及天然气等。

(一) 燃料油的种类

常用的燃料油有汽油、煤油和柴油三种，而适合燃油炉灶的只有煤油和柴油中的轻柴油。

1. 煤油

煤油也称火油、灯油，含碳 12 的石油烃类混合物，水白色至淡黄色油状液体，不溶于水，能溶于有机溶剂。自燃点：380～425℃；爆炸极限：0.7%～5%。煤油遇热、明火、氧化剂有燃烧爆炸的危险。它的特点是具有良好的挥发性，含硫量少，比轻柴油燃烧充分，热值高，污染轻，但成本高。使用时煤油中不能混入植物油或汽油，否则易冒烟或发生危险。

2. 轻柴油

柴油一般是碳 15～20 的烃类混合物(重柴油可到碳 30)，柴油的挥发性不如煤油，更不如汽油。闪点一般高于 50℃；自燃点：260℃；但在高温或较强的点火源作用下，也会着火。柴油在雾状情况下，更易着火。轻柴油又称轻质柴油，按凝点可分为 0，－10，－20，－35 四个牌号，其凝点分别不高于 0℃，－10℃，－20℃，－35℃。选用时应根据不同地区和季节选择不同牌号的轻柴油，反之，则应选择凝点高的，一般可参照以下的条件选用。0# 轻柴油适于全国 4～9 月份使用，气温高的南方地区冬季也可使用；-10# 轻柴油适于长江以南地区的冬季使用，长江以北地区和我国东北、西北地区的冬季则应分别选用-20# 或-35# 轻柴油，否则，会因低温造成凝固而无法使用。在寒冷地区如低凝点轻柴油缺少时，可以在高凝点轻柴油中掺入 10%～40%的灯用煤油混合均匀，以降低凝固点，但切记不能掺入汽油，以免发生危险。轻柴油的特点是成本低，燃烧性能良好，自燃点低，雾化好，含硫量也不高，具有一定的安全稳定性。

(二) 油气两用灶

1. 结构

其结构如图 3-23 所示，结构合理、外观新颖、低能耗、效率高。它的最大特点是改变以往只可使用单一燃料的缺陷，即油气两用而且油气还可混合使用。所以通用性强、作用灵活、方便，火焰温度可任意调节(最高可达 1 400℃)，是一种强力节能型灶具。

点火方式用明火点火，火焰状态稳定，耗油量为 1.5～2 kg/(台・h)(单烧油)，噪音为≤70 dB，烟尘排放≤20 mg/km^3。

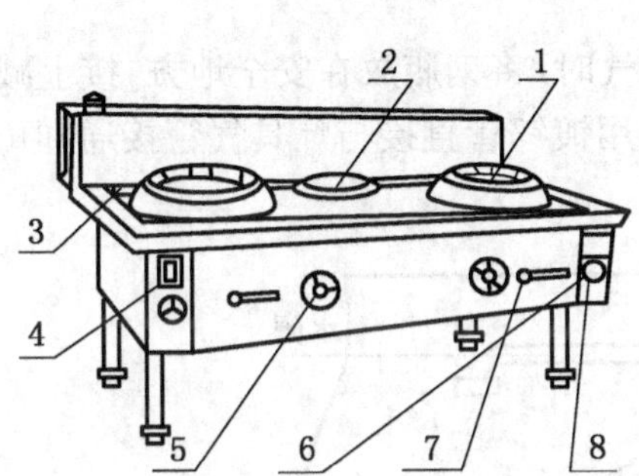

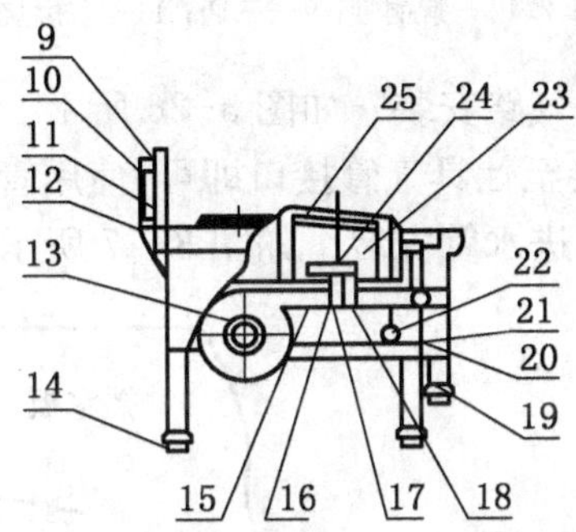

图 3-23　油气两用灶

1—主炉膛；2—副炉膛；3—台面冷却水管；4—放水风机开关；5—风门阀；6—油量调节阀；7—燃气调节阀；8—接地标志；9—加油口；10—油箱；11—液位管；12—出油总阀；13—风机；14—调节脚；15—发火碗；16—溢油管；17—燃气出口管；18—出油管；19—落水管；20—电源接线闸；21—燃气管；22—点火燃气阀；23—阻风灶；24—燃气喷头；25—耐火砖

2. 工作原理

工作原理示意简图如图 3-24 所示。

燃油时，当油进入发火碗时，经加热的发火碗与加热器二次汽化后与增压的助燃空气混合燃烧。

燃气时，当气体经喷头进入加热器时，与进入发火碗的增压助燃空气混合，进行充分燃烧。

油气混用时，经过油阀和气阀调节，使油和燃气在发火碗内混合，经加热器两次汽化后与增压助燃空气充分燃烧。此时热效率最高，燃烧最充分，省油又节气。

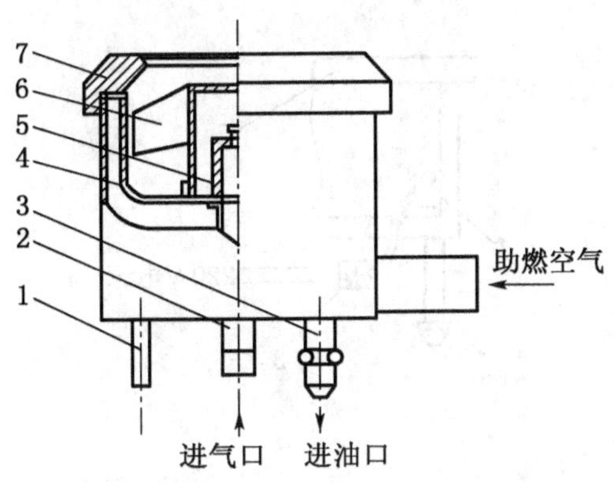

图 3-24　燃油设备的工作原理

1—回油管；2—进气管；3—进油口；4—发火碗；5—燃气喷头；6—加热器；7—发火罩

3. 安装

(1) 油路安装　如图 3-25 所示,其中值得注意的是:供油可分为自供式(用油泵供油)和利用高位落差式两种,自供式出厂已安装好,而利用高位油箱供油时,应与生产厂调试工配合安装,安装完毕应检查是否有漏油现象。

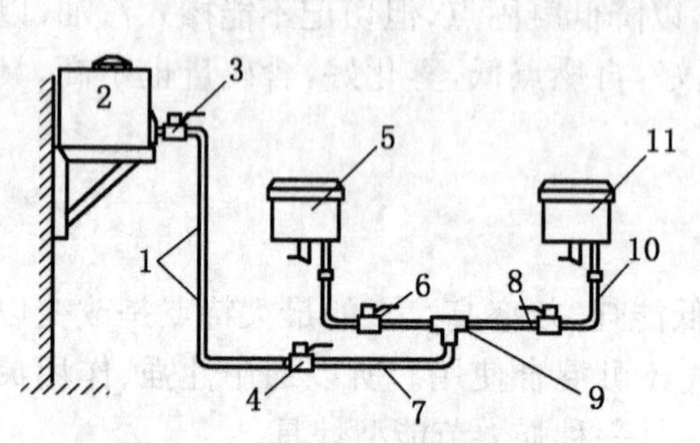

图 3-25　油路安装示意图

1—镀锌管；2—油箱；3、4—灶面；5—左燃烧室；6、8—球阀；7、10—紫铜管；9—三通；11—右燃烧室

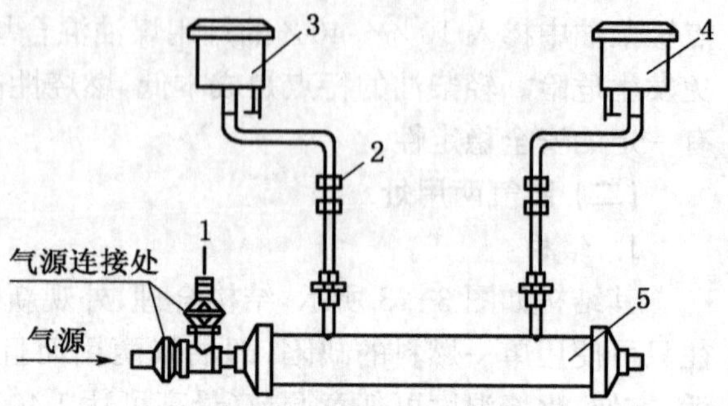

图 3-26　气路分配示意图

1—气源接口；2—阀门；3—左燃烧室；4—右燃烧室；5—气管

(2) 气路安装　如图 3-26 所示。使用液化气时,将钢瓶放在安全地方,接上减压阀,用镀锌管接至灶具气管接口即可,使用管道煤气时用镀锌管直接与灶具气管接通即可使用。

(3) 进水管安装　如图 3-27 所示。

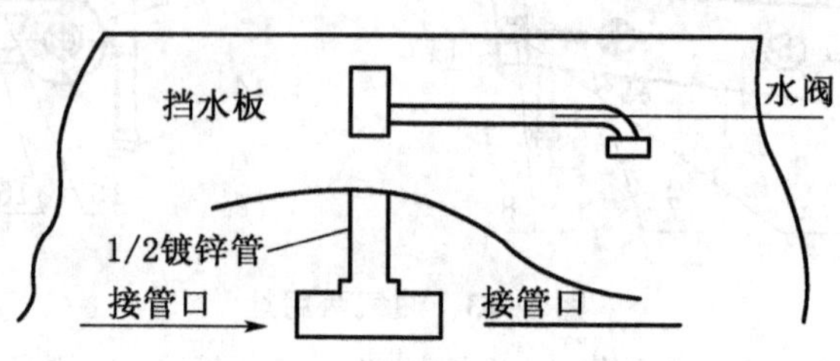

图 3-27　水管安装示意图

(4) 电气安装　如图 3-28 图所示。

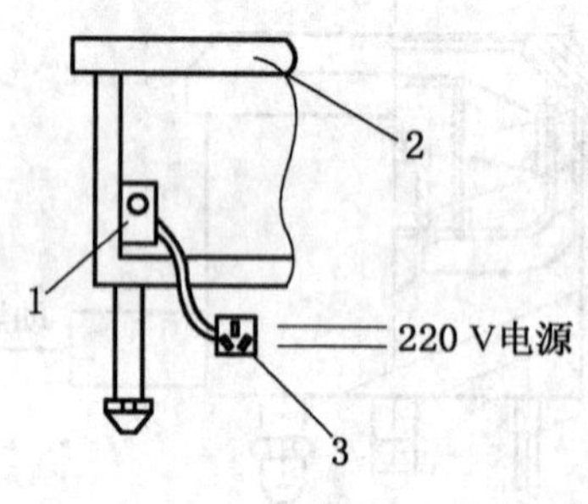

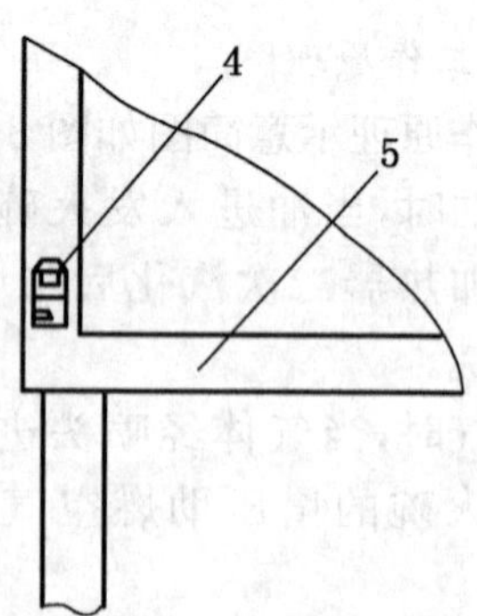

图 3-28　电气安装示意图

1—接线柱；2—接线盒；3、5—灶架；4—接地标牌

将电源 220 V 接入接线柱,装进接线盒,并检查风机运转情况;再按图 3-28 右侧所示,

将灶壳可靠接地。

4. 使用方法及注意事项

(1) 燃油操作　燃油时应关闭气阀再操作,并按下面步骤进行:

① 贮油箱内放入足够的燃油(禁用汽油)。

② 打开油箱出口处和炉灶进油处的球阀(油箱在灶体内时,只要打开油泵开关)。

③ 排除管道内的空气,使流油畅通。

④ 打开油阀,先在发火碗内注入一层薄油,关闭油阀,把点燃的点火棒置于发火碗内预热 0.5 min,打开电源调速开关,逐渐调节风量,直至点燃为止。

⑤ 逐渐开启油阀手轮,顺时针旋转调速开关,调节风量。

⑥ 根据实际需要,随意调节油量及风量。

⑦ 熄火顺序:关闭油阀手轮,同时逐渐减小风量,使发火碗内少量油滴燃烧充分,然后关闭进油球阀(或关闭油泵开关),2～3 min 后关闭调速开关,切断电源。

(2) 燃气操作　燃气操作按下面步骤进行:

① 打开减压阀及进气接口。

② 打开气阀,明火点燃。

③ 开启风机调速开关,并根据实际需要,调节风量和气量。

④ 熄火顺序:关闭气阀和降低风量,关闭进气接口,2～3 min 后关闭调速开关,再切断电源。

(3) 油气混合操作

① 贮油箱内注入足够燃油(禁用汽油),并打开减压阀及进气口。

② 打开油箱出口处和灶体内的球阀(油箱在灶体内,只要打开油泵开关)。

③ 用点燃的点火棒置于发火碗内,逆时针打开气阀,点燃后逐渐开启调速开关,稍后打开油阀,使油和气混合,在发火碗内均匀的燃烧。

④ 根据实际需要随意调节油阀手轮和气阀手轮,同时调节风量手轮,达到满意的燃烧效果。

⑤ 工作结束,同时关闭油阀手轮和气阀手轮,逐渐减小风量,使发火碗内少量油滴和气体燃烧充分。

⑥ 关闭进油球阀(或关闭油泵开关),关闭进气接口和减压阀,2～3 min 后关闭调速开关,切断电源。

5. 维护保养

(1) 定期清洗贮油箱,滤网及管道内垃圾,保持油路畅通、无泄漏,必要时可打开贮油箱底部排污盖,排除贮油箱内积水。

(2) 灶具必须保持清洁,排水孔保持畅通,使用后可用软布拭擦,必要时也可以用软布沾中性洗涤剂擦洗油污。

(3) 定期用肥皂水检查各接头处的密封性,严防漏气。

(4) 严禁用水冲洗灶体,严防水进入开关及电机内,导致电器损坏。

【小思考】

济南某酒店用的是燃油炉灶。8 月 1 日开业时燃烧轻柴油,效果很好。可是进入 12 月份以后,炉灶在使用中出现火力不足情况。请问是什么原因,该如何处理?

(三) 燃油气化灶

以无锡市金城环保炊具设备有限公司生产的ZCZ90型QHZ灶(燃油汽化灶)为例进行介绍。该灶有单眼、双眼两种,使用燃料为轻柴油(0# 或－10#),压缩空气的工作压力为0.2～0.4 MPa;点火预热时间是1.5～2分钟;电源为220 V市电源,电流0.5～1 A;安全阀开启压力≤0.5 MPa;耗油量为1.25～2.5 kg(根据就餐人数定);而耗气量在0.7～2.8 m^3/h之间(根据就餐人数定)。

1. 结构

该汽化灶主要由燃烧器、压力油箱、电点火装置、灶体等组成(见图3-29)。

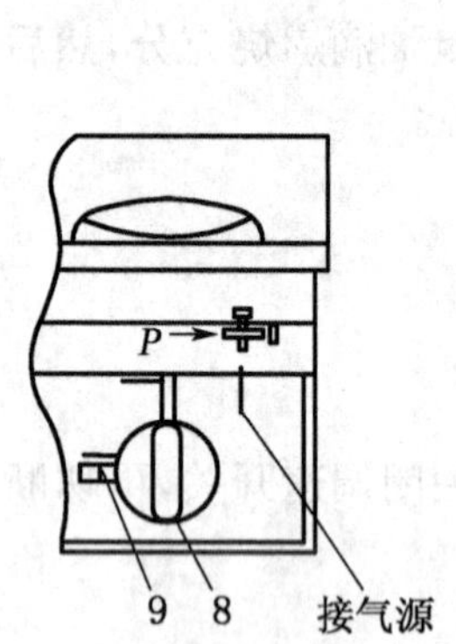

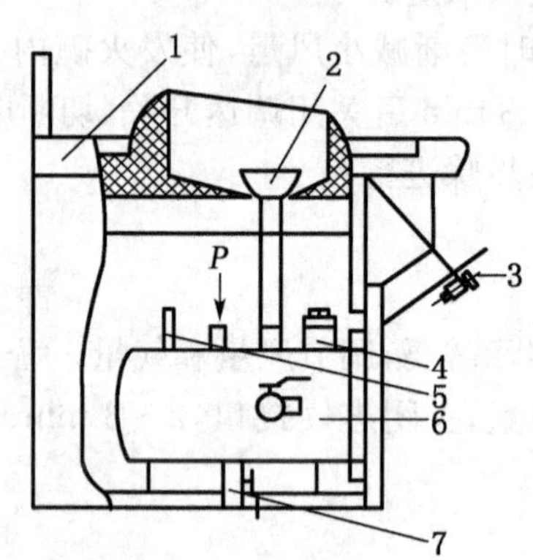

图3-29 燃油气化灶结构示意图

1—灶体;2—燃烧器;3—进气阀、压力表;4—人工加油口;5—安全阀;6—压力油箱;7—排污阀;8—油位表;9—进油阀(包括滤网)

图3-30 油化气灶燃烧器

1—油箱;2—上油管;3—喷嘴调节手柄;4—油气喷头;5—进风套;6—点火电极;7—稳火圈;8—叶片;9—发火碗

(1) 燃烧器 见图3-30,由喷嘴、喷头、发火碗、稳火圈、叶片及调节手柄等零件组成,具有汽化性能优良,燃烧完全,无烟,燃烧效率高等特点。发火叶片及发火碗均采用耐高温材料制成,抗氧化、变形小、寿命长。

(2) 压力油箱 由过滤装置、进油阀、安全阀、加油口、油位表、排污阀及箱体组成(见图3-29)。

(3) 电点火装置 采用电源220 V升压后,在点火电极两端之间产生高压电弧引燃油雾。

(4) 灶体 采用结构钢和不锈钢面板及耐高温隔热材料组成。

2. 使用方法

(1) 加油的两种方法

① 机加油:将排气阀旋开,打开进油阀,重力油箱中的柴油即可流经管路,通过进油滤网和进油阀注入油箱。油加至油位表上端的油位线即可,然后将排气阀拧紧并关闭进油阀。

② 手工加油:先将排气阀旋开,再卸下加油盖,将油灌入油箱至油位表上端的油位线即可,然后拧紧加油盖和放气阀。

(2) 注气 缓慢旋开进气阀,使压缩空气进入油箱,使油箱压力达0.05 MPa左右。应当注意所有气管路接头处不应有渗漏现象发生，如有应立即予以排除。

(3) 点火预热

① 电点火：控制进气阀压力在 0.05～0.1 MPa 左右。打开电点火开关，此时点火电极两端之间立即产生高压电弧，此时可小量开启喷嘴调节手柄，使喷出的油雾在高压电弧下引燃。引燃后，可将喷嘴调节手柄适当开大一些，使火焰在高压电弧的引燃下保持 1～2 分钟（预热），然后再将喷嘴调节手柄开大，并调节进气阀使油箱压力提高至 0.25 MPa，发火碗喷管内燃烧的紫色火焰，自行移至稳火圈的发火孔上及叶片的上方，呈紫蓝色（带有黄色）火焰燃烧。此时即为点火，预热完毕进行正常燃烧。点燃后，应随即关闭电点火开关。

② 点火棒点火：在电点火发生故障时，可用备用点火棒点火。将点燃的点火棒放进风套的下端引燃。其点火预热时间及操作方法和程序与电点火一样。

(4) 火焰调节　旋转喷嘴调节手柄即可调节火焰大小。但火焰不宜太大或太小。太大使火焰发黄，使炉膛内火焰向下冒；太小则容易引起回火和熄火。在调节过程中，大锅灶可通过设在灶体前壁板上的视火筒对炉膛内火焰进行观察；中餐炒灶可调好后再工作。

(5) 关闭　工作完毕后，首先将喷嘴调节手柄关闭，再关闭进气阀，然后再打开排气阀，放掉油箱内剩余压力。

3. 维护保养及注意事项

(1) 点火预热时油箱压力应调整在 0.05～0.1 MPa，不宜太高。喷嘴调节手柄也不宜开得太大，待引燃预热 1.5～2 分钟后再慢慢开大，点火时有少量冷爆声是正常现象。

(2) 凡遇熄火现象，应立即关闭喷嘴调节手柄，然后稍等 1～2 分钟，让炉膛中油气排出后，再重新点火。如果重新点火仍不能正常燃烧，则应对燃烧器各零件进行检查，拆下油气喷头，用通针疏通喷油小孔并清洗，切忌用铅丝等物疏通喷油孔，或检查其他原因。此外，喷嘴、喷头每月应定期清洗一次。

(3) 油箱内因压缩空气中水分积聚太多会影响正常燃烧，可将设在油箱底部的排污阀打开，放掉积水和污油。一般情况下，一个月需放泄一次，半年清洗油箱一次。所配用空气压缩机应定期保养，定期放掉气瓶中的积水。

(4) 进油滤网定期拆下清洗干净。

(5) 电点火电极在使用一段时间后，应旋出清除炭黑。

(6) 油箱内油量切忌过满，油面至油标高位第一位即可，否则极易引起意外事故。

(7) 使用带有电点火灶具应可靠接地。

二、蒸气热设备

利用蒸气，进行蒸制食品的厨房设备品种很多。按照蒸气的来源，可分为外来的和设备自身产生蒸气两种。外来的蒸气主要是来自锅炉。设备自身产生蒸气，是利用设备的加热装置（如电热、燃气、燃油、蒸气（来自锅炉））将水加热成蒸气，然后再对食物进行加热。

按照加热食物的传热介质划分，有气蒸设备和水煮设备之分。其中，气蒸设备按照形式上区分，目前在厨房中，主要有三种：一种是传统式的，即在灶具上固定专用的锅具，上放笼屉；一种是蒸箱（柜）式的，在灶具之上设立多层的蒸箱（柜）（一般为三层）；另外一种是蒸笼炉，在灶具上开孔，形成灶头，笼屉直接放在灶头上。

【提示】

在气蒸设备中，一般蒸箱多用在红案操作中。有高压和普通之分，高压工作效率高，但工作中门不可随时打开。而蒸笼炉（灶）一般用在面点操作中。其因为有容易控制的蒸气开关阀门，操作简单，不用担心水被烧干，因此不需花费时间等待。

（一）可倾式夹层蒸气锅（蒸气套锅、压力气壁锅）

夹层锅又称为二重锅、双重釜等，属于间歇式预煮设备，常用于食品原料的热烫、预煮、调味料的配置熬煮操作，它结构简单，使用方便，属于定型的压力容器。

夹层锅按照深浅可分为浅型、半深型和深型；按其操作可分为固定式和可倾式。

最常用的夹层锅是如图所示半球形（夹层）壳体加上一段圆柱形壳体的可倾式夹层锅，如图 3-31 所示。

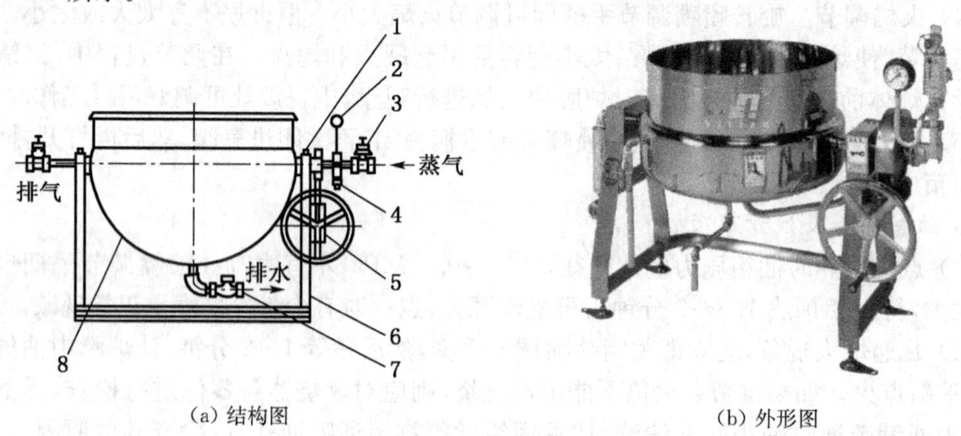

(a) 结构图　(b) 外形图

图 3-31　可倾式夹层锅

1—润滑油杯；2—压力表；3—截止阀；4—安全阀；5—手轮可倾装置；6—支架；7—疏水阀；8—锅体

1. 结构

可倾式夹层锅主要由锅体、填料盒、冷凝水排出管、进气管、压力表、倾覆装置及不凝气排出管口等组成。内壁是一个半球形与圆柱形壳体焊接而成的容器，外壁是半球形壳体，用普通钢板制成。内外壁用焊接法焊成，以防漏气。由于加热室（夹层）要承受 0.4 MPa 压力，故其焊缝应有足够的强度。

全部锅体用轴颈支承在支架两边的轴承上，轴颈是空心的，蒸气从这里引入夹层中，周围加填料（又称填料盒），当倾覆锅体时，轴颈绕蒸气管回转而易磨损，在此处容易泄漏蒸气。固定式夹层锅则把锅体直接固接在支架上。

倾覆装置是专门为出料用的，常用于烧煮某些固态物料时出料。倾覆装置包括一对具有手轮的蜗轮蜗杆，蜗轮与轴颈固接，轴颈与锅体固接，当摇动手轮时可将锅体倾倒和复原。

由于可倾式夹层锅两边的轴颈是对称的，安装时要特别注意不要接错管路。显然其属于水煮设备。

2. 使用方法及注意事项

(1) 使用蒸气压力，不得超过定额工作气压。

(2) 进汽时应缓慢开启进气阀,直到需用压力为止。

(3) 冷凝水出口处的截止阀如装有疏水器,应始终将阀门打开;如无疏水器,则先将阀门打开,直到有蒸气溢出时再将阀门关小,开启程度保持在有少量水汽溢出为止。

(4) 安全阀,可根据用户自己使用蒸气的压力,自行调整。

(5) 蒸气锅在使用过程中,经常计算蒸气压力的变化,用进气阀适时调整。

(6) 停止进气后,可将锅底之直嘴旋塞开启,放光积水。

(7) 可倾式夹层锅,每班使用前,应在各转动部位加油。

3. 使用特点

夹层锅用来烧、煮、炖食物。其生产能量大而占地面积小。生产容量从 1~750 kg,既可以与饭店的蒸气管道相接,也可以附设一个煤气或电热蒸气锅炉。使用者可以通过调节气体的流动和温度计控制锅内的温度。此种类型的锅适合大型宴会的烧煮加热。

【小资料 3-7】

原 料 的 预 煮

食品原料在加工成成品以前,往往要经过预煮处理。所谓预煮,就是将植物性原料或肉类原料在沸水中煮一段时间,再捞起备用的操作。食品预煮在烹饪过程中的目的有多种:破坏植物性原料中的多酚氧化酶,保持原料在加工过程中不变颜色,这在烹饪操作中叫做“焯”、“氽”。使肉类原料的蛋白质凝固,皮与肉脱离,方便后续操作,如中餐里的回锅肉预煮,肯德基鸡腿挂浆、油炸前的预煮等;杀灭污染在原料上的部分微生物,提高原料在烹饪过程中的新鲜程度;根据不同原料的烹饪要求,预煮的时间和温度也不相同,在烹饪操作中有“进皮”、“断生”、“出水”等程度。

(二) 蒸气蒸柜炉

蒸气蒸柜炉由蒸气炉、带门蒸柜、蒸气管、蒸气阀及进水管等组成。在工作时,将蒸气用钢管引送伸入炉中。柜内有不锈钢架,用于盛放蒸盘等,可以根据蒸制所需时间的长短选择放入的位置。由无锡市金城环保炊具设备有限公司生产的港式三格蒸柜系列,有油气两用三格蒸柜、燃油三格蒸柜、燃气三格蒸柜系列产品,适用于宾馆、饭店、工矿企事业单位厨房蒸鱼肉等菜肴及点心用。

1. 结构和工作原理

港式三格蒸柜系列:主要有灶体、燃烧室、蒸气发生器、鼓风机、上架等组成。燃烧室、蒸气发生器、鼓风机位于灶体内(详见图 3-32)。

燃油时,采用高位油箱自流供油方法,用管道将高位油箱与三格蒸柜下架的进油端连接。打开油阀后,燃油从油箱流出、流入发火碗,迅速蒸发气化,在发火碗内与鼓风机提供的助燃空气充分混合燃烧。

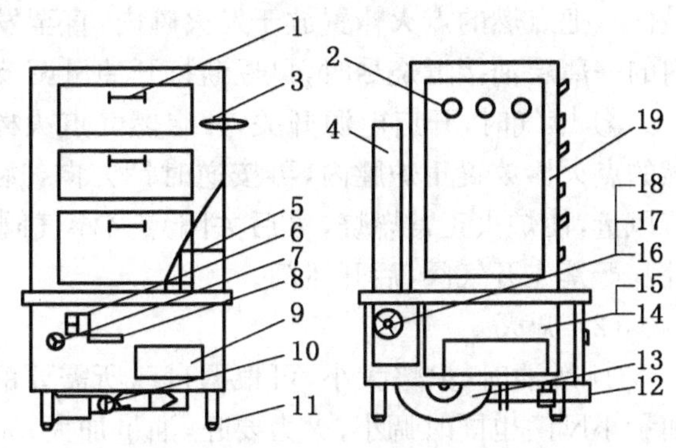

图 3-32 三格蒸柜示意图

1—门拉手;2—活动侧板;3—蒸气阀;4—烟道;5—蒸气室;6—防水开关;7—油阀;8—气阀;9—点火门;10—风阀;11—下架壳体;12—排污阀;13—风机;14—水箱;15—燃烧室;16—补水箱;17—进水管;18—浮球;19—上架

燃气时，打开气阀即可点燃工作。

2. 安装

(1) 接电　三格蒸柜，采用交流电动机，工作电压为交流 220 V。为确保安全，三格蒸柜的箱体应接地。

(2) 接油　将三格蒸柜供油箱可靠地固定在离地面 1.2 米以上的高度处，油箱的出油管可选用 1/2″水煤气管，输送铜管接至离地面 0.4 米左右高度处。安装时，将铜管(附件)一端先与油管连接，在排除油路空气后，再将另一端与三格蒸柜的进油端连接。油箱内应安装滤油器。油箱装好后对油箱内加入清洁的轻柴油或煤油，严禁使用汽油。在严寒地区使用时，应选用低凝点轻柴油，油箱安装见图 3-33。

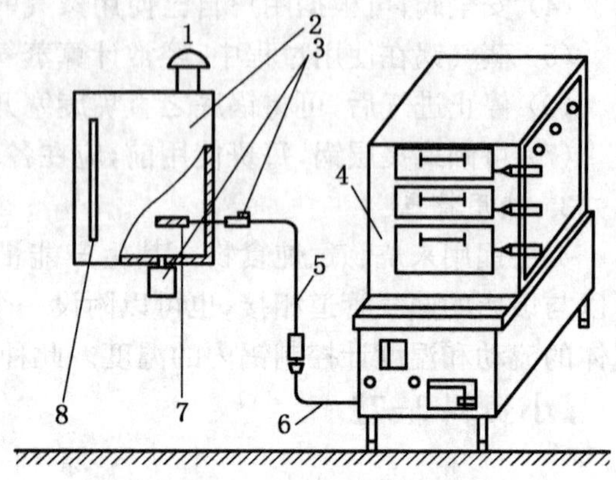

图 3-33　油箱安装示意图

1—加油口；2—油箱；3—球阀；4—三格蒸柜；5—水煤气输送钢管连附件；6—铜管(附件)；7—滤网；8—液位管

(3) 接气　使用液化气和天然气时，应将钢瓶放在与蒸柜隔离的安全处，严禁把钢瓶放在蒸柜同一房间，接上低压减压阀，严禁用中压阀，用 1/2″镀锌管直接与灶具气管接通即可。

使用人工煤气时用 2″镀锌管直接与灶具气管接通即可。安装完毕应进行耐压测试，检查管道，阀门及连接处是否有泄露现象，要完全符合国家标准后方可使用。

(4) 接水　将自来水通过水阀与三格蒸柜的进水端连接，打开水阀，即自动进水。

3. 使用

把要蒸的食品在三格蒸柜内放妥，关闭好箱门后即可点火工作。

(1) 点火

① 燃油时，开启电源开关，同时关闭风门，先逆时针打开油量调节阀，放少许油(一薄层最佳)，把点燃的点火棒置放于发火碗内，直至发火碗内的油燃烧，逐步开启风门，把发火碗内的一薄层油接近烧尽时，再逐渐打开油量调节阀，风门阀也逐渐开大。

② 燃气时，开启电源开关，开启燃气点火棒单嘴阀及点火棒阀，点燃点火棒，然后将点燃的点火棒放置于炉膛内，再按逆时针方向，逐渐打开燃气阀，点燃炉火同时打开风阀，调节风量，使炉火正常燃烧，最后关闭点火棒气阀及点火棒单嘴阀。把熄火的点火棒放回原处。严禁先开气阀，后开风门。

(2) 调火

① 燃油时，火焰大小，可根据自己所需要的火力。油阀与风阀同时调节，火力要弱，供油量小风门也同时调小，火力要旺，油量加大，风量同时也加大，调到燃烧时无油烟为佳。

② 燃气时，可根据自己所需要的火力，调节气阀和风门阀，气量加大和风量加大，即火焰大，反之则小。

(3) 熄火

① 燃油时，先关闭油阀，同时将风量减小，待炉芯内的油燃尽，再关闭风门，关闭电源。

② 燃气时，把燃气阀向顺时针方向关闭，然后关闭风阀，关闭电源开关，工作结束，关闭

燃气总阀,切断电源。

4. 维护和使用注意事项

(1) 每次蒸煮前应检查水箱水位,严禁断水运行。严禁在操作期间加油;0℃以下需用−10# 柴油;禁止用 0# 柴油。

(2) 三格蒸柜门是二次开门、二次关门,必须轻开、轻关,延长密封条的使用寿命。三格蒸柜就位后,将蒸气源与三格蒸柜的进气端接通,调整好工作压力即可工作(工作压力为≤0.05 MPa)。

(3) 三格蒸柜每一室底部的排气管是排除冷气或废水之用,应保证畅通严禁堵塞。否则,在停止供气后,箱内随着温度下降会产生负压,使箱壁往里吸而损坏箱体。

(4) 每次工作结束,应清洗箱体内外,保持清洁。工作结束必须关闭全部油阀或气阀,以防燃油或燃气流失。工作结束后必须将污水排掉,换上干净水,使水箱保持清洁。保护好炉膛隔热层,避免受潮和碰撞硬物后脱落,容易将炉膛烧坏。

(5) 使用完毕必须关闭蒸气进气阀。

(6) 定期清洗油箱和滤油器,一般每半年进行一次。

(7) 检查电源线各连接处是否良好。

(8) 使用中如发现漏油或燃气漏气现象,应立即排除方可使用。

第四节 厨房电热设备基础

要实现厨房的现代化,就要实现厨房的电气化。加热工艺中广泛地使用电热设备,在环保、节能、产业发展、烹饪科学化等方面更具有深刻的意义。目前,市场上各种电热设备,其功能、原理都不尽相同,为从总体上把握,本节将介绍厨房电热设备的基础知识。

【案例 3-4】

电饭锅将水烧开时,为什么不能像煮饭时那样自动断电?

日常生活中,当我们用普通的保温式电饭锅煮饭时,当饭成熟时,能够自动停止加热,那么为什么我们在烧开水时,当水烧开时,不能像饭熟时那样自动断电?

评析:电加热设备相比于其他加热设备,最显著特点是控制性好。一般电饭锅都有加热电路和保温电路,加热电路设定在 103℃动作,而保温电路设定在 60～65℃动作。

那么其他电加热设备又是如何实现自动控制的呢?

一、厨房电热设备发展简况

厨用电热设备属于家用电器的一部分。20 世纪初,家用电器首先在美国发展,面包炉、电灶等也在这一时期相继问世。50 年代电子工业的兴起不仅直接生产了许多电热器具,而且也提供了电子元件,厨房电热设备开始进入发展阶段。美国是家用电器最发达的国家,其厨房加热设备已基本采用电气化。

我国电加热设备在厨房热设备中占的比例越来越大。由于电的优越性和其本身的发展前景,可以预测的是,更大量的适合中国烹饪工艺特点的新的烹饪电加热设备将会得到广泛应用。

目前，电热设备正朝着低能耗、全塑化、多功能、智能化和高性能、高效益方向发展。其中低能耗和高热效率是生产厂家和使用单位共同追求的目的。

全塑化即利用既能像金属一样满足产品在主性能和结构上的要求，而且又具有金属材料所没有的优点的新型塑料作电热器的大部分部件，既可大大简化生产工艺、降低成本、减轻重量，又可以提高产品的电气绝缘性能和耐腐蚀能力。如加热元件中的辐射管采用陶瓷管，使得寿命大为提高。

一机多用是电热设备多功能方面的表现，它可以扩大产品利用率，减少设备占用面积，而且又可以节省开支。如瑞典生产出一种小型厨师炉，炉高为 90 cm，宽为 120 cm，深为 60 cm。它的左上方有两个电炉，可供做饭、烧菜用；下面是电冰箱，有冷冻室，温度可达 −20℃，可冻 10 L 冰块或保存冷冻食品、蔬菜和水果等。右边是用不锈钢制成的水池，既能洗菜又可洗衣服，水池下面的箱体还可储存杂物。

所谓智能化就是利用微处理器把电热器具的各项操作有机地连接起来，按预先存入的程序进行操作，自动完成一系列的工作。如日本研制成功的计算机电子灶。该灶采用微型计算机控制，它可根据食物的质和量自动控制高温和低温的加热时间。食物煮沸后，又会自动转换程序，以使食物维持在适宜的温度。

近年来，不少高新技术被用于电热设备上，如将微波技术用于电灶上，使加热速度加快 4～10 倍，节约能耗 30%～80%，光敏电阻、热敏电阻、磁性弹簧开关、形状记忆合金、三端双向晶闸管开关、电子时间控制元件、时间显示器、电子调速元件等新型控制元件的使用，使电热设备的操作和控制水平提高到一个新的高度，从而使经济效益大大提高。

此外，厨房电热设备目前发展的一个重要方向是网络化。包括惠普和 IBM 在内的多家企业联手推出了一个厨房联网系统，旨在帮助用户利用网络远程遥控其厨房内的所有电器设备，使得日常生活更加方便。这一系统包括可以上网的多媒体电冰箱、电烤炉以及微波炉等，电冰箱里可以储存包括食物保质期以及各种食品储存量的诸多信息，甚至电冰箱还知道如何自动检修。据称，上述系统将于近期接受测试，届时用户将可利用手机或计算机联网向该系统发送指令，给微波炉等设备随意定时启动或是关闭，以方便用户可以享用到美食。

【提示】

上述所提到的一些相关名词，如辐射管、热敏电阻、定时器、形状记忆合金等，部分将会在下文中加以阐述。

二、电热材料

电热设备的核心是发热材料，按材质一般可分为金属、非金属和半导体三大类。其功能是通电后能发热，但因为表面带电所以不能独立使用，需安全防护结构，构成电热元件。

（一）金属型电热材料

金属型电热材料按电阻率的大小可分为三大类：高电阻材料（电阻率大于 $10^{-6}\,\Omega\cdot m$）、中电阻材料（电阻率约 $0.2\sim1\times10^{-6}\,\Omega\cdot m$）和低电阻材料（电阻率小于 $0.2\times10^{-6}\,\Omega\cdot m$）。

若按其材质又可分为：贵金属及其合金（如铂、铂铱等）、重金属及其合金（如钨、钼等）、镍基合金(如镍络、镍铬铁等)、铁基合金(如铁铬铝、铁铝等)和铜基合金(如康钢、新康铜等)。在这些合金材料中,应用比较广泛的是铁基合金和镍基合金,两者均属于高电阻电热元件,而其中由于镍比较稀缺和昂贵,再加上镍有许多独特的特征,因此,在选用时应尽量少用或不用镍。

在合金材料中还有一类称之为变阻材料的特殊材料,由银铁合金材料制成,它的电阻温度系数极高,可以制成自动调节的电热元件,这类元件具有加热功能,又具有控温功能。

(二) 非金属电热材料

非金属材料具有电阻温度特性、高温特性等独特性能,因此它在电热材料中有非常重要的地位。目前应用较广的有硅钼棒、碳化硅等。

硅钼棒的主要成分是二硅化钼和二氧化硅,结构上属于粉末冶金材料,即"金属陶瓷",它又名"超级康太尔",是1957年瑞典蒙太尔厂研制成的,能耐1 600℃长期高温。目前这种材料制成的电热元件已单独成为系列。

碳化硅(SiC)电热元件按其形状不同又称为硅碳棒或硅碳管。它是碳化硅丝经高温再结晶制成,可在1 250~1 400℃温度下长期工作,其最高工作温度可达1 500℃。

多孔玻璃整态碳是国际上最新出现的电热元件。多孔玻璃态碳按不同的用途制成一定的形状,并在两端镀上一层非常薄的金属覆盖层,再用锡把导线焊在金属层上,两端用顶盖保护。多孔玻璃态碳有许多优秀的特性,如不需耐热支撑,供热性好,传热面积大,耗电少,热效率高,热惯性小,升温和冷却非常迅速,可精确控温等。

(三) PTC 半导体电热材料

PTC 是 Positive Tempe Rature Coefficient Ofresis Tivity 的简称,是一种单一的半导体发热材料,属于钛酸钡($BaTiO_3$)系列,并掺杂微量的稀土元素。成型的 PTC 电热材料具有大温度系数,两面接通电源可获得额定的发热温度,且其功率可自动调节。因此,具有温度自限、效率高、无明火使用、安全可靠等独特优点。自1960年逐渐进入实用阶段后,作为一新型电热材料,愈来愈显示出其重要地位。

三、绝热、绝缘材料

(一) 绝热材料

绝热材料的作用是提高电热元件的热效率,防止失火,减少电热元件对人身的危险。它有一定的比热和相对密度要求,而且耐热、耐火,化学性能稳定,吸湿性小,电导率低。一般分为保温材料、耐热材料和耐火材料三种。保温材料能耐100℃以下的低热,如木材、软木、毛毡、泡沫塑料等;耐热材料能承受150~500℃的中温,如石棉、石棉云母等;耐火材料能承受600~900℃甚至更高的温度,如矿棉、硅藻土等。

(二) 绝缘材料

绝缘材料又称电介质,是不能导电的材料。所谓"绝缘"就是用不导电材料将带电部分隔离,将电流限制在特定的电路里流动。因此绝缘材料的好坏直接影响着电热元件工作的可靠性,掌握绝缘材料的性能,合理选用,再加上科学、完善的绝缘方法,对保证电热设备工作十分重要。

对绝缘材料一般要求绝缘强度大,耐热,吸湿性小,化学性能稳定,导热性好和有较高机械强度等。表 3-1 是常用绝缘材料的绝缘性能,其中以云母使用最多。

表 3-1 常用绝缘材料的绝缘性能

绝缘材料	云母	玻璃	瓷	电木	绝缘纸	大理石	氧化镁
电场强度 E 击穿值（$kV \cdot cm^{-1}$）	800～2 000	100～400	80～150	10～200	70～10	25～35	39

【提示】

石棉是良好的绝缘、绝热材料,但也是国际公认的致癌物质。

四、电热元件

电热元件是电热器具的心脏。电热元件按其结构可分为单一电热元件和复合电热元件两大类。单一电热元件由一种电热材料组成。依电热材料分为金属与非金属两大类。电热元件按形状又可分为金属管状、石英管状、板状、片状、带状、薄膜状、陶瓷包覆状等形式。

(一) 金属管状电热元件

1. 结构

金属管状电热元件简称电热管,是目前所有电热元件中应用广泛、结构简单、性能可靠、使用寿命长的一种密封式电热元件。早在 20 世纪 30 年代英国霍特波因特(Hotpoint)公司就将其应用于加热电器上。为进一步提高热效率,国内一些厂家已开始研制生产翅片式金属管状电热元件。

金属管状典型电热元件如图 3-34 所示。螺旋形电热丝 5 与引出棒 3 位于金属护套管的中央,它的制造工艺是将电热丝穿入无缝钢管、铜管或铝管内,其间隙外通过多管填充机均匀地填充既绝缘又导热的氧化物介质,如结晶氧化镁粉、氧化铝或洁净的石英砂等。然后用缩管机将管径缩细,使氧化物介质密实,保证电热丝与空气隔绝并且不发生中心偏移而与管壁相碰,这样,可使单位面积发热量增加十几倍,使用寿命也相应提高达十年以上,与相同发热量的电热元件相比,管状电热元件可节约 5%的电热材料,而热效率达 90%以上。

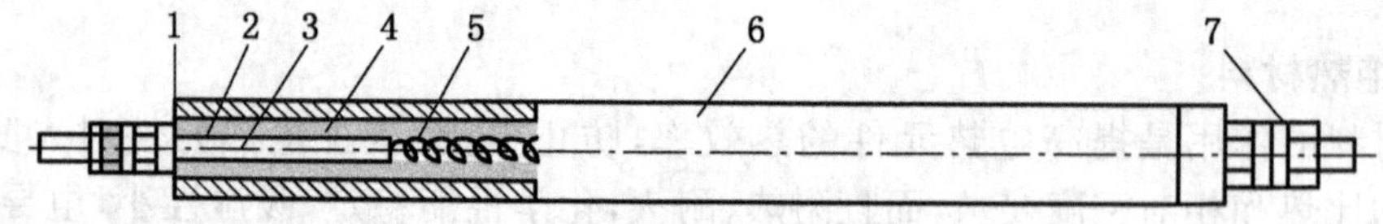

图 3-34 金属管状电热元件

1—绝缘子；2—封口材料；3—引出棒；4—填充料；5—电热丝；6—金属护套管；7—接线端

2. 主要部件

金属管状电热元件的主要部件有金属扩套管、绝缘填充料和封口材料。

(1) 金属护套管　其多采用无缝薄壁管,管材常用不锈钢管,黄铜、紫铜或铝管等。金属护套管起密封作用,防止潮气或其他物体渗入绝缘导热的填充料中而破坏绝缘,同时又使元件本身有足够的机械性能。

(2) 管子与电热丝之间的绝缘填充料　其具有高度绝缘性能和抗电强度。主要作用是:①防止电热丝氧化,增加其寿命;②传导热量;③绝缘,保证使用者安全。

(3) 管端的封口材料　一般有漆膜类。如硅有机漆、环氧树脂、甲基硅油、硅橡胶、单一玻璃、复合玻璃、珐琅质玻璃,以及用陶瓷或橡胶做成的封口塞等。其作用是与管端绝缘口相配合,使管端密封性和耐潮性得到保证。

(4) 管端绝缘子一般由高频瓷制造,除保证密封性和耐潮性外,同时也使引出棒保持在管子中央。

(5) 引出棒采用电热合金丝或低碳钢丝制成,截面为电热丝的若干倍从而防止过热,其作用是将电能传给电热丝。

3. 特点

金属管状电热元件的最大特点是通电发热时表面不带电。常用来作红外线辐射加热装置,以及电饭锅、电炒锅、电煎锅等的加热器。

(二) 石英辐射管状电热元件

1. 结构

石英辐射管状电热元件主要由石英管、电热丝、引出端子和金属端部等部分组成,如图 3-35 所示。

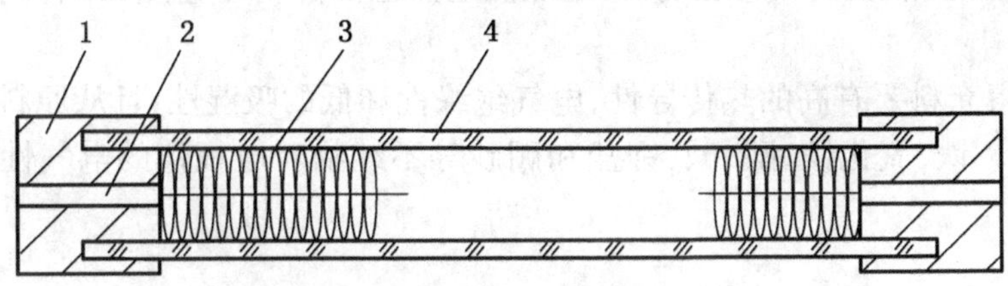

图 3-35　石英辐射管状电热元件结构图

1—金属端部;2—引出端子;3—电热丝;4—石英管

石英管径在 12～18 mm 之间,分透明和乳白色半透明两种,用在辐射管状电热元件中以乳白色为好。电热丝的螺距要小而均匀,以使石英管内壁温差小,同时其外径应与石英管内径相吻合,为防止电热丝表面氧化皮脱落,从而影响辐射效果,造成电热丝短路,可对电热丝进行高达 1 000℃氧化预处理。金属端部对电热丝起密封和导电两种作用。

2. 特点

石英辐射管状电热元件热效率高(可达 90%),使用寿命长,重量轻,是金属管状电热元件和碳化硅元件重量的 1/3～1/7,并且热惯性小。由于石英具有耐冷热,膨胀系数小、电气绝缘性和不吸湿等特性,因此,这种电热管可在潮湿环境中安全可靠地工作,没有破裂危险。在电暖炉和电烤箱上得到广泛应用。

(三) 陶瓷包覆式电热元件

1. 结构

陶瓷包覆式电热元件的结构是在裸露的电热丝上包覆一层导热绝缘材料,通常有铠装式管状、铠装式金属板状、柔软的带状、金属薄片式电热片等。外形可做成圆棒形、板形、管形、弧面形等。它的外形质感如一般的日用瓷器,但在里面埋有电热丝。如图 3-36 所示,为波纹面板形陶瓷包覆式电热元件局剖立体视图。

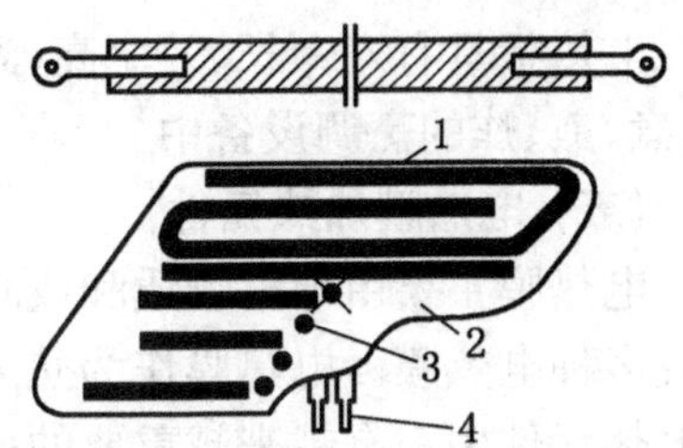

图 3-36　陶瓷包覆式电热元件结构图

1—釉层;2—陶瓷料;3—电热丝;4—引出线

在陶瓷材料外表面涂覆有热辐射性能的釉层。对电热元件外的陶瓷体,要求具一定机械强度、冷热冲击强度和良好的电绝缘性。另外,因是预埋后烧,所以要求其烧结温度低于电热丝最高使用温度。

2. 特点

陶瓷包覆式电热元件具有光洁、安全、高辐射等独特优点,广泛应用于烹调、食品烘烤、房间浴室取暖等电热设备。

(四) 电热板

电热板又称电灶板、烹调电板或密封电炉板等,它是一种通电后板面发热而不带电且无明火的电加热平板,外形呈圆形或方形,安全可靠,使用时主要靠热传导。

1. 结构

电热板的结构主要由电板体、绝缘填充料和螺旋形电热丝三部分组成。

(1) 电板体的材料一般有金属薄板冲压成型体和金属铸造件。为使加热迅速和减少热贮量,一般采用含碳量少的铸钢(如薄型球墨铸钢)。为了确保传热速度,电板体常常有肋骨,其作用一是加强热板的热态强度;二是加快电热丝的热传导速度,并有利于板面温度的均匀。

(2) 绝缘填充料要有高的热传导性、电气绝缘性和低的吸湿性,且从原料到加工成型都必须保持纯净。铁、氧化铁、酸、碱、钾盐和硼砂等不纯物对电板体的电气性能都会产生有害影响。

2. 型式

电热丝有与绝缘填充料直接接触的(薄壳式、铸板式),也有构成金属管状电热元件的(管状元件式、管状元件铸板式),其材料一般用 $Cr_{20}Ni_{80}$ 镍铬丝或 $Cr_{25}Al_{5}$ 铁铬铝丝。国际上电热板已形成标准系列,其板面直径通常有 14.5 cm、18 cm、22 cm 三种规格。每种规格尺寸分为普通电热板和高容量快速电热板两种。

如图 3-37 所示为应用在大多数电饭锅上面的管状元件铸板式电热板。它是用一般金属管状电热元件弯成 1~5 个圆圈环形状后,再用铝合金浇铸,经机械加工而成。由于电热管被铝合金包围,故不易氧化,与锅底的有效传热面积大,绝缘性能好,使用寿命长,而且机械强度大,热效率高。

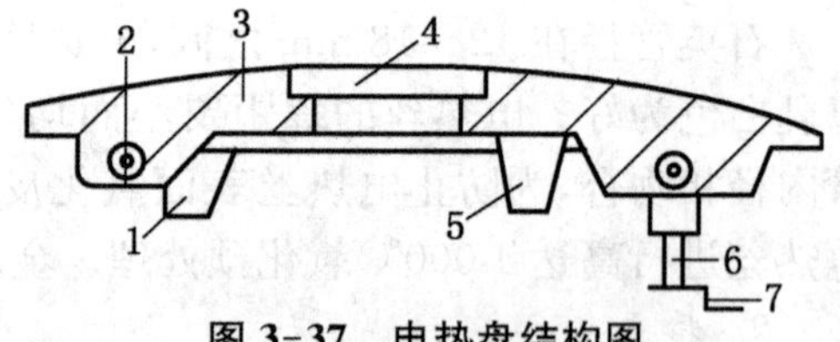

图 3-37 电热盘结构图

1—支撑脚;2—电热管;3—铝盘;4—磁钢限温器安装孔;5—温控器支座;6—引棒;7—接线片

3. 特点

电热板具有寿命长、效率高、温度可调、便于清洁、防腐蚀、性能好等特点。广泛应用于蒸、煮、煎、炸的烹调设备中。

(五) 电热膜加热元件

电热膜主要由导电物质和成膜材料组成,不同的导电物质和成膜基体(又称载体)可以形成多种电热膜。电热膜作为热效率高的面状发热元件,由于其独特的性能,在不断发展的电热元件中占有越来越重要的位置。

1. 类型

(1) 无机电热膜主要有涂覆式陶瓷型电热膜和热解法电热膜。涂覆式陶瓷型电热膜是以玻璃、搪瓷或陶瓷为基料，加入导电介质(如铝、银等金属导电粉或碳粉等)混合后制成导电浆料，涂覆在玻璃、搪瓷、陶瓷或由耐高温绝缘材料制成的被加热基体表面，经烘干和烧结而形成的导电发热膜。有的是将电热膜元件化，例如将导电物质和成膜物质混合后挤压成型。一种国产的被称之为 ZHP 电热片就是一种电热膜加热元件。它是以半导体性能材料作为膜体材料，用化学气相沉积法将其渗镀于红外辐射性能极好的特殊基体材料上所构成的电热元件，额定功率分别为 600 W 和 800 W 两种。这两种 ZHP 电热片分别相当于 800 W 和 1 000 W 的电热管，可满足电火锅和电桑拿浴类电热产品的需要。

热解法透明导电膜直接制备在被加热载体上，其在载体上形成的薄膜不能与载体分离。载体目前为石英、陶瓷、紫砂、普通玻璃、微晶玻璃导电介质材料。二氧化锡电热膜是透明导电膜中较为常用的一种。它具有半导体性质，电阻率较低，且高温性能稳定，具有极好的抗氧化和抗化学腐蚀能力。这种材料制造方法简便，原材料容易获得，且价格低廉，是一种较为理想的电热薄膜材料。

(2) 有机电热膜分为本征型和复合型两种。本征型导电材料是对高分子结构型导电聚合物进行掺杂，使其电导率控制在一定范围内。常用的有用作电池电极的聚乙炔膜、聚对亚苯基膜、聚吡咯膜。

复合型由高主聚物基体和导电物质构成，它又可分为导电性高分子复合材料和高分子透明导电膜两类。导电性高分子复合材料是在一般的高分子材料中加入银、镍、铜、铝等金属微细粉末或炭黑、石墨等导电性填料而制成。这类复合材料电导率与温度有明显依赖关系，随着温度上升，电导率下降。

高分子透明导电膜是在透明的高分子膜表面上形成的对可见光透明的导电性薄膜。其导电物质可以是金属、半导体等无机材料，也可以采用高分子电解质作为透明导电物质。

2. 特点

电热膜加热元件具有许多传统电热元件所不可比拟的优点，主要有：面状发热，热效率高，节能省电，寿命长，不易损坏，外形选择性强，适应范围广，具有限温特性，加工工艺简单，成本低，无明火，安全可靠。

【知识应用】

普通电饭锅应用的陶瓷包覆式电热元件和电热板相比于电热膜加热元件有什么缺点？

(六) PTC 电热元件

1. 带式 PTC 电热元件

其结构如图 3-38 所示。在带形中心平行安置二条母线(电极)，两母线周围是 PTC 材料制成的芯料。芯料外包一层聚氨基甲酸酯和一层聚烯烃网作为电绝缘体，它具有良好的热辐射性能。最外面为增大强度而包覆有金属铠装材料，如钢丝网、铜或不锈钢等。

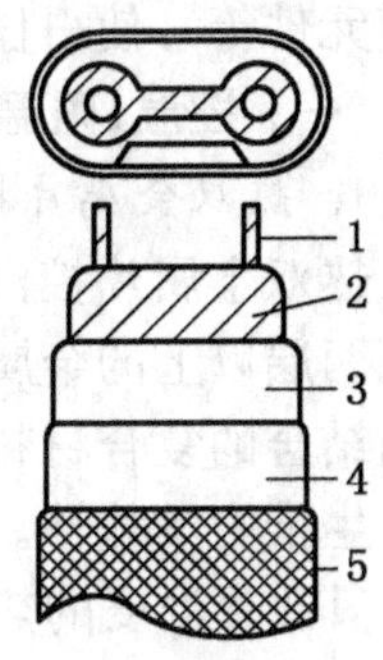

图 3-38　带式 PTC 电热元件

1—母线；2—PTC 材料；3—内层聚氨基甲酸酯；4—多层聚丙烯网；5—金属铠装

带式电热元件在冷态时，内、外两层聚合物网是紧缩的，半导体材料的碳粒子紧密排列，因此电阻较低。通电后电流较大，热输出高，升温快。随着元件升温，内、外聚合物网均扩张，使得电阻增大，热输出便减少。这样，电热元件便具有抗过热能力，亦具有温度自限能力。这类电热元件的电压使用范围为12～277 V，适用于长条形的食物加热器。

2. 箔式包热元件

这种电热元件本质上属于一种表面加热元件，薄而轻，可弯曲折叠，根据需要制成任何形状，如图 3-39 所示。压延成箔状的电热材料，可像缎带一样，既可成平面形，也可卷成筒形或角形。制成钢性结构则需要去母板，而制成挠性结构则常利用硅橡胶、氯丁橡胶、聚酯薄膜、环氧树脂及聚酰亚氨薄膜。

这类电热元件发热温度范围可高达 900℃，可应用于电热炊具上。

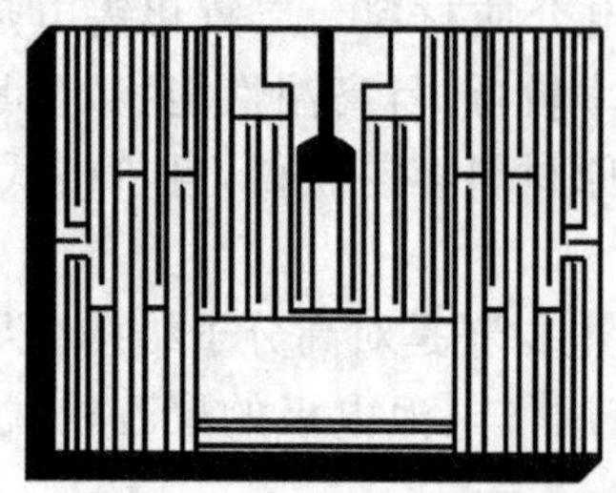

图 3-39 箔式电热元件

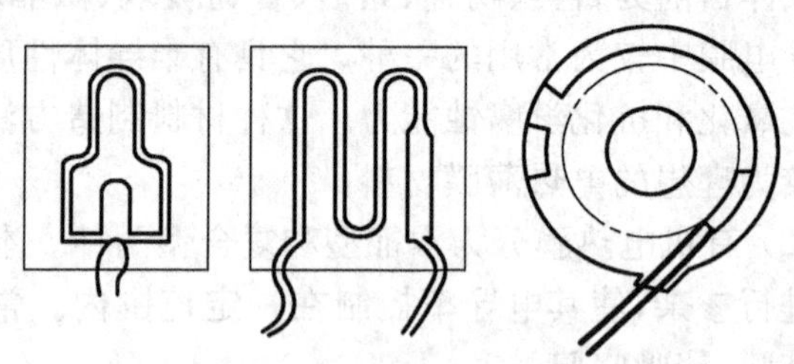

图 3-40 软索式电热元件

3. 软索式电热元件

结构如图 3-40 所示，这是一种低密度中温发热体，常用于便携式商用食品加热装置上。其优点是价格低，节省装配时间，只需粘在加热的物体上即可。

五、控制元件

厨房加热设备对火力有所要求，即在一定范围内，要求高、低温度可调，这一般可通过控温器和限温器得以实现。另外在加热设备上还可利用定时器和功率控制元件来调节加热时间和加热效果。其中功率控制元件对输出功率加以限制，以防止控温器和限温器由于温度波动频繁而影响加热效果。随着科学技术的进一步发展，目前在一些控制精度要求较高的地方，已逐渐采用电子控温甚至电脑控温系统，再利用一些新型发热材料（如 PTC，电热膜元件等），使得任何完善而准确的控温都能实现。

（一）控温、限温元件

1. 热双金属片控温元件

热双金属片控温元件是由膨胀系数不同的两层或两层以上的金属或合金，沿着整个接触面彼此牢固结合的复合材料，具有随温度变化而改变形状和产生推力的特性。

其改变温度的热源主要有环境传热、发热体加热和自身发热（通以电流）等。在实际应用中，由于该热源尚不足以使双金属片动作，因此一般还以电热片串联于电路中，并安设于双金属片附近以促进动作。

热双金属片工作原理，如图 3-41 所示，为使双

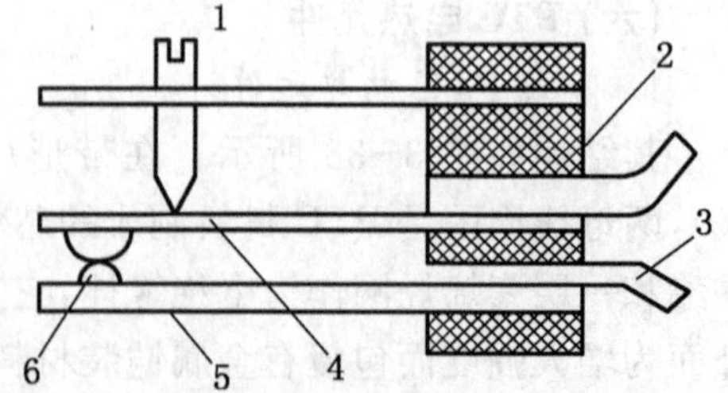

图 3-41 热双金属片控温器调温结构示意图

1—调温螺钉；2—绝缘层；3—引出端；4—导电簧片；5—双金属片；6—触点

金属片所控制的温度能按要求调整，一般可加一个调温螺钉来实现。在常温下，双金属片保持平直；当温度上升时，由于两片金属热膨胀系数不同，则热双金属片膨胀系数小的一端弯曲，温度越高，其弯曲得越厉害，当温度下降时，又恢复原状。因此，热双金属片的翘曲方向及曲率大小取决于元件温度、组成元件的物理性能及两层金属的厚度比等因素。

具体应用时，按照所需动作温度旋紧或松开螺钉，从而使双金属片的触点压得松或紧一些。并且按照冷态或一般工作状态时，触点是否接触分为“常闭”或“常开”两种状态。

热双金属片的形状和尺寸以不同的使用要求来定。需要它直线移动时，一般用平直线U字形条片；需要它转动时，一般常用螺旋形或碟形片，这些均可实现触点的慢动作。如需快速动作时，应采用碟形片或热双金属片与弹簧曲柄联动机构。一般应用于电饭锅、电烤箱的普通控温器时，可选用悬臂式直条形热双金属片控温元件。

2. 磁性控温元件

实验证明铁磁体大约在780℃时会失去磁性，镍磁体大约在360℃会失去磁性。将铁氧体磁片或合金磁片的组成成分比例加以变化，就可在－50～300℃之温度范围内，急剧失去磁性，若温度再稍为下降，又可恢复原有的磁性。此种原理制造的控温器灵敏度高，且经久耐用，缺点是在实际应用中一般需手动复位，广泛应用于电饭锅的加热控温电路。

一般的磁性控温元件工作原理如图3-42所示。其结构由硬磁钢（永久磁钢）和软磁钢（一定高的温度下失去磁性）以及弹簧拉杆、触头等组成。当硬磁片被按键托起与软磁片贴近时，软磁片即吸住了硬磁片，使得它们所带动的两个触点闭合，电热元件通电发热，此时温度低于软磁片的居里温度，硬磁和软磁之间的吸力大于弹簧拉力与硬磁片的重力之和。当温度升高时，软磁片的磁感应强度逐渐下降，两磁片吸力逐渐减小。当温度升高超过预定值达软磁居里温度点时，软磁片磁感应强度为零。这时，弹簧拉力与硬磁片重力之和大于磁性吸力，永久磁钢便落下，使两触点脱离，从而切断电源。

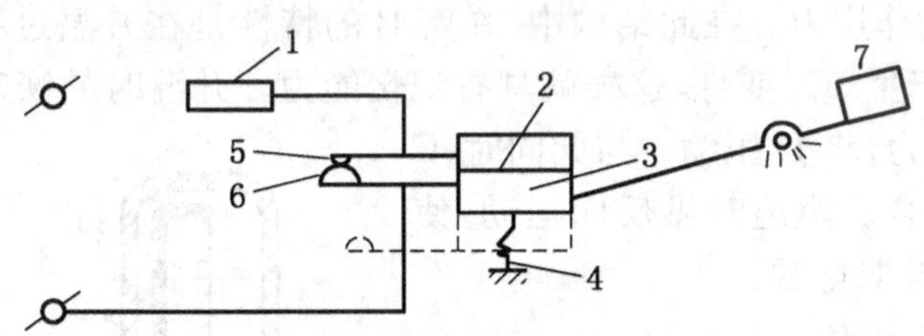

图3-42　磁性控温元件工作原理图

1—电热元件；2—软磁片；3—硬磁片；4—弹簧；5—静触头；6—动触头；7—按键

【提示】

所谓居里温度点，是指磁铁失去磁性的临界温度点。

3. 形状记忆控温元件

形状记忆控温元件是由具有形状记忆效应的形状记忆合金制成的控温元件。所谓形状记忆效应就是合金在室温下加工产生塑性变形，而加热升温到某一临界温度时，又立即恢复成变形前的形状。如果材料经特殊的热处理，即所谓“记忆训练”后，则不仅升温时恢复原形，而且在降温过程中可恢复塑性变形。则称其具有双向记忆效应。

当前广泛应用的形状记忆合金有NiTi和Cu基合金。Cu基合金中主要有Cu-Al-Ni

和 Cu-Zn-Al 两种。NiTi 合金特性优异，耐蚀性好，应用得早，是目前用量和范围应用最广的一种。但价格昂贵，加工困难，工艺水平要求高。因此，虽然 Cu 基合金性能水平略差于 NiTi 合金，但还是得到了比较多的应用。

(1) 双向记忆合金控制原理如图 3-43 所示。手动动开关 B 闭合后，电热器具 C 开始工作，使双向合金弹簧 A 的温度逐渐升高。当温度高于某一定点后，记忆弹簧 A 收缩，将触点 D 分离，电路被切断，温度开始下降。当温度降至另外某一定点时，记忆弹簧伸长，触点闭合，电路又被接通，电热设备重新开始工作，温度再次上升，记忆弹簧再次收缩，这样周而复始，使被加热物体保持在一定的温度范围内。

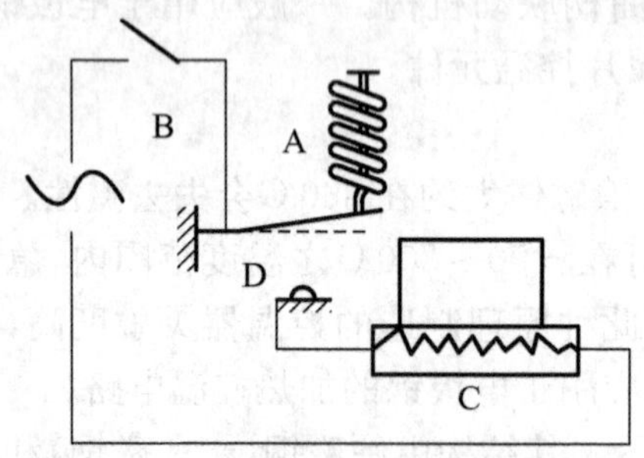

图 3-43 双向形状记忆合金元件恒温自动开关原理图

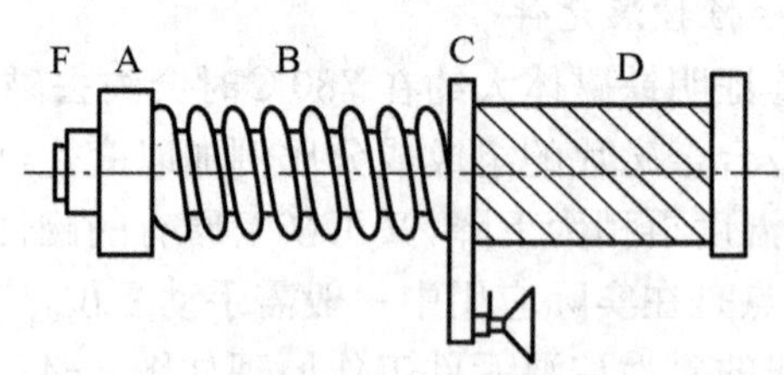

图 3-44 单向形状记忆合金控温原理图

(2) 单向记忆合金的应用如图 3-44 所示。将单向形状记忆合金弹簧与一个普通辅助弹簧串接起来，就可完成与双向形状记忆合金弹簧类似的反复动作。单向形状记忆合金的弹簧 B、普通辅助弹簧 D 通过连接板 C 串接起来，连接板 C 可沿滑杆 F 轴向移动。弹簧 D 的另一端固定在滑杆 F 的凸肩上。弹簧 B 的左端顶在调节螺母 A 上，调节 A 的位置可以改变两个弹簧之间的作用力。在此结构中，弹簧 B 的特性是在升温过程中伸长。低温时，由弹簧 D 使之压缩产生塑形变性，这样就具有记忆能力。升温时的恢复力(即伸长时输出的力)大于 D 的压缩力，将 D 压缩。与此同时，C 向右滑动，使触点闭合。降温时做反向运动，使触点断开，切断电热器具电源。

4. 热敏电阻控温元件

热敏电阻材料的电阻率具有随温度变化的特性。如果将温度变化量转换为电阻变化量，然后通过放大电路，控制执行机构，从而达到控制和调节温度的目的，即为热敏电阻控温元件。

热敏电阻控温元件按其结构形式分类有：杆式、圆式、垫圈式以及电阻珠四种形式，在温度控制中常用杆式及电阻珠式，其结构如图 3-45 所示。

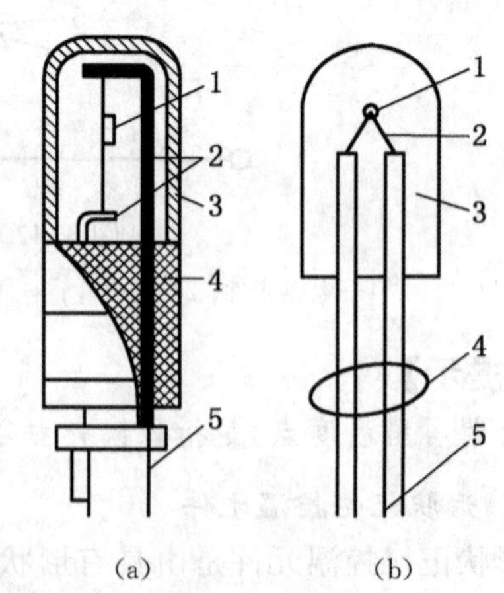

图 3-45 热敏电阻

(a) 杆式：1—热敏电阻；2—导线；3—金属外壳；4—绝缘基座；5—引线
(b) 电阻珠式：1—热敏电阻；2—电极线；3—玻璃壳；4—玻璃珠；5—引线

工作时，周围的热量通过金属外壳或玻璃壳体传递给热敏电阻，使其升温而改变电阻值，从而产生信号，使执行机构进行温度的自动控制。

热敏电阻控温元件具有结构简单、体积小、

寿命长和温度控制精度高等特点。

【小思考】

如果某热敏电阻的电阻值具有随温度升高而升高的特性，试问如何与加热电阻构成电路，以实现对加热电阻在高温时降低加热电阻发热量的要求？

5. 热电偶控温元件

该元件结构简单，使用方便、精确可靠、温度控制调节范围宽，但应用系统较复杂，价格较高，通常只用于较大型的电热设备。如 100 L 以上的热水器及大型电烤炉等。

【提示】

可参看本章第三节的相关内容。

6. 感温泡控温元件

其原理是直接利用液体或气体的热胀冷缩，实现温度的自动控制。动作精密度比双金属片高。

【提示】

其工作原理的详细内容可参看第四章第二节有关“温控器”的内容。

【提示】

现在市场上的所谓电子式温控器一般由温度检测部分、温度预置部分、温度调节部分、继电器或可控硅组成，复杂一些的还有微电脑电路。其兴起于 20 世纪 90 年代中期。其兴起的主要原因在于使用该类产品后电器产品外观美感有较大改善另外还有一个原因是可以实现误差在±1℃的精确控温。但不管哪种电子式温控器，其温度检测部分都需要将温度变化的信号转换为电信号，一般利用热敏电阻、热电偶即可实现。

7. 超温保护器

(1) 温度保险丝　温度保险丝是由感温材料制成的温度敏感开关元件，按其工作原理的不同可分为有机化学物质温度保险丝和低熔点合金温度保险丝两大类。

有机化学物质温度保险丝的结构形式有弹簧式和反应式两种，具有性能稳定，不易变质，电流容量大，动作精度高(±2℃)，价格便宜，适于批量生产。

低熔点合金温度保险丝的结构形式有重力式、表面张力式、弹簧式和反应式等四种。

重力式价格便宜，但合金表面易氧化，稳定性差，动作精度低，价格较便宜，电流容量小。弹簧式表面易氧化，但动作精度高(±2℃)，价格便宜。

低熔点合金保险丝主要由可熔线、塑料套、引出线、封口材料和陶瓷外壳几部分组成。其外形尺寸只有 ϕ0.25 mm×10 mm 左右。温度保险丝的关键材料是熔点按技术要求精确调定的低熔点合金。

保险丝熔断前，电流通过可熔点。当周围温度超过一定值时，可熔体自身温度随之升高直至熔化，这时，由于包封塑料的一种特殊作用及熔融合金表面张力作用，使可熔体在瞬间凝缩成球形而使电路断开。该温度保险丝具有体积小、稳定性好、使用方便、坚固耐用等特点。

(2) 热断型热保护器　结构原理如图 3-46 所示，主要由感温剂、弹簧、壳体、触头和引线等组成，安放在温度最高处，引线与主电路串联。

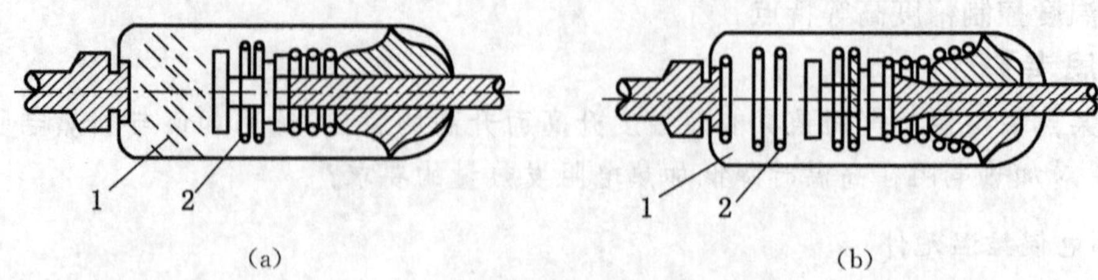

图 3-46　热断型保护器动作原理图

1—感温剂；2—弹簧

感温剂为熔融材料，常温时呈固态，保护器动作前，弹簧被压缩，使电路接通。如果环境温度达到感温剂熔点，则感温剂熔化，体积缩小，弹簧松开使触头断开，切断电路。感温剂一经融化无法复原，所以此类保护器为一次性动作。

这种保护器可以做得很小，灵敏度也很高，元件本身的自加热作用也不会引起工作点温度的漂移。同时，工作点温度分档也可很细，耐久性也好，因此，可用于要求严格的电热设备中。

(二) 时控元件

电加热设备发出的热量公式：

$$Q = qt$$

上式中，Q 为电加热设备发出的热负荷；q 为电加热设备功率；t 为加热通电时间。由此，为了控制电加热设备发出的热负荷，我们可以控制电加热设备的通电时间。对时间控制的元件即为时控元件，又称定时器。其种类很多，按用途分为常开和常闭；按结构原理可分为机械发条式、电动式、电子式定时器等。

1. 机械发条式定时器

利用钟表机械原理，以发条作为动力源，再加上机械开关组件构成。发条一般采用碳钢或不锈钢片卷制而成。当主轴正转上发条时，靠第二轮上的棘孔或棘滑脱而与其后的齿轮系离开。当自然放条时，整个轮系转动，靠振子调速。

这种定时器特点是摩擦力矩大，动作可靠。但机械发条式定时器通常只能做到 2 h 以内，以国产多见。

2. 电动式定时器

电动式定时器采用电动机（微型同步电机或罩极式电机）作动力源，加上减速传动机构，机械开关组件及电触点（通常是常开触点）组成。其关键部件是机械开关组件如图 3-47 所示，它包括一个凸轮和一个固定支点的杠杆触头。该凸轮既可手动，又可用电机带动。当确定工作时间时，一手拧动转盘顺时针转动，使杠杆滑动，支点滑出凹槽与凸轮外圆接触，杠杆触点与固定触点紧密接触，电路接通。若电源开关接通，则整个加热电路开始工作，同时电机开始工作，将凸轮顺时针转动，直至杠杆的滑动支点重新落入凹槽，使触点分离，加热电路断开。显然，手拧动凸轮角度的大小即可确定工作时间的长短。

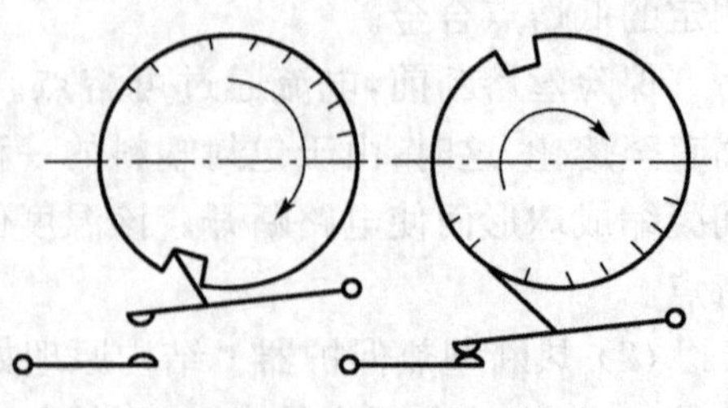

图 3-47　机械开关组件

3. 电子式定时器

电子式定时器主要有充电式、电容放电式、双基极管式、效应式、接触式定时器等几种。一般的利用电子电路、转换电路和执行件(继电器)等组成。电子式定时器的准确性相比较而言,并不一定很精确,但是工作可靠性高,且占用空间小。

【提示】

目前应用于厨房电器设备方面的定时器还有基于单片机设计的定时器、可编程定时器以及模拟电路和数字电路相结合的中规模集成电路 555 定时器。

(三) 功率控制元件

电加热设备功率的公式:

$$q = I^2R = U^2/R$$

上式中,I 为加热电路电流;R 为加热电阻;U 为加热电路电压。

显然,对加热设备的热负荷进行调节,除了可以调节加热时间,还可以调节电功率。而调节电功率可以通过调节电流、电压及电阻得以实现。功率控制元件正是对电流、电压或电阻加以调节,达到调节热负荷的目的。

1. 开关调位控制

图 3-48 是 5 种热度开关系统的电灶原理图。两条发热线有一共同接点,因此有三条线引到开关。高热时两条加热线并联接于 380 V 电路中。中热时仅仅内侧加热线接于 380 V 电源。低热时,两条加热线串联接于 380 V 电路。中低热时,内侧发热线接于 220 V 电路。文火时,两条发热线串联接于 220 V 电路。

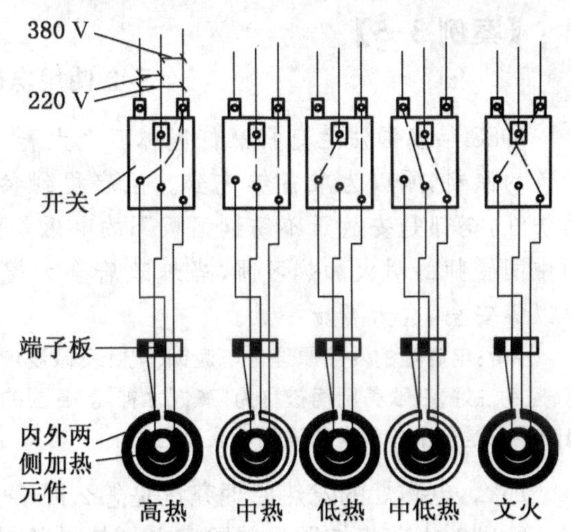

图 3-48 电灶的开关调位控制原理图

开关调位控制一般利用普通开关,凸轮开关等对几支电热元件之间的接通、断开、并联、串联等不同组合,从而得到不同大小的加热功率。原理简单,工作可靠,得到广泛应用。

2. 二极管调功控制

如图 3-49(a)所示,将二极管 D 短接或串接,调节电压,从而实现高、低温挡。

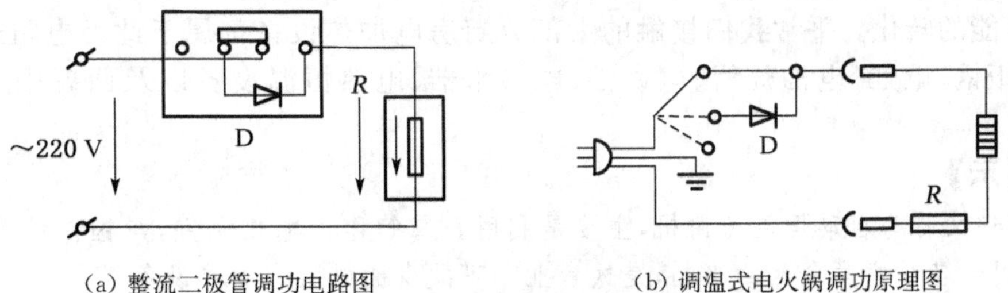

(a) 整流二极管调功电路图　　(b) 调温式电火锅调功原理图

图 3-49 二极管调功电路

利用电热元件之发热功率与其电流和时间的关系，对通电时间和电流调节，从而调节元件的发热功率，如图 3-49(b)所示。在全温时电路短接二极管，保温时电路串接于二极管，实现调功率的目的。该调功元件广泛应用于砂锅型电火锅。

【小思考】

图 3-49(b)中的保温电路在相同的时间长度内其发热量是全温电路时发热量的多少？

3. 电子调功控制电路

所谓电子调功控制电路是利用晶闸管导通角相位的改变使电热元件得到不同的工作电压，从而使电热元件产生不同功率的方法。该控制线路简单、经济、操作使用方便，对功率可进行无级调节，其缺点是对波形有干扰，稳定性也较差。

第五节 厨房电热设备

在了解各种电热设备基本原理的基础上，本节对厨房中各种典型的电热设备作介绍。

【案例 3-5】

不会使用电磁灶的尴尬

1988 年德国法兰克福烹饪奥林匹克大赛，中国厨师代表队当时从国内带去了相关中国特色的原料，原以为准备够充分。但启程到参赛地后，发现还是出了问题。原来在厨房里的炉灶，全部是安放于不锈钢案板下的电磁炉灶，非常漂亮，但是不会使用。后来因为考虑到中国厨师的明火加热习惯，当地政府全力搜寻才找出两台明火炉灶，并在现场配备消防车以策安全，成为赛场一景。

评析：电磁灶的发热原理与电饭锅、电灶及微波炉等完全不同，由于其独特的发热原理，使得其热效率高、控制性好，在欧美厨房被称为"烹饪之神"。各国的厨房加热设备都在朝着环保、节能的方向发展，使用电热设备是一个非常有前途的发展途径。

那么，电磁灶的发热原理究竟是怎么回事？它和其他厨房发热设备以及它们相互之间有何区别？本节将按照目前厨房电加热设备，将电能转化为热能的不同方式，进行介绍。

一、电阻式加热设备

根据焦耳定律，通电导体在通过一段时间的电流后，会发出热量，即将电能转化为热能。根据此原理，将电阻(电热元件中的电热材料)发出的热量用来加热食物，即可实现电能向热能的转化。平常我们接触的大部分厨房电加热设备都属于此类电阻式加热设备，如电饭锅、电灶、电油炸锅、电饼铛、电热水器、电热恒温设备以及西餐中应用的扒炉等。

【提示】

电饼铛又称为自动恒温煎饼机，主要是利用金属管作为电热元件，与铛体铸为一体，升温快，适用于各种饼类食品的烙制，是饮食业不可缺少的电阻式加热设备。

电热恒温设备，在饮食业中主要用于对食品的恒温加热，主要有浸水式电热恒温设备以及移动式恒温设备。浸水式电热恒温设备以电热棒为热源，在水中加热。有用做饭、粥、汤等的保温的电热保温饭桶;有用于面包原料发酵的面包醒发柜;有用于带汤汁的菜肴保温的电热保温售饭柜;此外还有电热卤水恒温柜和各种抽屉式恒温柜等。电热式的恒温设备一般可根据实际营业需要随时设计。

(一) 电扒炉

扒炉又称铁扒炉,它是利用铁条架或铁板导热,使生的原料直接摆放或串起置放炉中加热而产生独特的香鲜味,经过扒炉制作的菜品,外脆里嫩,鲜香扑鼻。扒炉是各大酒店、中西餐馆厨房设备中必备的加热工具。近几年来,铁扒炉在中餐烹饪中蔓延和扩展,特别是大型自助餐、烧烤中餐铁扒菜品与日俱增。以其香浓的风味不断满足着各地顾客的需求。其具有使用简便、省时、省工、卫生、实用等特点。

扒炉按使用的能源可分为燃气扒炉和电扒炉。最常用的是电扒炉,以电为热源,用于煎扒肉类、海鲜,煎蛋、炒面、炒饭等很方便和卫生,因而得到广泛推广。

按加热铁板的外形又可分为平扒炉、坑扒炉、半平半坑的扒炉。坑扒炉即是用铁条架导热,受热面积不匀,但需要的就是这种效果,通过铁条的干扒,烙印,而呈现出一种独特的风格。平扒炉,也称铁板炉,是利用铁板导热,其受热面均衡,类似于平底锅煎烙。各色荤素原料都可以扒制食用。

有的扒炉还与炸炉、焗炉、多士炉、面火炉、炉灶和烤箱等设备一起组合成连体西餐灶。

1. 主要结构

一般的电扒炉内发热材料以线圈状置于金属管(一般为不锈钢管)电热元件中,发热元件一般装在铁板的下面,通电发热后热传导给铁板。比如由无锡市金城环保炊具设备有限公司生产的电热扒炉采用优质不锈钢制作;炉面经过精度抛光的钢炉板制成,方便清理杂物及维修保养;每 12 英寸配置双根共计 4 kW 发热管,电热管嵌入在扒炉面板里面,可增加热交换面积 50%以上,能量利用率高,而且电热管和炉板固定牢固;正面有一个温控器,进行控制,具有很强的分区操作及加热性。电扒炉外形图见图 3-50 所示。

2. 安装要求

通过调整 4 只脚将扒炉调整平稳。炉具的安装地点不能和易燃材料接近。安装时必须加漏电开关。

3. 使用

(1) 准备工作　在扒制之前,先将原料处理成所需的形状后,撒上盐和胡椒粉等调味品,再刷上一层油。所用原料厚薄应适中。偏薄会影响菜肴形态,成熟后原料发干,影响菜肴的品味。

(2) 首先接通电源,开铁扒炉预热调节一个待机温度(一般为 120℃),然后根据烹制不同的食物调节温度(一般 180～200℃),以提高烹调食物的效率。

(3) 待红色指示灯亮,绿色指示灯熄灭时,表示已达到所需温度,抹油放食物扒炙,见原料面上扒出铁条的烙印后即翻转。

(4) 扒制较厚的原料要先用较高的温度扒上色,再降低温度扒制成熟。根据原料的厚度和客人要求的火候掌握扒制的时间一般在 5～6 分钟之间。

(5) 使用完毕后,将炉体开关关闭,切断电源。

4. 保养及其注意事项

(1) 每天工作完毕后，需要清理铁板，清除油盒内的残渣和油，保持油盒、铁板的清洁。

(2) 切勿将易燃物品放在炉面任何位置，否则可能引起燃烧，发生火灾事故。

(3) 每天检查扒炉的温控开关，保持扒炉温控开关的灵敏度，控制电路内有干电池，半个月或一个月根据情况更换一次。

(4) 切勿在表面使用浮石、扒炉石或磨料。切勿使用锋利工具刮铲、敲击扒炉表面。切勿使用钢刷。切勿在扒炉表面上使用工业用的液体清洁剂。

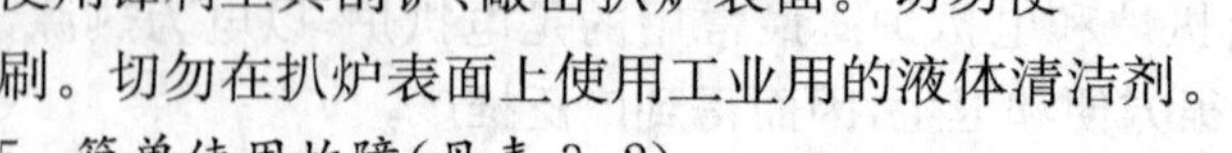

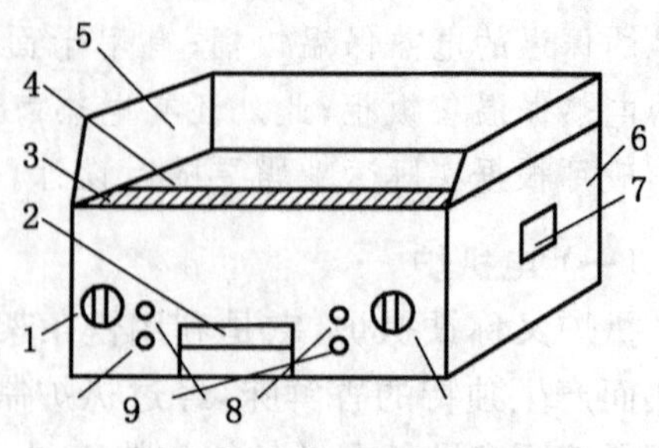

图 3-50 电扒炉外形图

1—温控开关；2—接油槽；3—上油槽；4—精扒面板；5—遮挡板；6—不锈钢护身；7—电源接线；8—绿色指示灯；9—红色指示灯

5. 简单使用故障(见表 3-2)

表 3-2 扒炉简单使用故障

故　障	故障原因	解　决　办　法
温度不够	温控器设定太低	调整温控器设定温度
	温控定标不准	重新定标或召唤检修代理
指示灯亮，温控开启不加热	电热管坏	更换电热管
	可调温控坏	更换温控
指示灯不亮	指示灯坏	更换指示灯
	外线路不供电	检查外线路是否供电
	温控未开	开启温控到合适温度
	继电器损坏	检查损坏原因并召唤检修人员

(二) 电炸锅

电炸锅是用来专门生产油炸食品的热设备，与电煎锅相比，锅内油的液位较深，能使食品全部浸入油中。根据油炸压力的不同，油炸设备分为常压油炸、真空油炸和高压油炸(大于 1 个大气压)设备。

1. 无烟型常压多功能油炸蒸煮锅

传统的饭店中应用的常压间歇式油炸锅在菜品炸制过程中容易出现烧焦、冒烟、耗油过大并产生大量有害物质(丙烯醛，油烟的主要成分)，严重影响使用者的健康。为克服此问题，现在的油炸锅都考虑采取中间加热式、油循环加热式及间接加热式等方式。其中，无烟型多功能油炸蒸煮锅即属于中间加热式，如图 3-51 所示。

【小资料 3-8】

中间加热式、油循环式、间接加热式

中间加热式，即在油层的中间设置加热管。这样，油温分成两个区域，加热管上层的油区为高温区，下层为冷温区，避免了油炸残渣在高温中的反复油炸。其传热面积和热效率都得到了提高。缺点是加热管下面的油的循环回流速度减小；此外，由于加热管的存在，使得冷温区的清扫工作不易。因此，近年来用水代替冷温区的油，待工作完毕后，将水和残渣一起放掉。此种形式又称为清洁油炸锅。如日本某公司推出的所谓生态油炸锅，能让金鱼在滚烫的热油下的20℃的水中自在游弋。无烟型多功能油炸蒸煮锅即属于清洁油炸锅。

油循环式，即为在油锅外另设一热交换器，将油从油锅内抽出，经热交换器加热后再泵入油锅，不断循环。其特点是热效率高，且不产生过热；操作人员可远离高温，改善工作环境。

间接加热式，以从锅炉来的高压蒸气作为热交换器的热源，对油进行加热。可通过调节蒸气和油的循环量来控制温度。

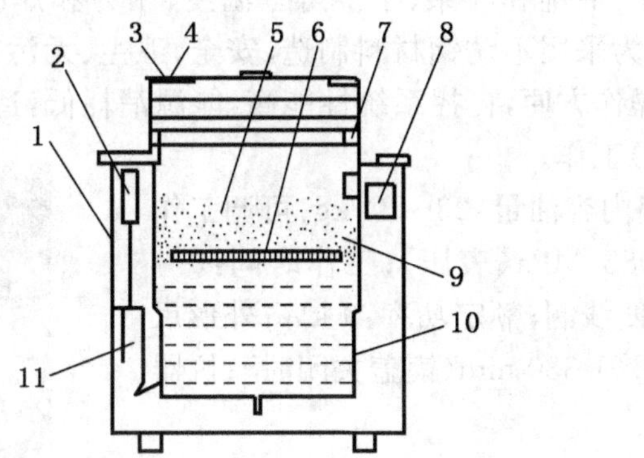

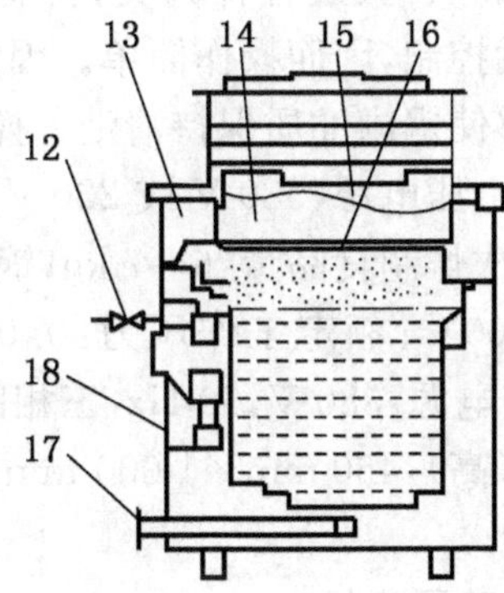

图 3-51　圆桶型油水混合式油炸蒸煮装置

1—箱体；2—操作系统；3—锅盖；4—蒸笼；5—滤网；6—冷却循环系统；7—排油烟管；8—温控数显系统；9—油位显示仪；10—油炸锅；11—电气控制系统；12—放油阀；13—冷却装置；14—蒸煮锅；15—排油烟孔；16—加热器；17—排污阀；18—脱排油烟装置

(1) 结构与工作原理　炸制食品时，将滤网 5 置于加热器 16 上，在油炸锅 10 内先加入水至油位显示仪 9 规定的位置，再加入油至油面高出加热器上面约 60 mm 的位置，由电气控制系统 11 控制的加热器可以将其上部的油层温度控制在 180～230℃之间。并通过温控数显系统 8 准确地将油层最高温度显示出来。炸制过程中产生的食物残渣，从滤网 5 漏下，经过油水分界面进入油炸锅下部的冷却水中，积存在锅底部，定期由排污阀 17 排除。炸制过程中产生的油烟从排油烟孔 15 进入排油烟管 7，通过脱排油烟装置 18 排除。放油阀 12 具有放油和加水的双重作用。由于加热器 16 设计为只在上表面 240℃的圆周上发热，再加上油炸锅 10 的上部外侧涂有高效保温隔热材料，故加热器产生的热量就能有效地被油炸层所吸收，热效率得到进一步提高。而加热器下面的油层温度则远远低于油炸层的温度。当油水分界面的温度超过 50℃时，由电气控制系统 11 控制的冷却装置 13 即强制地将大量冷空气通过布置于油水分界面上的冷却循环系统 6 抽出，形成高速气流，将大量热带走，使油水分界面的温度能自动控制在 55℃以下，并通过数显系统 8 显示出来。

如将油炸锅内的油和水排净，取出滤网，将配套设计的蒸煮锅 14 置于加热器上，则又可用于煎、炒、蒸、煮等多种烹饪功能。

(2) 特点　该锅彻底改善了油质状况，去除了油烟污染，不仅提高了油炸食品的质量，而且大大降低了油料消耗，节省了能耗。

2. 压力炸锅(高压式)

压力炸锅采用不锈钢制造，气、电两用，外形美观，油温、炸制时间自动控制，并具有报

图 3-52　压力炸锅

警装置和自动排气功能；操作安全可靠，元油烟污染。该机能炸制多种食品，可炸制鸡、鸭、鱼、肉、糕点、蔬菜、薯类等食品。如中式食品有：香酥鸡、牛排、羊肉串；西式食品有：美国肯德基家乡鸡、派尼鸡及加拿大帮尼炸鸡等。主要用于中、西快餐厅、宾馆、饭店、机关工厂食堂及个体经营。其外形图如图 3-52 所示。

压力炸锅比普通开启式炸锅效率高，能在短时间内将食品内部炸透。色、香、味俱佳，营养丰富，风味独特，外酥里嫩，老少皆宜。且能炸多种食品，如鸡、鸭、鱼各种肉类，排骨、牛排和蔬菜、土豆等。温度、压力和炸制时间选定后，实现自动控制，因而操作简单。因为采用不锈钢材料制造，安全、卫生、无污染。自动滤油装置，能够使锅内油质保持清洁。操作方便，自控系统性能高，能源消耗低，适应范围广，可采用两种电压电源（380 V 或 220 V）工作。

允许一次炸制食品量：6～7 kg；锅内容油量：23～24 kg；可调工作温度：50～200℃；额定工作压力：0.085 MPa（表压）；工作时间：0～20 min；供应电源：380 V，50 Hz，三相四线制；额定功率：9 kW；外形尺寸（宽×深×高）：460 mm×1 000 mm×1 330 mm（锅盖关闭时）；机器重量：110 kg。

（三）电热开水机

电热开水机应用于宾馆、酒店、工厂、机关、学校等大量需要饮用开水的地方，属于电加热设备技术领域。申请专利号 CN200420108987.0 的电热开水机（由无锡市金城环保炊具设备有限公司生产）的外形如图 3-53 所示。

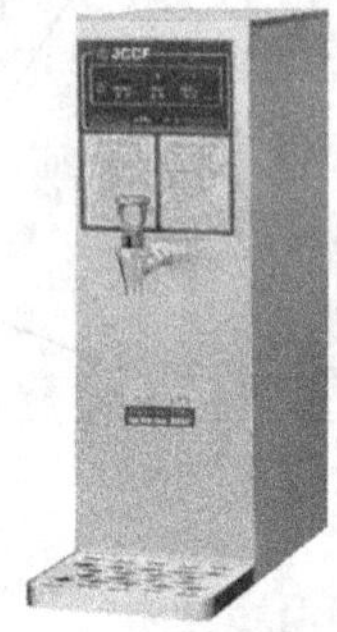

图 3-53　电热开水机外形图

1. 结构组成

主要采用温度传感器、水位传感器、回水管、加热管紧固在内胆盖板上，内胆盖板固定在内胆的上部，电脑控制板装在控制板支架的上面安装在内胆的后部，溢水杯装在底板上，进水系统安装在壳体后面。其原理如图 3-54 所示。

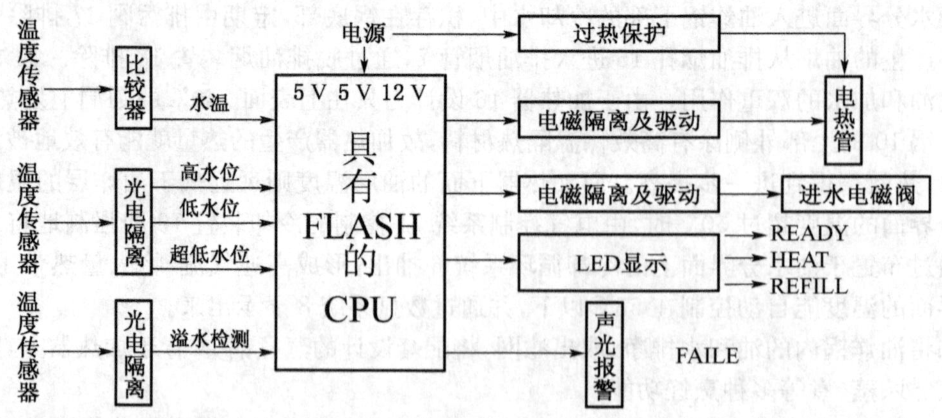

图 3-54　电热开水机原理图

2. 开水机的一般操作

因该机是微电脑控制的智能设备，所以它的一般操作十分简单，按规定接好电源和进水管后，使用者只须按下本机后面的电源开关到“ON”的位置，机器就开始自检，并根据当时机器的状态进入相应的程序作出相应的指示。一般来说经过补水和几分钟的加热后，只要 READY 指示灯亮，就可以取水饮用。

3. 特点

开水机全部由不锈钢制成，内胆有良好的保温层；具有最新的电脑控制，能自动检测、控制水位和水温。加热方式有连续加热和脉冲加热，以保证水温精确控制在设定温度，无蒸气泄漏，有效节约能源，大大降低使用成本，还设有故障自检及警报，使维修直观方便。设有防干烧、防溢水、防过热，对加热管和设备起到有效保护，有效延长设备的使用寿命。

4. 维护保养

为了确保开水机能安全、经济地正常使用，必须定期保养。保养时一定要关闭进水阀门、切断电源，非专业人士不得擅自拆卸开水机。日常保养每月一次。

(1) 外壳的清洁　用清洁的湿布擦拭外壳，必要时使用中性的洗洁净，擦去外壳上的污垢。

(2) 内胆的清洁　使用专用的清洗剂，浸泡内胆 30 分钟，然后用清水冲洗。请不要打湿控制板和电器元件。

(3) 水位和温控探头的清洁　使用专用的清洗剂，擦洗探头，然后用请水冲洗。

(4) 电热管的清洁　用清洁的湿布擦拭即可。

(5) 如有一段时间不用开水机，应将外接电源断开，并且切断进水水源。

5. 简单故障检查及保养

开水机出现故障，应由专业维修人员进行检修，或与经销商联系。但实际上在使用中的一般故障即可自行解决，当然在解决时需要切断电源。简单使用故障及排除措施见表 3-3 所示。

表 3-3　电热开水机简单使用故障及排除措施

故障现象	故障原因	排除措施
电源接通，机器无自检或无任何指示	电源未接通或温度保护开关断开	1. 检查电源 2. 复位温度开关
自检过程有某一指示灯不亮	1. 指示灯坏 2. 有可能接线断开	1. 更换 2. 检查接线是否脱落；重新连接
自检完成，蜂鸣器长响且告警灯闪烁	指示水位探针有相应开路或短路的情况	检查相应水位探针，针对故障情况予以处理
补水指示灯亮，但不进水	1. 水源是否停水或水压过低，水压不得低于 0.5 kg 2. 固态继电器无驱动电压 3. 电磁阀坏 4. 单向阀坏	1. 检查水源 2. 更换固态继电器 3. 更换之 4. 更换之
使用过程蜂鸣器间断响	1. 进水管路接头处是否漏水 2. 进水电磁阀关闭不严 3. 温度传感器是否损坏或开路	1. 重新安装接头，保证密封，或更换已损件 2. 检修电磁阀或更换之 3. 检查温度传感器，针对情况予以处理
开水器工作中突然断电	温控开关跳开	待水箱降温后，打开水箱顶盖，按下温度开关上的复位按钮

二、红外线电加热设备

红外线电加热设备利用红外线发热原理，给发热材料（如镍铬合金丝或康太尔合金丝）通电使其产生热，来加热某种红外线辐射物质——电热元件，让其辐射出红外线来加热食物的设备。利用红外线发热原理的设备在厨房电加热设备中得到了诸多应用，比较典型的是电烤箱、西餐设备中的面火炉、电坑炉、多士炉等。甚至现在也有将红外线加热应用到电饭锅和微波炉方面，以改善这些电加热设备的加热效果。

【提示】

电炕炉是炕制面点（如面包、蛋糕、蛋挞等）、西式糕点必不可少的工具设备。一般是运用远红外线电热原理设计的，附有面底火温度调控功能和自控功能，有些较高档的炉内还设有喷水（雾）装置，适合于一些边炕边喷水的品种，如法国面包。

面火炉是一种使食物表面直接受热烘烤的开放式烤炉，欧美人喜爱用这种方法烤肉、烤水产和烤蔬菜。日本人也喜爱用面火炉制作烧烤鱼等系列海产品。西式面火炉英文名称为 salamander. 这种烤炉有大型、小型的区别。小型面火炉常挂在墙上，或挂在西餐灶的上边，使用起来相当方便，大型面火炉可单独使用。

（一）电烤箱（落地分层式电烤炉）

电烤箱又称电烤炉、焗炉，是一种用途广泛的电热设备。电烤箱利用电热元件发出的辐射热来烘烤各种食品，如制作烤鸡、鹅、鸭、鱼、排骨、叉烧等，也可烘制面包、蛋糕、布丁、烙饼、饼干、花生、干果等食品。电烤箱的特点是结构简单，使用和维修方便，效率虽比不上微波炉，但价格相对便宜，且烘烤出的食品表面焦黄，色、香、味俱佳。电烤箱一般都具有自动恒温、自动定时及选择上下火的选择开关。与燃气烤箱相比，烘烤质量容易控制，也符合安全卫生要求。

电烤箱在烘烤食品时，同时存在辐射传热和对流传热两种形式。为了取得最佳的辐射传热效果，必须使辐射波峰值与食品吸收峰值相吻合。一般的，从红外吸收光谱中我们可知，面粉、糖等有机质在 3.5～4 μm 的波长范围有较好的吸收率，因此电热元件表面温度应设计在 450～550℃范围内，对于管状电热元件，管子表面热强度在 4 W/cm^2 左右。

食品对炉温要求随食品特性和风味而异，一般炉温在 100～250℃范围。一般烘烤为双辐射，即既有面火，又有底火，这样能使食品的色、香、味俱全，取得很好的烹调效果。

根据工作方式分间歇式电烤箱和连续式电烤箱两种。若按能力大小分小型、中型和大型。其中大型电烤箱有落地分层式、大型箱柜式、旋转连续式和大型连续运输式等四种。

落地分层式电烤炉如图 3-55 所示。一般分 3～5 层，每层炉门分开，并且每层上下均有电热元件，采用三位或四位式开关调节功率，每层均有温度控制。而且各层叠列，像书橱一样，互不相扰，每一层均是一个可独立使用的电烤炉。

如无锡金城环保炊具设备有限公司的 JCCK—JCK 系列远红外线食品烘炉，采用优质远红外线辐射管为发热元件，能使烘物受热均匀，升温快，色香味俱佳，符合卫生标准。底火、面火控制温度可在室温 0～300℃范围内，根据需要任意设定，并能自动恒温。另外，特设超高温安全保护装置，内置照明及双透视窗，使烘焙操作更加安全方便。

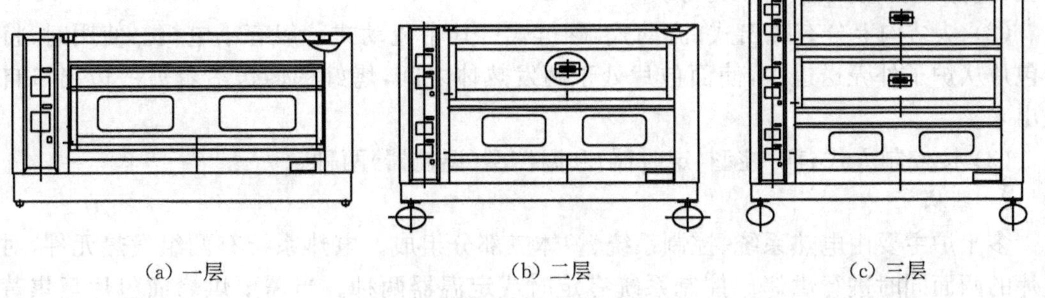

图 3-55　落地分层式烤箱

1. 电烤炉使用方法

(1) 调制好的食品放在食油擦过的烘盘内。

(2) 接通电源，将开关调至满档负荷（加热器全部通电），并将控制面火、底火的温度仪旋钮分别旋至所要求温度。经一定时间后，绿色指示灯亮，表明到达预热温度。

(3) 为防烫伤，用柄叉将烘盘放进烤炉，并按需要设计温度。若需自动定时，即可将定时器调至预定时间。若不需要，则将定时器调至“长接”位置。

(4) 烘烤过程中可观察食品各部分是否均匀受热，必要时可用叉柄调整烘盘方向。

(5) 到时间后，将转换开关、调温器都转回“关”的位置，取出食品。拔下电源插头，待烤炉冷却后，将炉内腔、炉门和附件揩抹干净。

(6) 在使用中，可根据所烘食品要求，任意调校面火和底火温度，或单独使用底火或面火，以使食品达到理想色泽。

2. 日常维护保养

电烤炉要安放平稳，搁架悬挂要牢靠，加热器插头要稳妥。电烤炉使用后，一定要清洗，以免腐蚀生锈。柄叉、烤盘、烤网和搁架可用碱水清洗，再用清水冲洗并抹干。烤炉外壳和炉门可用半干布抹净。在清洗内腔时，应将加热器和搁架卸下。

特别注意的是在清洗时，勿将加热器插孔和插脚等电气部分弄湿。若不慎潮湿了，应用干布抹干，晾干后方可使用，以免发生电气短路。所有维修保养工作都必须在切断电源后进行。

【提示】

按国家规定，电烤箱炉膛内部要采用铝板或不锈钢板，且不能喷漆。

(二) 多士炉

多士炉又称烤面包炉（见图 3-56），是英文 Toastey 的音译，是西餐厨房不可缺少的设备，主要用于加热面包片。将面包切成片状放入炉内，烤至焦黄适度时取出，然后配上果酱、奶油等，吃起来不仅香脆可口，而且有利于人体消化吸收。随着人们生活水平提高，早餐食用面包量增加，多士炉也越来越受到人们的青睐。

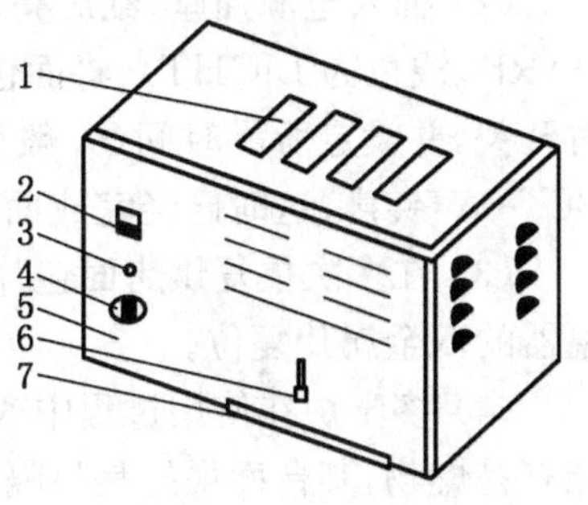

图 3-56　多士炉外形图

1—面包片插入口；2—工作选择开关；3—电源指示灯；4—定时控制开关；5—炉体；6—面包片取出开关；7—盛物盘

1. 类型

(1) 多士炉从操作方式上有普通型、半自动型、全自动型，选择时，当然以全自动为好。

(2) 从结构上分有跳出式、流动式、翻折式。其中流动式一般有小电机。使用时，将生面包片从炉子外壳送进去，使面包片处于两发热体之间，烤好的面包沿着另一边出口自动送出来。

(3) 按控制方式有时控型(定时器)和温控型(温控器)两种。

2. 结构

多士炉主要由电热系统、控制系统、炉体三部分组成。电热系统有两组发热元件，对面包片的两面同时进行烘烤。控制系统有定时或定温器两种。当需要烘烤面包片至焦黄色时，可调节到高温(DARK)，当仅需烤面包片至浅色时，可调节到低温(LIGHT)。炉体外壳一般是薄铁板，采用了喷漆处理，可耐高温。

3. 选择

(1) 规格的选择，多士炉的规格一般以炉的槽口数(即一次烘烤面包的片数)来表示。其规格如下表：

表 3-4　多士炉规格

槽口数	功率(W)	每小时烤面包数	槽口数	功率(W)	每小时烤面包数
2	小于 1 200	125	8	5 200	500
4	2 600	250	16	10 000	1 000
6	3 600	375			

(2) 外形、质量检查，炉体表面涂层平整光滑明亮，无磕碰、划痕和损伤凹陷。同时，把手要牢固，转动时有一定的紧度感，但不能有太紧或卡死现象，把手转动到限位时，不应碰到炉体侧板。检查控制键和调温按钮，按住是否牢靠。在条件允许情况下，对其进行试运行，对面包片的颜色由浅而深，看其是否符合要求。

4. 使用与使用注意事项

(1) 将面包切片，一般厚度是 15～20 mm，尽量厚度一致，长度不要太小，应大于入口的 1/2，否则会难以取出。严重变形的或碎面包片不能进入腔体，会堵塞烘烤腔；涂有奶油的面包片也不能烘烤，会损坏电气。

(2) 插入电源插座，红灯亮，此时电源供至本设备。调整所需的工作选择开关(焦黄为 DARK，浅色为 LIGHT)，将面包片从面包片插入口放入，按下控制键或顺时针方向旋转定时开关，并设定所需时间(一般设定在 3 分钟左右)，当加热时间达到设定时间时，会听到“叮”一声铃声，这时已经完成面包片的加热，只要按下面包片取出开关，面包片即弹出。

(3) 在多次重复烘烤面包片时，每次烘烤周期在重新启动前最少应间隔 15 s，以等待调温器的双金属片复位。

(4) 多士炉在使用过程中或刚使用后，外壳表面温度较高，所以不能触碰外壳，附近不能有易燃物，其台面最好是垫隔热板。电源线不要与外壳接触，以防止损伤绝缘外皮。

5. 保养

(1) 在加热过程中，面包碎片会自动落到盛物盘中，应及时清理，保持清洁卫生。清洁时，将多士炉倒转，打开炉底托盘、用小毛刷清扫积聚的面包碎屑。清洁后，装好托盘，用干软布擦净炉壳。

(2) 机身外表面不宜用汽油擦拭，可用半干抹布蘸些清洁剂擦拭，然后用软干布揩干水分。

(3) 如长期不用，先清扫干净，再包装好，存储于干燥、通风处。

6. 使用中的一般问题及处理

表 3-5 多士炉故障及排除方法

现　象	可 能 原 因	处 理 方 法
多士炉不工作	1. 电源线折断 2. 接线器螺钉松动 3. 控制开关触点氧化或静触点变形	1. 拆开机壳，找出折断点，重新连接并作绝缘处理。 2. 拆开机壳，重新拧紧螺钉。 3. 用细砂布条处理氧化物，或用尖嘴钳处理变形。
面包烤制不均匀	反射板积污或烧焦损坏所致	清除积污或更换
面包越烤越软	烘烤时间过长的余热影响	调节烘烤调节钮或停片刻后再烤
面包片不焦黄	1. 面包片太湿或切得太厚 2. 预调时间过短 3. 温控器定时器失准，过早跳动 4. 电源电压太低或加热器损坏	1. 去除湿的或切得薄一点 2. 调节时间 3. 维修或更换 4. 察看电压或更换加热器
面包片过焦	1. 温控器定时器失准 2. 电热器短路，造成火力过猛 3. 槽内防护栅变形，面包片直接碰到电热元件上 4. 控制开关触点熔焊，主电热器过热	1. 维修或更换 2. 维修电路 3. 维修或更换 4. 用锉刀锉开触点，并锉平整或更换
面包片一面黄一面白	1. 一组电热元件烧断 2. 面包片两面干湿程度相差太大	1. 更换 2. 注意两面干湿程度

三、微波加热设备

利用微波加热的原理，对食物进行加热的设备，为微波加热设备。其中的典型代表是微波炉。微波炉与电磁灶被称为“现代厨房的标志”，其热效率高、快速省事、清洁卫生之特点，是其他灶具均无法比拟的。

(一) 微波加热原理

微波与无线电波、远红外线、可见光一样都是电磁波，微波的频率比一般无线电波的频率要高(约为 300 MHz 至 300 000 MHz)，属超高频。为防止对无线电通讯、广播、电视和雷达等干扰，国际上规定工业、科学及医学使用的微波加热与干燥频段只有 4 种，而应用于加热的微波炉目前只选用 915 MHz 和 2 450 MHz 两种。

1. 微波的加热原理

微波加热，从宏观上看就是被加热物体吸收微波能量并把它转化为热能。介质从分子结构看，可分为无极分子和有极分子两大类：无极分子的正、负电荷中心重合，在外电场的作用下，分子中的正负电荷中心沿电场方向只产生位移极化；有极分子的正、负电荷的中心不重合，可等效为一个电偶极子。在一般情况下，物体(被烹调的食物)中的有极分子都呈无规则排列，在外电场的作用下，会沿着外电场的方向转向，产生转向极化，如果外电场再交变，那么有极分子的转向也要随电场的变化而不断改变方向，极性分子间随微波频率以每秒几十亿次的高频来回摆动、摩擦，产生的热量足以使食物在很短的时间内达到热熟。这是对微波加热机理（即微波炉能加热食物的原因）最简单的阐述。实际上，微波加热的实际过程是比较复杂的。

2. 介质材料

微波能加热物体，但并不是所有的介质材料都能吸收微波能量从而被加热。一般我们把对微波的反应分为下面三大类介质材料。

（1）铜、铁、铝、银等金属类材料　微波即是电磁波，它既具有波的特性，又具直线传播特性。当微波碰到金属板时，犹如光线射在镜子上反射一样。能量几乎全部被反射回来，导体不吸收微波能。

【小思考】

为什么在微波炉上时，炉腔必用金属制品，而盛装食物的器皿则不能用金属材料的？

（2）聚四氟乙烯、聚丙烯等非金属类材料　微波与其作用犹如太阳光照到玻璃上一样，反射一部分，透射传输大部分，吸收的微波能可以忽略。

【小思考】

既然非金属材料吸收的微波可以忽略，那么为什么盛放食物器皿的非金属材料在微波炉中加热时间过长，也会变热？

（3）含水和含脂肪的消耗介质　它们能不同程度地吸收微波能量转化为热能。被加工材料作为一般介质，吸收的功率与电场强度和电源频成正比。故为提高吸收能力，可提高电场强度和频率。但电场强度的提高有个限度，否则会产生击穿，所以可通过提高电源频率解决这一问题。

对于不同的物质，可用介电常数 ε 来表示材料的微波吸收性能。介电常数代表了电介质的极化程度，通常，极性越大，介电常数越大，此外，分子结构越对称，介电常数越小。

水的介电常数比一般的介质要大，比如水在低于 0℃时会结冰，冰的介电常数为 3.2，而水的介电常数为 8。

【小思考】

问什么在加热冷冻食物时，如果不把融化的水随时排走，可能会影响解冻？

如像肉类、鱼类等烹饪原料，含有的水分不同程度地来自其基本结构中，如果这种水是很紧密地来存在鱼、肉类分子结构中，偶极子就不会像液态那样容易受外电场作用而运动，因此受热就慢。另外粉状的原料，由于其中含大量空气隙，介电常数都比经过压紧的密实物料要小，因此呈粉状的烹饪原料在微波炉的作用下也不易受热。

（二）微波炉概述

1. 微波炉发展概述

微波炉的发明要追溯到 1940 年。1940 年，伯明翰大学物理系两名英国学者制成一种能产生超短电磁波的装置，即磁电子管。美国雷声公司在 1947 年诞生了世界上第一台当时以“雷达微波”为商品名称的微波炉。1955 年，秦潘公司推出了第一台电压为 220 V 的微波炉。1963 年，美国通用电气公司推出了微波—电联用的微波炉。1967 年，美国阿曼纳公司的创始人福斯特于当年推出了当时最先进的微波炉。这种炉的炉门采用了能防止微波泄漏的抗流密封门，其安全性较以前有了很大的提高。1975 年，该公司又第一个推出了采用微处理器的微波炉，这种炉共有 10 种烹饪速度和 4 种烹饪程序。

2. 微波炉的类型

目前，微波炉的类型非常多，大体上有以下的分类方法。

(1) 按频率分　有 915 MHz，多用在工商集团部门作烘烤、干燥、消毒等用；而 2 450 MHz多用在家庭、机关、宾馆、快餐厅等进行快速烹调、加热、解冻等，是与电冰箱配合使用的设备。

(2) 按结构分　独立箱柜式，容量大，外观质量要求高，输出功率一般为 1 000 W 以上；嵌入式，容量比较小，输出功率一般在 1 000 W 以下。它可以放在灶台上或嵌入橱柜中使用，外观质量仅要求一面或两面。

(3) 按功能分　普及式，装有一般计时装置、功率调节装置和温度控制装置；电脑控制式，装有电脑记忆装置，可按预定的程序完成解冻、满功率加热、半功率加热和保温等项工作。

【提示】

实际上，国内外市场上出现了形形色色功能的微波炉。

【小资料 3-9】

光波炉和微波炉有什么区别

光波炉又叫光波微波炉，它和普通微波炉的最大区别，就在于其加热方式。普通的微波炉，内部的烧烤管普遍使用铜管或者石英管。铜管在加热以后很难冷却，容易导致烫伤；而石英管的热效不太高。光波炉的烧烤管由石英管或者铜管换成了卤素管(即光波管)，能够迅速产生高温高热，冷却速度也快，加热效率更高，而且不会烤焦，从而保证食物色泽。从成本上来讲，光波管成本只比铜管或者石英管增加几元钱，所以，现在光波管在微波炉技术上的使用非常普遍。光波是微波炉的辅助功能，只对烧烤起作用。没有微波，光波炉只相当于普通烤箱。市场上的光波炉都是光波、微波组合炉，在使用中既可以微波操作，又可用光波单独操作，还可以光波微波组合操作。也就是说，光波炉兼容了微波炉的功能。

(三) 微波炉构成

微波炉基本结构如图 3-57 所示，主要由电源变压器、微波发生器、传输波导、箱体和控制部分等组成。

1. 电源变压器

微波炉的电源变压器一般有三个绕组：初级绕组、灯丝绕组和高压绕组，有的还有功率调整绕组。工作时初级绕组上加上 220 V 交流电压，在灯丝绕组上产生 5.2 V 或 3.4 V 电压，供给磁控管灯丝。在高压绕组上产生 1 900 V或 2 000 V 电压，再经倍压整流电路后，为磁控阴极提供一个负高压。变压器一般

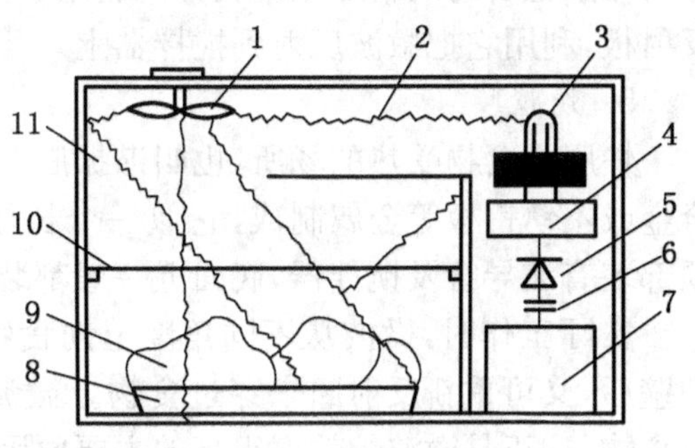

图 3-57　微波炉结构示意图

1—波形搅拌器；2—波导；3—天线；4—磁控管；5—整流器；6—电容器；7—变压器；8—托盘；9—食物；10—隔板；11—炉腔

采用“H”级绝缘(耐热 180℃以上),使之具有较大的安全系数。

2. 微波发生器(磁控管)

磁控管是微波炉的心脏。它由永久磁铁和管芯组成。而管芯中有阴极、阳极、灯丝、微波能量输出器组成。工作原理如图 3-58 所示。在管芯内有一个圆筒形阴极,阴极外包围着一个阳极。而永久磁铁在阴极和阳极之间的区域内建立了一个轴向磁场。磁控管的灯丝采用钍钨丝和纯钨丝烧制成螺旋状,其作用是在 5.2 V 或 3.4 V(从变压器的灯丝绕组而来)的电压作用下,通电发热,加热阴极。阴极被加热后其表面迅速发射足够的电子,而阴极与阳极之间存在高压(从整流器而来),所以大量的电子,在电场和磁场作用下以圆周轨迹飞向阳极。阳极上有小的谐振腔,当电子打到阳极之前就在谐振腔内发生振荡。这些谐振腔好像低频发射机中电感与电容组成的谐振回路,吹过谐振腔口的电子束,形成所谓电子“风”,电子“风”在金属腔体中感应出微波。谐振腔使频率不断增高,产生出 915 MHz 或 2 450 MHz 的连续微波,电子就把能量交给超高频电磁场。微波能量输出器将磁控管产生的微波能量耦合出来,输送到波导管。

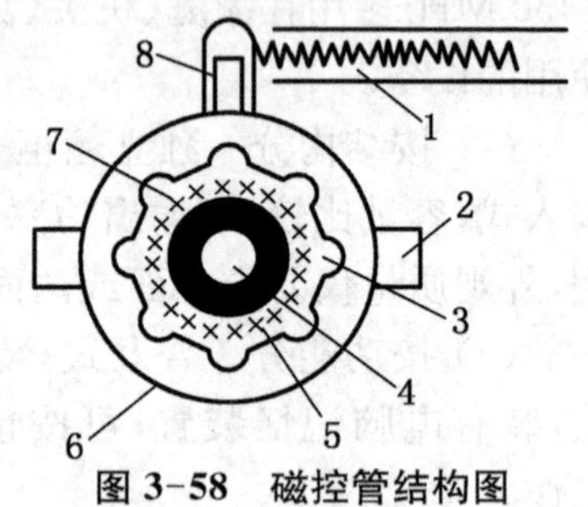

图 3-58 磁控管结构图

1—波导管;2—磁钢;3—谐振腔;4—阴极;5—相互作用空间;6—阳极;7—电子;8—输出

由于磁控管工作时要产生出高热,所以冷却十分重要。一般采用风冷,冷却空气高速通过散热片。

3. 波导管

波导管是传输微波的装置。此装置是一根矩形的高导电的金属管,它的一端接磁控管天线,另一端从箱体上部输入。波导管的作用是将电磁波的能量局限在管子里,使能量不会朝各个方面无规则地散射,而不能全部输送到炉腔。波导金属管除起屏蔽作用外,还限定电磁场的分布形式,使之有一定的波形。

4. 搅拌器

搅拌器位于波导金属管的一端,是炉膛中的微型风扇装置。搅拌器的风扇转速很慢,一般每分钟仅几十转,通过风扇的作用,把微波均匀地送到炉膛各个部位。搅拌器的旋转方向与放置食物的转盘呈相反方向转动。为配合搅拌器的工作,在波导管入口处还加装有反射板,利用它把微波反射到搅拌器上。

5. 炉膛

炉膛是食物受热的场所,也叫谐振腔。炉膛多是采用腔体式。微波炉的炉膛多是由铝合金或不锈钢板等金属制成,它似一个长体箱形,前面安装炉门,侧面或顶部开有排湿孔,顶部装有波导管及搅拌器,底面上一般都装有加热食物的支撑架(转盘)。

实际工作时,微波从不同角度上向食物反射,而当穿过食物未被吸收尽的微波能达到炉壁后,又可重新反射回来穿过食物。微波能在炉膛内的损耗是极小的,几乎全部用于加热食物,这正是微波炉效率很高的主要原因。

炉膛设计和制造的要求比较严格,为防止微波辐射对人体的伤害,需要可靠的防护装置和密封装置。为保证微波的泄漏量在安全范围内,规定家用烹饪微波炉或工业微波加热设备的微波泄漏量为:在距离设备 5 cm 处,微波强度≤5 mW/cm^2(2 450 MHz)和≤1 mW/

cm^2(915 MHz)。目前大部分国家生产的微波炉均以此作为标准。

6. 炉门

微波炉的炉门由金属框架和玻璃观察窗构成，在观察窗的玻璃夹层中有一层金属网，起静电屏蔽作用。

为防微波炉泄漏，炉门采取了多重防泄漏措施：炉门和膛体有良好的金属接触，当炉门开启时，门上的连锁装置能使微波炉立即停止工作。炉门装有抗流结构（一般是深度为微波波长 1/4 的凹槽），以防止门与炉膛体长期开启或关闭后发生磨损，或由于污物、灰尘等存积表面，引起金属接触不良，使微波从缝隙中泄漏出来。炉门与炉膛体应装有吸收微波的材料，以防止前述两种方法不致用而予最后的补救。吸收微波的材料，目前大都是用耐高温的硅橡胶或氯丁橡胶等作黏接剂，混合进能大量吸收微波的铁氧材料制成。

(四) 微波炉控制系统

一般微波炉的控制系统由定时器、双重锁闭开关、灶门安全开关、烹调继电器、热断路器等五部分组成。

1. 定时器

一般的定时器有机械数字式与发光二极管两种形式，可在 0～30 min 或 0～60 min 内加以控制。

2. 双重闭锁开关

双重闭锁开关是微波炉的一个重要安全装置。它有两种闭锁作用，均通过灶门的把手加以控制，当灶门未关闭好或打开时，开关一方面断开烹调继电器及定时器的电源，另一方面又断开电路，使微波炉停止工作。

3. 灶门安全开关

此开关通过灶门凸轮臂来闭合烹调继电器及定时器的触点，为电源变压器的初级绕组提供通道。当灶门打开时，即使双重闭锁开关未能断开回路，这个安全开关也可断开电源变压器的电源，使微波炉停止工作。

4. 烹调继电器

通过烹调开关或灶门安全开关以及热断路器，对波形搅拌器的电机、电源变压器和烹调照明灯电流的通、断控制。

5. 热断路器

它是一种热敏保护元件，装在磁控管上。当出现散热鼓风机故障、气道阻塞或过滤器油污堵塞等情况时，便起到防止过热的作用。

(五) 微波炉的烹饪方法

1. 微波炉的烹饪方法

(1) 禽肉类　用微波炉烹调鸡、鸭、鹅等禽肉食品，比用传统灶具烹调更加香嫩。由于家禽形状不规则，最好在烹调前将头和爪去掉。对于翅尖等突出部分，在烹调了 2/3 时间后，可用铝箔将其包住。可将鸡放入耐热袋或有盖蒸锅中烹调，耐热口袋不要扎紧，或在袋上扎上一排气孔，以便排气。蒸、炒鸡块时，鸡皮面朝上，用纸巾盖住。一些比较难以受热成熟的老鸡，可按 500 克加 60 毫升左右的汤汁一起煮。鸭、鹅的脂肪比鸡多一些，烹调时间可相应缩短。一般来讲，用中度火力烹调 500 克重的整鸡，约需 12 分钟，鸡块和整鸭约需

8分钟。烹熟的鸡肉呈青黄色，若带粉红色，可再入炉烹约2分钟。一般家禽加热至85～88℃就可以了。

(2) 畜肉类　用微波炉烹调肉类食品，一般应选用较瘦的肉为好。肉块最好用中高功率烹调。对于嫩肉块只需加热到70～80℃，这时肌纤维中蛋白质完全受热变性，可以用筷子或刀叉弄碎分开其纤维，肉就熟了，这时的肉最嫩。如不能分开则仍需再加热。决定肉的老嫩主要是肌肉中的结缔组织(筋、腱、膜)的含量。高功率微波烹调不能使老肉变嫩，但采用较低功率烹调和较长时间(包括保温、搁置)可使结缔组织中的胶原蛋白转化为可溶明胶，使老肉嫩化，此时温度为70～100℃。

(3) 水产类　烹调500克重的鲜鱼或中等大小的去壳虾，用中度火力烹调约6分钟，而烹调扇贝类海鲜，只需约4分钟。烹调好后最好放置5分钟才揭盖(膜)，这样还可减少实际烹制时间，如食品还不够熟，可再烹制约40秒。注意：应掌握好烹调时间，水产品本来就很嫩，所以烹调时间要短，俗话"紧锅鱼"，即为此理。若过度烹调，水产类食品容易干硬。烹调水产品时一定要加盖，或用塑料薄膜罩住，以保持水分。

【小思考】

为什么用微波炉烹调河鲜和海鲜类食品，是最好不过的事？

(4) 蔬菜类　微波炉烹调蔬菜，加热时间短，用水量极少，从而能保持成品菜的原汁原味和营养价值。含水量高的蔬菜，烹调时不必加水；含水量少或纤维素、半纤维素多的蔬菜，应当适当在菜上洒些水。烹调新鲜蔬菜要加盖或罩上保鲜膜，可用高度火力烹调，中途要搅拌、翻转。一般菜谱中定出的烹调时间仅是参考数据，实际烹调时要根据蔬菜的新鲜度、形状、体积的不同来灵活掌握。

【提示】

烹调蔬菜时要烹调好后加盐，或先将盐水加在盛器中，放上蔬菜再烹调，否则蔬菜会干燥发柴，影响口感。

(5) 汤菜类　烹调时盛器要加盖或罩上保鲜膜。以水调制的汤可用高度火力烹调；含乳脂的汤应用中度火力烹调。为避免汤汁沸腾时溢出，盛器应两倍于汤的体积。煲猪肉汤或鸡肉汤时，应先以高度火力加热至沸，然后再用中度火力熬至肉松软。一般来说，烧开250克的水，用高度火力约需3分钟。

【小思考】

微波炉烹调汤菜相比于普通炉灶的特点？

(6) 主食类　煮米饭时，可先将大米浸泡2小时左右，然后放入微波炉机加热，可缩短烹调时间。微波煮饭所需水分比常规的少，不会煮成夹生饭。如觉得太硬可加些水再煮，如果觉得太烂，可打开盖子加热。在微波炉中煮面条、水饺时，应待水沸腾后加热，饺子浮起即可。在汤水中滴几滴油，可减少沸腾时产生的气泡。

2. 微波炉的烹饪注意事项

(1) 用微波炉烹调菜肴时，最好使用精炼油，若用普通的食用油，则要严格控制时间，如果时间不足，易产生生油味；时间过长，则会引起着火。

(2) 烹调时应尽量减少用盐量，以免烹调好的食物出现外熟内生、干硬发柴的现象。若必须要用盐调味时，应尽量在烹调即将结束前或结束后再用盐调味。

(3) 对于浓烈的调味品，比如大蒜、辣椒、酒等调味品，应在烹调前少放，最好是烹调中后期阶段放入。

(4) 用微波炉烹制菜肴时，水分蒸发少，所以用水量要适度，这样才能保证菜肴的色泽和营养成分。

(5) 烹制鸡蛋、栗子、牡蛎等带壳食物时，应先将原料片出裂缝或拍破，以防爆裂、喷溅。

(6) 烹制含高糖、高脂肪的食品时，要严格控制加热时间，宜短不宜长，否则会把食物烧焦。

(7) 由于微波炉对边缘加热较快，所以厚的食物应尽量排在碟的边缘，小而薄的食物排在碟的中心，并在碟的中央留空，这样的烹调效果好。

(8) 通常采用圆而浅的器皿加热速度较快。

(9) 烹调的食物较多时，必须进行搅拌，才能保证加热均匀。

(10) 不可用金属器皿，可用玻璃、塑胶和瓷器，但都必须耐热。一些有颜色或花纹的器皿，受热后颜料中的重金属转到食物上，有损健康，还是选用标明"微波炉适用"的器皿为佳。

(11) 为使热力平均分布及避免蒸干水分，要用保鲜纸或胶盖覆盖食物，但大多数塑胶受高热后会熔化，而胶料附在食物上，也会损害身体，所以须使用标明"微波炉适用"的胶盖和保鲜纸，而且最好不要接触到食物。

(12) 切勿损坏微波炉门上的透明网及胶边，以免微波外泄。

(13) 去壳熟蛋、薯仔及其他类似的食物，需把外皮或薄膜刺穿，让蒸气释出，以免发生爆炸。

(14) 食物宜大小均匀，以圆型排列，较厚部分向外，能更有效吸收微波。

(15) 经常保持炉壁干爽卫生。

(六) 影响烹调效果的因素

1. 食物块的大小

食物块的体积越大，所需烹调时间越长。烹调时，食物块 1 cm 的表层可吸收微波的一半，以下的每 1 cm 厚度再吸收余下的一半，以此类推，越大的食物块接近中心，吸收的微波就越少。当食物块的直径超过 5 cm 时，它的中心就要靠热传递来完成烹调。

2. 食物块的形状

食物的几何形状对烹调效果也有一定影响，形状规则的食物块在微波炉里可以均匀受热，而几何形状不规则的食物在较薄或较窄小处易出现过熟现象。

3. 食物量

每个微波灶都有一个最佳加工量，食物在这个量之下，就会浪费能源，严重的会影响磁控管寿命。例如用一最佳工作量为 1 kg 微波炉烧 2 次 0.5 kg 的肉块只需 3.6 min。而单独烧一块 0.5 kg 的肉块却需要 2.2 min。

4. 食物的密度

一般来说，密度大的食物较密度小的食物烹调时间长一些。如果烧带骨肉时，由于骨头吸收的微波很少，又是热的不良导体，因此骨头附近的肉就可能熟得慢一些。

5. 食物的比热容

不同的食物升温相同时，它们吸收的热量不同。例如，比热容为 4.186 kJ/(kg·℃)的水和比热容为 2.09 kJ/(kg·℃)的脂肪升高同样的温度,水需要的热量就为脂肪的 2 倍。比热容是确定食物烹调时间的一个重要因素。

【提示】

比热容是物质的一种物理性质,即单位质量的热容量。

6. 食物的介电性质

食物的介电性质可影响对微波的吸收。这一部分在前面已述及,这里不再多说。

一般加热食物所需的烹调时间可用下式求得:

$$t=\frac{mcT}{12.2P}$$

上式中:t——烹调时间,单位:min;

m——食物原料质量,单位:kg;

c——食物比热容,单位:kJ/(kg·℃);

T——需要升高的温度,单位:℃;

P——微波炉功率,单位:kW;

12.2——热量系数,1 kW、1 min可使食物产生的热量系数。

(七) 微波炉的性能和特点

1. 加热均匀,控制方便

微波具有较强的穿透能力,能到物体内部,使其受热均匀,不会发生外焦里生的情况。微波发生器在接通电源后便能立即产生交变电场并进行加热,一断电就立即停止加热,因此能方便地进行瞬时控制。

2. 营养破坏少

能最大限度地保留食物中的维生素,保持食品原来的颜色和水分。如煮青豌豆可保持 100%的维生素 C,而一般炉灶仅能保持 36.7%左右。此外,微波还具有低温杀菌作用。

3. 加热快,热效率高

由于食品的热传导性通常都比较低,采用一般加热方法使物体内、外温度趋于一致需较长时间。采用微波加热则能使物体表、里皆直接受热,所以加热速度快、效率高。

4. 清洁、方便

用微波炉烹调食品过程中,没有汁水流出,不会使厨房气温升高,而且对放在餐具内的食物直接加热,省去了一般加热方法转装食物的麻烦。

5. 微波加热缺点

缺点是食物表面不能形成一种金黄色焦层,缺乏烧烤风味。另外,由于热处理时间短,缺乏高温长时间下生成的风味成分,在风味上难以跟传统烹器做出的菜肴相比。但带有烤制功能的新型微波炉,在一定程度上解决食品色泽问题,并拓宽了微波食品范围。

四、电磁感应加热设备(电磁灶)

早在 20 世纪 20 年代,就有将电磁感应加热方法用于烹饪的专利,但一直未付实用。目前,电磁感应加热设备应用于厨房设备的主要有电磁灶、电磁热水器以及所谓的 IH 电磁感应电饭煲。

电磁灶全称为电磁感应灶，又叫电磁炉。1957 年，联邦德国的 NEFF 公司研制成家用电磁炉。1972 年美国西屋公司也开始生产电磁炉。其后，日本又将单片机的功能应用到电磁炉上，从而使电磁炉技术得到更深的发展。八十年代初，电磁炉在西方已受到广泛的欢迎。很多国家在实现厨房电气化的工程中开始使用电磁灶。

电磁炉一般按照流过感应线圈的电流频率分为工频和高频两大类。工频电磁炉也叫低频电磁炉，是使工频电流（50 Hz 或 60 Hz）通过感应加热线圈，由于高频电磁炉也采用工频电源供电，但将工频电流先整流成直流电，再逆变成 20 KHz 以上的高频震荡电流通过感应线圈。采用低频方式时，不必设置高频电力转换装置，但它有热转换率低以及其他诸如噪音、重量等方面的缺陷。为此，需要采用特殊的烹饪锅。

当采用高频方式时，转换率极高（可达 90%以上），而且具有振动小、噪音低、重量轻等优点。不必用特殊设计制造的烹饪锅，但却需增添高频电力转换装置，两者各有优缺点。目前两类都有发展，相互促进。相比之下，一般电磁炉都不采用工频，所以本书仅介绍高频电磁灶。

（一）结构与工作原理

1. 基本结构

电磁灶主要由加热、控制、冷却装置、功能保护和烹饪锅等几个部分组成。如图 3-59 所示。

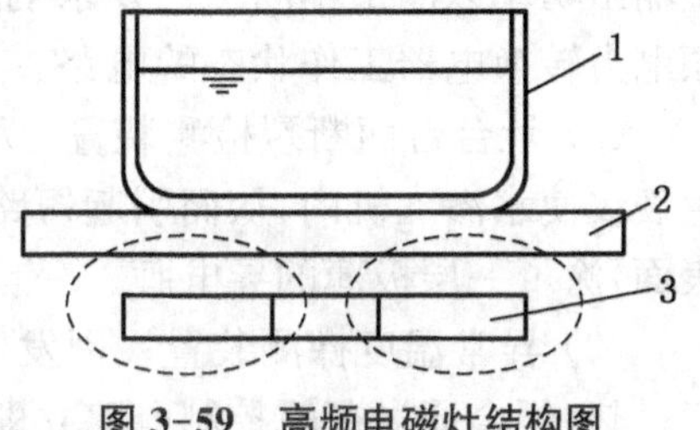

图 3-59　高频电磁灶结构图

1—烹调锅；2—面板；3—感应线圈

电磁炉加热部分的面板采用耐冲击、耐高温的微波玻璃制作。在面板的下方安装一个圆盘形的感应加热线圈。

线圈是电磁产热的重要部件。在金属中，纯铜的导热性和导磁性使得其在很多领域里都有广泛的应用。同样，对电磁炉来说，用纯铜绕成的线圈，其导磁性远远优于含杂质较多的其他金属线圈，相应的加热时间就会大大缩短。

IGBT 是功率管的简称，它是一台电磁炉的重要核心部件。电磁炉的功率输出就是由 IGBT 来完成的。目前市面上较好的电磁炉，都是采用优质大功率 IGBT，较常用的是 FAIRCHILD（美国仙童）、INFINEON（德国英飞凌）和 TOSHIBA（日本东芝）。此外，从另一个侧面也可看出 IGBT 的重要性，两款功能几乎相同的电磁炉产品，一般来说，功率大的产品售价较高。

电磁炉操作中温度的调节、功率的选择、时间的设定等等都是通过控制电路板来实现的。优质电磁炉通常采用进口原装电路板，有些还特别有整体防潮处理，在湿度很大的环境中，也能使电磁炉正常工作。

电磁炉外壳底部设有冷却装置，包括进气口、排气风扇、排气口等等。在电磁炉工作时，将整流电源、大功率管以及其他元件发出的大量热量，通过冷却装置排出体外，使电磁炉更好地工作。由于电磁炉在工作中会产生很大热量，如此一来，内置风扇的优劣对电磁炉的寿命长短有着重要的影响。好的电磁炉一般用优质的直流冷却风扇，散热性好、噪音小，有助于延长电磁炉的使用寿命。

电磁炉功能保护部分包括升温保护装置、负荷检测装置、防止金属小物发热装置和电源过流保护装置等。

电磁炉外壳采用阻燃性能良好的耐热工程塑料注塑而成，除了起装饰之外，更重要的使炉体密封，减少渗漏，防止底板带电。

电磁炉烹饪锅的材质选择十分重要，这是电磁灶的工作原理所决定的。即所用的烹饪锅应具有良好的导磁性能，如平底铁锅、搪瓷锅和不锈钢锅等。

2. 工作原理

如图 3-60 所示，电磁灶接通 220 V 电源，整流器将工频电源整流为脉冲直流，再经过变频器转变成超高频电流，然后再将超高频电流输入感应加热圈，在线圈产生交变磁场。由于磁力线穿过面板上导磁的金属烹饪锅底部，并在其底部因电磁感应产生涡流，涡流克服锅底内阻流动，即产生热能，烹饪锅由此发热，从而加热食物。

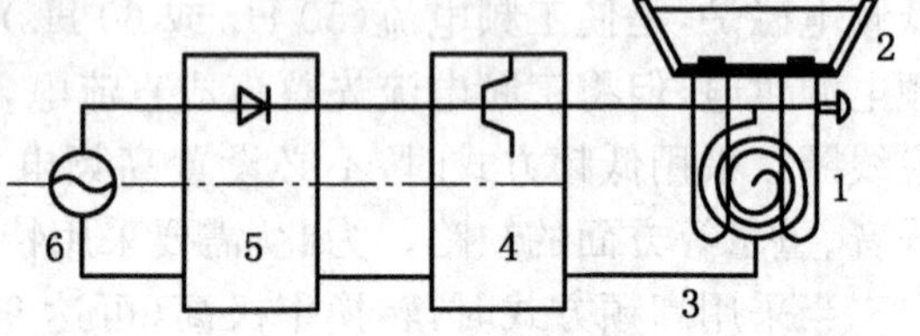

图 3-60 电磁灶基本原理图

1—磁力线；2—锅；3—感应线圈；4—变频器；5—整流回路；6—交流电源

3. 控制系统

高频电磁灶有较完善的控制系统，一般包括以下四方面电路，实现安全防护的电路，调整输出功率以满足不同烹饪要求的电路，将电磁灶的工作状态告知使用者的电路，稳定高频电力转换电器工作状态的电路。

(1) 灶台台面断裂检测装置　尽管电磁灶的台面用高强度陶瓷板制作，但也有可能发生裂纹使水渗入机内，从而引起短路或触电事故。为了防止这类事故的发生，在台面下(内表面)涂了一层极薄的导电膜。一旦有了裂纹，断裂探测装置便会立即切端电源。

(2) 异常温度探测装置　因发生异常事故(空烧)引起感应，加热线圈会过热烧毁。一旦过热，便会通过逻辑控制电路立即切断电源，同时开动冷却风扇和闪光信号灯。

(3) 负荷检测装置　为了防止不慎将汤匙、菜刀等物体放在灶台上而受热，特设负荷检测装置。通过检测输入功率的大小可探明被加热物体的大小，如果是小物件就会发出声响提醒使用者。

(4) 锅体材料检测装置　因高频电磁灶仅适于铁磁锅，所以可利用永久磁铁和微动开关检测。如锅体材料不符合要求，也会发出声响告诉使用者。

(5) 电气元件温度探测装置　防止冷却风扇发生故障，电气元件可能发生过热损坏，此装置可检测电气元件的温度，如超过额定值(半导体开关元件为 75℃，感应加热线圈为 90℃)，便能迅速切断电源。

(二) 电磁灶的发展趋势

1. 外观设计

外观设计趋向于流线型、超薄型。随着功率器件小型化，低功率化以及安全技术成熟化的发展，未来电磁炉将越做越小，越做越薄，并有可能出现微型电磁炉。此外，嵌入式、多头式将越来越成为市场的主流。图 3-61 为电磁炒菜灶外形图。

图 3-61 电磁炒菜灶外形图

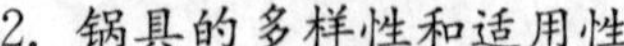

2. 锅具的多样性和适用性

目前电磁炉仅能使用有导磁性质的铁质材料，这极大地限制了电磁炉的使用范围。随着电磁炉技术的进一步发展，以及电磁炉工作频率的提高，使铝质锅具、铜质锅具甚至其他材料的锅具亦成为可能。同时电磁炉的效率、体积、噪音等诸多问题都能得到极大的改进。最近，广东某公司经过一年多的研发，实现了各种锅具在电磁炉上均能使用的创新，无论是玻璃锅、搪瓷锅还是陶瓷锅，都能在电磁炉上使用。这一技术突破了电磁炉锅具使用局限，为电磁炉的普及打下了良好基础。而且圆底锅也在部分公司产品中推出了，符合了中国人喜欢用圆底锅的习惯。

3. 功率越来越大

不仅功能越来越多，而且在我国，商用电磁热设备已开始出现和投入使用，已有电磁大锅灶、电磁炒炉、电磁平头炉、电磁蒸箱、电磁煮面炉、电磁油炸炉、电磁肠粉炉等一系列厨房加热设备，其功率从 220 V 的 3 kW、3.5 kW、4 kW 到 380 V 的 5 kW、6 kW、8 kW、10 kW、12 kW、16 kW、18 kW、25 kW、30 kW 等应有尽有。如上海锦江拉丁餐厅有限公司使用了 TS—3500 单相大功率凹型电磁炉后认为炉子具有的定温功能，为一些食物的多样性烹调提供了方便，大小火力调节功能可以基本满足一般酒店烹饪要求。在我国一些火车上也开始使用了 9 kW 的电磁灶，性能一直良好。此外，一些火锅城开始使用专用的线控专用火锅电磁炉。

(三) 电磁灶的性能及特点

1. 安全

这种烹调设备由于在工作时不出火焰，不易造成火灾。此外也不会发生像使用煤气灶那样的不完全燃烧、煤气中毒等危险。

2. 清洁

该灶具在使用过程中由于不使用火焰，所以没有可燃性气体，也不污染空气。

3. 最佳的热效率

电磁感应灶的热效率可达 80%左右。而一般家用燃气灶热效率约为 55%，电炉热效率 52%。

4. 控制方便

无级调节输出功率，电磁感应灶的滑动旋钮可以连续调节火候，也可以准确的调节温度。

5. 烹调功能齐全

随着微处理器引入电磁炉的控制系统，以及微处理器功能的日趋强大，许多原先无法实现的功能都能实现，比如煮饭、煲汤等均可实现自动化、智能化，真正实现煎、炸、煮、炒、炖样样皆能。目前市面上已出现上述智能化的电磁炉。

本章小结

本章的内容较多，主要阐述了厨房热加工设备方面的知识，包括厨房热加工设备的基础知识、传统热加工设备、燃气和燃油炉灶、电加热设备。

热加工设备的基础知识中，主要介绍了传热方式、热加工设备的分类以及对厨房热加工设备的要求。

结合国家新的标准，对燃气和燃油热设备进行了重点介绍，因为这是目前最流行的厨房热加工设备，兼顾其发展和应用的情况。

电加热设备是将电能转化为热能，主要有电阻式、红外线式、微波加热式以及电磁感应方式，在了解电加热设备基础知识的基础上，结合电加热设备的最新发展情况，对各种在厨房中得到广泛应用的电热设备的结构、工作原理以及使用等方面进行了介绍。

检　　测

复习思考题

1. 滚烫的砂锅放在湿地上为何易破裂？

2. 在烧煮汤菜时，从开始加热到锅边附近冒气泡的时间要远大于此时到锅心开始冒气泡的时间，原因何在？

3. “烙饼”、“蒸馒头”、“烤红薯”主要利用了哪一种传热方式？

4. 据深圳商报 2005 年 12 月 22 日报道，2005 年第 3 季度，深圳市质监局对深圳市生产的餐馆及单位食堂使用的燃气燃烧器具进行了首次监督检查，抽查结果显示，商用燃气具存在严重安全隐患，总体合格率不足六成。那么一台合格的厨房加热设备，其总体要求是怎样的呢？

6. 蒸气蒸柜炉和夹层蒸气锅都是以蒸气作为热源，其在工作过程中，对应的烹饪工艺过程是一样的吗？

7. 2006 年 10 月 15 日沂南市给火锅店液化气瓶体检，现场检查发现，有些单位用热水加热钢瓶或将钢瓶倾斜放置使用，请问此种应用是否存在安全隐患？

8. 当燃具火焰发黄时，此时应对燃具做何调整？

9. 燃烧器的稳定性包括哪几个方面？

10. 在选用燃气炒菜灶时应注意什么问题？

11. 说明燃油灶的结构及工作原理。

12. 常见电热材料有哪些？

13. 简述电加热设备各类控制元件的工作原理。

14. 市场上有哪些电饭锅？

15. 常用电烤箱的类型及特点。

16. 电灶的无极调节功率具体过程。

17. 简述微波加热原理。

18. 微波加热对介质有选择性吗？如何选择？以什么参数为评判依据？

19. 电磁加热的基本原理。

第四章　厨房冷加工设备

在餐饮行业中，无论是经过初加工的烹饪原料，还是热加工后的成品或半成品，或是冷食品的制作，都离不开冷加工设备。在低温条件下，有助于防止食品的腐败变质，降低原材料的损耗，延长食物或原料的贮藏期限，最大限度保持食品色、香、味和营养价值。从卫生监督部门针对餐饮业的卫生规范可以了解，任何餐饮企业必须具备一定的冷藏条件才允许营业，足见厨房冷加工设备对现代餐饮业的重要性。目前在餐饮业中比较常见的冷藏(冻)设备有电冰箱、冷柜、小型冷库、冷藏展示柜和冷藏操作台等，常见的冷食加工设备有冷饮机、制冰机、冰淇淋机等。本章在介绍制冷原理的基础上，着重介绍这些冷加工设备的主要结构和使用要求。

第一节　概　　述

厨房冷加工设备种类较多，但制冷原理基本相似，本节主要对制冷原理涉及的基本概念做简要介绍。

【案例 4-1】

冷链技术

据《北京商业》杂志报道，法国厨房设备联合会(SYNEG)的设备制造商们推出的餐饮业的“冷链”(cook chill process) 技术，在法国及其他多个国家已成为集体餐饮质量的最好保证。“冷链”以一种法国工艺为基础，采用 HACCP 方法(即控制食品安全的方法)进行控制。采用这一工艺，可以不采取速冻技术，而将几天前制作的食物妥善保存并供应给集体餐饮场所，却不会导致食品中致病细菌或微生物的繁殖。食品在“中心厨房”经过烹制之后，按照规定的程序迅速冷却，然后在冷藏的环境下(从 0℃到＋3℃)贮存和销售，根据食品保存期限(DLC)的不同，最长期限可达四天，甚至七天。食物可以供应给一个或多个场所，在现场按照规定的方法加热后食用，几乎没有任何时间和距离的限制，这种方法有多种好处，丰富配餐食品的花色品种，减少运营时间和成本，减少垃圾，节约原材料，充分利用设备，节省能源。

评析：从以上案例可以看出厨房冷加工设备在餐饮业中的重要性，那么人们是如何实现制冷的呢？什么叫制冷？比如我国东北，在冬天的时候，人们将饺子放在室外，得到了冷冻的饺子，那么也可以称为制冷吗？

针对这些问题，本节将对制冷的概念和方法作简单的介绍。

一、制冷的概念

（一）制冷的发展

我国古代的劳动人民早在三千多年前就已经懂得利用天然冷源，即在冬季采集天然的冰贮藏在冰窖中，到夏季再取出来使用。如《诗经》中《七月》的古诗就有“二之日凿冰冲冲，三之日纳于凌阴”的诗句，奴隶在冬天将冰块藏于地下，而后在夏天取出供奴隶主享用的记载。在商代，中国就已有隆冬取冰储藏至夏日使用的做法。周代，官府还设立了专管取冰用冰的官员，称之为“凌人”。到唐代时，长安街头已出售冰制冷饮和冷食的商贩。在南宋时，中国已掌握用硝石放入冰水作为制冷剂，以奶为原料，边搅拌边冷凝制作“冰酪”的方法，元世祖忽必烈曾禁止宫廷以外的人制作冰酪。一般认为冰酪是现代冰淇淋的最早起源。我国出土的文物“冰鉴”就是最古老的冰箱。

古代的埃及和希腊很早也有利用冰的记载。从埃及人的约 2 500 年前的壁画可以发现，当时古埃及人就已想到，将清水存于浅盘中，天冷通风时，由蒸发吸热，使盘内剩余水结冰，这可以说是较早的人工制冰。

可见，人们追求对食品冷加工的想法和方法古已有之。不过，上述的方法都不可以称为制冷。

直到 1834 年英国的波尔金斯利用乙醚进行蒸发吸收热量，人为地造成低温环境，人们开始了真正意义上的利用制冷剂进行制冷。同年，法国的帕尔提发现了温差电效应，可惜的是当时没有得到重视和应用。一直到后来，半导体技术的发展，才利用此效应制成了电子冷藏箱。

现代的制冷技术已经非常成熟了，各种各样的制冷方法层出不穷，但总可以将其归纳为两大类：自然制冷和人工制冷。

那么，为什么我们说古代人们的冷却食物的方法不是制冷呢？自然制冷和人工制冷又有何不同呢？

（二）制冷概念

1. 制冷

就是用人工的方法制造出一个低温环境，从被冷却物体中吸取热量，将其冷却至常温以下，并一直维持低温。

在自然状态下，热只能从高温物体传递到低温物体，而不能自动从低温物体传递到高温物体，正如水总是从高处流向低处。要使水从低处流向高处，必须借助水泵，同样要使热从低温物体传递到高温物体，也需借助特殊的设备才能实现，利用这种设备我们可以把某物和某一空间的热量不断传递到环境介质（水或空气）中去，从而达到并维持某物和某一空间的温度低于环境温度，实现制冷效果。

2. 制冷和冷却的区别

在日常生活中，常需要将物品的温度降低，如将 100℃的水降至室温，只需放于室内就可自发进行，这叫做冷却。若需将水的温度继续降至室温以下，这种过程无法自动进行，必须借助于特殊的介质和设备才能实现，这就是制冷。

二、制冷方法

制冷方法主要有两种，一种是利用物质的融解、升华、沸腾（蒸发）等物理变化实现制冷，我们称为自然制冷；一种是利用制冷设备消耗能量（如机械能、热能、电能），从低温物体中吸取热量，并将此热量传递至高温物体而实现制冷，我们称为人工制冷。

（一）自然制冷

1. 融解

固体吸热后变为液体叫融解。如冰融解变成水，从周围环境吸取热量而使周围物体冷却。这种方法主要用于贮存食品或防暑降温，不能获得0℃以下的低温。

2. 升华

固体吸热后直接变成气体叫升华。在制冷中已经应用的主要是固态二氧化碳（干冰）在1大气压下的升华温度为−78.5℃，从周围环境吸取大量的热来实现制冷。这种方法可获得低温或超低温。

3. 沸腾（蒸发）

利用低温状态下容易蒸发的液体蒸发时吸热的特点实现制冷。这种方法可获得各种不同的温度环境，是目前应用最广泛的制冷方法，普遍应用与冷藏、冷冻、空调等各种制冷过程中。

在实际制冷过程中，只实现如上所述的一次状态变化，会由于外界环境温度的影响使食品或物体温度重新升高，因此，要使食品一直维持低温状态，必须采取人工制冷方法。

（二）人工制冷

人工制冷是利用专门的制冷设备实现的，不仅能使食品温度降低，而且能够长时间保持低温状态。人工制冷的方式主要有蒸气压缩式制冷、吸收式制冷、蒸气喷射式制冷、热电制冷等。其中蒸气压缩式制冷是最经济、应用最广泛的人工制冷方法，热电制冷在现代厨房设备中的应用也日渐增加，我们将在下一节中详细介绍这两种制冷方法的原理。

【提示】

现在发达国家的市场上还有利用一些新型的制冷方法而制成的制冷设备，如利用涡流流动特性制成的涡流冷却设备、利用流体流动能量守恒原理制成的绝热制冷设备（绝热节流和绝热膨胀）、利用磁铁失磁和复磁的放热和吸热过程制成的磁液冰箱、利用一些物质溶于水要吸收热量的特性制成的化学冰箱以及太阳能冰箱等。

【小思考】

在北方农村的冬天，将水饺放在室外冷冻，然后可以长时间保存，是属于制冷吗？

第二节 制冷原理和设备

如前所述，制冷不能自发进行，必须借助于特殊的介质和专门的设备才能实现。蒸气压缩式制冷和热电制冷是现代厨房冷加工设备中应用广泛的两种人工制冷方法，下面我们主要介绍这两种人工制冷的原理和设备。此外，为了降低冷藏过程中对食品性质和营养的破坏，现代餐饮业引入新型快速冻结设备，本节将简单介绍这类新设备的特点。

【案例 4-2】

液态二氧化硫的蒸发实验

把一只盛有液态二氧化硫（沸点为－10℃）的玻璃试管，放入一盆常温水（水温 20℃）中，打开试管上的塞子，由于二氧化硫沸点很低，在 20℃环境下，蒸发极快，它在蒸发过程中，要向周围吸热，因此水就会迅速降温，当试管内的二氧化硫蒸发完后，试管的外壁表面凝结成一层薄冰。

评析：在实验中，二氧化硫的沸点为－10℃，当液态二氧化硫蒸发沸腾时，就会从周围环境吸热，使水结冰。这说明利用在低温下能够沸腾汽化的物质，就可达到冰点以下的制冷目的，这种物质就是制冷剂，这种方法就是蒸气压缩式制冷。那么，有了制冷剂是否就可以进行制冷了？在实验中，利用二氧化硫蒸发沸腾可以造成低温环境，蒸发掉的制冷剂显然需要循环回收，重新蒸发，方可造成持续的低温环境。这个循环的系统即为压缩式制冷系统。

下面我们将对这一系列的问题进行阐述。

一、压缩式制冷原理及设备

（一）制冷剂

制冷剂是用来实现制冷效果的工作物质，它在冷凝器中放出热量变成液态，在蒸发器里吸收热量变为气态，通过制冷剂周而复始的状态变化，不断吸收被冷却物体的热量，实现热量的转移，达到制冷的目的。制冷剂在制冷过程中发生的状态变化是物理变化，没有化学变化，所以只要制冷系统没有泄露，制冷剂将可以长期循环使用。

制冷设备的种类、结构不同，对制冷剂的要求也不同。常用的制冷剂有：

1. 氨（NH_3）（R-717）

氨是最早的一种制冷剂，在人工制冷中，已使用了 100 多年，它在标准状态下，沸点为－33.4℃。氨气比空气轻，约为空气的 1/2，有良好的热力学性能，单位容积制冷能力大，价格便宜，现在大、中型制冷设备应用较多。

氨蒸气有强烈的刺激性臭味，对人体有毒性。当氨气和空气混合达到一定比例时，有爆炸的危险，此外，氨对铜及铜合金有强烈的腐蚀作用。

2. 氟利昂 12（R-12）

氟利昂 12，在标准状态下，沸点为－29.8℃，它是无色无味无毒的气体，比空气重 4.18 倍，它不会爆炸，也不会燃烧，被广泛用于电冰箱、冷柜等厨用中、小型制冷设备中。氟利昂 12 不含水时，对所有金属都无腐蚀作用，但含水时，会对金属有较强的腐蚀作用，还可能使制冷设备产生“冻堵”故障，所以通常要求其含水量不得大于 0.002 5%（以质量比记）。

氟利昂 12 的渗透能力极强，金属中的微孔或管路接头不严密处都会产生泄露，因此，对制冷系统的铸造质量及接头的密封性能要求严格。

氟利昂 12 与氨相比，单位容积制冷能力小，导热系数低，而且对人类生存环境产生较大危害，因为氟利昂 12 中含氯（以及溴）物质在大气中上升到臭氧层时，受到紫外线激发分解出氯离子与臭氧结合成氯的氧化物，从而破坏臭氧层，导致地球表面受紫外线辐射增加，造成皮肤癌患者人数增多，并加剧地球温室效应，因此，国际上于 2000 年禁止使用，选用对臭氧无破坏作用的替代制冷剂如 R-134a 和 R-152a 混合物、R600a 等。

3. 氟利昂 22(R-22)

氟利昂 22 在标准状态下,沸点为-40℃,常态下是无色无味无毒的气体,不燃不爆,单位制冷能力比 R-12 大,无水时对金属不腐蚀。在环保方面,R-22 对臭氧层破坏能力比 R-12 小得多,国际上把它列为过渡介质,在今后 50 年内允许使用。

4. R-134a 制冷剂

R-134a 是一种新型环保制冷剂,具有无毒、无色、不燃不爆、热稳定性好等性质,更重要的是 R-134a 不损害臭氧层。其化学名为 1,1,2,2-四氟乙烷,分子组成:CH_2FCF_3。

R-134a 的沸点在一个标准大气压下为-26.1℃,冰点为-103.0℃,临界温度101.1℃,临界压力 4 060 kPa,25℃下液体的密度为 1 206 kg/m^3,沸点下饱和蒸汽的密度为 5.25 kg/m^3,热导率,25℃下液体的为 0.082 4 w/mk,气体在一个标准大气压下为 0.014 5 w/mk,25℃下液体的黏度为 0.202 mpa * s,自燃温度为 770℃。其蒸发潜热在 0℃为 198.44 kJ/kg,稍大于 R12(152.51 kJ/kg)。

R134a 之所以用来替代 R12,是因为其热力性质与 R12 相似以及其低毒性,使之成为一种非常有效和安全的替代品。HFC-134a 主要用在汽车空调、家用电器、小型固定制冷设备、超级市场的中温制冷、工商业的制冷机。

【小资料 4-1】

所谓的无氟制冷剂

很多人,都喜欢把用 R134a 做制冷剂叫做无氟。但是实际上它的制冷剂就是氟利昂 HFC R134a,所以不能叫无氟。氟利昂是饱和碳氢化合物被卤族元素替代的衍生物,也叫卤代烃物质。这个"烃"就是取碳和氢的字的各一半。表示碳氢化合物。人们把含氯而不含氢的氟利昂制冷剂叫做 CFC,象 R12(CF_2Cl_2)、R11($CFCl_3$)等。这些制冷剂对臭氧层的破坏作用最严重。把含氯又含氢的氟利昂制冷剂叫做 HCFC,如 R22(HCF_2Cl)。这种制冷剂对臭氧的破坏破坏作用较弱。把含氟而无氯的氟利昂制冷剂叫做 HFC,如 R134a。这种制冷剂对臭氧无破坏作用,所以也叫环保制冷剂。

正因为它是环保制冷剂,很多人就误以为它是无氟制冷剂。实际上对臭氧破坏的元凶是氯而不是氟。不含氯的氟利昂制冷剂还是允许使用的。真正的环保是制冷剂和发泡材料都不含氯的。只要不含氯的即使是氟利昂制冷剂的也是环保的。

(二) 蒸气压缩式制冷原理

蒸气压缩式制冷实际利用的就是液体蒸发吸热的原理,一种液体不断蒸发,就能从周围环境不断吸收热量,使周围环境的温度降低。制冷设备利用在低温下就能沸腾汽化的物质,比如氨(液态氨,沸点为-33.4℃),氟利昂 12(沸点为-29.8℃)等常压下的低沸点物质,在低温下沸腾汽化,吸收大量热量实现零下几度或几十度低温,这些低沸点物质即是制冷剂。

制冷剂若只实现一次从液态到气态的状态变化,这种制冷是没有实用价值的,随着制冷剂逐渐气化消耗完,环境的温度又将重新升高。如果将制冷过程放在一个密封的循环系统内完成,即将蒸发后的制冷剂气体回收并再次液化,液化后又在系统内继续蒸发制冷,这样就构成一个制冷循环。在蒸气压缩式制冷系统中,制冷剂从某一状态开始,经过各种状态变化,又回到初始状态,在这种周而复始的变化过程中,每一次都消耗一定机械功而从低温物体中吸热,并将此热转移至高温物体。这种一面改变制冷剂状态,一面完成制冷作用的全过程被称为制冷循环。

如图 4-1 是最简单的压缩式制冷循环原理,它由压缩机、冷凝器、膨胀阀(毛细管)、蒸发器四个部分组成,并用管子将四部分连通。

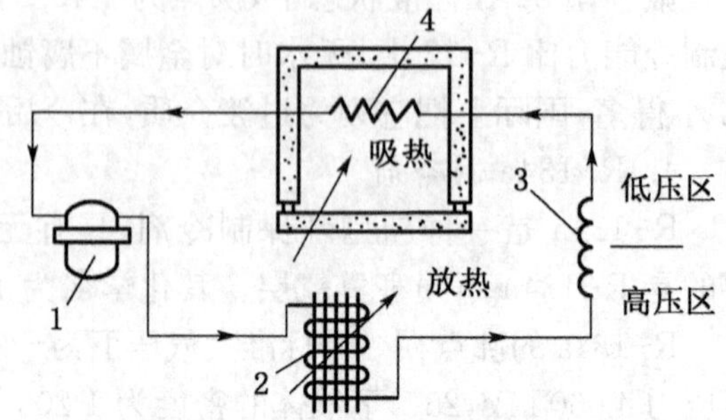

图 4-1　压缩式制冷循环原理图

1—压缩机；2—冷凝器；3—毛细管；4—蒸发器

整个系统是全封闭的,系统内注入一定量的制冷剂。工作时,压缩机的活塞往复运动。当活塞向右运动时,吸气阀打开,排气阀关闭,将蒸发器内低温低压的气态制冷剂通过吸气管吸入气缸;当活塞向左运动时,吸气阀关闭,排气阀打开,在气缸内被压缩成的高温高压气态制冷剂,通过排气管,进入冷凝器。在冷凝器内,高温高压的气态制冷剂向温度较低的周围环境(水或空气)散发热量。由于制冷剂蒸气放热而冷却成接近室温的高压液态制冷剂,这种液态制冷剂通过膨胀阀(毛细管)的膨胀作用,使液体的压力迅速下降。由于压缩机的作用,蒸发器内气压很低,从膨胀阀(毛细管)进入蒸发器的液态制冷剂即迅速强烈沸腾气化,从周围环境大量吸收热量,变成低温低压气态制冷剂,然后再由压缩机吸入气缸,周而复始形成制冷循环。通过制冷循环,可以把某物和某一空间的热量不断传递到环境介质(水或空气)中去,从而达到并维持某物和某一空间的温度低于环境温度,实现制冷效果。环境介质(水或空气)就是高温物体,某物和某一空间就是冷加工设备中被冷却的物体和设备内的有效冷藏空间。

(二)压缩式制冷系统的主要设备

压缩式制冷系统的主要设备由压缩机、冷凝器、毛细管和蒸发器等组成。

1. 压缩机

压缩机是制冷系统的心脏。它由电动机带动,通过机械做功来增加管道内气态制冷剂的压力,使它通过冷凝器后转化为液态,并在密闭的制冷系统中流动,完成制冷循环。厨用冷加工设备中主要使用的是全封闭压缩机。

所谓全封闭压缩机,就是将压缩机与电动机共同装在一个封闭的壳体内,壳体是由上、下两部分焊接而成,不能拆卸。在壳体上焊有排气管、吸气管和一根用于抽空或补充制冷剂用的细铜管。这种压缩机具有结构紧凑、体积较小、重量较轻、震动小、噪声低以及不泄漏等优点。小型压缩机从运动机构区分,有往复活塞式和旋转式。我国生产的厨用冷加工设备大多采用的往复活塞式,旋转式使用较少。

2. 冷凝器

在制冷系统中,冷凝器是一个制冷剂向系统外放热的热交换器。从压缩机来的高温高压的气态制冷剂进入冷凝器后,将热量传递给周围介质——水或空气,而其自身因受冷却凝结为液体。

冷凝器按其冷却方式分为三种类型:水冷式、空气冷却式和蒸发式。在厨用冷加工设备中,一般采用的是空气冷却式冷凝器,制冷剂放出的热量被空气带走。常用冷凝器结构形式如图 4-2 所示。

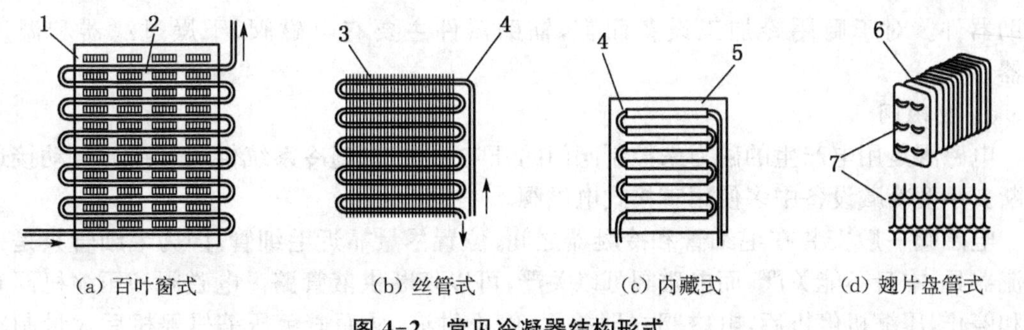

(a) 百叶窗式　(b) 丝管式　(c) 内藏式　(d) 翅片盘管式

图 4-2　常见冷凝器结构形式

1—散热片；2—冷凝管；3—散热用钢丝；4—制冷剂管；5—散热片；6—散热翅片；7—制冷剂管

3. 蒸发器

在制冷系统中，蒸发器是一个从系统外吸热的热交换器。在蒸发器中，制冷剂液体在较低温度下沸腾，转变为蒸气。同时，通过传热间壁吸收被冷却介质的热量而使其温度降低。蒸发器在降低空气温度的同时，将空气中的水分凝结出来，这就是霜。

根据被冷却介质的种类和状态(空气、水、其他液体等)，为获得良好的传热效果，蒸发器被设计成各式各样。按照被冷却介质的特性，蒸发器可分为冷却液体载冷剂和冷却空气载冷剂。厨用冷加工设备中使用的是冷却空气载冷剂的蒸发器，即制冷剂全部在制冷系统管内流动，空气在管外流动。常用蒸发器的结构形式如图 4-3 所示。

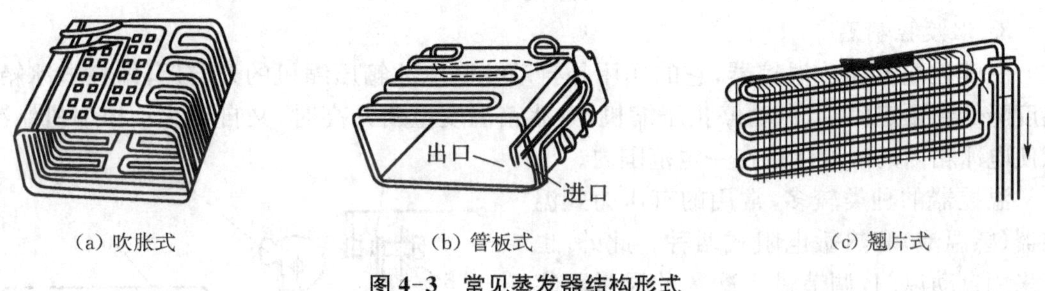

(a) 吹胀式　(b) 管板式　(c) 翅片式

图 4-3　常见蒸发器结构形式

4. 节流装置

制冷中的节流是指液态的制冷剂通过管道中特设的“狭孔”(即膨胀阀或毛细管)时压力降低而发生膨胀的过程。调整节流孔的大小，就控制制冷剂进入蒸发器流量的多少，直接关系到蒸发器的工作状态和制冷设备的制冷效率。在厨用冷加工设备中，通常使用毛细管作为节流装置。

毛细管是一根孔径很小(内径 0.6～2 mm，外径 2～3 mm)，长度在 1～5 m 之间的细长的紫铜管。由于毛细管的孔径很小，制冷剂在里面流动的阻力很大，起到节流和降压的作用。毛细管具有结构简单，无运动零件，不易发生故障，不需调节等特点，在小型制冷设备中应用广泛。

【小思考】

当制冷剂中混有水时，制冷系统容易发生冰堵最可能的位置是什么地方？

(三) 压缩式制冷系统的辅助器件

为了确保制冷系统能够经济而高效地安全运转，在压缩式制冷装置中，还包括一些辅助器件。对于厨用冷加工设备而言，辅助器件主要有电磁阀、干燥过滤器和温度控制器。

1. 电磁阀

电磁阀是用电产生的磁力来控制阀门的开与关，控制制冷系统供液管路的自动接通和切断。小型冷藏设备中多使用直接式电磁阀。

电磁阀一般安装在毛细管和冷凝器之间，位置尽量靠近毛细管，因为毛细管只是一个节流器具，本身不能关严，而电磁阀可以关严，可以切断供液管路。电磁阀和压缩机同时开动和停止，压缩机停机后，电磁阀立即关闭，停止供液，从而避免压缩机停机后大量制冷剂液体进入蒸发器中，造成再次开机时，压缩机发生液体冲缸故障。

2. 干燥过滤器

干燥过滤器装在冷凝器的出口端，它的作用是在制冷剂进入毛细管前对其进行过滤，除去制冷剂中的水分和固体杂质，一方面避免水分的存在导致的冰堵和管路的腐蚀，同时也避免固体杂质导致的脏堵或进入压缩机汽缸造成事故。

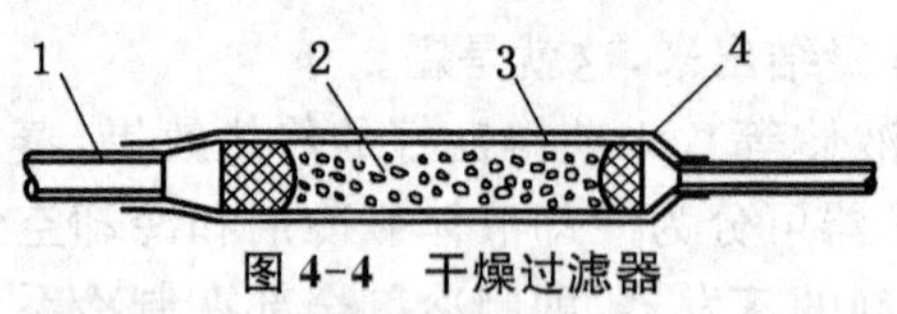

图 4-4 干燥过滤器

1—管子；2—干燥剂；3—圆筒；4—过滤网

干燥过滤器的结构如图 4-4 所示，它由外壳、过滤网和干燥剂等组成。过滤网由黄铜丝网制成，网孔的大小约 0.20 mm，常用的干燥剂有分子筛、硅胶等。

3. 温度控制器

温度控制器简称温控器，它的作用是自动控制电冰箱压缩机的开与停，即在电冰箱内温度降低到预定值后，自动停止压缩机；电冰箱温度重新升高时，又自动启动压缩机制冷，以使电冰箱内的温度保持在一定范围内。

温控器的种类较多，常用的有压力式温控器（感温泡）和热敏电阻式两种。此外，也有采用自动风门，调节进入冷风的风量而实现温度控制。图 4-5 为压力式温控器结构，感温元件通常做成管状（感温管），里面充有感温剂。电冰箱蒸发器内温度变化时，感温管内的压力随之升降变化，膜盒上的金属膜片随压力的变化而产生伸缩位移，推动开关机构切断或接通压缩机的电源。主弹簧的拉力用来和膜片的压力相平衡。当蒸发器温度降低，感温剂产生的压力小于弹簧力时，电触点臂下端借弹簧力的作用向右移动，使触点断开，压缩机随即停机。压缩机停机后，蒸发器的温度将逐渐上升，致使感温剂产生的压力也相应升高。当此压力大于弹簧力时，传动膜片向外伸胀，推动触点臂下端向左移动，使触点重新闭合，压缩机启动而开始制冷，使蒸发器的温度又逐渐下降。如此周而复始地工作，即可达到控制电冰箱内温度的目的。

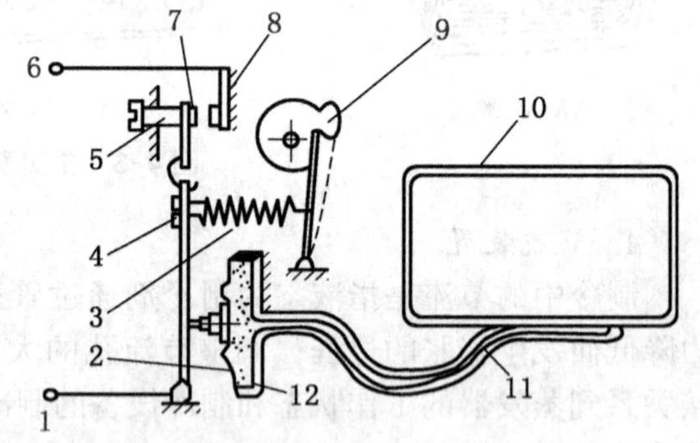

图 4-5 压力式温控器

1—接线端；2—膜片；3—弹簧；4—温度范围调节螺钉；5—温差调节螺钉；6—接线端；7—动触点；8—静触点；9—温度调节凸轮；10—蒸发器；11—感温管；12—膜盒

二、电子冷藏箱

随着人们生活水平的不断提高，各种名贵红酒成为人们社交休闲的重要选择。但名贵红酒对储存和饮用温度有很高要求，在10℃以下冷却储存时才能保证最佳的口感。这就需要在宾馆、餐厅、酒吧等场所设置专门的红酒储藏柜，这种储藏柜应具备体积小巧、工作安静、无运动部件，调节控制方便等特点，新型的电子冷藏箱就能满足这些要求。

传统的蒸汽压缩式制冷设备已有上百年的历史，而新型的电子冷藏箱以其无噪声、无污染、使用方便逐渐被人们所认识。

电子冷藏箱利用了热电效应(即帕尔帖效应)的制冷原理。1834年法国物理学家帕尔帖在铜丝的两头各接一根铋丝，在将两根铋丝分别接到直流电源的正负极上，通电后，发现一个接头变热，另一个接头变冷。这说明两种不同材料组成的电回路在有直流电通过时，两个接头处分别发生了吸放热现象。半导体材料具有较高的热电势可以成功地用来做成小型热电制冷器，被广泛应用于各种电子冷藏箱的生产中。

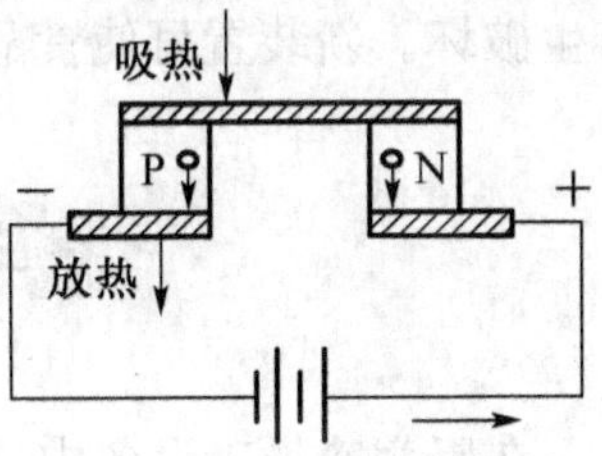

如图4-6所示N型半导体和P型半导体构成的热电偶制冷元件，用铜板和铜导线将N型半导体和P型半导体连接成一个回路，铜板和铜导线只起导电的作用。此时，一个接点变热，一个接点变冷。如果电流方向反向，那么结点处的冷热作用互易，电流大小则决定其放热和吸热量的大小。

吸热
P
N
−
+
放热

图4-6 半导体制冷原理图

电子冷藏箱采用半导体制冷可以有效避免传统冰箱采用氟利昂或其他化学制剂对环境的污染问题。同时，半导体制冷是一种固体制冷方式，与通常压缩机制冷系统相比，没有机械转动部分、无需制冷剂、无噪声、无污染、体积小、可小型化或者微型化、可靠性高、寿命长、可电流反向加热、易于恒温。但是，电子冷藏箱的制冷量一般很小，所以不宜大规模和大制冷量使用，适宜于微型制冷领域或有特殊要求的用冷场所，被广泛应用于酒柜、车载冰箱和其他特殊用途的冷藏设备上。

【小思考】

实际应用中的电子冷藏箱采用电流进行制冷，是否可以达到无噪声效果？

三、新型快速冻结设备

在现代餐饮业中，为了避免冷藏食品原料对食品性质和营养成分的破坏，引入一些新型的快速冻结设备，利用速冻方法产生的低温效应来抑制腐败微生物的活动和食品本身酶的活性，使食品通过长期保存仍然保持原有的新鲜度、色泽和风味，将营养成分的损失降低到最低限度。在面点加工中，利用速冻面团还可大大节省加工步骤和节约能源，降低原料消耗。

【小资料4-2】

速 冻 原 理

食品速冻指运用现代冻结技术，在尽可能短的时间内，将食品温度降低至其冻结点以下的低温，使其所含的全部或大部分水分随着食品内部热量的外散而形成微小冰晶体，最大限度地减少生命活动和生化变化所必需的液态水分，最大限度地保留食品原有的天然品质，为低温冻藏提供良好的基础。一般认为快速冻结应具备五个基本要素：①冻结在

$-18℃\sim-30℃$的温度下进行，并在20分钟内完成冻结。②速冻后的食品中心温度达到$-18℃$以下。③速冻食品内形成无数针状小冰晶，其直径应小于$100\mu m$。④冰晶分布与原料中的液态水分布相近，不损伤细胞组织。⑤当食品解冻时，冰晶融化的水分能迅速被细胞吸收而不产生汁液流失。

前面所述的蒸气压缩式制冷设备尽管应用范围广，安全可靠，但其制冷效率有一定限制，要达到深冷比较困难，于是新的制冷方式和制冷设备就应运而生。在工业食品生产中，应用液态氮、液态氟利昂、液态二氧化碳直接喷洒的制冷装置可以迅速使食品温度降低，得到比蒸汽压缩机低得多的深冷温度。而适合餐饮业的速冻装置主要在一些发达国家有使用，比如，日本阿比公司研制的不破坏食品成分，且能够在短时间内进行冷冻的装置，可以使冷冻金枪鱼的时间从20～30小时缩短至5小时，从而有效防止金枪鱼肉质的氧化和变质。该装置通过磁场、声波以及微弱电流等对食品中的水分子团发生作用，使结构变得均匀，通过不断地加压和减压，使水分均匀冻结，即使在$-50℃$的条件下，也不会对肉质细胞产生破坏。新装置可使食品解冻后，新鲜程度与冻结前相差无几。

第三节　常用厨房冷加工设备

在厨房冷加工设备中，常见的有电冰箱、冷柜、冷饮机、冰淇淋机、冷藏操作台等，这些设备的制冷原理主要以蒸气压缩式制冷为主。在部分酒店、办公室会用到电子冷藏设备，如酒柜、饮水机等。

【案例4-3】

为什么相同冷藏温度下，有的冰箱壁上有霜有的没有霜呢?

在厨房冷加工设备使用中，常常会发现有的设备冷藏室内壁面上有冷凝水，冷冻室内壁面有霜，甚至出现将食品冻在箱壁上的现象。而冷藏展示柜中却没有冷凝水，也没有霜，这种差异是什么原因导致的呢?

评析：原因在于冷加工设备采用了两种不同的冷却方式：一种为直接冷却(直冷式或管冷式)式，一种为间接冷却(间冷式或风冷式)式。厨房内的这些冷加工设备，虽然他们制冷的原理是一样的，但是在其他一些方面还是有所区别的，从而造成了他们的使用、价格以及效果的不同。

那么，他们有哪些不一样的地方呢？这涉及具体的冷加工设备的结构，本节对此作介绍。

【提示】

关于直冷式和间冷式，下文将作详细介绍。

一、电冰箱

电冰箱是厨房内使用最多的一类冷加工设备，下面我们介绍电冰箱的类型、主要结构以及使用与维护。

(一) 电冰箱的类型

电冰箱的种类很多，目前我国还没有统一的分类标准，习惯上按冰箱的用途、外形特征、制冷方式、冷却方式和制冷剂种类等来区分。

1. 按用途分类

电冰箱是冷藏箱、冷冻箱或它们的组合的统称。冷藏箱的温度保持在0℃～10℃之间，用来冷藏蔬菜、水果、禽蛋和乳制品等，达到保鲜的目的。为使用方便，在冷藏箱内用蒸发器单独围成一个冷冻室，可以制造少量冰块或冷冻物品。

冷冻箱内温度保持在－18℃以下，用于长期存放肉类、水产品而不会导致腐败变质。新型的冰箱常将冷冻室分隔成多格抽屉，方便物品的分类存放，也能避免开门时大量热量进入箱内而降低制冷效率。

2. 按外形特征分类

习惯上，电冰箱外形的差异主要来自于箱门数量的多少，分为单门、双门和多门等。

单门冰箱主要用于食品冷藏，在箱内有一个占总容积1/5的冷冻室，其温度能达到－12℃，只能短期储藏冷冻食品。

双门冰箱的冷藏室与冷冻室分别设门，使用方便。它的冷冻室容积较大，温度可低至－18℃，能较长时间储存冷冻食品。

多门冰箱是指箱门分上、中、下3扇门或更多门，它的基本结构与双门冰箱相同，只是设置了不同温度的独立冷藏室，各自开门，取用食品更方便。比如在双门冰箱的基础上，单独设置一个“冰温室”，保持温度在－3～0℃，专门用于储藏新鲜鱼、肉，就成为三门冰箱。

3. 按制冷方式分类

如前所述，制冷方式有多种，常用于冰箱中的制冷方式有蒸气压缩式、半导体式和吸收式。

大部分电冰箱都是采用蒸气压缩式制冷，利用制冷剂在系统中蒸发时大量吸收箱内热量，达到制冷目的。制冷效果好，制造工艺成熟，使用寿命可达15年以上。我们主要以这种冰箱为例进行介绍。

吸收式电冰箱采用“连续吸收—扩散式制冷系统”，不使用电力，而是采用天然气、煤气甚至太阳能作为热源，就能连续制冷。这种冰箱无噪声，不用电，适合在沙漠、油气田等特殊场合使用。

半导体式电冰箱即是上节所述的电子冷藏箱，利用半导体通电后的温差热效应制冷。这种冰箱制造方便，工作无噪声，但需要直流电源，且制冷效率低，适合小型冷藏设备使用。

4. 按冷却方式分类

(1) 直冷式电冰箱结构如图4-7所示，冷冻室由蒸发器直接围成，食品直接与蒸发器进行热量交换被冷却降温，所以叫做直冷式。其箱内空气循环是依靠冷、热空气的密度不同，使空气在箱内实现自然对流。这类冰箱结构简单、价格低廉、耗电少，但冷冻室易结霜且化霜麻烦。

(2) 间冷式电冰箱结构的蒸发器装于箱内夹层中，根据其安置方式有横卧式和竖立式两种。

横卧式的蒸发器如图4-8所示装在冷藏室和冷冻室之间隔层中，竖立式的蒸发器装在冷冻室后壁隔层中。为了使蒸发器能迅速吸收热量制冷，电冰箱里装有小风扇，将蒸发器吸收了热量的冷风吹入冷冻室和冷藏室，形成强制对流循环，使食品冷却或冷冻。因食品不是直接与蒸发器进行热量交换，而是间接冷却的，所以称为间冷式。这类冰箱制冷效果好，箱壁没有霜，降温速度快，但结构复杂，耗电大，价格贵。

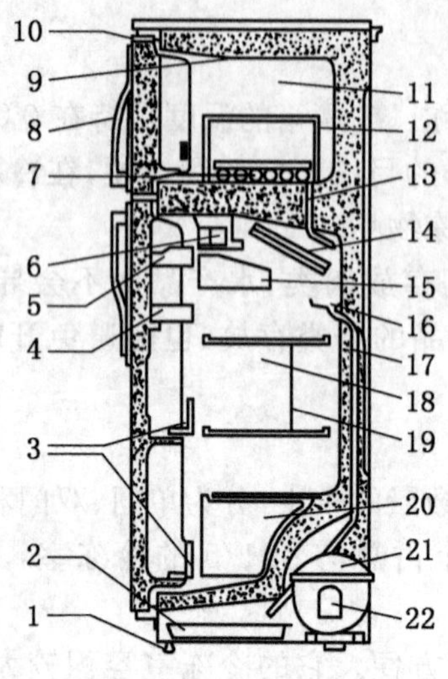

图 4-7 直冷式冰箱

1—可调箱脚；2—蒸发盘；3—瓶架；4—门架；5—蛋架；6—控制盒；7—制冰盒；8—把手；9—冷冻室蒸发器；10—除露管；11—冷冻室；12—搁架；13—冷冻室排水管；14—冷藏室蒸发器；15—鱼肉盘；16—排水管；17—加热器；18—冷藏室；19—搁架；20—果菜盒；21—压缩机；22—启动继电器

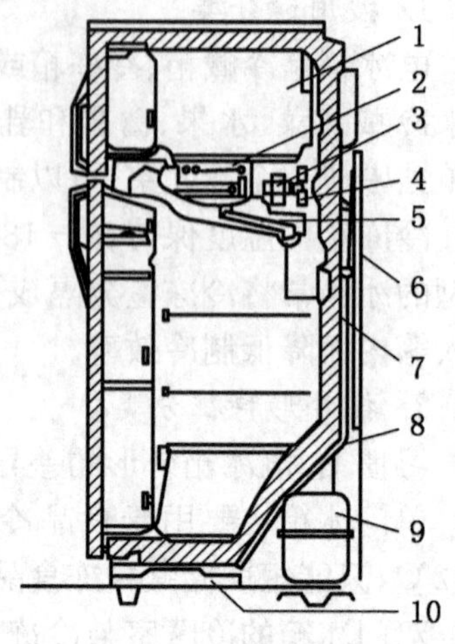

图 4-8 间冷式冰箱

1—冷冻室；2—蒸发器；3—风扇电机；4—风扇；5—泄水管；6—冷凝器；7—控制盒；8—排水管；9—压缩机；10—蒸发盘

【提示】

在厨用冷加工设备中，当用于产品展示(如各类冷藏展示柜)或防止冷凝水污染食品的情况下，冷加工设备采用的制冷方式最好选择间接冷却式，有利于提高箱内容积利用率，加快冷却速度，确保箱内冷空气的合理循环，保持箱内干爽卫生，适合各类西点、熟食、酒水、半成品的存放。

【小思考】

间冷式冰箱内冷气的流动为什么效果比直冷式要好？

5. 按制冷剂种类分类

现在使用的冰箱大都是以氟利昂(简称 R12)作为制冷剂，R12 本身性能稳定，无毒、无腐蚀、不燃烧，但是由于其对臭氧层的破坏，国际上很多国家(包括中国)签订了“关于消耗臭氧层物质的蒙特利尔协议书”，提倡世界各国冰箱生产企业使用其他化学物质替代 R12 作为制冷剂，这就出现了所谓的“无氟冰箱”。

无氟冰箱实际是指使用分子中不含氯原子或少含氯原子的化合物(如 R134a)替代氟利昂作为制冷剂的电冰箱。无氟冰箱的生产日渐成熟，所选择的制冷剂种类多样，性能各不相同，尚无统一标准，但制冷原理都是一样的。

(二) 电冰箱的主要结构

电冰箱应具备制冷、保温和控温三项基本功能。制冷是使箱内得到冷藏或冷冻所需的低温环境，这是电冰箱的主要功能。保温则是尽可能地减少箱外热量的传入，维持箱内的低温环境。控温就是将箱内温度控制在需要的范围内，以保证食品冷冻或冷藏的不同需要。为了实现这三项基本功能，不论哪种冰箱在整体结构上都具有与之相对应的三个组成部分，即制冷系统、电气控制系统、箱体及隔热保温系统。

制冷系统是电冰箱的主要组成部分，它通过制冷剂在系统中的循环变化，使箱内的热量传递到箱外的空气中，达到箱内降温制冷的目的。目前的电冰箱大都采用的是蒸气压缩式制冷系统，主要由压缩机、冷凝器、毛细管、蒸发器等部件组成，制冷原理上一节中已经介绍。

电气控制系统也是电冰箱不可缺少的部分。它的主要任务是控制压缩机的工作，使其自动启动与停止、安全运转、控制箱内的温度。电气控制系统还要完成化霜、除露，保证电冰箱在各种使用条件下都能安全、可靠地正常工作。

每个电冰箱都有漂亮的箱体，在外壳和内胆之间还有完善的隔热保温层。它们的作用不仅是为了美观，更重要的是使箱内空气与外界良好隔绝，以保持箱内的低温环境，便于存放食品。

除了这三个主要组成部分外，为使用方便，冰箱内还有一些附加部件，如制冷盒、搁架、果菜盒、蛋架等。

(三) 电冰箱的使用与维护

1. 电冰箱的检查与搬运

判断电冰箱好坏，一般应从外形、制冷、噪声等几方面进行。

(1) 电冰箱的外形　新冰箱的箱体表面应平整无碰撞划痕，色彩鲜明不褪色。注意检查箱门开关是否灵活，尤其注意箱门能否关闭严密，这对电冰箱的隔热保温是非常重要的。

【提示】

检查时可用一张薄纸夹入门封，向外拉纸感觉有一定阻力，说明箱门密封性好。

(2) 电冰箱的制冷　购买电冰箱时，除了观察冰箱的外形，更重要的是应该了解电冰箱能否制冷，以及压缩机的制冷效率和箱体的保温效果，这对于今后的使用会产生较大影响。

【提示】

在电压正常(200～240 V)时，将电冰箱通电试机。温控器调至“普冷”或居中位置，关上箱门，电冰箱接通电源 10 min 后，用手摸冷凝器应全热。试机 40 min 左右，开门观察蒸发器表面应有薄薄的结霜，霜层应均匀布满整个表面。若是无霜冰箱，在出风口处手感极冷。这些现象说明冰箱制冷正常。

如有充分时间，最好通电制冷试机 1 h，压缩机将能自动停止，这时打开箱门，使箱内温度快速回升，则压缩机又能自动启动，这就证明制冷和温控器正常。在制冷系统工作正常的情况下，压缩机启动时间小于停止时间，启动时间越短，说明压缩机的制冷效率高，停止时间越长，说明冰箱的保温效果好。

(3) 电冰箱的噪声　电冰箱的运行噪声越小越好，按技术指标规定应不大于 45 分贝，具体表现就是在安静环境下，距箱体 2 m 远处几乎听不到压缩机运转声。应说明的是，在压缩机启动瞬间，常能听到较响的声音，而在压缩机停转后半分钟内，又能听到冷凝器管道中有“沙沙”的流水声，这都是正常现象。

(4) 电冰箱的搬运　正确搬运电冰箱应由箱底抬起，箱体尽量与地面垂直，移动时与水平面夹角应不小于 45°，严禁横抬平放，防止压缩机内悬挂弹簧脱落损坏，或机内润滑油进入系统造成严重故障。平地短距离移位时,应将箱体向后倾斜,前脚离地推移,也可以其一脚为轴,左右扭转步进移动。

2. 电冰箱的使用与维护

(1) 电冰箱的放置　电冰箱应放在通风、干燥、无阳光直晒、远离热源、水源和各种挥发性、腐蚀性及易燃性物品的场所。箱体背部应离墙 10 cm 以上距离,确保冷凝器的充分散热。电冰箱摆放处环境温度越高,冷凝器散热效果越差,电冰箱耗电量越多。此外,冰箱应放置平稳,放于坚实、平整的地面上,以利于减小噪声。

(2) 电冰箱的供电　电冰箱的电源应有固定的专用插座,同一线路中不要接入微波炉、电烤箱等大功率电器,避免冰箱压缩机工作时电源电压有较大波动,电源电压允许波动范围在 5%左右。若超过此范围,压缩机出现低电压运行时,就可能烧毁电动机。如果电动机启动时出现异常噪声,应立即拔掉电源,待电压恢复正常后再使用。

【提示】

电冰箱的压缩机在运行中不得频繁切断电源,否则会使压缩机在重负荷下强行启动而严重超载,极易造成压缩机内压缩泵的机械损坏与电机损坏。一般冰箱都装有电源保护装置,它可以在电源连续通断时延迟一段时间后再给设备送电,从而避免连续通断电源对制冷系统造成损坏。

(3) 温控器的使用　由于存放食品不同,使用季节不同,电冰箱内的温度必须能够调节和控制,这是由温控器来完成的。温控器的结构不同,调节方法各不相同。通常情况下,温控器用不同符号、数字或文字表示箱内温度高低的调节,调节至强冷状态,表示电冰箱制冷能力加强(或压缩机不停机),箱内温度低。

【小资料 4-3】

将温控器旋钮长期置于弱冷挡是最佳选择吗?

不少电冰箱的使用者一年四季都将温控器旋钮调至最弱挡,认为这样不仅可以起到冷藏效果,而且最省电。这样的做法是最佳选择吗?实际上,温控器旋钮长期置于弱冷挡不是最佳选择,原因如下:冷藏室温度偏高,食品达不到最佳贮藏温度,影响食品保质期;冬季,部分电冰箱因温控器调在弱冷挡,发生压缩机启动困难,甚至不能启动现象;温控器旋钮长期处于固定位置,会使材料易于疲劳,造成灵敏度下降。合理使用温控器不仅能够保证食品的冷藏效果,而且能够有效控制压缩机工作时间的长短,延长压缩机的使用寿命。

【提示】

温控器旋钮的正确位置是以控制电冰箱冷藏室内温度在 6℃左右为宜,这样既能节电,又兼顾食品贮藏的合适温度。当环境温度升高(如夏季)或食品存放较多的情况下,为确保食品的冷藏或冷冻效果,往往需要调节温控器至制冷量较大的位置,但也不能长时间设置强冷状态,避免压缩机长时间工作不停机;反之,调节温控器至弱冷即可。温控器不宜长期置于速冻档或强冷状态,否则可能导致缩短压缩机的寿命甚至损坏压缩机。

(4) 电冰箱的除霜　蒸气压缩式制冷系统中,蒸发器在降低环境温度的同时,还能将空气中的水分凝结出来,在蒸发器表面形成霜层。一般直冷式电冰箱、冰柜是蒸发器通过箱壁直接与箱内空气进行热量交换，因此会在箱壁上结霜，当霜层厚度超过 5 mm 时，均需进行人工除霜。除霜不及时，会降低电冰箱制冷效率，甚至使压缩机长时间运转而影响使用寿命。

【提示】

具有半自动除霜装置的冰箱，在温控器上装有除霜按钮，需要除霜时，按下温控器上的除霜按钮，温控器即不再对电冰箱温度起监控作用。随着箱内温度的逐渐升高，蒸发器上的霜层渐渐融化，到化霜完毕时，除霜按钮会自动弹起，压缩机随之开始重新制冷。

没有半自动除霜装置的冰箱，除霜时只能拔掉电源插头，停止制冷，让其霜层自然融化，或打开箱门加速融化。抽屉式冷冻室除霜可将抽屉抽出，在每个隔层上放一盘热水加快化霜。电冰箱除霜后应用软布擦干霜水，全面清理污物，再开机制冷运转。

无霜电冰箱由于蒸发器设在冰箱夹层中，因此冷冻室和冷藏室的箱壁上都没有霜，霜全部集中在蒸发器表面上，通过全自动化霜系统自动除霜，无需人工操作。

(5) 电冰箱的除臭　电冰箱使用日久后，箱内会出现一种特殊的臭味，这是由于食品放在通风不良的箱室内，表面滋生一些霉菌产生的。常用的除臭方法有物理除臭、化学除臭和电子除臭三种。

常用的物理除臭剂是活性炭，它用椰壳、木屑、焦油等制成，通过多孔的表面能吸附大量臭气成分，效果很好，但它对一些低分子量的臭气吸附较差。化学除臭剂是通过中和反应、聚合缩合反应等方式改变臭气的分子结构，将它们变成无臭物质，达到除臭的目的。但这两种除臭剂是消耗性的，使用一些时候就应更新。

电子除臭器是利用电子方法定量地产生臭氧与负氧离子，用来快速杀死多种细菌，去除异味。它还能分解有毒气体及蔬果排出的催熟剂(乙烯气体)，延长果蔬的存放时间。

(6) 电冰箱中食品的存放　电冰箱中食品存放不宜太满，最好留有 1/3 的空间，有利于制冷空气的合理循环。不能将热食品放入冰箱内，应冷却至室温再放入冰箱，否则会导致箱内温度骤然升高，造成压缩机长时间运转，不仅费电，而且热蒸气还会使冷冻室结霜速度加快。合理计划取用物品的时间和频率，缩短开门时间，尽量减少开门次数，避免箱内冷空气大量逸出，造成压缩机运转时间过长或不易制冷。

冰箱内严禁存放易挥发、易燃烧的气体、液体，以防这些气体泄露后在冰箱内达到一定浓度时，遇到温控开关启闭发生的电火花而引起爆炸。

二、冷柜的使用与维护

冷柜也称冷藏柜或叫厨房冰箱，它的制冷循环系统、电气和温度控制系统与电冰箱基本相同。冷柜的容积为 1 L～3 000 L，箱内温度在 −15℃～−18℃之间，适合宾馆、饭店、餐厅或集中供餐企业使用，可实现大批量烹饪原料的冷藏、冷冻。主要有卧式和立式之分。

(一) 卧式冷柜

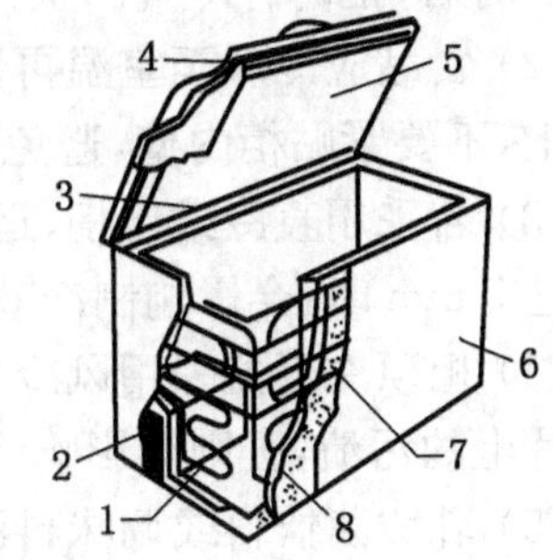

图 4-9　卧式冷柜结构示意图

1—盘管式蒸发器；2—压缩机；3—除露管；4—密封条；5—自调式箱盖；6—外壳；7—冷凝器；8—泡沫塑料隔热层

卧式冷柜的结构如图 4-9 所示，这种冷藏设备采用上开门结构，开门方式分上开、折叠和推拉玻璃门多种形式，既方便存取食品，减少热空气侵入柜内，又利于节能。

卧式冷柜的外壳采用金属喷涂工艺，内胆用铝、不锈钢板或压花板灌注发泡隔热材料。其制冷方式多采用直接冷却式，蒸发器用铝或铜管盘成，水平贴压在柜内壁发泡保温层内，构成单一的大容积冷冻室。卧式冷柜的冷凝器的敷设方式有三种：一种是悬挂明装冷凝器，设在柜底或背箱板，靠空气自然对流散热；另一种采用内置式冷凝器，紧贴压在柜外板内壁，靠空气围绕柜外板自然对流散热；再一种是外置式风冷凝器，它与风扇电机组合在一起固定在柜底一侧，依靠风扇强制循环吹风散热。卧式冷柜冷冻温度较低，有效容积在100 L～500 L之间，能满足肉类、冷饮、乳制品的储存，已被餐饮业广泛使用。

（二）立式冷柜

立式冷柜结构如图4-10所示，采用立式前开门结构，有二～六门等多种。规格大小，根据环境和生产需要而设。

立式冷柜采用1～1.5 mm厚的钢板或不锈钢板制成箱体，内、外壳都冲压焊接成型，再用聚苯乙烯等保温材料填充在夹层中间。近年来，随着生产工艺和设计水平的提高，立式冰柜大都采用全封闭压缩机组和强制风冷式蒸发冷却，替代过去的开启式压缩机组和自然对流式蒸发冷却，其压缩机组通常置于箱柜顶部。

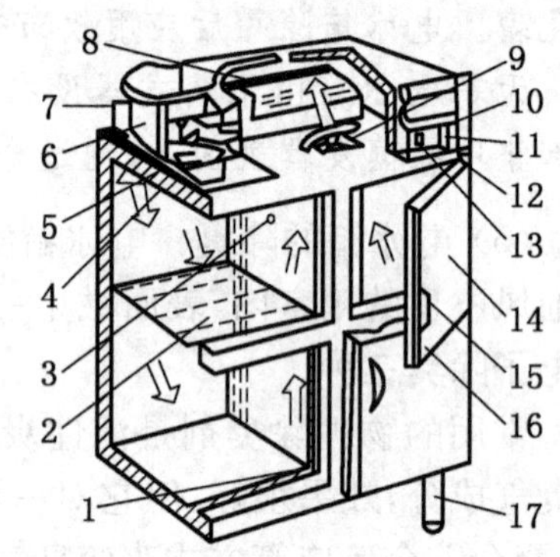

图4-10　立式冷柜结构示意图

1—排水孔；2—搁架；3—灯；4—冷凝器；5—保温层；6—压缩机；7—风扇；8—蒸发器；9—风扇；10—化霜指示灯；11—温控灯；12—门灯；13—温度计；14—箱门；15—门封条；16—门健；17—箱脚

立式冷柜的冷凝器采用风冷和水冷两种方式，风冷式冷凝器就是利用冷却风扇向冷凝器吹风，使之强制冷却，水冷式冷凝器就是将冷凝器密封在水套内，通过水的循环热交换作用，将制冷剂冷却。水冷式冷凝器的冷却效率较高，但需单独外接一套水冷却装置，多用于大型厨房冷柜中。

（三）使用与维护

（1）厨房中使用的冷柜大多采用380 V三相交流供电，只有个别功率较小的使用220 V交流供电。应使用独立的三相电源插座，不能与其他大功率电器共用。初次使用时，应通电一小时后，柜内有冷气产生再放入食品。

（2）食品应冷却至室温再装入柜内，将食品用密封容器盛装或保鲜膜包好放于柜内的格架上，不要紧贴柜内壁，避免腐蚀蒸发器。

（3）若采用直冷式冷柜，运转一段时间后，其箱内顶部及侧面会出现结霜现象，当霜层厚度达5 mm时，会影响制冷效率，必须及时化霜。

（4）柜顶冷凝器采用风冷式散热，为保证冷却效果，至少两个月清洗一次冷凝器管路、散热片上的污渍，否则会影响冷凝器的通风散热，严重的会损坏压缩机。

（5）乳酸菌饮料或调味料注意不要污染冷柜门的封边，防止对封边的腐蚀损坏，清扫时应同时清扫与封边相接触的箱体表面。

三、小型冷库的使用与维护

根据冷库内有效容积的大小，通常将容积在6～10 m^3之间的冷库称为小型冷库，小型冷库有固定式和活动式两种结构。

(一) 冷库的类型

1. 固定式冷库

小型冷库的全套制冷系统如压缩机、冷凝器、蒸发器和膨胀阀等均由工厂提供，而冷库的绝热防潮围护则采用土建式结构，通常由用户自己按照说明书建造。由于土建式结构的主要耗冷在于建筑物围护的传热，因此对冷库的墙、地板和库顶均应有保温防潮层。

2. 组合式冷库

组合式冷库又称活动式、可拆式冷库。冷库全套设备由工厂提供，其中库体由预制成型的高质量的保温板拼装而成，库板之间采用闭锁钩盒连接。建库时，只需在现有室内坚实地基上，按照厂家提供的图纸，就能很快将冷库建成。

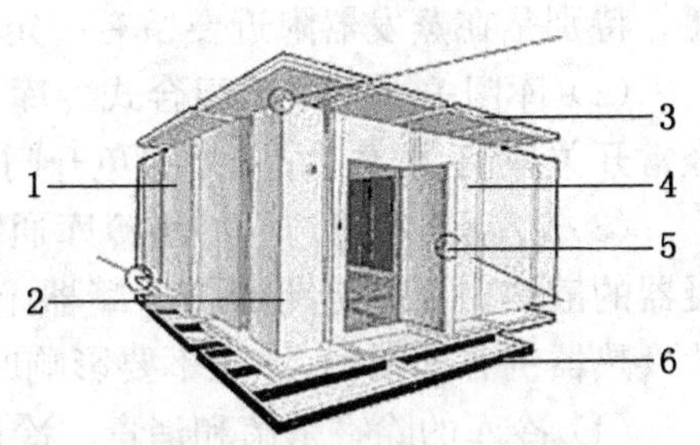

图 4-11 组合式冷库示意图

1—脚板；2—墙板；3—顶板；4—门框；5—库门；6—底板

组合式冷库具有质量轻、结构紧凑、保温性能好、安装迅速等特点，可实现－30℃的冷冻要求，可用于长期、大量存放食品原料。组合式冷库通常采用全封闭压缩机组，利用对环境影响较小的 R22 或其他新型制冷剂，体积小、噪音小、安全可靠、自动化程度高、适用范围广，在大型餐饮企业广泛应用。如图 4-11 是组合式冷库的组装以及外形。

(二) 小型冷库的使用与维护

1. 安装

组合式冷库中制冷设备安装的特殊要求主要体现在两方面。安装中首先应保证各部件间管路连接的密封性。因为在整个制冷系统中，不论它是否运转，在它的每一个部件和管路内部都充满了氟利昂制冷剂，其压力不是比大气压力高几倍或几十倍，就是低于大气压。若管路连接不严密，不是氟利昂从管路中漏出，就是外界空气渗漏到系统内部，造成制冷设备不能正常运转。另一特殊要求是在安装时，应保持内部各部件的清洁，更不可有水分和潮气侵入。若有侵入而不及时处理，就会影响制冷设备的正常运转和使用寿命。因此，系统和管路安装尽可能在干燥的晴天进行，以防止潮气和水分侵入系统和管路。

【提示】

在厨房中使用的冰箱和冷柜大都是装配成整体式，几乎没有安装和接管问题，只需检查和开启阀门，按技术要求供电供水即可运行。组合式冷库的制冷设备，一般是散装供给的，通常是以压缩机、冷凝器为一组，蒸发系统为另一组。安装时，需要按照产品说明书，先将各部件安装固定，再将各部件的管路连接好，然后校机。除了一般机械设备的安装要求外，通常会选择干燥的晴天进行安装。

2. 使用与维护

制冷设备的使用与维护，应根据设备不同和使用条件不同而有所差异。小型冷库建好投入使用后，要保证冷库中制冷设备的良好运转，延长设备的使用寿命，应按照制造厂提供的使用说明书并结合具体情况进行操作。

(1) 冷库的温度及食物的存放　每天定期检查记录冷库温度变化情况，确保冷藏库温度在0℃～10℃，冷冻库温度在－15℃以下。冷藏食物要按不同的冷藏要求分别放入不同库温的冷库内。有的冷库设置两道门，即首先进入预进间，预进间温度为0℃～10℃，这样既可使冷库与外界有一温差缓冲地带，减少开门冷耗，又可把预进间用来储存果蔬、禽蛋类。为防止串味，有气味的食品（如鱼虾等水产品）要加盖或密闭包装后进入冷库。冷藏食品要放在货架上，不同食品分架存放，防止交叉污染。食品的堆放要留有空隙，便于冷气流通。特别是在蒸发器附近要留有一定的空间，不要堆放食品。

(2) 库门关严　由于组合式冷库与冰箱、冷柜相比库门较大，冷量容易损失，一般不宜经常开关库门，取放食品时，避免开门时间过长，关门后一定检查库门是否关严。

(3) 冷凝器的清洁　小型冷库通常会采用外置风冷冷凝器，容易导致灰尘堆积，影响冷凝器的散热。最好定期清扫冷凝器上的灰尘，保持散热效果。清洁灰尘时，刷子应顺着铝片换热器的方向清扫，注意不要影响叶片位置，防止气流无法通过影响散热。

(4) 冷库的除霉杀菌和消毒　冷库内存放的烹饪原料都含有丰富的蛋白质、脂肪和碳水化合物，适合耐低温的霉菌和细菌的生长繁殖。为了保证烹饪原料的冷藏质量，应定期对冷库进行除霉杀菌和消毒。

冷库可选用酸类消毒剂，如过氧乙酸、漂白粉等，采用熏蒸法、加热蒸发法、粉刷箱壁等方法，对冷库进行消毒，也可采用紫外线或臭氧发生器对冷库进行消毒。

(5) 定期除霜　若组合式冷库采用的制冷方式是直接冷却式，应定期除去冷却排管表面的霜层，避免霜层过厚降低制冷效率。

四、其他冷加工设备

(一) 冷藏操作台

随着厨房设备现代化程度日益提高，为了方便操作者的使用，同时能更好地保证原料的新鲜卫生，在中餐厨房的凉菜间、西点加工间出现了冷藏操作台。如图4-12所示。

图4-12　冷藏操作台

冷藏操作台又称为保鲜工作台，一般由面板、层板、脚架、拉门、制冷装置、温度控制器等部分组成，常见规格为1 800 mm×900 mm×800 mm，钢板材质多为磨砂板，表面光亮美观，具有一定的保鲜功能，多用于厨房预加工操作，以及部分原料的制冷保鲜等。

在操作台的下柜中安装全封闭式制冷设备，采用冷却排管使冷藏柜的温度控制在0℃～8℃。操作台的高度以80 cm为宜，以适于放砧板进行操作，切配好的原料可立即放入冷藏柜中保鲜，西点操作中也可以随时对奶油等易腐原料进行冷藏保鲜。操作台的长度可视厨房位置和工作需要专门设计。

(二) 制冰机

制冰机是一种专门用于冰块制作的制冷设备，制冰量10～3 000 kg/日不等，冰块形状有圆形、方块形、半方块形、异形、鳞形、矿块形和雪花形冰等，广泛应用在宾馆、餐厅、中西快餐、酒吧、超市保鲜等餐饮场所。

制冰机由制冷系统和供水系统两部分组成。如图 4-13 是全自动制冰机结构示意图。制冷系统是制冰机的冷源，与电冰箱的制冷原理完全相同。供水系统是由微型水泵(功率 4～15 kW)、喷嘴、水槽、储冰槽等组成。

制冰机的工作过程如下，压缩机通电工作，制冷循环开始，液态制冷剂在冰模蒸发器中气化吸热，微型水泵把水从水槽吸出并泵入喷嘴将水洒在冰模上，一部分水冻结成冰块，未结成冰块的水又流回储水槽，如此不断喷水，直到冰块厚度达到规定值。这时冰块厚度控制继电器动作，使压缩机及水泵停止工作，同时接通脱模电热器的电源，从而使蒸发器表面上的冰块受热融化，并在自身重力作用下滑落入储冰槽中。此后冰块厚度控制继电器复位，制冰循环开始。另外，储冰槽内的触动开关能根据冰槽内冰量的多少，自动控制制冰机的开机或关机，若冰块被取用减少了，该机又会自动恢复工作。

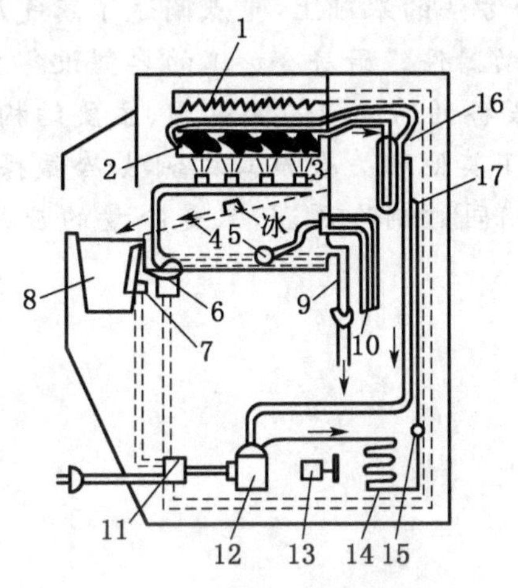

图 4-13 全自动制冰机

1—脱模电热器；2—冰模蒸发器；3—喷嘴；4—接冰篦架；5—浮源阀；6—微型水泵；7—触动开关；8—储冰槽；9—溢水管；10—供水管；11—控制箱；12—压缩机；13—风扇；14—冷凝器；15—干燥过滤器；16—集液器；17—毛细管

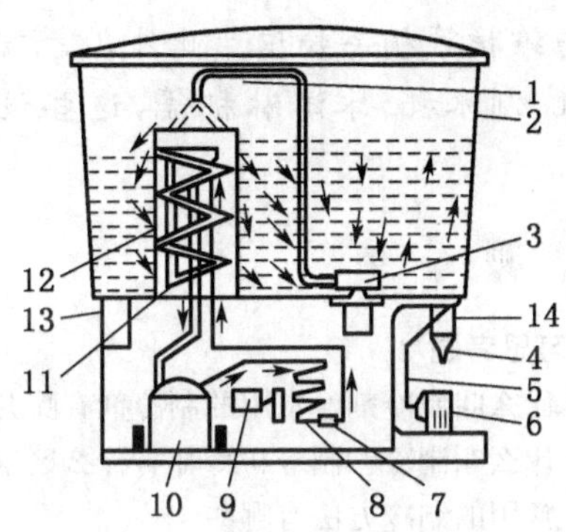

图 4-14 喷泉式冷饮机结构示意图

1—喷淋管；2—透明液罐；3—微型水泵；4—放水嘴；5—自闭推杆；6—水杯；7—干燥过滤器；8—冷凝器；9—风扇；10—压缩机；11—蒸发盘管；12—筒形蒸发器；13—温控器；14—自闭水阀

(三) 冷饮机

冷饮机是制作冷饮的冷加工设备，它的制冷系统与蒸气压缩式电冰箱相同。目前市场上常见的是喷泉式结构，它可对啤酒、牛奶、咖啡、果汁和可乐等各种饮料进行冷加工，可长期保持饮料清洁卫生、清凉可口，是夏季防暑降温的理想设备。

如图 4-14 是喷泉式冷饮机的结构示意图，它主要由机身、制冷系统、循环喷射泵和贮液、出液罐四大部分组成。

当冷饮机工作时，液态制冷剂不断在筒形蒸发器内气化吸热，同时，微型水泵将饮料液体从液罐底部吸入导管，再将饮料液体送到上部，将饮料液喷洒在筒形蒸发器顶面上，促使饮料液体在贮液罐内不断的循环，得到冷却。当饮料冷却达到调定的温度时，温控器切断电路，冷饮机停止工作。

（四）冰淇淋机

冰淇淋机（见图 4-15）主要由制冷机组、搅拌器和硬化箱等三部分组成，一般蒸发器多为圆筒形（筒内蒸发温度在－20～－25℃），沿筒内壁旋转的刮拌架由筒的后端减速机构带动，筒前部装有一个活络盖，盖上部是装料口，下端为放料口。制冰淇淋时，接通电源，装入已配好的原料，刮拌架以 110 rpm 的速度搅拌刮削筒内壁并搅拌原料，并由蒸发器冷却为微小而松散的晶粒，逐步冻结成半固体状态后，由前盖放料口放出。

图 4-15　冰淇淋机外形图

本章小结

冷加工设备在现代餐饮业中发挥着重要作用，它的有效使用可以达到食品的贮藏、保鲜和冷食加工的目的。本章在介绍常用的制冷方法的基础上，重点阐述了蒸气压缩式制冷原理，以及制冷循环中涉及的主要部件和辅助器件。厨房冷加工的典型设备主要以电冰箱、冷柜和小型冷库为例，着重介绍了这些设备的特点及应用范围、主要结构、正确使用与维护等相关知识。此外，本章还简单介绍了其他相关冷加工设备，如冷藏操作台、冷饮机、制冰机、冰淇淋机等，这些设备都具有相同的制冷原理，只是冷量的应用有所差异。

检　　测

复习思考题

1. 什么叫制冷剂？常用的制冷剂有哪几种？
2. 什么叫制冷？制冷与冷却有什么区别？
3. 常用的制冷方法有哪些？
4. 用示意图表示蒸气压缩式制冷循环过程，并简述制冷原理。
5. 冷凝器的作用是什么？有哪些类型？
6. 蒸发器的作用是什么？有哪几种结构形式？
7. 毛细管有什么作用？
8. 温控器有什么作用？如何控制压缩机的开机与停机？
9. 直冷式和间冷式冰箱有什么不同？各有什么特点？
10. 如何正确选择电冰箱？
11. 电冰箱使用中有哪些注意事项？
12. 立式冷柜和卧式冷柜结构上各有什么特点？
13. 小型冷库的安装有什么特殊要求？
14. 小型冷库使用中有什么注意事项？
15. 简述制冰机、冷饮机的工作过程。

第五章 厨房辅助设备系统

在厨房中,除了与工艺过程相关的初加工、热加工和冷加工设备外,还有一些厨房辅助设备系统是必不可少的。这些设备不仅是完成烹饪工作必不可少的,如清洁与消毒设备、贮运设备、给排水设备、供电照明设备等,而且根据相关法规和工程心理学的要求,这些设备能够帮助厨房工作者更好地完成烹饪工作,如排烟气设备、通风与空调设备和消防设备等。本章将对这些设备的结构、工作原理等方面进行介绍。

【提示】

现代的厨房辅助设备系统中还应该包括信息系统。

第一节 排油烟设备

【案例 5-1】

公共食堂厨房空气污染对炊事员健康的影响

据 2000 年《内蒙古预防医学》第 25 卷第四期报道,公共食堂厨房的空气污染,严重影响了厨房工作者的肺功能,随着炊事员工龄的增加,肺功能指标均下降严重。

评析:饮食在烹调过程中,食油和食物在高温下发生一系列复杂的物理、化学变化,蒸发出大量的热氧化分解物以及食用油蒸气、水蒸气。这些物质在各温度点上形成的混合气体在离开锅灶上升的过程中与环境中的空气分子碰撞,温度迅速下降至 60℃以下并冷凝成露,这就是人们常说的油烟。它是一种含有多种有害物的气溶胶,油烟污染物对人体健康有较大危害,较高浓度的油烟气对肺脏具有毒性,使机体的免疫功能下降。不但具有遗传毒性,而且具有潜在致癌性。油烟对人的眼睛和呼吸系统产生强烈的刺激,而长期处于油烟环境中易诱发肺泡,患支气管并发慢性炎症及异体肉芽肿等疾病,其危害性显而易见。而且,在油烟的扩散过程中,油烟温度会很快降低,于是油烟会黏附在墙壁、台面和电气设备及线路的表面,形成凝油覆盖层。同时,在凝油覆盖层中还含有一些固体微粒,其对墙壁台面和电气设备及线路具有划伤作用。渗入到电气设备及线路内部的凝油还可能造成线路短路,引发事故。

为此,为保证厨房工作者的身心健康和设备的使用安全,在厨房中必须安装排油烟设备,并且需要将外界新鲜的空气送进厨房,那么,厨房中目前比较多的排烟和送风设备有哪些呢？它们又是如何运作的呢?

一、抽油烟机

目前,我国制造的抽油烟机多属于外排离心式抽油烟机。由于该设备抽排风量较小,只适用于家庭或所需抽排风量较小的厨房单元区域使用。

(一) 工作原理、结构、类型

1. 工作原理

抽油烟机(图 5-1)采用我们大家都熟知的“空气负压”原理工作的。在一个金属机身内安装一个或两个电动叶轮,当叶轮高速旋转时,就会在抽油烟机进气口的周围形成一个引导油烟进入抽油烟机的负压区,油烟就会不停地被吸到抽油烟机中,就好像在厨房中安装了一个“气体泵”,源源不断地将油烟排放出去。

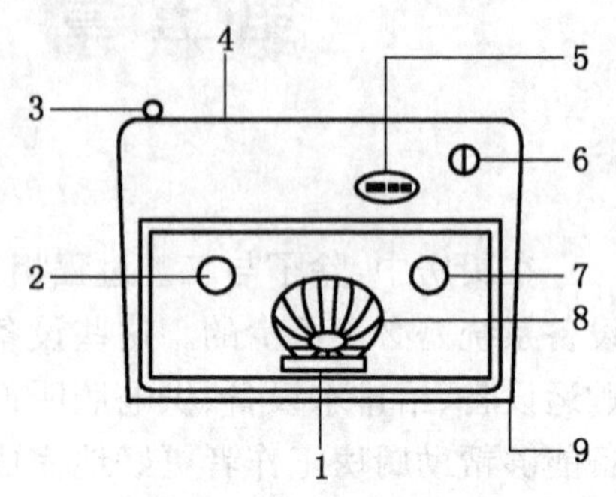

图 5-1　抽油烟机

1—集油杯；2、7—照明灯；3—注水口；4—排烟管；5—开关控制板；6—定时清洗按钮；8—风道；9—挂耳

2. 基本结构

可以按抽烟机各部分的主要功能,划分成动力驱动部分,机壳结构部分、油烟引导部分、附属功能部分这几个主要部分。

(1) 机壳结构部分　由机壳壳体及安装用的挂环组成,是抽油烟机的主要结构之一。机壳(又称集烟罩或集气罩)一般都是用 0.5 mm 冷轧板经冲裁、压制、点焊成型,并经化学磷化后喷塑高温固化而成,表面光洁美观,有些机型面罩或整机都采用 0.4 mm 的不锈钢板制成,美观漂亮,具有更强的抗腐蚀能力。机壳的主要功能有三,一是固定安装抽油烟机的各种零部件,二是形成容纳油烟排出的空间,三是优美的造型,构成厨房总体造型的一部分。

(2) 动力驱动部分　包括电机、叶轮(又称风轮、翼轮)、蜗壳等部分,其中叶轮和蜗壳是抽烟机中最重要的部件,直接关系其工作效能。

叶轮是抽油烟机最重要的部件之一,担负着对进入蜗壳内的油烟加速,推动油烟在机壳内快速流动以形成负压的任务。早期叶轮采用过轴流式,但现在一般都采用叶片数量较多的“千叶式”来达到较好的性能指标。

蜗壳起着汇聚叶轮叶缘脱离出来的油烟气流向预定方向流动和把气体经过叶轮加速后的动能转变为压强能,即势能的作用。比如同样直径叶轮的统一类型风机安装在蜗壳内的叶轮全压系数为 0.588,而安装在圆形机壳中的叶轮全压系数仅能达到 0.256。蜗壳的理想形状是阿基米德螺线或对数螺线,在抽油烟机的实际设计中为简化设计,一般采用四心渐开线或双曲线来设计蜗壳形状。

抽油烟机电机一般是两台或一台,其单机功率一般在 65～160 W 之间,也有的采用更大功率如 200 W 以上的电机。为减少噪音,一般电机在叶轮端采用滑动轴承,在另一端采用滚珠轴承,或两端都采取滚珠轴承。

(3) 油烟引导部分　主要是用以引导油烟流动的管道状结构,分为油烟导管和排气管两大类。油烟导管在以欧式风格的机型中较多。排气管分为软质管和硬质管,以圆形截面的波纹状软管较多。其内径分别为:80 mm、100 mm、120 mm、150 mm、200 mm。另外,在一些采用分体式结构的抽油烟机中,也有采用软质波纹管作为联结机壳与蜗壳之间的油烟导管。

(4) 附属功能部分　主要指为用户使用方便,而在抽油烟机上安装的各种装置,如网罩、照明灯、集油杯、燃气泄漏报警器、开关控制板、自动清洗叶轮装置等。

网罩设计在油烟进入蜗壳的入口处，原本是为了防止人手接触到叶轮，为安全而设置的。人们在使用过程中发现网罩还有吸附油烟的功能，因此人们对网罩采取各种措施，如设置倾斜导油柱、安装可更换的滤网、采用双层板状网络等，在这种情况下，网罩的过滤油烟功能成为其重要的功能了。

【小资料 5-1】

抽油烟机的导流面

导流面是抽油烟机设计中一个十分重要的基本概念，对油烟的顺畅流动及抽油烟机的工作效率产生直接影响。

可以按导流面对油烟流动状态的影响作用将导流面分为“干扰型导流面”和“工作型导流面”。前者指影响油烟顺利流动的表面，如排烟软管的波纹状内表面、以直角或折角形式联结的机壳内角表面，防止人手接触叶轮的网罩等。后者则指专门设计出来的用以引导约束油烟流动的表面，如蜗壳内表面、叶轮表面、机壳内表面等。

3. 类型

(1) 按照排烟方式分类

外排式：以“CXW”作为铭牌标志，其特点是将油烟排放到室外，而不是室内。这种机型是我国市场上最多的，我国市场上绝大部分机型都是外排式。

循环式：以“CXX”作为铭牌标志，其特点是在抽油烟机中安装了用于过滤、吸附油烟中的油滴和固体颗粒的专门装置，经过过滤吸附后的空气是可以再排放到室内的。

两用式：以“CXL”作为铭牌标志，其特点是用于过滤、吸附的专门装置是可以拆卸的，拆卸下来就是外排式，安装上去就是循环式。这种产品非常少，用户也很少购买。

(2) 按照外形进行分类

薄型：其特点是机壳周边的高度较低，一般在 200 mm 以下。由于其垂直导流面较短，因而维持机壳内负压功能较差，一般多用在排烟柜内，而排烟柜可看作是放大了的深型抽油烟机。

亚深型：也叫作半深型、罩型等名称，其特点是机壳四周的高度一般在 300～350 mm 左右。

深型：有的厂家称为深箱式、柜式，一般市场上所谓的中式抽油烟机都是此类。是比较适合中式烹饪的抽油烟机，各项指标如静压、排净率、功耗、噪声都比较好。是目前市场上的主流产品。

(3) 按照抽油烟机与灶具的相对位置分类有侧吸式。由于厨房较矮或操作者个头较高，为了降低抽油烟机安装高度和便于烹饪操作，出现了侧吸式抽油烟机，也称为“侧吸式”或“近吸式”等名称。这类机型有几个明显的特征，一是其安装在灶具的侧面而不是上方，二是其安装高度较低，有的距灶具表面不过才 300 mm，三是采用了诸如安装导流板、导流檐灯，增加油烟捕集效果的措施。

(4) 按照蜗壳与机壳的相对位置分类

分体式：将动力驱动部分与机壳部分分开，动力驱动部分放在室外，可降低室内的噪声。

直吸式：传统的将蜗壳置于机壳后面（相对于安装控制面板的机壳的前面，接近操作者),会在机壳上部形成烟气滞留区,为此,可将蜗壳置于机壳的上部,称为直吸式。目前,这类机型是越来越多了,特别是市场上所谓的欧式机型都属于此类。

(5) 按照功能有自动清洗式　有些型号的抽油烟机在蜗壳内安装了能够自动喷洒清洁液的装置,用户只要手按自动清洗按钮,就可以启动装置,将清洁液喷洒至叶轮及蜗壳内,对抽油烟机内部自动进行清洗,免除了拆卸抽油烟机进行清洗的麻烦。

【提示】

市场上商家称为欧式的抽油烟机,主要是为满足人们对于抽油烟机外形多样化要求,仿照欧洲产品,推出的"金字塔形"、"多元体型"、"圆弧形"等外形美观的机壳,一般采用不锈钢或高级钢材制造,网罩采用多层金属网,电机功率较大。但是有些欧式机型的机壳四周较短,属于薄型抽油烟机,须加以认识。

(二) 选择、安装、使用与维护

1. 抽油烟机的选择

对于中式烹饪厨房,最好选择深型的抽油烟机,因为其负压区较大。

(1) 电机和轴承是关键　抽油烟机最重要的部件是电机,目前国产电机质量完全能够达到设计标准,所以不必迷信进口电机。轴承关系到运行寿命和噪声,最好选择全部采用滚珠轴承的电机。叶轮选用全金属喷塑的扇叶,比较结实耐用,且动平衡性能稳定。我国有关标准规定抽油烟机的噪声不应大于 70 dB,购买时可开机试听来判断。

(2) 风机不是越多越好　实际上,不管是一个风机还是两个风机,排出的气体都走同一个烟道。如果两风机同时运转,尽管设计转速是一样的,但在运转时不可能保持一致,还可能产生干涉。

(3) 吸力大小的确定　吸力是最重要的功能指标,吸力大小直接关系到油烟机的吸烟率。吸力主要取决于电机功率。国家标准中没有明确规定吸力大小。最简单的办法是打开油烟机,将手放在进风口处,感觉是否有倒风现象,再将手放在出风口处,感受一下风力大小,再将手放在油烟机的接缝处,检查一下是否有漏风现象。

(4) 是否容易清洁　油烟机常年被烟熏火燎,接触的是难以清洗的油腻和油烟,油垢附在机器表面,不仅影响清洁美观,而且对油烟机的正常运转和使用寿命都有影响,所以油烟机的自身清洁设计十分重要。

(5) 细节方面　比如烟罩的材料和制造工艺。比如开关,尽量选择机械式开关,因为其耐用。而电子式开关如设计不佳或材料不好,容易被污染,寿命短。另外,开关触点要选用银或白金制作,因其不生锈,导电性能又好。

2. 安装

一般安装高度为距炉灶台面 0.65～0.80 m。选用直径 4～6 mm 的电工胀管 2 个与木螺钉 2 个,在墙上钻孔后将胀管塞入,用螺钉胀紧。螺钉露出墙壁 5 mm 左右,将抽油烟机悬挂在螺钉上,调整机体使左右保持水平,机背上两个挂架挂在墙壁螺钉上后,再将机背下方左右的橡胶支承垫紧贴墙上,使机体成 10°左右的仰角,以避免产生震动和噪音。装上挡烟板,最后安装排烟弯头及直管并与室外接通。排烟管应当越短越好,弯曲得越少越好。

为了保证安全,抽油烟机的插头、插座应该选用带接地的单相三孔插头、插座。

【小思考】

抽烟烟机的安装位置如果太高和太低会造成什么后果?

3. 使用及使用注意事项

(1) 先开后关 “先开”是指在燃气炉具点火前,应先启动抽油烟机,使炉具周围的空气形成向上流动状态(产生局部负压),做饭时产生的油烟和有害气体可被油烟机充分收集并排出。“后关”是指做好饭菜关上燃气炉以后,不要马上关掉油烟机,应当让其在低速挡上继续吸3~5分钟,以便把厨房和房间内其他残留油烟和有害气体排出。

(2) 形成对流 在开启抽油烟机之前,应把在同一面墙壁上的门窗(或其他靠近的门窗)暂时关闭,以防止排出的油烟又从邻近的门窗中进入室内,造成二次污染。在使用油烟机时,新鲜空气来源应该在灶台的对面。如灶台在北侧,开机时就应该打开南面的门窗(天冷时开一道缝即可),形成有效的空气对流,保证排烟通畅,室内空气新鲜。

(3) 忌随意拆卸清洗抽油烟机 拆卸清洗抽油烟机应请专业人员,以防损坏控制板的密封,致油污、水珠进入电路,造成短路。

(4) 忌用易燃液体清洗抽油烟机 抽油烟机不是防爆电器,在使用抽油烟机时残留的易燃液体可能引起燃烧,而且用易燃液体清洗易损坏抽油烟机控制板的密封。

(5) 忌在使用抽油烟机时干烧灶具 这样易将大量的热吸入抽油烟机内,损坏部件,并可能引燃机内油污。

(6) 忌使用活动插座 最好是带开关的固定插座,以便使用后切断电源。

4. 维护保养

(1) 要经常清除叶轮、机壳上的油污和积垢,当擦拭抽油烟机时,务必拔掉电源插头,并戴上橡胶手套。

(2) 为保护抽油烟机表面涂层,在洗涤时不能用坚硬的刷子洗刷,应选用软性抹布或毛刷,而且要使用肥皂液或中性洗涤剂。

(3) 经常拆下油杯清除积油,疏通油孔。

(4) 定期对电动机注入润滑油。

二、排气扇

排气扇又被称为换气扇或排风扇。排气扇的主要用途是把厨房的油烟等有害废气、和各种人群汇集在室内的污浊空气排出到室外,使室内空气保持清爽,同时减少油烟气等造成的污垢沉积。近年来随着我国家庭住房条件的改善,以及各种小型饭店、小商店和企事业单位会议室等场所的日益增多,这种小家电的应用也越来越广泛,由此各种类型的换气扇也得到了很大发展。

(一) 排气扇的种类、结构和原理

1. 种类

排气扇产品通常可分为家用和工业用两大类,这里主要介绍家用排气扇,下面一般简称为排气扇。按用途分,家用排气扇一般有下列三种类型,一是厨房换气扇,主要用来排除油烟气,二是浴室换气扇,用来排除湿度大的空气,常用于洗手间、浴室等场所,三是室内用排气扇,它主要是将人群汇集在室内的污浊空气排出室外,通常在卧室、客厅及会议室使用。但是这种分类现在已经日趋淡化,取而代之的主要是下面几种分类方法:

（1）按安装方式分　有窗式（又称隔墙百叶窗式）、吸顶式（又称天花板管道式）、落地式和壁挂式等，其中前两者是主流品种。

（2）按送气方向能否改变　则可分为单向排气型和双向换气型。

（3）按叶轮外缘直径划分　有150 mm（6英寸）、200 mm（8英寸）、250 mm（10英寸）、300 mm（12英寸）、400 mm（16英寸）等多种。其中厨房多采用窗式排气扇。

2. 结构

（1）扇叶也叫风叶　是排气扇的关键部件。它在电动机的带动下高速旋转，以推动室内空气流动，形成气流排出。为了使扇叶在工作时尽可能减少阻力，扇叶各横断面的扭角一般为16°～22°。电扇的扇叶越多，其产生的噪声也就越大。目前我国大部分采用三叶扇，而车间的通风散热一般用两叶扇，两叶扇转速高，风量大。制造扇叶的材料多选用工程塑料或金属。

（2）网罩　一般用钢丝焊接成射线形，由螺钉和特殊螺母扣夹固定在扇头上。它的作用是防止人或物触及扇叶，确保使用安全，但其缺点是使风量有所减少，噪音略有增大。

（3）扇头　内部的部件主要是电动机。电机是电风扇的动力源，排气扇所用电机一般为功率60 W以下的单向电容运转异步电动机，因为换气扇排出的空气中有油污，湿汽等，容易使电机内部受损，所以这类电机大都做成密封式，所配的电容器装入绝缘盒后固定在框架内或其他合适的位置。

（4）座框　是电扇的支撑构件，要求具有一定强度，它的面板上一般装有调速开关、表面经过一定的装饰性处理，既美观，又实用，制造材料以塑料多见。

3. 原理

如图5-2所示，排气扇的电路一般较简单，电机的转轴通常直接连接叶轮，当接通电源、合上电源开关后，电机获得电源而旋转，带动叶轮旋转，从而实现排气功能。单向型排气扇的百叶窗栅大多为风压式启闭机构，当排气扇不工作时，栅片由于自重垂下而遮盖风口；接通电源，电机和叶轮工作后，风压推动栅片，使栅片张开，将空气排往室外。

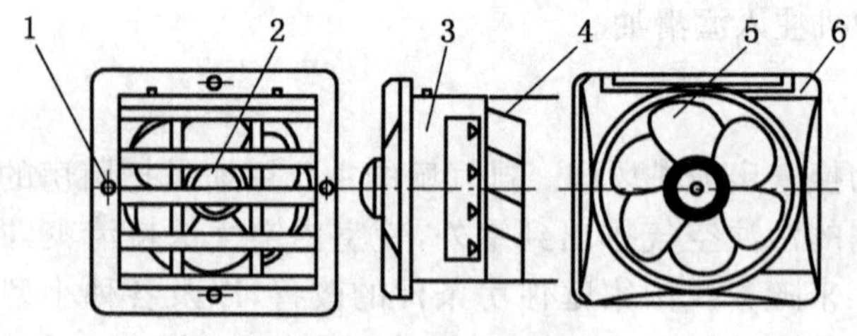

图5-2　排气扇结构

1—安装孔；2—电容式电机；3—主框架体；4—百叶窗栅；5—叶轮；6—进风口架

（二）选择和安装

1. 选择

选购时，要尽量选择较大功率和叶轮尺寸的排风扇，在房间面积较大的情况下用功率较小的排气扇就可能觉得排气量不够，通常可优先考虑选择40～50 W、250～300 mm的产品，必要时可安装2～3台排气扇。同时，要选择适合窗口大小的排气扇，通常窗户玻璃的尺寸要大于排气扇的外形尺寸，如果是开墙安装，则需考虑所开墙孔必须能安装排气扇。

2. 安装

换气扇的安装方法一般要求进气扇比排气扇安得低一点，而排气扇必须比进气扇风力大，并装有可擦洗的过滤器。一般排气扇安装位置高于炉灶 0.45 m 左右。使用时可根据需要，并列安装多台同时进行排气。

排气扇具有结构简单、噪音低、投资少、耗电少的优点。排气效果也较理想，而且还兼具通风作用，对要求不高的产生蒸气、油烟、废气的厨房间，安装排气扇较适宜。

【提示】

实践证明，在饭店大堂、餐厅区、客房等前后台区域有厨房的油烟和菜味，就是没有处理好厨房负压问题，要使得厨房内油烟和菜味不倒流到前后台区域，从技术上要求厨房送排风效果在任何情况下，都处于负压状态，而厨房排风的换气次数是直接影响厨房负压效果的。要求厨房排风达到负压状态，即排风量大于补风量。就要保持50～60 次/h 换气次数。

三、普通排油烟系统

大中型烹饪厨房由于产生油烟气量大，一般都采用排气量较大的抽油烟系统。目前这类设备较多，排气量大小一般可根据实际情况设计。

普通的排烟气系统一般由烟罩、排风管、净化装置、引风机和烟囱等组成。如图 5-3 所示。

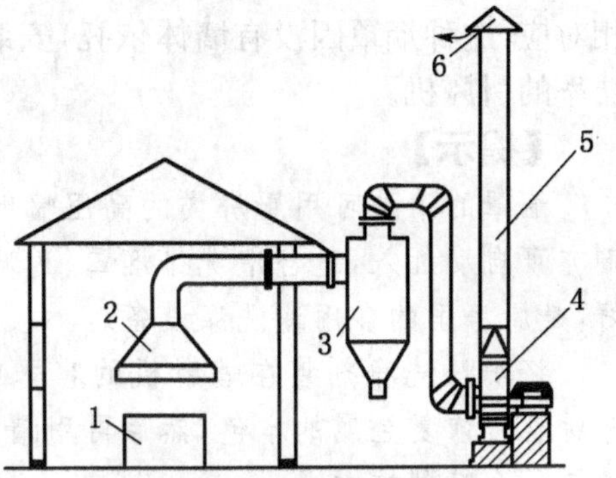

图 5-3 普通排油烟系统

1—厨房设备；2—烟罩；3—净化装置；4—引风机；5—风管；6—风帽

(一) 烟罩

烟罩是安装在炉灶的上方，专门用于收拢烟气，以利于将烟气集中排到室外的一个罩体，常用的烟罩一般有通风罩和天篷两种，其结构有所不同。

1. 通风罩

通风罩常与某一套厨房设备相配套，与排风管相连接（或几个通风罩与一较大的排风管相连），罩上一般安装油烟过滤器（如图 5-4）。油烟过滤器通过空气对流得到冷却并保持相对低温。热的油污接触到较冷的油污过滤器时，便凝聚在金属表面上，最后由金属表面汇集到油槽。过滤器必须定期清洗，这种过滤器的体积较小，完全可在洗碟机上洗涤。

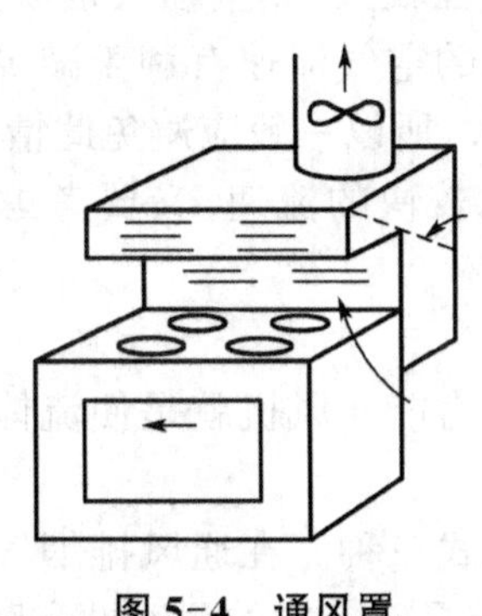

图 5-4 通风罩

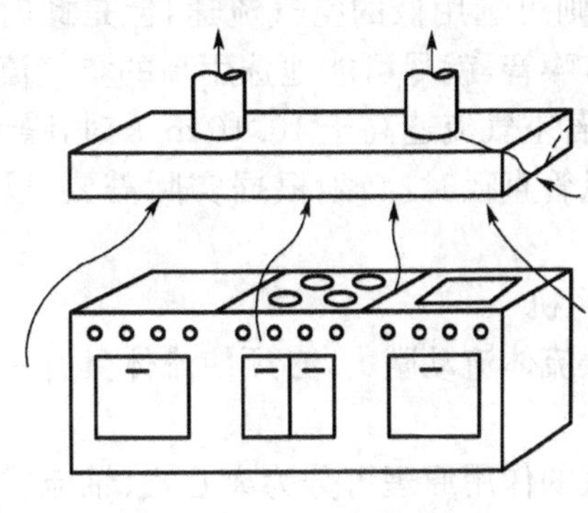

图 5-5 天篷罩

2. 天篷罩

它是一个复杂的通风系统（见图 5-5）。一般将所需通风的设备集中在一起进行通风，并设置油烟过滤器，与排风管相连，结构简单。安装天篷罩须注意如下问题：

(1) 天篷罩必须安装在产生烟气和排放蒸气设备的上方，并必须罩住设备的各面(除靠墙的一面外)。

(2) 天篷罩的最低边到地面的距离一般不超过 2.10 m。天篷罩的最低边越接近设备，设备排入室内的热量和湿气量就越少，排汽效果就越好。

(3) 天篷罩的深度应不少于 600 mm，目的是把油污过滤器安装在罩内，且有足够的空间可用来安装可能需要的自动灭火设备或控制装置。

(4) 天篷罩内的过滤器安装在 45°角的位置上，以得到最大的过滤油污能力。过滤器内安装一个油污滴入槽，以收集油污。由于过滤器是按一定角度装的，油污将流到过滤器的下部，再滴入收集槽内。

烟罩有单面罩和双面罩之分，单面烟罩一般适于炉灶靠墙面、只有一排炉灶的厨房，安装比较方便，排烟效果也较好。双面烟罩是两排炉灶对面排放，烟罩吊在厨房中间，与炉灶相对应，这种烟罩因没有墙体依托，安装固定较复杂，而且因罩面覆盖空间大，所以需要大功率的引风机。

【提示】

烟罩的清洗可用厨房内的高压喷射机进行清洗。它能喷出高压水温可调的热水，清洗剂亦可自动加入，适合清洗排烟罩、过滤网、冷凝器、地面、墙壁、垃圾筒之类，灵活机动效果好，是厨房里的多用途洗涤设备。

将炉灶洗净剂装在喷射机的容器内，操作机器，将水喷向烟罩表面，所喷之处，仅一二分钟就可恢复金属的本色，然后再用清水喷射洗净，可达到焕然一新的效果。该机器操作不需要什么特别技术。

(二) 风管

常用风管的断面有圆形、方形和矩形等。同样截面积的风管，以圆形截面最省材料，而且圆形风管流动阻力小，因此采用圆形风管较多，但为了制作和安装的方便也有不少厨房用方形风管。

风管的直径大小，主要根据排放所需要的风速与空气流量来决定。一般空气流速在 1.52～10.16 m/s 之间较为合理。流速越大，通风时噪音也就越大。如果需通风的场合不允许有噪音，则可选用低的空气流速，但是此时风管直径较大，热量损失也就愈大。反之，如果可允许有噪音，就尽可能地选用高的空气流速。高的空气流速有利于减少风管直径及投资。不过，若空气流速高于 10.16 m/s 时，噪音会很大，所以一般应避免此情况。

在确定风管直径时，必须根据实际需要，既要考虑较快的流速，又要考虑承受噪音的能力。

(三) 引风机

为了克服流体流动阻力，必须使流体具有一定的压力能。风机就是使流体产生压力能的流体机械。

根据风机的作用原理可分为离心式、轴流式和贯流式三种。在通风排烟气系统中多使用离心式和轴流式通风机。厨房排油烟用的通风机要求具有一定的耐温性和防腐性。

1. 离心式通风机

如图 5-6 所示，主要由叶轮、机壳、进风口、出风口及电机等组成。叶轮上有一定数量的叶片，叶片分前弯叶、后弯叶和径向叶三种。其中，后弯叶适用于中压及较高压场合，而径向叶适用于低压场合，前弯叶在一定的输气压力下，其叶轮的直径和转速可以小一些，但出口速度较大，效率较低。叶轮固定在轴上由电机带动旋转。风机的外壳为一个对数螺旋线形蜗壳。当叶轮旋转时，叶片面的气体也随叶轮旋转而获得离心力，气体跟随叶片在离心力的作用下不断地流入与流出，电机做功通过叶片传递给气体，气体的动能和势能增加，从而源源不断地输送气体。

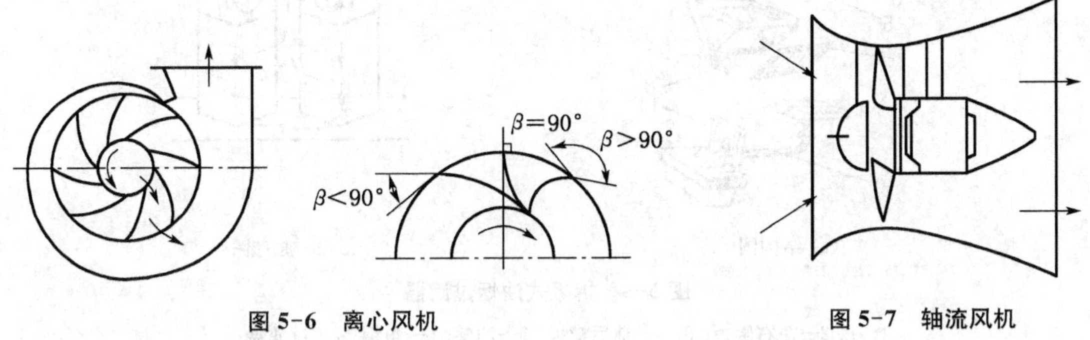

图 5-6 离心风机

图 5-7 轴流风机

2. 轴流式通风机

如图 5-7 所示，其叶轮与离心风机不同，它是具有扭曲叶片的卡式叶轮，叶轮转动时，叶片将机械能传递给风，风在叶轮中的运动与在螺旋表面运动相似，即一方面沿轴前进，同时还绕轴旋转。空气经过叶轮之后，再经导向的叶片，由导管排出。

两种风机区别有以下几点：

(1) 离心风机改变风管内介质的流向，而轴流风机不改变风管内介质的流向；

(2) 离心风机是大压头小风量，轴流风机是大风量小压头；

(3) 离心风机安装较复杂，轴流风机安装较简单；

(4) 离心风机电机与风机一般是通过轴连接的，轴流风机电机一般在风机内；

(5) 离心式式靠叶轮高速旋转时，叶轮产生的惯性力提高流体的压力能。通常使用在流量相对较小、压力能相对较大的场合。轴流风机常安装在风管当中，或风管出口前端，通常安装在需要送风的室内的墙壁孔或天花板上。轴流式靠叶轮高速旋转时，叶轮产生的升力提高流体的压力能。通常使用在流量相对较大、压力能相对较小的场合。

通风机和风管系统不合理的连接可能使风机性能急剧地变坏，因此在通风机与风管连接时，要使空气在进出风机时尽可能均匀一致，不要有方向或速度的突然变化。

(四) 厨房用油烟过滤器

油烟过滤器的种类很多，能够对空气中的油烟进行简单过滤和回收，以减少对外界环境的污染。折板式油烟过滤器的结构如图 5-8(a)所示，它是由左右侧扳、前后横板、油槽、过滤器和油杯等部分组成。整个设备为框架结构，零备件均采用不锈钢薄板辊轧成型。组装时，采用了一种牢固稳定的专门连接方式，而不是通常采用的点焊、螺钉和螺母的连接方法。过滤器是可以自由拆卸的，因此清洗十分方便。

这种过滤器的原理如图 5-8(b)所示。它是利用空气动力学原理，连续改变油烟气流的流速、压力，使通过折流板的油烟气流不断得到压缩、膨胀，气流中的油烟凝聚成油滴，黏附在折流板壁上，然后沿着折流板壁面流下，通过防火油管进入油杯中。

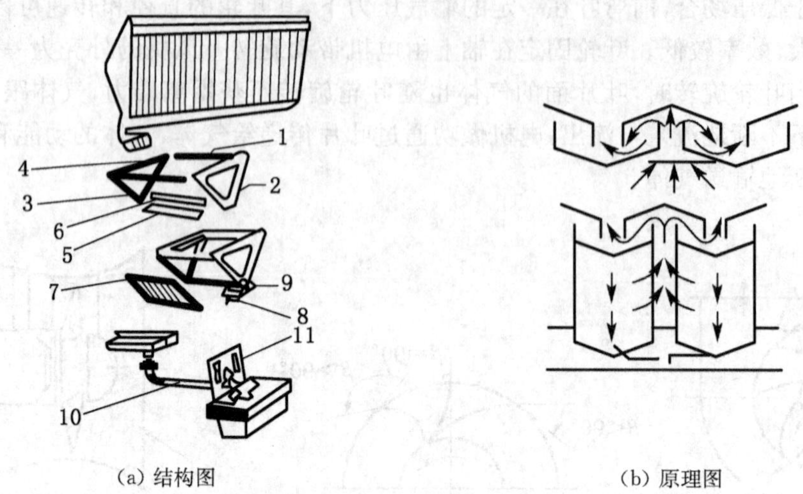

(a) 结构图　　(b) 原理图

图 5-8　拆板式油烟过滤器

1、2—左右侧板；3、4—前后横板；5—油槽；6—角钢；7—过滤器；8—油杯；9—杯架；10—软管；11—杯架底板

折板式厨房油烟过滤器可以捕集油烟中 60%的油分，且捕集油分的 80%可以得到回收。产品均为不锈钢材质，但是亦可用薄铁板、铝板及塑料等金属和非金属材料代替。

【提示】

据德新社 2006 年 4 月 10 日报道，德国研究人员基于等离子体研究而开发出一种新型厨房油烟过滤装置。据报道，新型过滤装置由三部分组成，第一层过滤主要是吸收油烟中的较大颗粒，第二层是等离子体过滤器，第三层是活性炭过滤器。等离子体过滤器可将气体变成等离子体，各种污染物颗粒会与带电等离子体粒子发生反应，最终形成稳定的化合物。据称，这种新装置能够过滤掉最细小的污染物颗粒，甚至可以处理烟道中的污染水汽。

四、油烟净化装置

除了油烟过滤器外，在管道中还可以专门设置油烟净化装置，对油烟进行净化处理。根据 GB18483—2001《饮食业油烟排放标准》的规定，饮食业必须安装油烟净化装置，并保证操作期间按要求运行。无净化处理排放，则视为超标排放。

烹饪油烟净化方法可分干法和湿法。干法主要包括静电法、吸附法、过滤法，湿法包括液体洗涤法、水雾净化法。另外，还有惯性分离法、热氧化焚烧法、催化净化法等方法。

(一) 运水烟罩

运水烟罩(见图 5-9)是较先进的水化除油烟设备，属于洗涤方法去除油烟。主要是利用雾化水和化油剂(洗涤剂)对油烟进行净化分离以减少对环境的污染，是一种新型高档环保排油烟系统。这种设备是目前使用最普遍的一种油烟净化设备，集收烟罩和净化于一体，优点是净化效率高，不占场地，能自动清洗。不足是设备价格贵，专用洗涤液不好处置。所以多用于较高级的厨房。

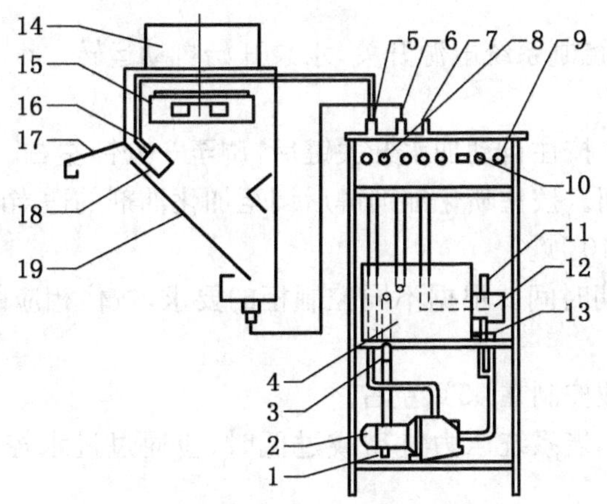

图 5-9 运水烟罩结构图

1—排水管；2—水泵；3—排水阀；4—水箱；5—喷水管；6—回水管；7—进水管；8—指示灯；9—停止按钮；10—开始按钮；11—进水电磁阀；12—化油剂箱；13—化油剂电磁阀；14—风槽；15—风扇；16—喷水嘴；17—罩壳；18—方管；19—挡水板

1. 主要结构

运水烟罩主要由排烟罩和控制柜两大部分组成。排烟罩由风槽、风扇、喷水嘴、罩壳、方管和挡水板组成，控制柜由柜体、排水管、排水阀、进水管、回水管、水箱、化油剂箱、水泵、进水电磁阀、排水阀、化油剂电磁阀、指示灯和各种按钮等组成。由于控制柜采用微电脑控制，所以化油剂的添加和喷淋过程均实现全自动循环。同时，由于加装感应报警系统，所以高档运水烟罩可在缺少化油剂时自动报警，在水箱缺水时自动停机。

2. 工作原理

设备在工作状态上，洗涤剂与自来水通过花洒喷嘴以雾化状态喷射，使之与吸入的油烟充分接触，从而达到高效洗涤的目的，然后经罩壳上面的风扇将残留的油雾、水汽及其他物质甩掉，达到除油和隔烟的效果。

(1) 当电动机带动水泵高速旋转时，循环水混合化油剂高速进入运水烟罩系统内，经喷水嘴呈扇形雾状喷入烟罩，部分体积较大的水珠经反射板的反弹可再雾化。

(2) 由于系统的强制抽风，烹饪过程中产生的油烟在向上流动的过程中与雾水交叉混合，此时，由于风速不高，加入化油剂的水雾最大限度地与油烟产生皂化反应，对油烟起到净化分离的作用，油与烟随水而走。

(3) 穿过雾水区的水汽混合体，在风扇的旋转作用下，气体被抽风系统抽走，与油烟相遇过的雾水打在托木板上，流向水槽，又进入控制系统。经过不断地喷雾、皂化和分离的循环过程，从而达到净化环境的目的。

3. 使用

(1) 开机程序

① 按运行结构图检查烟罩与控制柜的回水管路是否焊接好，然后打开自来水总阀(水压不低于 0.05 MPa)。

② 水箱自动满水后加入 100 克化油剂，并将吸油管及化油剂电感应管插入化油剂

箱内。

③ 插上电源，打开控制系统电源开关，水泵开始自动运转。

(2) 调整控制程序

① 调整加水时间。按住自动加水开关键后，调至 3 分钟左右。

② 调整化油剂时间。按住喷化油剂键后调至加化油剂的适当时间，立柜式的一般要求是单泵为 9 秒，双泵为 10 秒。

③ 调整循环水周期时间。根据不同控制柜的要求，按住相应的键调至所需的时间，一般要求 50 分钟左右。

④ 调整水温。多数控制在 65℃左右。

⑤ 调整系统压力。当系统压力过高或过低时，应通过进水控制阀调整进水量来平衡压力。

4. 保养方法

在使用过程中应注意保养，平时应经常保持机体外壳的清洁，而且每月还应对整个系统清洗一次。

(1) 清洗控制柜系统时，先打开水箱底部排污阀，将水箱的水放净，清洗水箱及滤网，并打开吸水过滤器及运水过滤器，取出滤网，用洗洁剂清洗后装好。

(2) 清洗烟罩时，先打开检修门，然后取下离心扇清洗干净后再安装好。

(3) 经常检查油孔是否堵塞，保持畅通无阻。

(4) 对整个系统清洗时要切除电源，以免发生危险。

(5) 不能用硬金属刷清洗，应用软布蘸中性洗涤剂轻轻擦拭。

(二) 静电油烟净化设备

1. 工作原理

由无锡市金城环保炊具设备有限公司生产的静电油烟净化器 JC-U 系列高频静电油烟净化机运用静电沉积机械过滤工作原理对油烟气体进行净化处理，厨房含油烟混合气体经收集进入油烟净化机，其中大颗粒油、油滴和一些杂质被前置均流和过滤装置阻挡或打散，在高压电离电场和电晕作用下，电场中的空气被电离产生大量的负离子和正离子，因此微小的油烟颗粒经过电离电场后成为载荷颗粒，在吸附电场的电场力作用下，向吸附电场的正、负极运动过去，最后流入并沉积在油烟净化机底部的储油箱内。

其工作流程如下：油烟混合气体—收集—进风口—均流—过滤—电离—吸附—出风口—风机—达标排放清新空气。

【提示】

视不同规模净化机配置一个或两个吸附电场。

2. 性能特点

主要用于宾馆、餐厅、食堂等用户厨房油烟的处理排放，运行时不受水汽、油气影响，稳定的高压电场对油烟进行高效率的电离，厨房的油、烟、气经净化处理后 90%以上的油烟均被分离、沉淀，因此排放到户外的是相当清洁的空气，完全符合国家环境保护标准 GB18483—2001，从而根本上解决了污染转移的问题，保护了环境，也保护了厨房工作人员的身体健康。使用油烟净化机后由于无油烟聚积，保护了风机的平衡，降低了风机运行时的噪音，同时也杜绝了风机因油污聚积而引发火灾的可能性。

(1) 箱体采用管道和拼装二种结构，中、小型净化机采用管道式，大型机为拼装式，方便安装及维护保养；

(2) 电场发生器采用新型的平板式结构，净化能力强；

(3) 箱体结构精巧灵活，可适应左进风、右进风、前进门、后开门四种不同的安装要求；

(4) 各电场发生器与高压电源的负极及其机壳连成一体并保护接地，确保操作人员绝对安全；

(5) 高频高压电流工作频率高(20～40 kHz)，输出电压范围(7～13 kV_{DC})稳定性好，可靠性高；

(6) 新型高频开关电源软启动，无冲击电压，有稳压稳流两种工作状态，实际运行中根据不同工况自动转换，有快捷短路保护、空载保护、过热保护功能；

(7) 电源输出功率大，数字或模拟仪表显示工作电压或电流；

(8) 净化机运行成本低。

3. 技术参数

(1) 处理风量：2 000～36 000 m^3/h；

(2) 除油风量：>90%；

(3) 最高排放浓度：<2.00 MG/m^3；

(4) 输入电压：220 V±10%，50 Hz；

(5) 输出工作电压、电离场：10～13 kV_{DC}，吸附场 7～8 kV_{DC}；

(6) 输出工作电流：2～20 mA；

(7) 工作频率：20～40 kHz；

(8) 整机耗电功率：150～500 W，视规格而定；

(9) 短路保护电流：25 mA；

(10) 油烟净化机能力符合国家 GB18483—2001，HT/T62—2001。

4. 选购指南

(1) 根据炉灶个数选型　每只炉灶对应的处理风量约为 2 000 m^3/h，确定选购油烟净化机的总处理风量，炉灶数×2 000 m^3/h，然后再根据总处理风量安装的空间位置确定净化机的型号。

(2) 根据集烟罩的总投影面积　S×1.8 及每个平方米对应 2 000 m^3/h 的处理风量的计算方法确定选购油烟净化机处理风量。

(3) 根据净化器匹配风机选型

① 计算管网阻力。管网阻力包括局部阻力和沿程阻力。局部阻力包括变径管、弯头，进、出风口产生的阻力。沿程阻力包括各段直管产生的阻力。

② 计算风机的全压。全压=(管网阻力+设备阻力)×(100+15)%，根据计算全压选购风机的型号规格。风机额定风量=油烟净化机总处理风量。

【提示】

选择风机的全压和风量时应考虑风机的噪音，在同等参数条件下，选择噪音比较低的风机可以大大减小噪声，必要时可设置隔音室及消音装置。

5. 设备使用操作

(1) 日常开机前的检查工作　开机前应先检查电源连接情况，净化机流动门是否关紧严密，查看净化机底部的储油情况，若有较多的储油应打开底部放油孔进行排放。

(2) 开机运行及注意事项　合上净化机电源开关，箱体内有无频繁的火花放电声，若有较多的火花放电声证明电压过高，可旋动吸附电流模块下的电位器，适当减小工作电流，若有其他异常现象，应通知维修人员进行检修。

【提示】

电源与风机合用一个开关，关风机即电源断电，净化机停机。

6. 设备的维护保养

(1) 净化机的日常维护　油烟净化机经过长时间的改进与提高，具有长期稳定工作，适应恶劣工作环境的能力，日常使用中应及时对净化机的储油进行排放，在一定周期内清洗高压电场。

(2) 高压电场的清洗　由于净化机的油烟净化效率高，运行一段时间后在高压电场的各收集板上产生积油或积碳，若不定期进行清洗会降低电场对油烟的净化能力。一般清洗周期为 90 天，生意兴旺，油烟特浓的餐厅或烧烤店的清洗周期为 60 天。

【提示】

电场的清洗应有专门的清洗公司和专业清洗人员，非专业人员严禁操作。

【小资料 5-2】

清洗液配制方法

方法一：工业烧碱和水，按 1∶10 比例配制所需洗涤液。方法二：将除油王(YB-5 常温清洗剂)和水，按 1∶8 比例配制所需洗涤液。

对于大型或特大型企业要求特别严格，没有足够安装场地的单位，使用运水烟罩比较合理；对于规模较大、要求较高又有一定场地的单位，可采用静电型的油烟净化设备；对于一般中小型餐饮业，要求较高的可采用水膜法，既省钱，效果也不错；对要求不高、又无场地的可采用蜂窝式净化设备。

五、送风系统

在厨房中，除能将污浊空气排走的排油烟系统及设备外，还必须依靠自然通风或机械送风系统设备，补充足够的清洁新鲜空气，使室内的空气参数符合卫生要求，以保证人们的身体健康及产品的卫生质量。

在厨房中，排风系统与送风系统构成了厨房的通风系统，而通风系统按空气流动动力的不同和作用范围的不同，有不同的划分方法。

(一) 按空气流动动力的不同

通风系统按空气流动动力的不同，可划分为自然通风和机械通风。

1. 自然通风

自然通风是依靠室内外空气温差所造成的热压，或者室外风力作用在建筑物上所形成的风压，使房间内的空气和室外空气交换的一种通风方式。

(1) 热压作用下的自然通风是由于室内空气温度高,空气密度小。而室外空气温度低,密度大。这样就造成上部窗排风,下部门窗进风的气流形式。污浊的热空气从上部排出,室外新风从下部进入工作区,工作环境就得到了改善。

大、中型厨房应设天窗排气,必要时还可以在天窗上加风机,以提高换气速度、天窗要布置得当,当天窗偏一侧布置时,应直接布置在炉灶上方,以利于直接排除废气和余热,否则废气会在弥漫全室后才从天窗徐徐排走,而且顶棚下某些死角会形成局部环流,经久不散。

当天窗布置在中部时,炉灶上方应设排气罩,引导废气在发源地就近集中排走,以免弥漫全室.这时天窗的作用主要用于厨房的全面换气(如图 5-10)。天窗应朝主导风向开设,其外侧可设挡风板,以保障外界在任何风向的情况下都能顺畅排气。

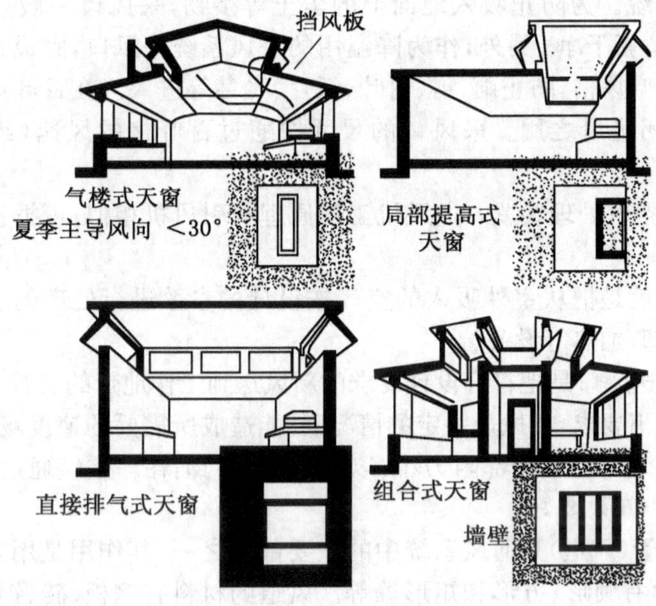

图 5-10　热加工间的剖面形式

(2) 风压作用下的自然通风是具有一定速度的自然风作用在建筑物的迎风面上,由于流速减小,静压增大,使建筑内外形成一定压差。在迎风面门窗进风,背风面门窗排气,室内外空气得到交换,工作区空气环境得到改善。

其典型应用是热加工间争取双面开侧窗,以形成穿堂风。穿堂风的换气速度比排气天窗大 2 倍,当夏季室内外温差较小时,穿堂风会形成最大可能的换气,远远超过其他方式的换气量。当一方气流来时,在迎风面和背风面,分别产生正压和负压,促使空气流动,如果双侧开窗,室外新鲜空气就会穿堂而过,带走混浊的空气,这是最好的通风换气。利用自然通风时,侧窗面积要不小于地面面积的 1/10,并且要便于开启,否则影响通风效果。如果做不到双侧开窗.也应尽量单侧有窗,以保证通风换气。

自然通风量的大小和很多因素有关,如室内外空气温度、室外空气流速及流向、门洞及窗洞的面积和高差等。所以通风量不是常数,而是随气象条件发生变化。同样室内所需要的通风量也不是常数,而是随工艺条件变化。要使自然通风量满足室内要求,就要不断的进行调节，可通过调节进排风孔洞的开启度来调节风量大小。

2. 机械通风

用通风机产生的动力来进行换气的方式，称机械通风。它的优点是风量、风压不受室外气象条件的影响，通风比较稳定，空气处理也比较方便，通风调节也比较灵活。缺点是要消耗动力，投资较多。机械送风系统主要由采风口、通风机、空气处理装置、送风口、风管、阀门等组成。

(1) 采风口　采风口是将室外空气引入进风系统的吸入口。根据进气室的位置和对进气的要求不同，采风口可以是单独的进风塔，也可以是设在外墙上的进风窗口。

机械进风系统采风口的位置，应符合以下要求：采风口应布置在室外，空气的洁净程度应符合卫生要求的地方，采风口应尽可能设在排气口的上风侧，且应低于排气口，以免污染空气被吸入进风系统。为防止吸入地面上的尘土等杂物，采风口一般采用高空采风的原则，以保证空气的清新干净。另外，作为降温用的进风系统采风口，宜设在北向外墙上。采风口上一般装有百叶风格，防止雨、雪、树叶、纸片、飞鸟等进入。在百叶风格里面还装有保温门，作为冬季关闭进风之用。采风口的尺寸按通过百叶格的风速(约为 2～5 m/s)来确定。

(2) 送风机和空气处理装置　送风机工作原理与引风机相似，可据设计功率的大小从鼓风机系列选择。

空气处理装置就是把从室外吸入的空气按设计的参数进行处理的装置。其中包括过滤、增湿、除湿、冷却、加热等设备。

(3) 送风口　送风口是把符合设计要求的新风送到工作地带的装置。

送风应符合以下要求，在风量一定的情况下，能造成所需要的速度场和温度场，且作用范围可以调整。空气通过时局部阻力小，以减小动力的消耗。空气通过时，要求产生的气流噪声要小，且隔声效果要好。

(4) 风管　风管(风道)是通风系统中的主要部件之一，其作用是用来输送空气。常用的通风管道的断面有圆形、方形和矩形等等。风道的材料有钢板、砖、钢筋混凝土、矿渣石膏、石棉水泥、矿渣水泥板、木板、胶合板、塑料板、纸板等。

(5) 阀门　通风系统所用阀门很多，一般有风机启动阀、调节阀、止回阀、防火阀等。其中防火阀是为了防止房间在发生火灾时，火焰窜入通风系统及其他房间。

(二) 按作用范围不同

送风系统按作用范围大小，可分局部送风和全面送风。

1. 局部送风

向局部工作地点送风，保证工作区有一良好空气环境的方式，称局部送风。机械局部送风系统，也称系统式局部送风系统(如图 5-11)。

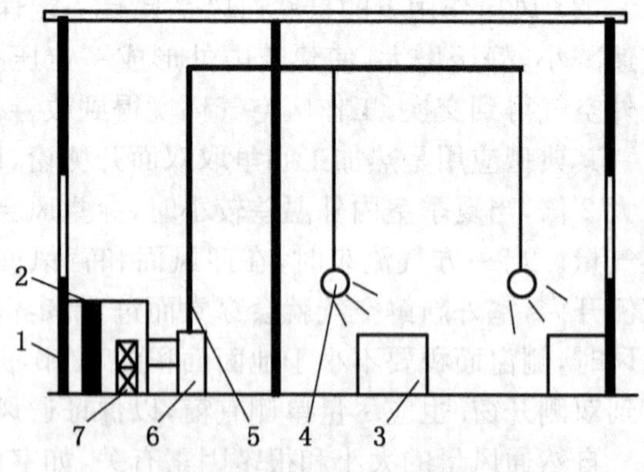

图 5-11　局部送风系统

1—百叶窗；2—过滤器；3—工作台；4—喷头；5—风管；6—通风机；7—加热器(冷却器)

室外空气首先经百叶窗进入空气处理

室，在室内经过滤器，除掉空气中的灰尘，再经加热器（在夏季用冷却器）把空气处理到要求的温度，然后在通风机的作用下经过空气淋浴喷头送往局部工作点。这种形式所需风量小，厨房工作人员首先呼吸到新鲜空气，效果较好。除系统式局部送风形式以外，还有单体式局部送风。如风扇、喷雾风扇等。

在各种设计资料中，关于厨房通风设计的并不很多，一般都只提到所应达到的基本要求。如进入厨房的新鲜空气要接近排气量，厨房内呈负压，以免烹调气味进入其他房间，送风量保持在排风量的90%左右，这在实际中是不妥的。因为在实际中各个房间的排风量是不同的，同时在各个功能区中何处需要排风，何处需要送新风，以及何处需要空调，都有不同的要求。

例如在中餐厨房，烹调的排烟量一般较大，厨师一般位于贫氧区，又加上工作区温度高，故必须在每一位厨师的头顶部设置岗位新风口，它除供氧外还能起到风幕的作用，产生隔热的效果。

蒸煮间中主要有加工中餐和面点的一些设备，其中大多数设备都采用蒸气作为加热热源。此间对新风的要求较低，但排风效果一定要好，否则蒸汽将充满整个工作间，温度升高，能见度差，影响厨师的工作。排气排出的主要是水蒸气，可以不采用净化装置，直接排出面点间的厨房设备较多。在我国北方地区，面食是主食，厨房中的煎、炸、蒸、煮、烤等功能较多，加工量较大，但相对来说，油烟量并不很大。

洗碗间的作业量一般都较大，且洗碗机的发热量也较大，在国外设备中，自动传输式洗涤洗碗机的电功率都在几十甚至上百 kW 以上，而大约只有 30%热量由洗涤水带走，其余的热量全部集中在洗碗间。

在开水间、备餐间和粗加工间可不考虑排风问题。新风量依工作人数而定。

【小思考】

那么冷菜间的通风要求又该如何考虑呢？

2. 全面送风

利用自然通风或机械通风来实现全方位送风的方式，称为全面送风（如图 5-12）。这种方式能保证环境面积较大的空间空气清新，多采用于有害物发生源比较多又分散的区域。但由于这种通风方式不能快速均匀地冲淡产生的有害物，因此容易使一些死角有害物超标，而且这种方式使用的设备也较复杂。

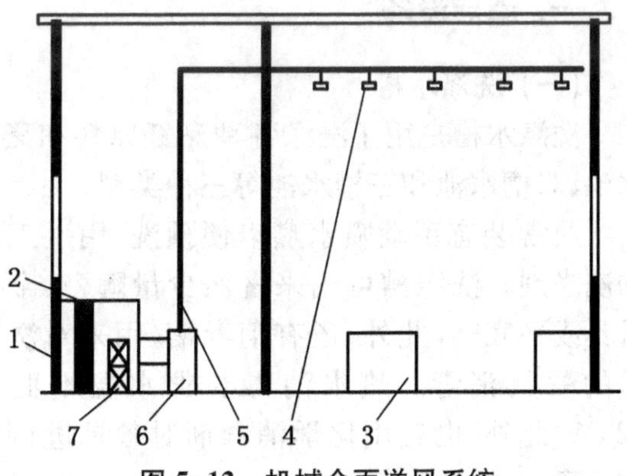

图 5-12　机械全面送风系统

1—百叶窗；2—过滤器；3—工作台；4—送风口；5—风管；6—通风机；7—加热器（冷却器）

全面送风能改善厨房内整个空间的空气品质。这是前些年国内普遍流行的做法，有 90%以上厨房均采用这种方式。这种方式能有效地改善整个厨房空间的空气品质，但对厨师的工作环境改善效果不甚明显。

【提示】

所谓的送风系统，实际上就是中央空调系统的一种。可对房间的温度、湿度、新鲜度、速度进行调节。空调系统中除了中央空调系统，还有所谓的局部式空调系统。但局部式空调系统不适于厨房使用。

【小思考】

为什么家用空调器(局部式空调系统)不适于厨房中使用?

第二节 清洁与消毒设备

【案例 5-2】

餐具消毒费该谁付?

据福州日报 2006 年 11 月 27 日报道,榕城兴起个人消毒餐具,食客使用每套付 1 元,由饭店代收,转交给专业餐具消毒公司。其他很多城市也是如此。这一元钱该由食客付吗?对此,很多人有不同的看法,引起了很多争议。

评析:实际上,根据《中华人民共和国食品卫生法》和《餐饮业食品卫生管理办法》的规定,餐饮业的餐具在使用前必须洗净、消毒,符合国家有关卫生标准,未经消毒的餐饮具不得使用。并且洗刷餐饮具必须有专用水池,不得与清洗蔬菜、肉类等其他水池混用。这就说明了餐饮业提供洗净、消毒过的餐饮具,是其营业的必备条件,也就是说餐饮业必须具有对餐具清洁、消毒的能力,保障食客的饮食卫生安全。餐饮业据此对食客另外收费,显然侵犯消费者权益。

我国餐饮企业的卫生状况,尤其是餐饮具的卫生不容乐观。比如据扬州晚报 2006 年 11 月 2 日报道,江苏省卫生厅对全省餐饮企业的餐饮具进行了抽查,在抽检的 8 家扬州餐饮企业中,6 家因餐饮具样品抽检不合格,主要问题是大肠菌群超标,导致超标的原因在于这些单位没有专用清洁、消毒场所与设施。

那么作为餐饮具的清洁、消毒设备又有哪些呢?其工作原理又是怎样的呢?

一、清洁设备

(一) 洗涤水槽

洗涤水槽是用于洗涤各种烹饪原料和烹饪用具的设备。根据不同的需要可分为单槽水池、双槽水池和三槽水池等三种类型。

通常装有手动喷水嘴以便预洗,用手工添加洗涤剂。洗涤槽可用来洗涤少量陶瓷、金属餐具或平底锅,此外,还有消毒槽,用来对洗涤后的餐具消毒。热水消毒要求水温不低于 82℃。此外,也有用化学消毒剂对餐具进行浸泡消毒。

(二) 洗碟机

洗碟机又称碟盘洗涤机,或洗碗碟机,是小型的洗涤器。这些洗碟机可以是单独一部,也有与水槽台板结合在一起的,如图 5-13 所示。

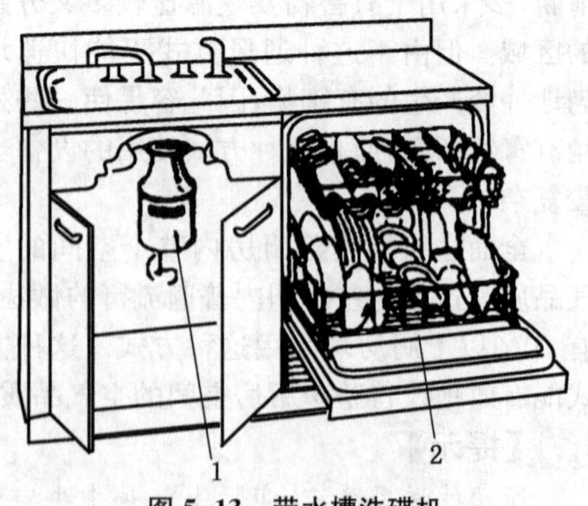

图 5-13 带水槽洗碟机

1—废肴处理机;2—洗碟机

目前,应用较多的有两种:一种是喷臂式,另一种是叶轮式。

1. 喷臂式洗碟机

如图 5-14 所示为喷臂式洗碟机结构示意图。进水阀的工作是定时进水，水流量由流量垫圈控制。水流入储水槽，通过滤清器的滤网而进入水道。水在储水槽内，在回还泵的压力下，进入喷臂内，喷臂上的喷嘴倾斜成一定角度，以便喷嘴喷水时的反作用力驱动喷嘴轴作高速旋转。因此，水就喷向每一角度网架上的碟盘。

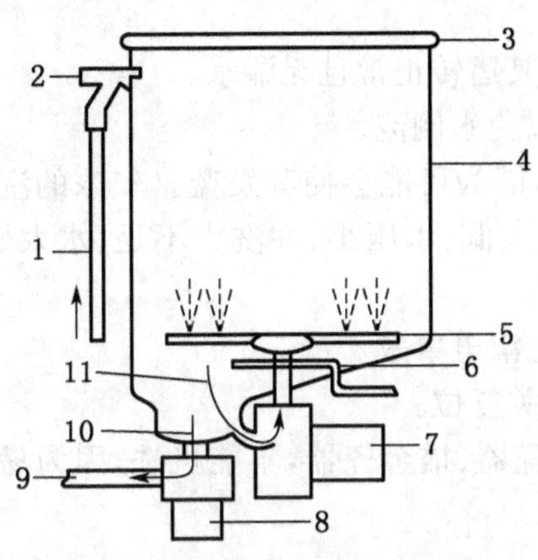

图 5-14 喷臂式洗涤剂结构示意图

1—供水管；2—进水阀；3—封垫；4—桶；5—喷臂；6—加热元件；7—回还泵和马达；8—排水泵和马达；9—排水；10—洗后排水；11—抽水洗涤

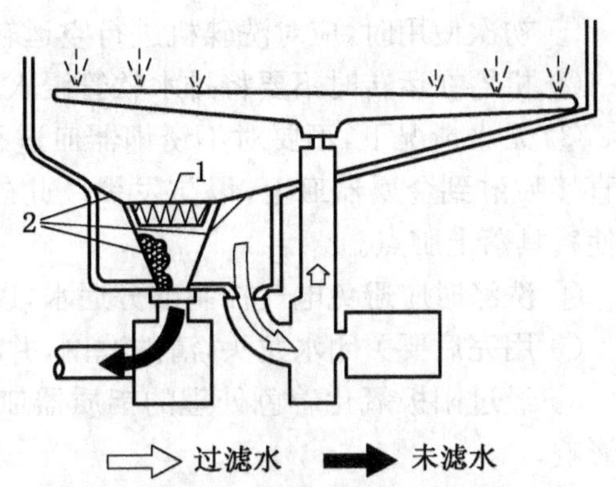

图 5-15 喷臂式洗涤机过滤系统

1—细滤网；2—粗滤网

图 5-15 表示喷臂式洗碟机的过滤系统。从图中就可知道怎样从洗水中滤去细小颗粒，如过滤不好，颗粒将会阻塞喷臂轴的细小喷口。水的循环动作使颗粒向桶底构成的倾斜中心沉积。粗、细颗粒都卷下细滤网的斜面上，该滤网有一锥形孔，孔内放入一只粗的滤网篮，以便陷获和容纳过大而准备进入排水泵内的颗粒。较小的颗粒则通过网篮，暂时容纳在细孔滤网的锥形部分，防止由该处进入回流泵。这样已经过滤的水就通过细滤网，接纳进入回流泵并流向喷臂上。

排水时，全部暂时容纳于锥形滤器内的较细颗粒，就向下通过排水泵排出。粗滤网陷获得较大颗粒，可以在每次使用后提出来清理掉。多数进水阀都配有滤网，将杂物滤出。

洗碟机的加热器有两种用途，即对洗涤和漂洗的水供应热量，水的温度对洗碟有很大作用，要获得良好的洗涤效果，水温应在 60～70℃之间，并在干燥周期中作为热源使用。这些加热器的功率从 600～1 000 瓦不等。电热丝完全封闭在一条镁合金管内。与热加工设备中介绍过的电热元件相同。

2. 叶轮式洗碟机

图 5-16 是叶轮式洗碟机结构示意图。它的洗涤作用是叶轮打水，向碟盘擦洗。叶轮转速达 1 700 rpm，当水位达到叶轮时，水受冲击，溅起水花向餐具喷射，产生洗涤作用。

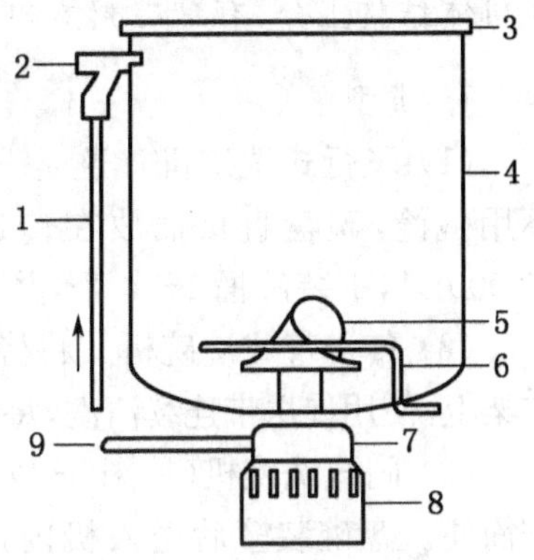

图 5-16 叶轮式洗碟机

1—供水管；2—进水阀；3—封垫；4—桶；5—叶轮；6—加热元件；7—泵；8—动力马达；9—排水

3. 洗碟机的安装使用与维护

(1) 安装　洗碟机最好安装在供水、排水方便和适宜操作的地方，当需要接长的供排水软管时，最好不要超过 1 m，否则排水软管的残水可能会倒流回洗碟机内，影响洗涤效果。

(2) 洗涤程序　一般的洗涤程序是：一次喷射—洗涤剂洗涤—排水—二次喷射—冲洗—排水—三次喷射—冲洗—排水—干燥。

(3) 使用注意事项

① 初次使用时，应对洗碟机进行空运转，确认其运转正常且无漏水。

② 机器在运转时不要将排水软管浸入水中，以免水倒流。

③ 无水情况下，不要对不锈钢器皿进行干燥，因为可能会使其发蓝。较浓的洗涤剂不要直接喷淋到金属器皿上，以防发黑。此外，水温太低、水压小、冲洗力不足、水太硬，都可能使餐具落上脏点。

④ 洗涤时应避免电气控制部分遇水，以防发生漏电事故。

⑤ 用完后要关闭水龙头，清洗滤网，并将各开关复位。

⑥ 经过阳极氧化着色处理的铝质器皿、手绘瓷器、描金瓷器，不能机洗，因为易受洗涤剂影响。

(二) 洗碗机(商用)

洗碗机是供家庭、餐厅、宾馆等使用的自动洗碗盘的清洁器具，与洗碟机在用途上并没有什么不同，能洗碗也能洗碟，反之亦然。

从 1927 年德国制造出世界上第一台简易洗碗机，发展到现在，技术已经非常成熟，近几年来国内外对洗碗机的需求量明显增加。与手工洗涤相比，其优点是工作效率高和能在高温下清洗，并可在机内消毒、烘干。洗碗机按用途分家用、商用两大类。本文主要阐述商用洗碗机的相关知识。

【提示】

洗碗机的分类

洗碗机有多种形式，按洗涤方式分，有喷淋式、叶轮式、水流式、超声波式；按装置方式划分，有固定型、移动型、桌上型、水槽装入型；若按开门装置来分，则有前开式和顶开式；从机体结构上分，有单层壳体和双层壳体。

1. 类型

(1) 飞行式洗碗机　这是一种连续送进、连续洗涤的大型洗碗机，不用碗筐，碗盘直接插放在传送带支架上，每小时可洗碗盘 3 000～10 000 只，下装洗桶 1～4 个，并带有干燥装置，是一种高速洗碗机。

(2) 传送带式洗碗机　将待清洗盘碗放在碗筐中，碗筐置于传送带支架上，使用传送带连续清洗，每小时可清洗盘碗 5 000～8 000 只。

(3) 门式洗碗机(见图 5-17)　是一种间歇式洗碗机，结构紧凑，操作简便。盘碗装筐后送入机内，在机内自动完成预洗、洗涤、漂洗、干燥、消毒等工序，而后取出。每小时可清洗餐具 2 000～3 000 只，适用于每次 250 人左右就餐的厨房使用。这种洗碗机不仅适用于大型饭店的中、小厨房、酒吧间、咖啡厅，更适用于餐饮服务业的饭馆、餐厅、招待

图 5-17　门式洗碗机外形图

所、食堂等用户。

(4) 台式洗碗机 体积较小,适用于小型餐厅、咖啡厅及家用,一般每小时可清洗300～500只杯盘。

2. 结构

商业洗碗机较常用的是传送带式洗碗机和门式洗碗机(也称揭盖式洗碗机)。它们的清洗方式大多采用喷淋式。大型洗碗机的本质上的原理与洗碟机相同,仅相当于经过多个洗碟机而洗净。

(1) 门式洗碗机 机体主要由壳体、门开关、进水电磁阀、水位开关、清洗系统、漂洗系统、温度传感器、洗涤剂和干燥剂自动供料装置、程序控制器以及操作显示面板等部件组成。清洗水箱为储水加热式,清洗和洗涤喷臂为旋转喷臂。

(2) 传送带式洗碗机(见图5-18) 与门式洗碗机组成部件大体相同,不同点是少了漂洗电机,清洗臂和漂洗臂由旋转式改为固定式,另外多了一套传送电机和传送机构。漂洗水箱为过水加热式,因此需要较大功率的加热器。

图5-18 传送带式洗碗机

这两类洗碗机清洗水箱中的水都是由漂洗水箱的水注入的。清洗时用加有洗涤剂的热水对餐具进行去污洗涤,漂洗时用具有一定温度的清水对清洗过的餐具进行净化。

3. 工作流程

喷淋式洗碗机的设计结构又可分为上下回转喷嘴式、下喷嘴式、下喷嘴反射式、塔喷嘴式、多孔管式、旋转汽缸式等不同结构。尽管结构形式各有差异,其工作特点均是以水喷溅状的洗涤淋浴方法,来清洗篮筐上的器皿物品。

喷淋式洗碗机依靠洗涤泵经过喷臂喷射出一定压力的洗涤液,喷臂受到喷射水流的反作用力而旋转形成三维密集热水流冲刷餐具。水流的机械冲刷、热水浸泡的软化以及洗涤剂对油污的分解等三重作用,使冲刷分解后的污物被排出。有研究表明在去污过程中水流机械能的清洗作用占全部清洗作用的58%,而化学清洗剂的作用仅占15%。细菌病毒一部分被高温热水杀死,其余部分则被洗涤剂杀灭,随水流排出。整个过程由于没有人工等介质接触,避免了餐具的二次污染。洗涤的最后阶段,喷淋水水温被加热到80℃以上并加有干燥剂,此时餐具表面的水由于凝结速度小于蒸发速度而逐渐自然干燥。

(1) 门式洗碗机工作流程 电源开启—注水—加热—关门并自动开始运行—定时清洗—定时漂洗—周期结束。

每开始一天的工作之前需进行注水加热过程,每天结束工作后应排干水箱中的水,并对洗碗机进行清理,保证设备的清洁状况。

门式洗碗机的注水过程包括漂洗水箱注水和清洗水箱注水过程,先对漂洗水箱进行注水并加热,而后用漂洗水泵将漂洗水箱中加热到足够温度的水注入清洗水箱,完成清洗水箱注水过程。

一个洗涤周期包括清洗和漂洗过程。正常洗涤周期开始时,先由清洗泵进行设定时间的清洗过程，以高于70℃的加有洗涤剂的热水清洗餐具。洗涤结束后自动转为漂洗过程，漂洗泵进行设定时间的漂洗工作，以混有干燥剂的高于80℃的热水对餐具进行漂洗、干燥，完成后一个周期结束，等待开门取出洗干净的餐具，放入待清洗的餐具，关门后自动开始下一洗涤周期。

(2) 传送带式洗碗机工作流程　电源开启—注水—加热—关门—选择送篮“快、慢”—按“运行”键—开始连续清洗和喷淋。

传送带式洗碗机一般包括一个或多个清洗箱体和一个漂洗箱体，碗筐在传送带上依靠电机推动传送机构，被依次送入清洗箱和漂洗箱，从另一端送出，连续完成批量洗涤。依靠设计的清洗箱体长度、漂洗箱体长度和选择的传送带速度来决定洗涤时间。

4. 维护

洗碗机在使用上，最主要的是要经常地清理过滤网和检查喷嘴有否堵塞，因为洗涤水是循环使用的，该水是通过过滤网而滤去污物的，因此过滤网要经常取出清理，另外喷臂中的喷嘴常会被碎骨、果核等堵塞，要经常查看。

所有洗碗碟机的喷臂在设计上都是考虑方便拆卸的。如小型的洗碗碟机取下方法如图5-19。其方法是将放于孔之中的销子取出，如图示情况顶入小轴之孔中，喷嘴即可向上拉出。或有松开螺丝而拉出的。

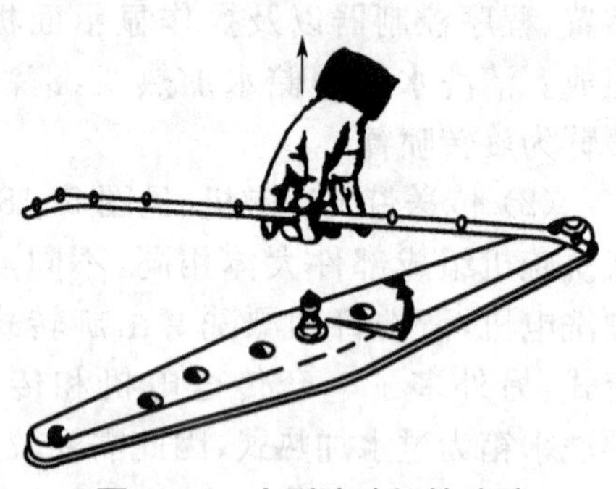
图5-19　小型洗碗机的喷臂

大型洗碗碟机的喷臂的拆取安装也极其方便，喷嘴要经常疏通。

5. 洗涤剂的选用

餐具的洗涤主要依靠洗涤剂和水。洗碗机所用洗涤剂的特点是碱性大而泡沫少，一般由表面活性剂、助剂、氯化物、抗蚀剂、香精、助洗剂等成分组成。

表面活性剂的作用是降低水的表面张力，使之能迅速润湿餐具和食物残渣；氯化物可以破坏蛋白质残渣，如奶、蛋等，并有助于去除咖啡和茶汁等附在器皿上的污斑；助剂的作用是与水中矿物质起反应，使水中的矿物质与食物残渣不会附着在餐具上留下污斑；抗蚀剂能够保护洗碗机构件，减低洗涤剂对瓷器上的釉彩及铝制餐具的腐蚀作用；香精可以掩盖洗涤剂中的化学物质或陈腐物质的异味；助洗剂可以增加活性剂的洗涤作用，促进化学反应。

洗涤剂必须具有使水软化、抑制食物残渣发酵、使食物残渣分散悬浮、保护餐具不受腐蚀等各种功能。由于各地水质不同，对洗涤剂的要求也不同，因此在洗碗时，要注意选适合于本地水质的洗涤剂。

【小资料5-3】

超声波洗碗机特点

超声波洗碗机利用的是超声波清洗的原理。因为超声波可以穿透固体物质而使整个液体介质振动并产生空化气泡，因此这种清洗方式不存在清洗不到的死角，而且业内证明超声波清洗的洁净度高。与传统的洗碗机相比，超声波洗碗机还具有以下优点：

1. 省电、节水、噪声小。由于超声波洗碗机不需要电机、水泵，洗涤时不需要高压水、循环水，不需要机构的运动与回转，一切都只以水分子的静悄悄的振动而完成，所以机器噪声小，而且节水、省电。

2. 洗碗机结构简单、使用寿命长。由于采用的是超声波产生的水分子振动来洗碗，不需要传统洗碗机的喷臂回转机构、搅水叶轮机构，更不需要泵、电机、循环水系统等，因此结构简单得多，产生故障的机会也少得多，维修和售后服务简单。

3. 不需用专用洗涤剂。传统洗碗机主要靠专用洗涤剂的化学清洗作用，而超声波洗碗机原则上可不用洗涤剂。加入洗涤剂也是起辅助除油作用，对洗涤剂无特殊要求。

（三）其他清洁设备

1. 银器刨光机

其作用是靠容器内小的钢珠与银餐具一起翻滚，借光滑的滚珠将银餐具上的污斑除去，达到刨光的目的。

使用注意事项：

(1) 未加刨光剂之前千万勿开机，否则抛光钢珠会严重损坏。

(2) 加抛光剂时，直接倒在抛光钢珠上，让机器预运转 10 分钟，如不让机器预运转便加入银餐具，则银器上会出现斑点，而清除这些斑点，至少需要运转 25 分钟。

(3) 银餐具刨光前，要清洗干净，去掉油污，并将去污剂彻底洗掉。

(4) 对新购的银餐具，要洗去厂家为了银器光洁而涂的"银铁粉"，否则它会与抛光剂产生化学反应，就会在抛光过的银餐具上留下深蓝色的痕迹。

(5) 如果发现排水洞阻塞，应将抛光钢珠从抛光筒中拿出来，冲洗排水口，直至干净为止。千万不可强行通孔，这些孔不是圆的，强行通孔会造成永久性的破坏。

(6) 传动部分及轴承部分要添加润滑油，每年一次。

(7) 每天工作结束时，机器内要注入新鲜的抛光剂。每天应让机器在没有银器的情况下预运转 10 分钟。

(8) 机器要有操作工看管，以防备障碍。

2. 容器洗净机

图 5-20 是容器洗净机的外形图。其作用：当脏污的容器罩于其机器上时，操纵踏板，喷臂中可喷出冷水或热水将容器洗净。通常均为大容器，譬如垃圾筒。

图 5-20 容器洗净机

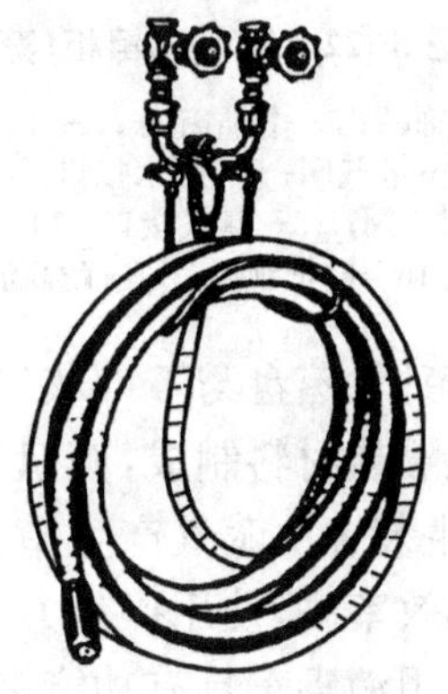

图 5-21 喷水圈带

3. 喷水圈带

图 5-21 是厨房粗加工等场地用的喷水圈带，可喷出冷或热水，清洗地面用。

【提示】

此外,厨房的清洁设备还有如面包房专用洗涤机,它是面包烘房的器皿专用洗涤机,专洗面包烘房用的器皿。还有上一节提到的高压喷射机。将炉灶洗净剂装在喷射机的容器内。操作机器,将水喷向烟罩表面,所喷之处,仅一两分钟就可恢复金属的本色,然后再用清水喷射洗净,可达到焕然一新的效果。该机器操作不需要什么特别技术。

二、消毒设备

餐具消毒设备根据消毒方式分热水消毒槽、蒸气消毒柜、化学消毒槽和电子消毒柜四种。

(一) 蒸气消毒柜

1. 类型

蒸气消毒柜有两种,一种是直接用管道将锅炉蒸气送入柜中进行消毒,它没有其他加热部件,使用较方便,见图 5-22,多被大中型酒店所采用。第二种是电、汽两用消毒柜,又称为消毒蒸饭车(见图 5-23)。这种设备的蒸气有两种来源:一是将锅炉蒸气用管道输送到消毒车内直接加热;二是在消毒车底部安装电热管,加水通电后,利用电热产生的蒸气进行加热。

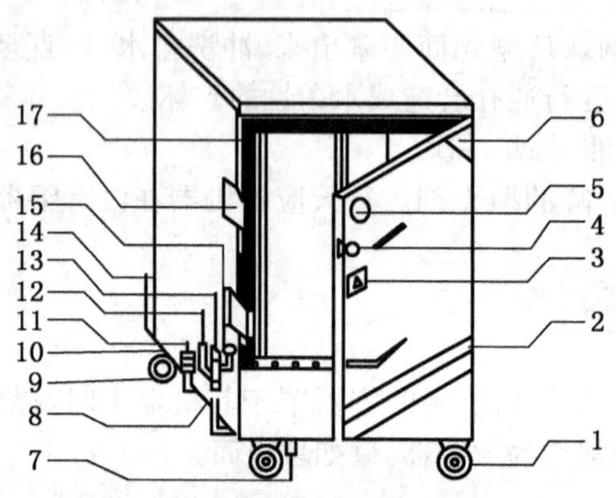

图 5-22 蒸气消毒柜(蒸饭箱)示意图

1—脚轮; 2—装饰帖; 3—警告标志; 4—门把手; 5—标志; 6—优点说明;
7—排污口; 8—进气阀; 9—进水接口; 10—接地标志; 11—卸压口;
12—限压阀; 13—蒸气接口; 14—电源; 15—压力表;
16—门把锁铰; 17—耐高温硅橡胶门封

图 5-23 电、汽两用消毒蒸饭车

由上部箱体、蒸盘与下部蒸气发生装置三大部分组成。箱体内胆和外壳采用高级不锈钢,内衬保温隔热材料制成,蒸盘用食用铝板冲孔压制而成,用户可根据蒸制量大小选用,下部蒸气发生装置由蒸气产生箱、进水补水箱、电气系统等组成。通电 3～5 分钟就可连续产生蒸气,热效率高,使用操作方便。

电、汽两用消毒车具有功能多和经济实用的特点,不仅可以用于餐具的消毒,而且还可用于蒸饭或蒸制各种菜品,是中小饭店常用的一种消毒设备。

2. 蒸气柜安全技术操作规定

(1) 设备必须由专人操作和管理。

(2) 操作前必须认真进行检查,其安全阀门和输气管道必须可靠和畅通,发现故障应及时报修。

(3) 输入蒸气压力,不准超过设备本身规定的额定。

(4) 蒸气柜不准用来蒸易腐蚀蒸柜的食品或不卫生食品。

(5) 蒸气柜内外卫生要随时搞好。

(二) 电子消毒柜

电子消毒柜,也叫电热消毒柜、电子食具消毒柜,是集消毒、烘干、存储一体的厨房电器。消毒柜的杀菌效果好,穿透力强,没化学残留物,这是一般的高温消毒所无法达到的。而且消毒柜仿电冰箱式的柜门,比普通碗柜密封性强,有效地避免了消毒后的二次污染。

1. 类型

电子消毒柜按消毒方式可为:高温消毒、臭氧消毒、紫外线消毒、高臭氧紫外线消毒、高温臭氧消毒五种。

(1) 红外线消毒柜　又称高温电子消毒柜,它利用远红外线对餐具进行125℃的高温烘烤,消毒速度快(10～15分钟)。高温能使细菌和病毒蛋白质变性而达到杀菌的目的。在高温时加热10分钟,能使一般细菌和病毒(包括乙肝病毒)杀灭率≥99.9%。消毒方法直观,易被接受。但机内结构设计较困难,容易导致温度不均匀,且这类消毒柜耗电量大,对热的穿透较差,产生的高温易使腔体及加热物体损坏变形,因而只适合放陶瓷、铝、玻璃器皿和不锈钢等耐高温的餐具,它会使金属碗边的漂亮餐具褪色,而且降至室温所需的时间也较长。

(2) 臭氧消毒柜　又名低温消毒柜,利用臭氧发生器来制取臭氧,其原理是当空气或氧气通过高压电极时,氧分子在高速运动着的电子的轰击下发生电离,使得一部分氧分子聚合成臭氧分子(O_3),研究表明 O_3 杀灭细菌、芽孢、霉菌类微生物的作用机理是臭氧导致其生物化学损伤。首先损伤细胞膜,使细胞内核酸、蛋白质等渗漏,并使维持细胞基础代谢及其重要生成物质——酶失去活性,导致其新陈代谢障碍,臭氧还能破坏细胞遗传物质,直至将其杀灭。臭氧对病毒的杀灭机理,一般认为是直接破坏其核糖核酸(RNA)和脱氧核糖核酸(DNA),而将其杀灭。

臭氧浓度20～40 mg/m^3 消毒时间大于60分钟,可对包括乙肝病毒在内的细菌和病毒杀灭率≥99.9%。可以均匀扩散,能适用于大范围内消毒。但臭氧浓度不能太高,泄漏会对环境以及人体健康有影响。

(3) 紫外线消毒(通常就指短波紫外线)　通过破坏细胞中的DNA来达到消毒灭菌的目的,短波紫外线中250～270 nm范围杀菌能力最强。254 nm紫外线能使细菌和病毒的DNA发生变性而不能繁殖后代。254 nm 100 $\mu w/cm^2$ 的紫外线强度下杀灭以下细菌所需时间:炭疽杆菌90秒、乙肝病毒210秒、结核杆菌120秒、流感病毒70秒。杀菌具有广谱性,即对任何细菌或病毒都有效,可集中高强度紫外线在短时间内(可小于1秒)杀菌,还具有节能、新颖等特点。

但紫外线只能沿直线传播,紫外线照射不到的地方不能消毒。

【提示】

水银蒸气压为80 Pa的低压汞放电灯(如日光灯、节能灯属低压汞灯)能产生很强的254 nm及185 nm紫外线,185 nm紫外线能裂化空气中的氧分子成臭氧,但是普通玻璃包括日光灯、节能灯用玻璃是不透254 nm和185 nm紫外线的，一般高硼玻璃是硬料器皿玻璃，也不透254 nm紫外线，只有专门配方的钠钡玻璃(254 nm透过率为75%)才可以。

(4) 高臭氧紫外线消毒　采用特殊石英玻璃制成的高臭氧紫外线杀菌灯，在发射出具有很强杀菌作用的波长为253.7 nm紫外线的同时还发射出波长为184.9 nm的紫外线。184.9 nm紫外线能使空气中的氧气分子生成臭氧分子O_3。臭氧的强氧化作用能有效地杀灭多种细菌、病毒及微生物，其杀菌能力与过氧乙酸相当，高于高锰酸钾、甲醛等的消毒效果。

紫外线和臭氧的共同作用，使常温消毒扩大了灭菌范围，强化了消毒效果。与常规的高压、放电式臭氧发生器不同。波长为184.9 nm的紫外线所产生的臭氧仅限于射线通过的空间，臭氧的发生量和紫外线辐射的范围成正比，即和消毒柜的容积成正比。因此，高臭氧紫外线特别适合于大容积消毒柜。臭氧产生的速度快，浓度分布均匀，消毒时间短。

(5) 高温、臭氧电子消毒柜的特点是集高温型、臭氧型电子消毒柜双功能于一体，采用双柜双门，是消毒功能齐全的电子消毒柜。它既可以进行高温消毒，又可以进行臭氧消毒，并可随意选择上、下消毒室进行消毒，上消毒室为臭氧消毒、低温烘干，下消毒室为高温消毒。

【提示】

电子消毒柜按杀菌效果可分为一星级消毒柜和二星级消毒柜。从款式上可分为立式、壁挂式和嵌式。从外观上可分为单门柜和双门柜，单门柜一般只有一种消毒方式，双门柜则有两种消毒方式。按控温方式可分为机械控温和电脑控温。

【小资料5-4】

消毒柜的技术要求

在国标《食具消毒柜安全和卫生要求》中，对以消毒为核心功能的消毒柜做了明确的技术要求。一般评价消毒效果有三项指标：对大肠杆菌杀灭率不小于99.9%，对金黄色葡萄球菌杀灭率不小于99,9%，可破坏乙肝病毒表面抗原，试验应呈阴性反应。消毒效果能达到前两项指标的消毒柜为一星级消毒柜，能达到前述三项指标的消毒柜为二星级消毒柜。消毒柜的正面位置应标有消毒柜星级数，一星级用"＋"表示，二星级用"＋＋"表示。由于一星级和二星级消毒产品的结构及成本是完全一样的，所以市面上采用高温消毒的消毒柜绝大部分都为二星级消毒柜。

2. 电子消毒柜的使用及注意事项

(1) 不管什么类型的电子消毒柜，使用电源均为50 Hz、220 V单相交流电。使用时，必须使用单相三脚插座，规格为220 V、10 A为好，并且插座接地脚必须安装牢固可靠的接地线，以保证安全。

(2) 使用高温型电子消毒柜消毒时，先将洗净的餐具放好。按下按钮，电源指示灯亮，表示开始加温消毒。待指示灯自动灯灭，表示消毒完毕。刚消毒结束时，一般经10～15分钟左右的时间才可取出使用。若暂时不使用餐具，最好不要打开柜门，这样消毒效果可维持数天。

(3) 彩瓷器皿上的釉彩含有的铅、镉等有毒重金属，在红外线消毒柜的高温下会释放出来。如果经常在这些消过毒的彩瓷器皿内放置食物,会使食物受到污染,危害人体健康,因而不要把这类餐具放到红外线消毒柜中消毒。表面镀上一层珐琅的搪瓷餐具也不能放入红外线消毒柜中,因为珐琅里含有对人体有害的珐琅铜及氧化物,在高温下会逐渐分解而附着于其他餐具上,危害人体健康。

(4) 使用低温型电子消毒柜时,先根据放入餐具的多少,将定时器的旋钮置于适当时间的档次上,插入电源插头,"0"表示灯亮,开始臭氧消毒。当"0"指示灯熄灭,表示臭氧消毒完毕。烘干指示灯亮,表示正在烘干餐具,待烘干指示灯自动熄灭时,消毒、烘干程序完成。

(5) 如果使用的是紫外线臭氧消毒柜,在开门的状态下不要接通电源,消毒时要把柜门关严,消毒后不要马上打开柜门,以防臭氧逸出污染室内空气。餐具之间要留有一定空隙,使臭氧流动畅通,与餐具充分接触。

(6) 使用高温臭氧电子消毒柜时,将不耐高温的塑料、漆 竹木等器具放在上消毒室内的层架上,将可耐高温的餐具放在下消毒室内对应的层架上,关好双门,接通电源后,可随意选择上下消毒室的工作状态。

(7) 未放餐具的空箱体不能在高温下烘烤过长时间,否则会使箱体变形。另外,柜内的餐具应合理摆放,并经常擦拭箱体内部,以保持清洁卫生,操作时不要撞击远红外管,以免损坏。

(8) 无论哪种消毒柜,一定要把餐具上的水分抹干后再放入消毒柜中,这样省时省电又能达到理想的消毒效果。碗、盘、匙等餐具都要竖放在规定层架上,这样利于通气沥水,消毒更彻底。不要将消毒柜放置在加热器具如煤气灶旁,否则会引起消毒柜变形、发生故障。

3. 消毒柜的清洗与保养

清洗时要先拔下电源插头,用干净的布蘸些温水或中性清洁剂擦拭柜的内外表面,尤其是长期积存在金属支架和底部的水垢,再用拧干的湿布擦净,切勿用强腐蚀性的化学液体擦拭。在使用或清洗时,要避免硬物碰撞石英管加热器或臭氧管,以防破裂。

消毒柜长期使用后,可能会出现开门费力的情况,这时要将柜门内的密封条油垢彻底清洁干净。另外,由于受热的原因,密封条的老化速度较快,要及时更换,以免起不到密封的效果。

第三节 供电、给排水、照明、消防和储运设备

【案例 5-3】

厨房失火,厨师救火

据《扬子晚报》2006 年 10 月 24 日报道,22 日中午 11 时 46 分,沪宁高速公路常州段一服务区餐厅的煤气发生泄漏,但幸亏餐厅的厨师平常学习一些消防知识,懂得使用灭火器和火场逃生方法,且餐厅也配备了灭火器(手提式干粉灭火器),否则会束手无策酿成惨剧,后果不堪设想。

评析:饭店是人员集中的地方,特别需要注意防火。尤其是饭店中的厨房,是水电气设备集中、高温、

高热、高湿的场所，按照公安部的要求，更应配备自动消防系统，其正确的设置和使用可保障厨房的正常运行。

现代化的厨房，除了我们已经了解的排油烟系统、清洁消毒设备，还应有供电设施、给排水系统、消防系统以及储运设备等辅助设施。

一、供电系统

(一) 供电系统一般要求

厨房的用电大致可分为生产性用电和非生产性用电。生产性用电包括加工间烹饪设备、保管室、通风换气风机、制冷压缩机、给排水泵等生产作业时必不可少的用电。非生产性用电，如厨师办公室、洗浴间等非生产性设施的用电。

(1) 在饭店中，厨房是各种机电设备比较集中的地方，是用电大户，可考虑单独设置变压器，形成自己的电力网。

(2) 厨房的事故用电必须能保证维持冷冻机、事故照明、主要通风装置和排水设备的运转。必要时，可考虑采取双电源方式(一备一用或互为备用)。

(3) 为了满足未来的需要，导线、电缆、开关板和配电板均应有备用量。各动力和配电用配电板为15%，厨房的总配电板为25%。

(4) 管线的安装要求

① 电线(电缆)穿管暗敷时，原则上采用金属管。一般管径大于电线外径的40%，如果弯头比较多，则考虑大于60%。

② 管线之间必须有良好的金属连接。管线通向负载时，应有良好的保护接地螺母，以利于与设备导电部分的外壳连接。

③ 连接铜芯导线的载流量，原则上按 1 mm^2 通过 10 A 的电流计算，穿管的单芯导线，电缆按实际电流量的 1.75 倍计算。考虑厨房高温多油、潮湿的特征，连接电缆应选择 RW 型塑料软电缆。对于多根导线的连接，应考虑选用金属包软管过渡；在多水处应选用塑料软管及金属包塑软管，并加装防水型接头；在多动处，导线的外部应缠绕一层塑料缠绕管。

(5) 厨房作业区防护要求　厨房在作业生产中，一般处于高温、高湿，且产生蒸气、油、酸、碱、盐等各种腐蚀介质。故需对各作业区的设备作出各种防护。具体要求看表 5-1。

表 5-1　厨房作业区防护要求

区　域	防水	防潮	防油	防腐蚀	防爆	防热
初加工区	✓	✓				
加热区	✓	✓	✓	✓	✓	✓
配餐区	✓	✓	✓			✓
清洗、消毒	✓	✓	✓	✓		
冷冻、冷藏	✓	✓			✓	
仓　库					✓	

【提示】

所谓防水、防潮，即防止水蒸气对设备、电气元件引起短路和相间接地。防油、防腐蚀即防止油及酸、碱、盐对电气绝缘体造成的老化、腐蚀,使绝缘体脱落,绝缘效能降低。防爆即防止电火花引起可燃气体的引爆和燃烧。防热即防止高温、明火对电气元件和设备的伤害。

经过厨房的电线除防潮、防漏电、防热、防机械磨损外,还须在每台设备附近安装安全装置加以控制。厨房附近必须装有超载保护装置。厨房的事故用电必须足以维持冷冻机、事故照明、主要通风装置和排水设备的运转。

(6) 厨房电器元件的基本要求 因为厨房特殊的工作环境,所以厨房附近必须有装超载保护装置以及其他的电器保护元件。

① 控制开关,按负载设备电流的3～5倍选择。

② 过流保护器熔断器,按实际额定电流的5～7倍选择,对于电阻负载按实际额定电流的1～2倍选择。

③ 过热保护器,按实际额定电流的1.1倍选择,因考虑厨房为高温场所,可视保护器距离热源的距离,选择高1～2个档次。

④ 操作按钮、开关、信号灯,在箱盘上的操作开关、按钮,应具备防滴功能,在设备进水源处,应选择防水型开关,设备需经常清洗的部位,需装开关、按钮时,应选用防水型。

⑤ 现场控制、检测元件,应选择密蔽型元器件。同时还要进行防水、防尘、防油处理,对有特殊要求的部件,应根据要求选用相应的电元器件,并作相应处理。

(二) 照明设备

厨房照明可单独使用自然光或灯光,也可两者结合使用。厨房的照明要求包括下列一些因素。

1. 照明度

实践证明室内明亮程度对厨师工作有很大影响,厨房的灯光要重实用。这里的实用,主要指临炉炒菜要有足够的灯光以把握菜肴色泽;案板切配要有明亮的灯光,以有效防止刀伤和追求精细的刀工;出菜打荷的上方要有充足的灯光,切实减少杂物混入并流入餐厅等等。厨房灯光不一定要像餐厅一样豪华典雅、布局整齐,但其作用绝不可忽视。

根据《建筑照明设计标准》,旅馆建筑厨房的台面的照度要求达到200 lx,旅馆建筑中餐厅200 lx,旅馆建筑西餐厅100 lx。另外天花板应能反射85%的光线,上壁面(地面0.9 m以上)反射60%,下壁面反射35%～40%,地板反射30%,工作面(如柜台、桌面、橱柜和一些设备)反射50%。与以上数据出入过大的工作环境将影响厨师们的菜品。

【提示】

照度就是光照射的强度和亮度,其物理意义是照射到单位面积上的光通量,照度的单位是每平方米的流明(Lm)数,也叫做勒克斯(lx),Lm是光通量的单位,其定义是纯铂在熔化温度(约1 770℃)时,其1/60平方米的表面面积于1球面度的立体角内所辐射的光量。1 lx大约等于1烛光在1米距离的照度,一般情况夏日阳光下为100 000 lx,阴天室外为10 000 lx,室内日光灯为100 lx,距60 W台灯60 cm桌面为300 lx,黄昏室内为10 lx,夜间路灯为0.1 lx,烛光(20 cm远处)10～15 lx 。

2. 光线分布

灯的安装必须注意避免产生阴影,而灯光的亮度必须适当。在通风罩出现阴影时,要特别予以注意。另外，煮锅、炸锅的光线要好，灯光的颜色要自然，不能因光的颜色干扰厨师对食品颜色的判断，各种设备的门，必须开启方便，使光线能完全照进去，光线要稳定、柔和。

3. 防止炫光

厨房设备光洁的表面在灯光下常常会产生耀眼的光线，使用漫射灯光和间接照明可防止炫光。

4. 光源

厨房的照明光源，大多要安装保护罩，特别是炉灶区灯管和灯泡瞬间受热易发生爆裂，由于厨房产生的烟雾较多，应选择一些先进的防雾灯具或灯罩以及防爆灯，并要便于清洁和维修。

(1) 在蒸煮间，由于有蒸气，根据相关规定，在潮湿场所应采用相应等级的防水灯具，至少也应采用带防水灯头的开敞式灯具。若采用密闭式灯具，应采用耐腐蚀材料制作，若采用带防水灯头的开敞式灯具，各部件应有防腐蚀或防水措施

(2) 在热加工区，宜采用带散热构造和措施的灯具，或带散热孔的开敞式灯具。

(3) 冷菜间，有洁净要求，应安装不易积尘和易于擦拭的洁净灯具，以有利于保持场所的洁净度，并减少维护工作量和费用。

5. 照明方法

一般来说，各种照明方法都可达到均匀照明度。物体的照明可分为直接、间接、混合和散射照明四类，如图 5-24 所示。

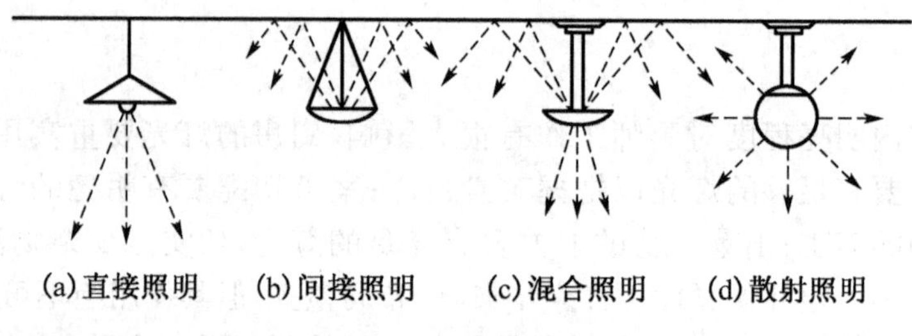

图 5-24 照明方式

(1) 直接照明是最有效的，它能把所有的光线直接照射到工作区。

(2) 间接照明是把所有的从光源发出的光线都反向到天花板和墙壁上去，因此，光线必须被再度反射到工作区。

(3) 混合照明，又分为半直接和半间接照明。半直接照明把少部分光线射向天花板，大部分光线直接散射到工作区。半直接照明使天花板有较强的光线，而产生一种柔和的照明效果。半间接照明是只将小部分光线直接照射到工作区上。

这两种方法的安装和运行费用较高，一般适用于酒吧、鸡尾酒廊等设施的照明。

(4) 散射照明方法，散射照明仅仅是部分光线照射到天花板上，工作区一般仍得到均匀照明。然而，散射照明的安装费和运行费要高出上述几种方法。

二、厨房给排水系统

厨房中用水设备较多，其给水系统相当关键，相对应的，其排水系统也有相应的要求。

(一) 给水系统

1. 水源的种类

(1) 生活用水　主要由市政管道或饭店的储水箱取得，此水源是厨房中主要水源，适于生产中的一切用水，在厨房工艺布置中又可分为冷水和热水。

(2) 中水　生活用水和部分生产用水产生的废水，如洗脸水、洗澡水、部分洗衣水等经过处理后的水。此水源只能作为厨房内冲洗地面、厕所及中央空调系统的冷却水和采暖系统的用水等。这种水在一般的酒楼、饮食店一般不能提供，但是大型的饭店应重视对此水的利用。因为饭店的生活废水量大，厨房需要的冲洗用水量也大，无论从经济效益还是社会效益都是比较合理的。在国外，中水系统被广泛使用。但在工艺设计和使用时，要严格控制，以防止当作生活用水。

【提示】

一个一般的星级饭店一年需要用水达 30～50 万吨左右，以一般商业水价 2.8 元/吨计算，年水费达百万计。

(3) 饮用水　目前我国饭店提供的饮用水，主要还是将自来水煮沸和过滤之后的水。为提高饭店服务与菜品质量，应大力开发管道纯净水。

所谓管道纯净水是以自来水为原水，通过水处理技术，将处理后的纯水通过专门的管道输送到所需的地方。

管道纯净水不仅满足厨房中的制冰机，冷热饮水机用水的要求，而且用管道纯净水来做菜，可获得更佳的色香味，用纯净水泡茶、煮咖啡、味道更香醇。且提高了饭店的服务质量，提升了饭店的品味，与国际水准和潮流相接轨。

【提示】

如果水中含有丰富的铁离子，那么菜肴会显红色。

【小思考】

如果水的硬度太高，对菜肴的烧制和洗衣房衣物的洗涤会产生什么效果？

2. 用水量

厨房生产随菜品种类和数量、季节、餐厅座位数等诸多因素的变化而变化。

厨房总的用水量按有关文献，可按厨房服务餐厅的餐座或用餐人数作为计算用水的依据，每人每天 15～30 升水。

(1) 冷水用量　各类洗槽容积×2/h，蒸锅水箱容量×1/h，炊饭器(机)炊饭量×5/h，汤锅容积× 1.5/h，供餐人数×0.41/h。

(2) 热水用量　洗槽类容积×1.5/h，洗菜机的水箱容积×3～6(8～251/min)。汤锅容积×0.5。如果简单总体估算的话，可采用厨房服务餐厅的餐座数，每座每天为 15～20 升。

对厨房给水的计算还可以按配水点数量、管径、压力、流量×使用时间来计算，但不管哪种算法，都是一种估算，都与实际使用量存在一定的差别。

3. 热水的供应

厨房生产中需要使用热水的，主要有干原料浸泡、涨发、菜肴烹调、食器工具的清洗(40～60℃)、消毒等。厨房热水供应的方式一般有：

（1）集中供热水　采用高位、静压水箱集中加热后向厨房供水（或大容量蒸气式快速热交换器），这种方式的水温一般控制在60℃以下，多适用于中央厨房式的用水量大、区域多的厨房，或300座以上的宾馆、饭店厨房集中供应热水。

（2）局部区域配水　采用快速热水器，分区域或水温不同，向厨房各区域供水。这种方式的水温一般控制也在60℃以下，水温要求提高时，需自带再加热装置来提高水温，或单独一次加热到所需水温。此方式多适于300客座以下的宾馆、饭店、一般饮食、快餐连锁店的热水供应。

(二) 排水系统

厨房在使用中原料、烹饪、厨房用具、设备和地面清洗等污水排放及冷冻机冷却水的排放，在厨房内一般采取明沟与干管相结合的方式。由于厨房排放污水中含有较多的泥沙、残渣、碎叶以及油污，明干沟、干管设置时一定要考虑其排放的畅通及防鼠害进入（从沟管进入）以及防堵塞问题。

此外，由于环保的要求，对于餐饮业的污水还要进行相应的处理，方可排放到市政公用污水管道。

1. 排水方式

厨房内、外的排水，一般室内多为明沟与管排相结合，室外采取管排为主。

（1）明沟，这是厨房内的主要排水方式。原则上每个厨房作业区均需设置明沟（加盖或铁丝网格），厨房内明沟的长度以30 m以内为合适（坡度0.5/100～2/100以内）。明沟的末端（厨房内）应考虑设置沉渣井和防鼠接渣筐装置。特别是在水容易溢出的地方，需要设置地面排水沟，它必须有存水湾和通风口。厨房明沟底最浅处离厨房地面的深度应大于150 mm，保证明沟内无积水现象，注意灶台前的明沟不要紧靠灶台，应离开灶台400～500 mm左右。

【小思考】

为什么明沟要距离灶台一定的距离？

（2）管排时，室内管径多在150 mm以内（以明干沟为主排水方式时），室外管排管径多在150 mm以上。其中厨房内排水主管直径应大于200 mm。

（3）池排一般是指一次排水量大、集中的厨房设备的特定排水方式。主要用于切菜机、球根机、切丁机、洗菜机等原料初加工设备的排水，以及夹层锅、洗米机等加热设备的排水。

池排的方式一般是在厨房地坪以下设置一个地池，将设备置入，池与厨房内的干沟相接，设备使用后的污水直接倒入池中再流入明沟排出。一般的池至室内地面80～200 mm，池的尺寸，因设备不同而异。一般考虑操纵面与设备外缘尺寸一样，非操纵面原则上宽于设备外缘尺寸100～50 mm即可。

2. 厨房地面排水应遵循的要求

（1）厨房的地势应高于所在地区下水道，以便排除污水无阻。

（2）厨房地面应采用光而不滑的地面砖，使用塑料砖或其他硬质丙烯酸砖好于瓷砖。使用红钢砖仍不失为有效之举。

（3）在通往餐厅的路上，不应有楼梯，以避免事故。在有高低差处，应用斜坡处理，采用防滑地面，并用不同颜色加以区别。

(4) 厨房应有一个大的供排水网,地面需开有带铁丝格孔的明沟,以便地面排水。洗碗机和洗涤槽应有单独的废水管道。

(5) 厨房水池应装有冷、热水管。厨房水池用不锈钢、铸铁或搪瓷制造,目前许多公共卫生部门推荐使用不锈钢水池。在处理或准备食物的装备上,需要装置间接排污设备。在水池和存水湾之间的下水道管有一个空气隙,或是一个完全敞开的排水管,这样可以消除下水道阻塞的可能性。而下水道管阻塞会污染水池中的食物。

(6) 有一些高星级宾馆的厨房布局分工较明细,要求烹制间除特殊烹饪设备设有专门排水系统外,其余地区不设明沟,以保持地面的干洁。

【小思考】

为什么厨房的排水管道经常容易造成堵塞?

3. 餐饮污水处理

餐饮业含油污水的产生是由于在烹饪过程中使用大量的动物油和植物油,这些油脂经加热烹炒、高温煎炸后部分进入食物,而在刷洗餐具、油锅以及倒掉残油和残羹冷炙的过程中,大量油脂与厨间生活污水混合进入下水道而形成的。

餐饮业含油污水主要的危害包括增加城市污水处理厂的负荷,影响城市排水管网过水,能力恶化水质、危害水产资源,危害人体健康,影响农作物生长,污染大气。

为了防治餐饮业动植物油的污染,国家环境保护局和国家工商行政管理局在《关于加强饮食服务企业环境管理的通知》[环监(1995)100 号]中强调"污水排入城市排污管网的饮食服务企业,应安装隔油池或采取其他处理措施,达到当地城市排污管网进水标准。其产生的残渣、废物,不得排入下水道。"比如广州市环保部门自 20 世纪 90 年代开始,就要求新开的餐饮业对废水进行混凝气浮处理,近年又出现了技术更先进的电气浮处理系统。

现在针对餐饮业含油污水的处理,除了混凝气浮处理技术,此外还有生物法、电解——过滤法、微电解——电解法、混凝磁分离法等方法。目前,这些方法的应用正值得期待。

【提示】

目前,将餐饮含油污水直接通过简单装置制成生物柴油已经变成了现实。

三、厨房消防系统

(一) 厨房火灾对消防的要求

1. 法规要求

随着高能的厨房设备和高燃点的食用油的广泛使用,增加了厨房火灾对人民生命和财产安全的威胁。从饭店发生火灾来看,据统计,50%是由厨房引起的,主要是厨房用火不慎和油锅过热起火,电气线路接触不良,电热器具使用不当,以及燃气泄漏引起。

目前,在西方发达国家有关规范中,规定公共餐饮场所的厨房内应配置厨房灭火系统,特别是在欧美许多餐饮管理集团,规定其下属酒店、宾馆的厨房内必须安装厨房灭火系统后方可运营。

在我国,商业用厨房火灾的预防问题已经引起有关部门的重视。《建筑设计防火规范》修订版中规定商店、旅馆等公共建筑中营业面积大于 500 m^2 的餐厅,其烹饪操作间的排油烟罩及烹饪部位宜设置自动灭火装置，且宜在燃气或燃油管道上设置紧急事故自动切断装置。公安部已于2004年颁布了产品的行业标准《厨房设备灭火装置》(GA498—2004)，该标准在参考国外产品标准的基础上，又考虑国内厨房的现状，系统规定了适合于我国厨房现状的灭火装置，目前，厨房灭火装置的应用规范也正在起草之中。

【提示】

喷淋系统作为一种自动消防灭火系统，在厨房中得到广泛应用。该系统由气压水箱(压力罐)喷淋头、流水擎、消防卷带、报警阀和供水设备等组成，其工作过程是：当某区域发生火灾时，室温急剧上升，使天花板上的闭式喷淋头自动打开，喷水灭火，流水擎因有水流动，便产生信号至消防控制室，报警阀被打开，发出警报，当压力罐水压降低时，便通过电极点压力表发出信号启动消防水泵，保证连续供水。

【小资料5-5】

喷 淋 头

喷头由喷头架、溅水盘和喷水口堵水撑等组成。喷头架、溅水盘一般用铜制造。喷水口的堵水撑在常温下能经受撞击和水压作用，在规定的温度下失去支撑力，及时开启喷水。喷水口堵水撑有玻璃球支撑型、易熔合金锁片支撑型等。选用喷头时严格按照环境要求温度选用，对于不同的动作温度，喷头的颜色不同。比如对于厨房而言，如果是玻璃球喷头，那么则选择标志动作温度为93℃的绿色喷头。

2. 技术要求

(1) 高效灭火　厨房灶台的油锅和油池，是最容易发生火灾的地方。其食用油的自燃点温度在350～380℃之间，在烹调过程中油被加热，一旦油发生自燃，很难将锅内大量油冷却至自燃点以下，另外，由于目前使用的节能锅灶通常会维持锅内的温度，从而更加阻止了锅内油温的降低，因而厨房要求灭火效率高，扑灭高温油火仅需在数秒钟内完成。

(2) 防复燃　食用油的平均燃烧速率高于其他可燃液体的燃烧速率，当油燃烧两分钟后，火会由初始时接近油面的小火发展到抵达排烟罩的大火，锅内油的表层温度可达400℃以上，即使灭火剂将火扑灭，但油的温度来不及冷却，油也会很快再次燃烧，经过对不同温度下食用油进行采样分析发现，复燃是因为当食用油加热到350℃以上时，油中会产生一些新的物质，这些物质具有较低的沸点和自燃点，此自燃点仅比初始点低65℃左右，由此，厨房灭火关键之一是要做到防复燃。

(3) 安全环保　厨房里多是食用器皿餐具和食品，灭火剂要求对人和环境无毒无害，且火灾后现场易清洗。

(二) 应用现状

目前应用于厨房灭火装置的灭火剂主要有干粉、泡沫及细水雾等，而由于市民对厨房设备灭火意识不强，在厨房设备方面应用自动灭火装置的很少。一些酒店、宾馆厨房设备灭火多半以普通手提式灭火器应付消防检查，甚至很多灭火器的配备根本不符合消防规范。

截至目前，我国能生产厨房设备自动灭火装置的单位有近十家，其装置从结构形式和动作原理大致可以分为两大类：

1. 气瓶驱动型灭火装置

该装置主要由灭火剂储瓶、驱动气储瓶、减压装置、燃料阀、水流阀、喷嘴和火灾探测装置组成。装置的动作原理是火灾探测装置探测到火灾后迅速关闭燃料阀，切断燃料供给，同时启动气储瓶瓶头阀，驱动释放气体，气体经减压装置减压后进入灭火剂储瓶，推动灭火剂从喷嘴释放。灭火剂喷射完毕后，水流阀打开，向油锅内喷水降温冷却。

2. 贮压型灭火装置

与气瓶驱动型灭火装置相比，该装置没有驱动气瓶和减压装置，驱动气体和灭火剂预先充装于同一个储瓶内，当火灾探测装置探测到火灾后，启动瓶头阀，灭火剂通过驱动气体推动从喷嘴释放。

上述两种类型装置大部分是以湿式化学药剂作为灭火剂，还有一部分是以泡沫和干粉作为灭火剂应用于灭火装置。另外，据资料报道，在系统设计合理的情况下，也可用细水雾作灭火剂。

3. 细水雾灭火系统

(1) 组成　灭火剂贮存容器组件、驱动气体容器组件、瓶头雾化器、管路、细水雾喷头、单向阀、阀门驱动装置、火灾探测部件、可燃气体探测部件(选装)、控制装置、备用电源等组成的能自动探测并实施灭火的厨房设备灭火系统。

(2) 系统功能

① 能全天 24 小时对厨房设备的安全进行监控和保护。

② 当厨房设备发生火灾且温度达到设定值时，系统发出声光报警，切断燃料源及厨房设备电源，并把火情信号传送到消防控制台或值班室。

③ 完成报警延时设定时间后，系统对被保护对象喷射细水雾灭火。灭火时自动切换城市自来水，将其雾化后持续喷放、以防止火灾复燃。

④ 系统采用电控和气控相结合的驱动控制方式，具备自动、手动及机械应急启动三种灭火启动功能。

⑤ 系统还具有可燃气体浓度探测及报警控制功能(选装)。当厨房内因泄漏而积聚的可燃气体达到设定浓度时，控制装置发出报警信号并自动切断燃气源。以保证厨房内的用火安全。

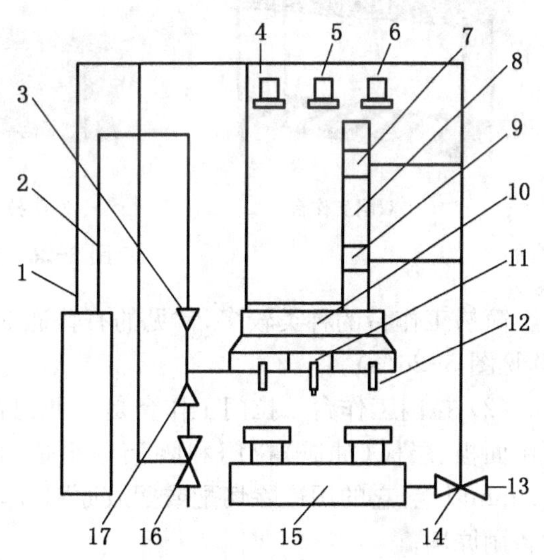

图 5-25　细水雾灭火系统

1—电气线路；2—灭火剂输送管；3—单向阀；4—声光报警器；5—甲烷探测器(选装)；6—CO 探测器(选装)；7—风机；8—排烟管；9—防火阀；10—烟罩；11—温度探测器；12—喷嘴；13—燃气输送管；14—电动燃气阀；15—灶具；16—电动水阀；17—止回阀

【小思考】

对应图 5-25，简述细水雾灭火系统的工作过程。

【提示】

关于移动式灭火设备，有关专业书籍已经介绍的很多了。

四、调理、储运设备

(一) 调理储存设备

1. 工作台的分类

又可称为案台、操作台或料理台。由于烹饪过程操作的需要，厨房配备各式各样的工作台。如双层简易操作台、单星盘工作台、和面台、双或单移门调理台、带架调理台、沥水工作台、带斗调理台、残物台、带有保温柜的工作台、带有冷柜的工作台等等。这些工作台可根据不同的用途，采用不同的材料进行设计。

工作台的结构一般是由面板、层板和脚架等部分组成。材料的选用多采用不锈钢材或铝型材也有采用防火优质木料加工而成的。其中有普通工作台（钢板厚度较薄，板材质量一般，价格较低）和高档工作台（钢板厚度一般为 1.2～1.5 mm，板材质量较好，多为磨砂板，价格较高）的区别。

有些工作台可根据工作需要用木料、塑胶板或其他材料加厚面板，达到坚固耐用目的，如砧板台或放置重物的调理台等。工作台选料和制作的原则是要符合烹饪卫生、适应特殊环境、台面光滑、卫生安全、便于清洁、便于工作、利用率高、易于维修。

2. 典型工作台介绍

(1) 简易工作台　简易工作台是餐饮业常用的一种普通工作台，一般是双层结构，上层为面板，多选用厚度在 1.2 mm 以下的不锈钢板材制作，主要用于切配加工或摆放烹调原料。底部是用不锈钢方管或较厚的不锈钢板条加工的花格式层面，用于摆放工具或物品。

(a) 双层工作台

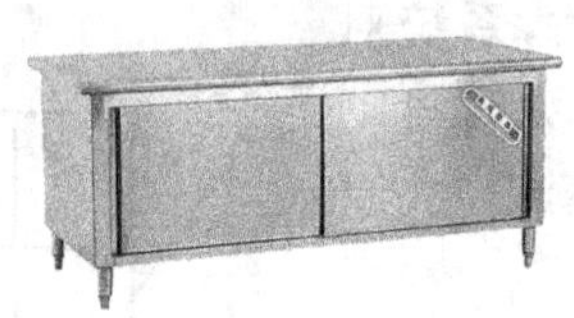
(b) 拉门工作台

(c) 残物工作台

图 5-26　典型工作台

简易工作台的种类较多，常见的有普通双层工作台、带架双层工作台、三抽简易工作台等，见图 5-26(a)。

(2) 拉门工作台　拉门工作台是一种配有储物柜的高档工作台，它的结构比较复杂，主要由面板、层板（抽屉）拉门和脚架等组成，面板一般选用进口不锈钢拉丝板，厚度多在 1.2 mm以上，它的用途除切配或摆放原料外，储物柜还可存放切配工具、烹调器具和各种烹调备用原料。

拉门工作台见图 5-26(b)，可分为单面拉门工作台、双面拉门工作台（单通或双通工作台）、三抽拉门工作台等，规格一般是 1 800 mm×900 mm×800 mm，也可以根据场地情况自行设计。

(3) 残物工作台　残物工作台一般由面板、层板、残物桶、脚架等部分组成，常用规格为 1 800 mm × 900 mm × 800 mm，钢板材质分普通和优质两种，主要用于预加工过程的深作，操作完毕，残物可由中间圆孔清洁到残物桶内，比较方便卫生，见图 5-26(c)。

(4) 保温工作台　保温工作台一般由面板、层板(9～11 层)、拉门、加热装置、温度控制器等部分组成,常见规格为 1 800 mm × 900 mm × 800 mm, 钢板材质好,厚度多为 1.2～1.5 mm,属于高档工作台,主要用于厨房预加工操作及原料的预热、保温等。

【提示】

有关工作台的相关知识可参看第一章第三节有关“案台”部分,冷柜工作台部分可参看第四章第三节有关“冷藏操作台”部分。

3. 工作台的使用与保养

(1) 工作台由于种类繁多、规格多样、功能不同,所以在使用过程中要详细阅读说明书,合理使用,要符合烹饪卫生标准,专台专用。

(2) 工作台在使用中由于经常同原料接触,所以使用后要及时清理。

(3) 洗涤过程中勿用金属工具清理或擦拭,以免损坏其表面影响美观,最好用洗涤剂清洁后用软布擦拭干净。

(4) 清洁保温工作台、冷柜工作台时,注意不要将水洒在加热、制冷设备上,以免潮湿出现漏电现象,防止事故发生。

(5) 使用时要做到专台专用,经常保持工作台的卫生清洁,用后要彻底清洗去掉污渍,并用干布擦干。

4. 储存类设备

贮存类设备分原材料储存、器具贮存、成品贮存、半成品贮存等类别。常用的贮存设备有四门储物柜、刀叉柜、锁刀柜、台式或卧式移门纱窗柜、玻璃移门柜、多层货架、点心柜、高身茶叶柜、高身切配柜等。

贮存类设备的结构是根据不同的用途和要求,根据厨房布局的特点来设计的。为少占用空间,提高贮柜的利用率,一般是采用多层间格结构,四周可根据需要采用敞开式、半密封式和封闭式等多种。

贮存类设备所选用材料主要有不锈钢和铝材,也有用木料制造的,但以采用不锈钢材料为佳。设备的制造要符合食品卫生要求。

(二) 输送工具及设备系统

1. 输送工具分类

在餐饮活动中,餐具、食品、酒水等物品的运送和一些服务的需要(如明档)多数是通过一些输送工具来完成的。餐馆一般根据不同的用途和要求配备各种规格和形状的输送设备。常用输送工具如酒水车、工作车、粥车、点心车、牛排车、煎炸车、调料车等这类工具采用的材料多为铝材和不锈钢材。

(1) 工作车　主要用途是在餐前摆台时盛放餐饮器具,经营过程中撤下宾客用后各种餐具等。工作车的形状较多,其主要规格一般是高 80～85 cm,宽 45 cm,长 80 cm。工作车结构一般分两层,也有分三层的。

(2) 牛排车　牛排车一般在西餐厅或西餐自助餐使用较广,结构上是一个带保温盖的车,在自助餐厅,厨师或专门服务员在此车上为宾客做现场切牛排或其他菜肴。其规格大致与工作车相似,分上下两层。牛排车的质地一般很讲究,大都是镀银的,能体现西餐厅的豪华程度。

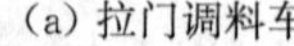

(a) 拉门调料车　　(b) 简易调料车

图 5-27　调料车

(3) 烹调车　餐厅使用的烹调车一般是在西餐厅，也有在中餐厅使用的，这种车设有专门放置的小型液化气炉和调味料的位置，用于现场烹制菜肴的。结构上一般分两层，规格大体与工作车一致。

(4) 甜品车　在零点餐厅通常有甜品车，车上载上各种甜食、蛋糕和水果，供餐厅现场内各种类型服务用车的配套使用。

(5) 酒水车　主要用于放置各类酒水，可以灵活运动于各餐桌之间，为宾客提供各种酒水服务。

(6) 调料车(见图 5-27)　调料车是专门用于盛装各种调料的烹调配套设备，有固定式和可移动式两种类型。固定式的与炉灶组合在一起，移动式的可以根据烹调需要任意安放，移动式又可分为简易调料车和拉门调料车。简易调料车和拉门调料车的规格多为 800 mm × 500 mm × 800 mm。固定式调料车的尺寸是根据配套的炉灶规格而确定的，一般宽度为 500 mm，其他尺寸与炉灶相同。简易调料车主要由折叠盖、格槽和脚轮组成。折叠盖是烹调结束后为防止污染而用于遮盖调料的，格槽是调料车的主要部分，主要用于放置各种调料，脚轮用于调料车的整体移动。拉门调料车和固定式调料车还设有储藏柜，一般用于储藏备用的调料或其他小的烹调用具。

2. 输送工具的使用要求

餐车在使用时注意不能装载过重的物品。多数餐车小巧轻便，应认真履行专车专用的原则，如牛排车只应为宾客切各种肉类服务时使用。另外，餐车车轮较小，在使用时推的速度不能过快。如遇地面不平或厅内地面有异物则容易翻倒。餐车每次使用后一定要用带洗涤剂的布巾认真擦洗，如镀银车辆应定期用专用银粉擦净。

3. 输送系统

输送系统可分为两大类，一是垂直输送系统，如电梯、自动楼梯、垂直滑道和货运电梯。二是水平输送系统。厨房货物和菜式的运送一般多采用专用送菜升降机。下面主要介绍重力滑槽和货运电梯两种输送设备。

垂直输送系统是利用重力作用使物体移动的重力滑槽。重力滑槽应用于运送物料和向外运送物体，如运送垃圾废料等。与重力滑槽相接近的是用于升降货物的传送机械，如旋转碗碟架或送菜升降机等，它能在楼层间运送沉重的货物。

专用作输送货物的电梯叫货运电梯，其中一种叫做送菜升降机。大部分货运电梯是由缆绳、变速箱、传动齿轮和按钮控制器。也有应用液压式的货运电梯，这种电梯的运转速度较慢，但比较平稳。货运电梯的负荷以重量计算，总重量和运载室面积之间的关系表明电梯的运货等级。货运电梯的控制系统与现代化的客梯系统比较起来要求不需要太高。

本章小结

本章主要阐述了厨房辅助设备系统，包括抽油烟系统、通风系统、清洁消毒设备、供电系统、给排水系统、消防系统和储运设备。这些系统是现代化厨房所必备的，是一个餐厅开业的先决条件。

抽油烟系统中重点介绍了现在高档饭店普遍使用的运水烟罩，以及值得注意的抽油烟方法，在通风系统中介绍了通风系统的组成，以及通风系统的工作过程。

清洁消毒设备包括清洁设备和消毒设备。清洁设备主要是洗碗机，特别是商用洗碗机，此外，还有其他一些辅助的清洁设备，可以减轻人们的体力劳动。消毒设备包括蒸气消毒、热水消毒、化学消毒及电子消毒柜。重点介绍了电子消毒柜的使用要求。

供电系统主要介绍了厨房对供电系统的要求，尤其是与供电系统直接指向供电照明系统的要求。

给排水系统中介绍了现在厨房给水的主要方式，其中对中水的利用，值得餐饮工作者关注。

消防系统是保证厨房安全所必需的，但能够生产出符合公安部要求的厨房自动灭火系统的厂家，全国尚不足十家左右。

最后对储运设备作了一些简单的了解。

检　　测

复习思考题

1. 在选用抽油烟机时，风力是越大越好吗？
2. 简述运水烟罩的工作过程。
3. 简述一个小型的洗碗机的工作过程。
4. 试比较市场上各种电子消毒柜的特点。
5. 厨房对供电系统的要求。
6. 确定一个厨房供水系统的水量的方法。
7. 看图说明厨房细水雾系统的工作过程。

第六章 厨房设备管理

我国在1982年成立了中国设备管理协会，一些酒店的工程部作为会员也陆续加入了该酒店所在地的协会分会，自此，酒店的设备管理工作开始进入轨道。酒店的设备管理工作主要由工程部负责，但按照旅游饭店对设备实行“分级归口、划片包干”的管理原则，厨房既有使用设备的权利，又有管好、用好设备的责任。

第一节 概 述

现代厨房设备的种类繁多，而且数量很大，随着科学技术的发展，厨房设备越来越先进，电气化和自动化的程度很高，如果对厨房设备的管理不到位，就很容易造成设备的人为破坏，从而使设备的使用寿命大为缩短，增加设备不必要的投入，减少企业的利润，因此厨房设备的管理水平高低，直接影响着企业的生存。

【案例6-1】

该如何购买设备?

某酒店在定购厨房设备万能蒸烤箱时根据当前顾客对烤肉的需求量，并以此为依据定购设备，定购的是小规格型号的设备，设备购回后，由于制作的烤肉味道鲜美，价格适中，吸引了大量的顾客前来购买，结果不能满足顾客需要，不得不再购买一台。

评析：造成这一结果的原因是设备购买人员在提出购买申请时只考虑了当时顾客的需求量，没有把客流量可能变化的情况考虑进去，结果在一定时间以后不能满足顾客的消费需求。

【提示】

在购买设备时不仅要考虑当前的顾客需求，还应考虑企业的发展目标，未来客源变化的可能性及其他等多种因素。

一、厨房设备管理的内容

厨房设备管理是由规划、选购、验收、安装、调试、使用、维修、改造、更新、报废等部分组成的全过程管理。一般可分为三阶段：设备的前期管理、设备的服务期管理、设备的后期管理。

(一) 设备的前期管理

设备的前期管理是设备全过程管理的重要组成部分，是指从制定设备规划方案开始，经过选型、订购、安装直到完全投入运行这一阶段的全部管理工作。包括规划决策、选型采购、安装调试、评价反馈四个基本环节。认真做好设备的前期管理工作，可为日后设备运行、维修、更新改造等管理工作奠定良好的基础。一般而言,设备寿命周期费用的90%决定于设备的前期管理。同时设备的实用性、可靠性、维修量也决定于前期管理。若规划失误,将导致设备故障率高,维修频繁,使设备的维持费用增高,给企业的经济效益带来巨大损失。

1. 规划决策

根据企业自身的经济能力和顾客的需求而提出设备设置方案,进行市场调查研究和项目可行性论证,以及做出投资决策。

2. 选型采购

广泛收集设备信息,横向比较几家设备生产厂家的历史和技术水平、信誉情况、售后服务情况、设备的规格和技术性能、备件的供应等,以及设备的价格、运输费用、安装费用、经营成本、环境保护等,来决定设备的采购。

3. 安装调试

安装调试是影响设备运行效果的一个重要的环节。

(1) 安装 厨房设备的安装应当以方便工作、提高效率、安全可靠来定设备的工艺平面布置图,将已经到货并开箱验收的设备安装在规定的位置上,达到安装的技术要求。主要包括设备安装前的准备工作、安装地点的选用和安装的实施。

安装前的准备工作:做好设备的动力供应,即水、电、汽、气等线路和管道的施工安装;做好技术准备,即确定安装方案,消化技术资料等。

安装地点的选用:根据设备的工艺要求和安装说明书确定安装地点,并根据有关规定确定其间距和朝向;应方便设备的使用和加工物品的存放、运输,并便于清理;应满足设备安装、维修、操作、使用的安全要求。

安装实施:按照安装说明书和有关规定实施。设备安装的质量直接关系到设备今后的运行效果,每一道工序都要认真对待并做好测试记录。

(2) 调试 设备在安装完毕后,必须进行调试,以确保设备的正常运行。调试的内容包括对设备的全面清洗,零部件间隙的调整、润滑、试运转。

清洗:设备装牢在基础上后,将所有的污物、水渍、防锈层除去,所有的零件必须仔细清洗干净,设备上的密封件不得拆卸清洗。

注入润滑剂:对所有的润滑点加注规定的润滑材料,并用手转动运动部件数周,确定无阻碍。

试运转:试运转的过程是逐步进行的,遵循的原则是先手动后自动;先空转后负载;先低速后高速;先单机后联机;先附属后主机的原则。

(3) 验收 验收分两步,一是设备到货的验收,一是设备在安装调试后的最后验收。

设备到货的验收:设备到达后,及时组织相关人员进行外观和开箱验收,外观检查首先核对箱外的标记、标志,确认与合同相符,避免开错箱件,仔细检查内外包装的情况是否符合包装标准要求,一般主要看有无机械破损,有无受潮痕迹,有无重新钉制的情况。开箱检查的内容有检查内包装,核对货物交付的数量,货物的外观检查,货物内在质量的检验等。

设备在安装完毕,调试、试运转合格后,必须进行最后验收,应当有的材料包括:设备外观检查记录、开箱检验记录、设备出厂合格证、设备精度合格记录、设备安装验收交接报告单、试运转记录、在安装过程中形成的所有技术文件(包括各种检测记录、故障处理记录等)、图纸归档。制定各种设备的操作规程,并对员工进行培训。

4. 评价反馈

设备信息反馈有利于及时发现设备初期使用的各种问题,及时联系生产厂家处理并改进今后的设计。主要内容有:

(1) 对安装试运行过程中发现的问题及时联系处理,以保证现场调试的进度;

(2) 按规定做好调试和故障记录,提出分析评价的意见,填写设备使用鉴定书,供厂家借鉴;

(3) 检查调试中发现的问题是否可能影响今后设备的运行,如果存在影响今后运行的因素应及早采取维修措施;

(4) 从设备初期使用效果中总结设备规划采购方面的经验和教训,作为今后工作的参考。

(二) 设备的服务期管理

从设备投入运行开始,一直到设备因为技术上、经济上的原因而需要改造更新为止,这一时期称之为设备的服务期。而这一时期的管理称之为设备的服务期管理或叫设备的运行期管理。

设备的服务期是设备以最经济的费用投入发挥最高的综合效能的时期,因此设备的服务期管理对提高企业的经济效益极为重要。设备的服务期管理包括经济管理和技术管理。从设备的技术管理角度看,设备的服务期设备必须保持良好的技术状态,做到以下4点:

(1) 保持设备的完好状态

(2) 合理安排工作量

(3) 建立完善设备使用规章制度

(4) 对操作人员进行规范化管理

同时给予规范化的维护保养和修理工作,预防故障发生,延缓老化的过程。

设备的服务期的经济管理则要在保证正常运营和满足顾客消费需求的情况下做好节能管理,减少不必要的能源开支,减少不必要的维修费用。

(三) 设备的后期管理

设备使用一段时间后,由于磨损,无法满足顾客的消费需求,或由于科技进步,或由于达不到环保要求,必须对设备进行技术改造或报废处理后进行更新,这些均属于设备的后期管理。

二、厨房设备管理的要求

厨房的设备种类多,这是由于烹饪工艺的多样化决定的。由于厨房设备与食品直接接触,必须保证食品的卫生,所以设备多采用不锈钢或无毒塑料制造,其成本也较高。由于厨房设备多处于高温、潮湿的环境,与酸、碱等腐蚀性物质接触多,所以设备磨损快,更新也快。厨房设备管理的基本要求应根据以上这些特点进行,一般包括以下几点:

1. 领导重视

首先是主管部门和使用部门的领导要把厨房设备管理作为日常工作的重要内容来抓,并把责任层层落实,具体到班组和个人。使用部门应设立专人管理设备安全、维护保养与修理工作。

2. 科学分工

厨房的设备种类多数量多，使用人员繁杂，若使用不当很容易使设备损坏而增加维修费用，因此应对设备有科学的分工和管理，一般情况下做到谁使用谁管理，对一些多人使用的设备如果难以分清管理界限，则配备专人负责，并对本部门的各种设备进行综合管理。

3. 合理使用

设备在使用前要仔细阅读使用说明，详细了解操作过程和注意事项，对于一些操作复杂或技术要求高的设备，还必须对操作人员进行岗前培训，来保证设备正确合理的使用，减少磨损，保持设备良好的工作性能，提高经济效益和工作效率。

4. 全员参与

厨房设备种类数量繁多，排布复杂，对各种设备的使用与管理不易控制。厨房管理要做到器具件件完整齐全，设备台台性能良好，这就要求员工人人参与设备的管理，才能做好设备的管理工作。

【小思考】

厨房中的冷库坏了，导致其中的鱼品质坏了，该事故该如何避免？

第二节 厨房设备的日常管理

厨房设备与器具，从其规划、选购、验收、安装、调试、使用、维修、改造、更新到报废为止，需要制定出一系列的规章制度，包括建立设备安全操作规程，建立岗位责任制度、建立设备技术档案等。做好厨房设备的日常管理，可以掌握厨房设备与器具的实际使用情况，做到全面监控。

【案例 6-2】

坚持正确交接班程序的好处

这一天是星期天，小李接班，早晨 7:45 准时到达工作地点，在认真清点设备数量的时候发现厨房的一个空调外机不见了，于是他填好交接班记录，报告了班长。

评析：如果小李在交接班的时候，责任心不强，没有逐一认真清点设备，就不会发现空调外机被盗，就会在交接班记录上签字认可设备的完整性，如果在与下一个班交接时被发现，设备丢失的责任人就会是小李。

【提示】

厨房设备的日常管理非常重要，是保障设备发挥正常功效的关键。如果做好了，可以防止设备与器具的损坏、丢失、积压和浪费。

一、建立规章制度

根据厨房生产操作流程及厨房设备的特性，建立完整的安全技术操作规程和岗位责任制度，保障设备的正常使用和管理的有效进行。

(一) 建立设备安全操作规程

根据设备的不同分别建立各自的安全操作规程，内容一般包括：

(1) 设备正确的操作方法和要领，例如启动和停车时的操作顺序和应当注意的事项；

(2) 设备的清洁、润滑、检查和维护保养的方法和要求；

(3) 设备的主要性能和最大功率；

(4) 人身安全注意事项和遇到紧急情况时的应急步骤。

(二) 建立岗位责任制度

明确各班组、个人使用设备的权利与管理责任，一般采取谁使用谁负责，定机、定人、定岗位，对设备做到全面管理。岗位的设置必须是因事设岗，避免因人设岗，必须从工作的实际需要出发，尽可能做到一专多能，避免分工过细。要保证设备处于良好技术状态，做到三干净(设备干净、机房干净、工作场地干净)，四不漏(不漏电、不漏油、不漏水、不漏气)，五良好(使用性能良好、密封性能良好、润滑性能良好、紧固良好、调整良好)。

做好设备的运行记录和设备的交接班运行记录(见表 6-1)，是保证设备正常运行必不可少的步骤。

表 6-1　交接班运行记录

年　　月　　日		星期	天气
交班负责人		值班员	
接班负责人		值班员	
运行记录：			
领导审阅：			

二、建立设备技术档案

厨房设备种类非常多，数量庞大，在设备采购、配置完成后，必须建立设备技术档案，做好分类编号的工作。

(一) 做好分类编号

设备分类编号的方法没有统一的规定和要求，一般根据自己的需要来定，可以用英文字母、汉语拼音字母或者用数字表示。编号方法一般可用三级号码、四级号码制。

如三级号码制：第一个号码表示设备种类；第二号码表示设备的使用部门；第三号码表示设备的单机排列序号。如厨房设备中的第二台肉片切割机表示为：R-1-2(其中 R 表示肉片切割机，1 表示厨房部门，2 表示第 2 台)。

(二) 设备的登记

设备在分类编号后，着手进行登记工作，可用设备登记卡登记。设备登记卡如表 6-2、6-3。

表 6-2 设备登记卡(正面)

设备名称		设备编号	
设备型号		设备规格	
安装日期		出厂年月	
安装地点		出厂编号	
设备重量		制造厂名	
设备材质		设备原值	
保养周期		已提折旧	
电机功率		设备净值	
额定电压		设备图号	
额定电流		使用说明书	册
额定转速		技术资料	份
工作介质		使用年限	____年,从____年____月始
附件		备注: 填写日期	

表 6-3 设备登记卡(背面)

检修记录					
日期	维修前存在的问题	修后情况	修理费用	检修人	记录凭证号

事故记录			
日期	事故原因	损坏情况	记录单号

设备登记以后,要根据制定的规章制度按期进行清点、核对,做到实物与账面符合。

(三) 设备的技术资料管理

设备的档案建立为了积累设备运行情况资料,为设备的维护保养及修理做好准备,是提高管理水平的重要标志,设备的每份资料都应归档并填写设备资料归档记录(见表 6-4)。

表 6-4 设备资料归档记录

日期	资料名称	份数	归档日期	编号	备注

设备档案资料的内容包括历史资料和技术资料。

1. 历史资料

(1) 设备出厂合格证、检验单;

(2) 装箱单和随机附件,工具明细表;

(3) 设备进店开箱验收单;

(4) 设备安装质量检验单和试车记录;

(5) 设备事故报告及事故修理记录;

(6) 设备的维护、保养、修理记录表;

(7) 设备检查记录表;

(8) 设备改进及改装、大修完工报告;

(9) 设备登记卡;

(10) 设备封存单、启封单,设备报废申请报告和批示等。

2. 技术资料

(1) 设备的说明书;

(2) 设备基础安装施工图纸;

(3) 蒸汽、给水、压缩空气管路图;

(4) 供配电线路图;

(5) 设备维修备件和易损件清单、图纸和关键尺寸;

(6) 设备操作使用维护规程;

(7) 设备零件明细表和组装图;

(8) 设备特殊零件加工图;

(9) 设备改进或改装设计图纸。

设备档案资料应当专人管理,定期清点、核实和检查,借阅时必须登记,并及时归还,以保证档案资料的完整无缺。

三、餐饮器具的管理措施

餐饮器具种类繁多,数量庞大,同时,许多餐饮器具还是很容易破坏和损耗的,如果在经营中对餐饮器具使用不当或者是管理不善,必然会造成额外的破损,从而使经营成本增加,减少利润,因此必须加强对餐饮器具的管理。通常可用表格登记的方法来管理餐饮器具。

(一) 制定规范的管理标准

1. 专业化管理

管理人员应当受过专业化培训,对自己管理的各种餐饮器具的使用方法和保管方法应当熟知。如玻璃器皿的使用和保管方法、陶瓷餐具的使用与保管方法、银餐具的使用与保管方法等等。

2. 制定餐饮器具破损率标准

根据行业情况,一般陶瓷餐具的破损率每年约为 0.3%,玻璃器皿的破损率每年约为 0.5%,可由此制定本企业的餐饮器具破损率标准,每月进行统计,对员工进行奖励或处罚。

3. 记录各种餐饮器具的使用情况

餐饮器具种类繁多，每种的使用寿命各不相同，根据记录的使用情况，在其接近使用寿命周期时可决定更换的时间。

【小资料 6-1】

各种餐具的保管与使用方法

1. 玻璃器皿的使用与保管方法　玻璃器皿应当轻拿轻放，整箱搬运时应当注意外包装上标识的向上的标志。新买进的玻璃器皿必须进行耐温测定，一箱可抽取几个玻璃器皿放入 1～5℃的水中浸泡约 5 分钟，取出后用沸水进行冲洗，如果本身质量不太好，可将其放置于容器内，加入冷水和少量食盐逐渐煮沸，可提高它的耐温性。玻璃器皿的清洗应当先用冷水浸泡，再用洗涤剂洗涤，最后用清水冲洗干净后消毒。玻璃器皿不能与碱性物品长时间接触。不用的玻璃器皿用软性材料分隔开来保存。

2. 陶瓷餐具的使用与保管方法　陶瓷餐具使用之前可将两个瓷器轻微碰撞一下，发出的声音如果是清脆悦耳的，则说明瓷器是完好无损的，如果是沙哑的声音则说明瓷器是有看不见的破损存在。使用过的陶瓷餐具应当及时清洗干净，对于特别难清洗的污垢可用酒石酸膏、过氧化氢膏、5%的草酸溶液除去。不用的陶瓷餐具用纸或稻草包好，放在通风、干燥的库房内。

3. 银餐具的使用与保管方法　银餐具使用前应先浸泡，再用布蘸上银器清洗剂擦去黄污渍，待其晾干后用干布擦亮，消毒使用。使用过的银餐具要及时清洗，用银器清洗剂擦亮，消毒清点入库保管。银餐具不能用来装蛋类食品，否则会使银餐具表面失色。银餐具一年只需抛光两到三次。

【提示】

有关餐具的清洗可参阅本书第二章及第五章第二节的相关内容。

(二) 落实使用管理的责任，登记入册

餐饮器具管理表格包括出库登记表、餐饮器具分布表、使用状况登记表、个人领用表等。

1. 出库登记表

每个部门每次领用时必须填写出库登记表(见表 6-5)，应当说明是客人专用还是员工专用，一般由部门主管填写。

表 6-5　出库登记表

部门：　　　　　　　　　　　　　　日期：

类　型	名　称	数　量	领用人	使用范围

2. 餐饮器具分布表

库房根据每个部门的出库登记表填写分布表(见表 6-6)，来掌握餐饮器具的分布情况。

表 6-6 餐饮器具分布表

类型： 名称：

领用部门	数 量	日 期	领 用 人

3. 餐饮器具使用状况登记表(见表 6-7)

每个部门根据出库单和实际盘存单填写，以此来采购新的器具。

表 6-7 餐饮器具使用状况登记表

部门：

类 型	名 称	出 库 量	存 量	破 损 量	破 损 率

4. 个人领用餐饮器具表

一些高档和专用餐饮器具必须专人保管，领用时填写个人领用餐饮器具表(见表 6-8)。

表 6-8 个人领用餐饮器具表

岗位： 日期： 姓名：

类 型	名 称	领 用 量	还 回 量	正在使用量
合 计				

回收人(餐饮器具保管员)：

注：一式两份，双方签字。

5. 交接班餐饮器具登记表

交接班时必须填写交接班餐饮器具登记表(见表 6-9)。

表 6-9 交接班餐饮器具登记表

岗位： 交班人： 交接时间： 接班人：

类 型	名 称	数 量	破 损 量

(三) 餐饮器具破损控制措施

餐饮器具破损时,应立即查明原因,并填写餐具破损通知单(见表 6-10)。

表 6-10 餐具破损通知单

类 型	名 称	破损量	单 价	金 额	地 点	责任人

填表人:

此单一式三份,由部门负责人填写,一份给当事人,一份给收银台或财务部,一份给部门负责人。如果是客人造成的破损则由服务员填写,客人在责任人一栏中签字,送收银台按进价收取费用;如果是员工造成的破损则由部门负责人填写。

【小思考】

饭店来了一桌客人,要求用银制餐具,程序上怎么办?

第三节 设备的选择和评价

无论是购置新设备还是自行设计、制造专用设备,设备的选择与评价都是十分重要的问题。根据设备选择原则与要求,对不同的设备设置方案进行经济评价,以此作为选择的重要依据。

【案例 6-3】

应如何正确选择设备?

某餐厅准备购买几台炒菜灶,在燃油设备或燃气设备中进行选择,餐厅所处的城市燃气、燃油能源均能供应,虽然燃油设备最初购置费用比燃气设备最初投资费用低,几经比较后,最终选择了燃气炒菜灶。

评析:这是因为整个设备寿命周期费用包括设备最初投资费用和设备维持费用,仅仅考虑最初投资费用中的购置费用是不够的,必须综合考虑各方面的因素。由于该餐厅所处城市的燃气、燃油能源均能供应,从能源消耗费用方面考虑,使用燃气设备的维持费用要低于使用燃油设备,而且从目前看,虽然燃气、燃油的价格都在上升,但燃油的价格上升的幅度更大,其影响因素更不确定。

【提示】

气源供应充足的地方多使用燃气设备,其能源费用较燃油设备低,且污染更小。

【小资料 6-2】

设备寿命周期费用

设备寿命周期费用是指在设备整个寿命周期中,对设备投入的全部价值量。

一、设备的选择原则与要求

(一) 设备的选择原则

设备的选择原则一般从三个方面着手：比质量—产品的质量、比服务—供货商的售后服务、比价格—同等型号产品的价格。

1. 比质量——产品的质量

在同等价格的情况下，选择性能先进、自动化程度高、制造工艺精细、操作方法简明易懂、操作程序简单、节约能源、容易维修、装有防止事故发生装置的设备。

2. 比服务——供货商的售后服务

厨房设备所处环境是高温、高湿的环境，容易出现故障，库房一般情况下不会有备用设备(特殊设备除外)，这就要求一旦设备出现问题，必须尽快修好，满足顾客的需要。供货商的售后服务的好与坏，直接关系到设备维修时间的长短，因而在选择设备时必须考察供货商的售后服务情况。

3. 比价格——同等型号产品的价格

比较同等型号产品，质量相差无几的情况下，选择价格低廉的产品。

(二) 设备的选择要求

设备在进行选择时，要做好以下几点：

1. 市场调研

(1) 企业本身方面　现有设备的利用率和潜力情况、安装设备的环境条件、能源和材料供应情况、资金来源、操作和维护技术水平及人员配备、实施的时间和进度等。

(2) 设备生产厂家方面　掌握多个生产厂家的历史和技术水平、信誉情况、售后服务情况，广泛收集产品目录、样本和说明书，通过国内外科技刊物和技术资料获取信息，掌握设备的发展方向和现有的最高水平。

2. 可行性论证

重要设备购置前必须做好可行性论证。可行性论证就是为了取得最佳经济效果，对投资方案的技术先进性和经济合理性进行全面系统的分析和科学的论证。主要包括有：

(1) 设备与所需要的能源、原料的关系　对保证设备正常运转的水、电、气、蒸汽、油等能源、原材料及配件等物资条件的分析研究。

(2) 设备的环境条件　厨房内是否有安放设备的地点，以及设备运输条件、地质条件等。

(3) 环境保护　设备是否存在废气、废水、废料和噪音污染等问题，并说明治理的方法和措施。

(4) 项目的技术方案　阐述设备的主要技术原理、结构、规模等，一般提出几个方案，并说明各自的优缺点，以供选择。

(5) 对运行操作人员和管理人员的要求　说明所需人员的数量、专业工种、培训计划等。

(6) 设备投资方案的经济评价　是可行性论证的重要内容，要说明投资额度、资金的筹措、投资方案的经济效益和社会效益，须对多种方案进行比较，选择最佳方案。

【小资料 6-3】

经济评价的方法

经济评价的方法有投资回收期法和费用换算法等多种。

投资回收期是指设备投入使用后，预计全部回收投资所需要的时间。投资回收期法就是首先计算出设备的投资总额，主要是设备的价格，加上运输费用、安装费用等，然后计算由于采用新设备所带来的新增加的营业额、节约的能源费用、提高的劳动效率、劳动力的节约等等。将投资总额与增加收入节约支出得到的利润进行比较，就可计算出投资回收期。计算方法如下：

投资回收期(年)＝设备投资费用/采用新设备后年增收节支额

这种方法计算简单，但没有考虑投入使用后的其他费用。

费用换算法也叫寿命周期费用法。设备寿命周期总费用由购买设备的设置费用(设备的售价加上运输、安装费用)和维持费用组成。维持费用包括能源消耗费用、劳动力支出费用、维护保养及修理费用、事故发生后的损失费用等等。

(7) 不确定因素分析　旅游市场的变化、国家汇率的变化、原材料价格的波动等因素都会影响经济分析的真正可行性，要做好预测工作。

(8) 方案的实施计划　注意保证设备、材料、资金、人力等各方面工作的协调。

(9) 可行性论证的结论　综合各项分析，得出结论，选用最佳方案。

3. 设备订货

设备订货工作主要包括签订订货合同和合同管理。签订订货合同时必须注意供货厂家的信誉与售后服务情况。在检查和审核订货合同时，必须仔细看清条款和条件。设备订货合同一般包括以下几方面的内容：

(1) 标的　设备的名称、规格、数量、型号、厂家。

(2) 数量和质量　计量单位和数目，设备主机、配件或材料清单，详细技术指标，内外包装标准。

(3) 价款　价格、结算方式、银行账号、结算时间的规定。

(4) 履行合同的期限、地点和方式　到货期，运输方式，保险条件，交货单位，收货单位，到货地点，交、提货日期，商检方法和地点等。

(5) 违约责任　违约的定义、处理方法、罚金计算方法、赔偿范围、赔款金额、支付方法。

(6) 备件、资料　备件清单、技术资料名称及份数。

(7) 人员培训　培训人数、培训费用、培训要求和目标、培训地点和时间等。

(8) 安装调试　安装期限，双方责任。

(9) 售后服务　售后服务内容，保修期限、保修内容及方式等。

(10) 不可抗拒力和其他不确定因素的解决方法和防备措施。

(11) 仲裁　合同的仲裁机构。

(12) 双方法定地址、电话号码等。

合同一经签订，就具有法律效力。签订合同时必须注意合同避免出现自相抵触或出现空挡(对某一问题没有明确规定)。

合同管理就是对订货合同、协议书、订货过程中往返电函、订货凭证等进行妥善管理，以便在订货过程中掌握合同执行情况时考查，并作为仲裁供需双方可能发生矛盾时解决问题的依据。订货合同登记表如表 6-11。

表 6-11　设备订货合同登记

序号	计划号	合同号	设备名称	型号规格	计划数量	订货数量	单价	金额	交货期	供给单位	银行账号	付款情况	到货日期	到货件数	外观

二、设备的投资决策

设备的投资决策是将之前的全部调查研究材料和可行性论证结论进行汇集和研究，同时根据本企业的经营方针以及现有资金和能源供应等方面的实际条件进行综合平衡，从中选出最佳方案。决策者应当着重考虑的因素有三个方面。

（一）市场状况和投资效果

任何设备的投资方案都存在投资效果的优劣问题。决策者应当根据本企业的发展宏观环境和所在地区的客源情况等条件进行有相当深度和广度的调查研究，确定目标市场，根据目标市场的需要考虑设备的适用性，根据客源市场状况预测投资回收期，评判投资效果。

如果待决策的设备投资项目是为了拓展新的经营项目而提出的，那么对新项目的市场预测也至关重要，仅仅从技术上研讨设备的技术可行性还不够，还必须着重考虑销售市场或客源市场，评价设备的经济效果。

（二）年度投资预算

设备投资是企业年度投资预算的一部分。在年度投资预算的制约下，投资项目首先选择经营中最关键的设备或设备系统中最重要又是最薄弱的环节来考虑设备的投资。当其一次性投资超出企业年度投资预算可供设备投资的能力时，则要考虑专项贷款筹措资金，或把设备投资追加纳入企业的不可预见费用中，不能勉强地使用流动资金搞设备购置，从而影响企业的日常运转。

（三）设备项目的有关费用

从设备系统工程的角度出发，全面考察设备投资方案的各种费用。除了设备本身的购置费用外，还应考虑是否有配套设施费、动力设备费、设备基础费、安装调试费、设备运输费、工具费、技术咨询费、备件库存及费用、旧设备的残值和清理费用等。

第四节　设备的使用、维修、更新和节能管理

设备正确、合理地使用和维护保养，能够使设备的磨损减轻，保持良好的工作性能，延长设备的使用寿命，以较少的资金投入获得较大的利润回报。

【案例 6-4】

多功能蔬菜斩拌机使用不当的后果

一天，员工小李正在使用蔬菜斩拌机切割水果，此时由于顾客的要求急需少量新鲜牛肉糜，小李就图省事，用蔬菜斩拌机斩拌新鲜牛肉，不料没一会儿，斩拌机就停止了工作，无发再启动了。找来维修工人一查，发现蔬菜斩拌机的电机已经烧毁，必须更换电机蔬菜斩拌机才可使用。

评析：这是一起典型的不按设备操作规程进行的错误操作。由设备操作规程我们知道蔬菜斩拌机不能斩拌肉类，由于操作人员的侥幸心理，明知蔬菜斩拌机不能用来斩拌含筋腱较多的牛肉，只因为需要斩拌的肉类量少，而认为问题不大，从而人为地损坏设备，减少设备的使用寿命。

【提示】

蔬菜斩拌机只能用来切割斩拌蔬菜、瓜果类脆性较大的原料，而肉类斩拌机不仅可以用来切割斩拌韧性较大筋腱较多的肉类，还可以用来切割斩拌韧性较小脆性较大的蔬菜、瓜果类。

一、设备的使用管理

设备的使用是否合理，直接影响到设备的使用寿命周期，正确、合理地使用设备，应当做好以下几点。

（一）提供设备良好的工作环境

提供设备良好的工作环境，是保持设备完好状态必不可少的条件，应当做到设备所处场地干净整洁，设备排列有序；安装必要的防潮、防护、降温、保温装置；配备必要的测量、控制和保险用的仪器、仪表和工具；对精密的设备须提供单独的工作间。

（二）合理地安排设备的工作量

应当根据不同设备的结构、性能、工作能力、使用范围来合理地安排设备相应的工作量，严禁超负荷运转，避免意外情况的发生，确保操作安全。

（三）加强操作人员的规范化管理

对操作人员定期进行技术培训，不断提高工作人员的操作技术水平，使其做到会使用、会维护保养、会检查设备、会排除一般故障。

（四）建立健全设备使用各项规章制度

建立设备操作规程、设备维护规程、交接班制度、操作人员岗位责任制等一系列规章制度，并严格落实执行。

二、设备的维修管理

设备的维修包括设备的维护保养和修理。

（一）设备的维护保养

设备要处于正常完好的状态，除了要正确使用设备以外，还要做好它的维护保养工作。做好维护保养，可以保证设备的正常运转，减少故障和修理次数，延长设备的使用使命。厨房设备种类很多，其结构、性能、使用方法各不相同，设备的维护保养工作的具体内容也不完全一样，但其基本内容是一致的，包括清洁、安全、整齐、润滑、防腐。

清洁是指各种设备内外要清洁,做到无尘、无灰、无虫害,保持良好的工作环境。

安全是指设备的各种安全保护装置要正常,要定期进行检查,不漏电、不漏油、不漏气、不漏水,保证不出事故。

整齐是指各种工具、附件放置整齐,管路线路完整,各种标志醒目美观。

润滑是指某些设备必须定时、定点、定量加油,保证运转顺畅。

防腐是指设备要防锈和防腐蚀。

设备的维护保养方法很多,可采取三级保养制度。

1. 设备的日常维护保养

设备的日常维护保养是全部维护工作的基础,其特点是经常化、制度化。日常维护保养包括班前、运行中、班后的维护保养。

(1) 班前维护要求　检查电源以及电气控制装置安全可靠,各操纵机构正常良好,安全保护装置齐全有效,做好清洁卫生,设备有运转滑动部件的检查是否润滑,认真检查上一班次的交班记录,填写接班记录。

(2) 运行中维护要求　严格按操作规程操作,注意观察设备的运转情况和仪器仪表的工作状态,通过声音、气味发现异常情况,设备不能带病运行,如有故障应停机检查及时排除,并做好故障排除记录。

(3) 班后的维护要求　保持设备清洁,工作场地整齐,地面无污渍垃圾,设备上全部仪器仪表、传动机构、油路系统、冷却系统、安全保护系统完好无损,灵敏可靠,指示正确,无滴漏现象,非连班运行的设备,在完成保养后应回到非工作状态,切断电源,认真填写运行记录和交班记录。

2. 设备的一级保养

设备一级保养的目的是使操作人员逐步熟悉设备的结构和性能,减少设备磨损,延长设备使用寿命,消除设备事故隐患,排除设备一般故障,使设备处于正常状态,使设备达到整齐、清洁、润滑、安全要求。

设备一级保养的具体内容包括保养前做好日常保养内容,切断电源,根据设备使用情况,对部分零部件进行拆卸清洗,对设备的部分配合间隙进行调整,除去设备表面黄斑、油污,检查调整润滑油路,保证畅通不漏,清扫电器箱、电动机、安全防护罩等,使其清洁固定,清洗附件和冷却装置等等。参加一级保养的人员以操作工人为主,维修工人为辅,一般每月一次或设备运行500小时后进行。每次保养后填写保养记录卡(见表6-12)。

表6-12　一级保养记录卡

设备编号			设备名称		型号规格	
复杂系数	机	电	计划工时		实用工时	
施工要求	按一级保养规定内容进行保养					
主要保养内容: 操作者:　　保养日期:						
验收意见: 验收人:　　日期:						

3. 设备的二级保养

设备二级保养的目的是使操作者进一步熟悉设备的结构和性能，延长设备的大修周期和使用年限，使设备达到完好标准，提高设备的完好率。

设备二级保养的具体内容包括根据设备的情况进行部分或全部拆卸检查和清洗，检查、调整设备精度，校正水平，检修电动机、线路，对传动箱、液压箱、冷却箱等清洗换油，修复或更换易损零件。参加二级保养的人员以维修工人为主，操作工人为辅，一般每年一次或设备运行 2 500 小时后进行。每次保养后填写保养记录卡（见表 6-13）。

表 6-13　二级保养记录卡

<table>
<tr><td>设备编号</td><td></td><td>设备名称</td><td></td><td>型号规格</td><td></td><td>复杂系数</td><td></td></tr>
<tr><td>计划</td><td>工时</td><td>实用</td><td>工时</td><td>停台</td><td>昼夜</td><td>实际费用</td><td></td></tr>
<tr><td colspan="8">存在的问题：
技术负责人</td></tr>
<tr><td colspan="8">实际保养内容：
操作者：　　保养日期：</td></tr>
<tr><td colspan="8">验收意见：
验收人：　　日期：</td></tr>
</table>

（二）设备的修理

设备的修理是对那些由于损坏而影响正常工作的设备进行修复。修理的目的是修复和更换已经磨损或腐蚀的零部件，使设备的功能尽可能地恢复。

【小资料 6-4】

磨　损

设备经过一段时间的运行后，会不同程度地产生磨损。磨损一般可分两种，一种是有形磨损，是由于设备的使用而发生的机械磨损，是物质上的磨损；一种是无形磨损，是因为科技的进步使设备的价值降低。设备有形磨损的局部补偿是修理，无形磨损的局部补偿是现代化改造，两种磨损的完全补偿则是设备的更新。

1. 设备修理的方式

由于设备的结构、性能不同，可采取不同的修理方式。

（1）定期维修　定期维修是一种以时间周期为基础的预防性维修方式，在设备经过一段时间的运行后，为了保持设备良好技术性能，使之恢复实现基本功能的能力，对其采取一定的技术措施。其特点是所需的人力资源、物质资源、时间资源可以计划，其间隔时间和进程可以控制。

（2）状态检测维修　状态检测维修是一种以设备技术状态检测和诊断信息为基础的预防性维修方式，通过建立设备技术状态检测制度和设备点检制度，获得设备故障发生前的征兆信息，综合分析和计划后适时采取技术措施。其特点是使修理工作安排在故障将要发生而未发生的时候。

（3）事后维修　事后维修也叫故障维修，是设备发生故障后或设备基本性能降低到允许范围之下时的非计划性维修，适合于价值低且利用率低的设备。

(4) 无维修设计　是指某些设备在使用很长一段时间内不必维修，待其出现故障时，其自身的价值(包括物质价值和技术价值)已基本下降到零，不必再进行维修，可使设备作报废处理。

设备出现故障或例行检查时发现问题，要及时报修，并填写“维修通知书”(见表 6-14)。

表 6-14　维修通知书

维修部门		日　期	
维修地点			
维修内容			
报修人签名		部门主管签名	
委派		计划工时	
实用工时		完成日期	
维修用料	数量	价格	小计

维修人签字：　　　　　　　　报修部门验收签字：　　　　　　　　备注：

2. 设备修理的种类

设备修理的种类一般可分为大修、中修、小修。

(1) 大修　是一种以全面恢复设备工作功能而由专业维修队伍进行的大工作量的计划维修。这种修理需要对设备全部或部分拆卸、分解，更换和修复磨损的零件，使设备恢复原有的性能。

(2) 中修　是指更换和修复设备的主要零件和数量较多的其他磨损的零件，需要把设备部分拆开，使设备能使用到下一次修理。

(3) 小修　指小工作量的局部维修，主要涉及零部件或元器件的更换和修复。

【小资料 6-5】

设备的点、检

设备的点是指预先规定的设备关键部位或薄弱环节。设备的检是指通过人的五官或运用检测手段进行调查，及时准确地获取设备部位的技术状况或劣化的信息，及早预防维修。对设备建立点检制度能减少设备维修工作的盲目性和被动性，能及时掌握故障隐患并及时消除，从而提高设备的完好率和利用率，提高设备的维修质量，并节省各种费用，提高总体效益。

(三) 设备的备件管理

为了保证设备的正常运转以及能够对设备及时进行维修，平时必须准备有一定数量的备件，便于更换易损件。设备的备件管理应当做到库存合理，保证及时供应，由此需要做到以下几点。

1. 编制备件计划

掌握各种备件的年消耗量及其需求规律，编制所需备件的种类和数量目录表。

2. 做好采购、订货的工作

依据备件计划，做好采购、订货的工作。关键是掌握好备件到货周期。

3. 做好备件资料的管理

备件资料包括各种图、表以及说明书等必须保存好。

4. 做好备件的储藏和保管工作

按照规定的周期核对备件，做到账、卡、物一致。

三、设备的更新管理

当厨房的设备运营了一定的时间，设备就会老化或损坏而不能满足经营的需要，就必须对原有的设备进行技术、效率、安全、环保和节能等方面的改造工作或直接淘汰购买新的设备。

【小资料 6-6】

设备的更新与改造

更新是指以经济上效果优化的，技术上先进可靠的新设备替换原来在技术上和经济上没有使用价值的老设备。设备的改造是指通过采用国内外先进的科学技术成果，改变原有设备相对落后的技术性能，提高节能效果，改善安全和环保特性，提高经济效益的技术措施。

设备的更新改造的时机是依据设备自身情况和生产是否需要以及企业的经济实力来定的。适时地进行更新或改造，可以提高工作效率，更好地为顾客服务。

一般设备的改造结合设备的大修进行。设备的更新与报废手续要同时办理，设备报废的原则为：

① 国家指定的淘汰产品；

② 已经超过使用期限，损坏严重，修理费用昂贵或大修后设备的性能无法满足要求；

③ 因自然灾害或事故遭到破坏，修理费用接近或超过原设备价值（特殊进口产品除外）；

④ 无法修复的设备。

（一）设备更新改造的种类

一般可分为：

（1）单机设备更新改造　是对单机设备采取的技术措施，如烤箱、电冰箱的更新改造。

（2）系统设备更新改造　是针对某一具有特定功能的系统设备性能下降、效率低下或能耗太高、环保性能差等具体问题进行的技术措施，如空调系统等。

（3）全面更新改造　包括土建、环保等项目的设备全面更新改造。

（二）设备更新改造的程序

对设备进行单机或系统更新改造，首先由使用部门或管理部门提出申请，经相关部门进行综合评定后提交领导批准实施。设备改造、更新申请表见表 6-15 所示。

表 6-15　设备改造、更新申请表

编号：　　　　　　　　　　　　　　　　　　　　　　　　　　　年　　月　　日

<table>
<tr><td colspan="2">设备名称</td><td></td><td>改造或更新项目全称</td><td></td></tr>
<tr><td colspan="2">型　号</td><td></td><td>要求完成日期</td><td></td></tr>
<tr><td rowspan="3">申请</td><td>部　门</td><td></td><td>设计单位</td><td></td></tr>
<tr><td>负责人</td><td></td><td>施工或制造单位</td><td></td></tr>
<tr><td>会　签</td><td></td><td></td><td></td></tr>
<tr><td colspan="2">要求改造或更新的原因</td><td colspan="3"></td></tr>
<tr><td colspan="2">费用预算</td><td colspan="3"></td></tr>
<tr><td colspan="2">效益分析</td><td colspan="3"></td></tr>
<tr><td colspan="2">管理部门意见</td><td></td><td>领导意见</td><td></td></tr>
</table>

（三）设备更新改造的时机

设备更新改造时机的客观依据是设备的寿命。设备的寿命分为物质寿命、折旧寿命、技术寿命、经济寿命。

物质寿命是指设备从投入使用到自然报废所经历的时间。设备经维修可以延长设备的物质寿命。

折旧寿命也叫折旧年限，是指根据规定把设备的价值余额折旧到接近零时所经历的时间。

技术寿命是指设备从投入使用到因无形磨损而被淘汰所经历的时间。它是由科学技术的进步和客人的需要两个方面的原因所决定的。

经济寿命指设备在投入使用后，由于设备老化、维修费用增加，继续使用在经济上不合算而需要更新改造所经历的时间。

一般来说，由于科学技术和经济的飞跃发展，设备的经济和技术寿命都大大短于物质寿命。设备更新改造的最佳时期往往由设备的经济寿命决定，一般是在设备使用到一定年限时，设备的折旧和维持费用最低，这时就是设备的最佳更新改造时期。

四、厨房设备的节能管理

厨房设备使用的能源主要是水、电、煤气和蒸气等。随着设备的电气化程度和自动化程度越来越高，所需的能源也越来越多，其所耗能源费用占营业额的比例也越来越大，对设备进行节约能源的管理越发显得重要。然而节能并不是限制使用能源，而是要以最少的能源消耗来获得最大的经济收益，前提是保证餐厅的正常运转和满足顾客的消费需求。

厨房设备在选择时一般是按最大客流量的需求来购买的。但设备的应用则随时在进行，必然有时会出现洗碗机只清洗几只碗碟的情况。在选择设备时根据厨房场地的大小，可配置一大一小的同一种设备来解决客流量高峰与低谷时设备的应用。

【小思考】

对冻肉进行解冻，采用哪种方法比较好？

做好厨房设备的节能管理，必须要制定能源管理计划，并保证其得以实施。

（一）计划编制

1. 准备工作

收集各种有关资料，包括营业计划、能源定额、城市供应能源部门的能源规章和限额标准、计费标准等统计资料。

2. 预测

根据收集的有关资料，进行综合分析，对未来经营所涉及的一些问题进行预测，如预测能源价格变化、客源的变化、对能源需求的变化等等。

3. 确定指标

着手确定能源计划的各种指标，包括能源需求总量、各种能源单项需求量、节能技术指标等等。

4. 制定保证能源计划实施的各种措施

包括能源供应渠道、输送能力的保障措施、节能技术措施、不同种类的能源安排平衡措施等等。

（二）计划的执行控制

（1）计划指标层层落实，层层分解，各班组均要制定各自的能源管理计划和节能目标，把责任落实到每台设备、每个班组、每个岗位；

（2）做好能源调配工作，解决能源控制和分配，保证服务质量；

（3）定期检查节能情况，及时发现问题、解决问题，督促节能计划的实施；

（4）加强能源计量工作，对能源使用过程进行监督和跟踪；

（5）把能耗指标作为一项重要考核内容，对既保证服务质量又节约能源，对能源管理计划执行得好的班组和个人进行奖励，对由于主观原因没有完成计划造成能源浪费，或不顾服务质量片面追求降低能耗的班组和个人进行惩罚。

（三）能源控制中的计量方法

能源计量一般采用计量仪表和计量衡器，计量包括固体燃料计量、气体燃料计量、液体计量、蒸汽计量、电能计量等等，计量必须做好以下几项工作：

（1）建立健全计量制度，按时抄表记录，作为能源考核、核算的依据；

（2）加强能源计量仪表的管理，定期检查和校验，及时维修更换，保证计量的准确性。

五、厨房设备的配置

餐厅的形式、档次、规模不同，所需的厨房设备是不一样的。在确定厨房设备时，要根据餐厅的具体情况进行配制。

(一) 常用的设备

1. 常用的加工设备

有切片机、切丝机、切丁机、斩拌机、绞肉机、锯骨机、磨浆机、汁液分离机、粉碎机、和面机、搅拌机、辊压机、馒头机、饺子机、刨冰机等。

2. 常用的加热设备

微波炉、炉灶(炒灶、煲仔灶、汤灶)、蒸气柜、蒸气夹层锅、蒸烤箱、烤炉、油炸炉、扒炉、焗炉、电灶、电磁灶等。

3. 常用的冷藏、保温、保藏设备

(1) 冷藏、冷冻设备　冰箱、冰柜、冷库、冷藏柜、制冰机、冷饮机、冰淇淋机等。

(2) 保温设备　醒发箱、暖汁炉、保温灯、保温柜等。

(3) 保藏设备　各种各样的不锈钢货架,储藏柜等。

4. 其他辅助设备

消毒柜、洗涤槽、清洗机、磅秤、操作台、调味车、洗碗机等。

(二) 厨房设备配置

1. 厨房设备配置的程序

厨房设备配置的程序一般是根据餐厅的经营方式和特色列出厨房所需的设备清单,并按照必要的次序排序,再由投资决策者根据可投资的金额,审核确定设备数量、型号、规格和档次。并将暂不购买的设备注明补充添置的条件,如客源达到某种程度或效益达到某种状况时再行购置。这样可以对资金的使用更为合理有效。

2. 厨房设备配置示例(见表 6-16)

表 6-16　厨房设备配置计划表

厨房类别	名　称	型　号	规　格	数量(台)	备　注
加工间设备	四眼中餐灶				
	煲仔灶				
	蒸　柜				
	烤　箱				
	调理台				
	冰　柜				
	绞肉机				
	切片机				
	锯骨机				
	斩拌机				
	洗涤槽				
凉菜间设备	冰　柜				
	冷藏柜				
	保鲜工作台				
	搅拌机				
	片肉机				

续表 6-16

厨房类别	名　称	型　号	规　格	数量(台)	备　注
凉菜间设备	微波炉				
	四眼中餐灶				
	消毒柜				
	洗涤槽				
面点间设备	粉碎机				
	和面机				
	醒发箱				
	搅拌机				
	面板				
	三层烤箱				
	压面机				
	冰柜				
	成型机				
	洗涤槽				
准备间设备	洗涤槽				
	清洗机				
	多层菜架				
	厨具柜				

本章小结

本章对厨房设备管理的内容，包括设备的日常管理，设备的选择和评价，设备的使用、维护、维修及节能管理进行了阐述。

设备的日常管理包括建立设备的规章制度和技术资料档案。其中对与厨房直接相关的餐饮器具的管理进行了重点介绍(大的设备管理一般由工程部建立档案)。

设备的选择和评价，不仅仅看到其使用功能，而且还要看到设备的经济效益。

设备的使用、维护、维修及节能管理都应当建立适当的规章制度，并根据设备的具体情况对其进行贯彻执行。

检　　测

复习思考题

1. 厨房买回几台电磁灶后，应当按怎样的程序处理？

2. 真空腌制机的真空管坏掉了，应按怎样的程序办？

3. 在购买和面机时有两种类型，一种有安全防护罩，一种没有安全防护罩，有安全防护罩的价格要贵一些，选择哪一种比较好？

4. 厨房有一台提供加热蒸气的燃煤锅炉，怎样对其进行更新改造？

5. 对冻肉进行解冻，采用哪种方法比较节能？

第七章 厨房设计

厨房可称为餐厅的工作中心,除了烹调以外,原料的初加工、餐具的洗涤和消毒等往往也在厨房中进行。美国假日旅馆集团创始人凯蒙·威尔逊曾经说过,没有满意的员工就没有满意的顾客,没有使员工满意的工作场所,也就没有使顾客满意的享受环境。由此可见,一个设计合理的厨房,是餐饮工作的起点。

第一节 厨房的总体设计

厨房设计就是要确定厨房的风格、规模、结构、环境和相应的使用设备,以保证厨房生产的顺利进行。

【案例 7-1】

可以在这里练角力

20 世纪 80 年代西方的厨房管理者在参观当时的北京饭店、前门饭店后所说的话。请注意,这句号并不是赞美厨房的宽敞明亮,而是对厨房设计的太大、太高的一种不以为然。相反,当时由美国贝克特公司设计的中国第一家五星级饭店的厨房又窄又挤,灶台和调料台之间只能一个人站立,通道设计得也不够宽,只能两个推车擦肩通过。

评析:实际上,厨房设计并不是我们想象的那样,以为宽大、明亮、高广即可,厨房的设计中充满了科学,一切都是围绕"出品"(出菜)进行的。

那么厨房设计首先从哪里开始?厨房的设计应当首先从功能设计开始。本节从厨房的基本结构及不同种类的厨房的角度,来考察厨房的功能要求。

【提示】

提示:厨房设计从总体上包括功能设计、建筑设计、厨房布局设计。其中,作为厨房的工作者,要对厨房的功能设计与要求比较明确,这样设计单位和建筑施工单位才能对建筑设计与设备的布置设计进行展开。

一、厨房的基本结构和功能要求

(一) 储存区

储存区为货物的进料、过磅、验收、登记、存储的场所。货物的进料要有专门的通道和转料场,大小因各个厨房的不同而异。对于货物的过磅,每个厨房都有严格的规定,以便于成本的核算。经过过磅的货物必须按时验收,一般货物都有验收期限。验收完的货物必须按实登记，以便将来查验。经过这几道工序货物就可以进仓库存储了。仓库的存储量必须和酒店的供应量挂钩，据统计每人每餐的食品原料平均需求量约为0.8到1.1千克(酒水除外)，所以根据餐厅的餐位数就可以计算出库存量。储存区的设计还必须考虑到合适的推车、磅秤、平板货架、沥水菜架、地架等的尺寸要求。

饭店餐饮规模大、经营风味多，厨房生产量大的饭店，为了保证经营的连续性和客人选择范围的广泛性，同时为了防止原料间相互串味、互相污染，便于仓库管理，大部分本地不易采购和容易断档的原料，仓库都分别给以一定量的库存，如有专门设置的肉类食品库、海产食品库、蔬菜食品库、瓜果食品库、西餐原料食品库、蛋类食品库、奶制品食品库等等，这些库房虽不归厨房管理，但为了厨房领料和使用的方便，在作厨房设计时，应作统筹考虑才对。

(二) 加工区

厨房加工区域，包括对原料进行粗加工和深加工及其随之进行的腌浆等工作。生鲜原料经过点验和过磅，为保持新鲜度必须立刻分拣和加工。国内的厨房采购的原料很大部分还是粗料，对于这些粗料的加工就称之为粗加工，比如对蔬菜的挑拣和整理，家禽和水产品的宰杀，畜肉的分档和再加工。而深加工则是厨师按照菜单的要求对经过粗加工的原料进行切配，为烹饪做准备。不仅如此，加工产生的大量废弃垃圾需要及时清运出店。与原料入店相似，其进出厨房的工作量很大，原料进入饭店时，本身处于冰冻状态的原料需要入冷冻库存放，大批量购进的干货和调味品原料需要进入仓库保管，而厨房日常生产使用数量最多的各类鸡鱼肉蛋、瓜果蔬菜等鲜活原料，都直接进入加工区域，随时供以加工、烹制。因此，加工与原料采购、库存同属一个区域是比较恰当的，实践证明这样生产操作也是最为方便的。

(三) 烹饪区

烹饪区是厨房的心脏，几乎所有的菜品都是从这里加工出来的，而对于这里的设计就更为重要了。然而中餐和西餐的工艺流程又有所不同，设备也有很大的差异。中餐主要以蒸、炒、煮设备为主，而西餐设备主要使用一些扒、炸、烤、焗、煮为主。中餐厨房还要配置一定量的调理柜以便于菜品的传递。

该区域是厨房设备配备相当密集，设备种类最为繁多的区域。按生产性质的不同，该区域可以相对独立地分成四个部分，即热菜配菜区、热菜烹调区、冷菜制作与装配区、饭点制作与熟制区。

热菜配菜区，主要根据零点或宴会的订单，将加工好的原料，进行主配料配制。该区的主要设备是切配操作台和水池等。要求与烹调区紧密相连，配合方便。

热菜烹调区，主要负责将配制好的菜肴主配料进行炒、烧、煎、煮、炸、烤等熟制处理，使烹饪生产由原料阶段进入成肴阶段。该区域设备要求高，设备配备数量也至关重要，直接影响到出品的速度和质量。该区设计要求与餐厅服务联系密切，出品质量与服务质量相辅相成。

冷菜制作与装配区，负责冷菜的熟制、改刀装盘与出品等工作。有些饭店该区还负责水果盘的切制装配。该区域熟制与成品改刀装盘一般是在不同场地分别进行的。这样可以分别保持冷热不同环境温度，保证成品质量。

饭点制作与熟制区，负责米饭、粥类食品的淘洗、蒸煮；负责面点的加工成型、馅料调制，点心蒸、炸、烘、烤等熟制。该区一般多将生制阶段与熟制阶段相对分隔、空间较大的面点间，可以集中设计生、熟结合操作间，但要求抽排油烟和蒸气效果要好，以保持良好的工作环境。

（四）洗消区

洗消区又可以分为洗碗间和消毒间。餐厅用过的餐具通过专用通道送到洗涤区进行清洗，如果条件允许可以选择用洗碗机进行洗涤。餐具洗涤完成后通过专用通道送到消毒间进行消毒和烘干，然后进行储存，其中洗涤间和消毒间可以合用一间，但要把清洁消毒后的餐具与没有洗涤的餐具分隔开，防止交叉感染。

（五）辅助区

不同规模的厨房会有一些辅助区域，比如冰库、更衣间、淋浴间、洗手间等，其中冰库尤为重要，他是食物储藏部分的心脏，但有部分厨房由于面积和种种原因，会精简掉冰库，取而代之的就是六门冰箱、四门冰箱、冷藏工作台等。而更衣和沐浴以及洗手间则是厨房工作者的生活空间，设计的一定要人性化。

二、厨房的种类

（一）宴会厨房

宴会厨房是指为宴会生产服务的厨房。大多数饭店为保证宴会规格和档次，专门设置此类厨房。设有多功能厅的饭店，宴会厨房同时负责各类大、小宴会厅和多功能厅开餐的烹饪出品工作。

（二）零点厨房

零点厨房是专门用于生产烹制客人临时、零散点菜的厨房，该厨房对应的餐厅为零点餐厅。零点餐厅是给客人自行选择、点食的餐厅，故列入菜单经营的菜点品种较多，厨房准备工作量大，开餐期间工作亦很忙杂。这个厨房的设计多有足够的设备和场地，以方便制作和按时出品。

（三）加工厨房

加工厨房主要负责各类烹饪原料的初步加工（鲜活原料的宰杀、去毛、洗涤），干货原料的胀发，原料的刀工处理和原料的保存冷藏等工作。加工厨房在国内外一些大饭店中又称之为主厨房，负责饭店内各烹调厨房所需烹饪原料的加工。由于加工厨房每天的工作量较大，进出货物较多，垃圾和用水量也较多，因而许多饭店都将其设在低层出入便利、易于排污和较为隐蔽的地方。

（四）冷菜间

冷菜间是加工制作、出品冷菜的场所。冷菜制作程序与热菜不同，一般多为先加工烹制，再切配装盘，故冷菜间的设计，在卫生和整个工作环境温度等方面有更加严格的要求。冷菜间还可分为冷菜烹调制作厨房（如加工制作卤水、烧烤或腌制、拌烫冷菜等）和冷菜装盘出品厨房，主要用于成品冷菜的装盘与发放。

（五）面点房

面点房是加工制作面食、点心及饭粥类食品的场所。中餐又称为点心间，西餐多叫包饼房。由于其生产用料的特殊性，与菜肴制作有明显不同，故又将面点生产称为白案、菜肴生产称为红案。各饭店分工不同，面点厨房生产任务也不尽一致。有的面点厨房还包括甜品和巧克力小饼等制作。

（六）咖啡厅

咖啡厅是负责生产制作咖啡厅供应菜肴的场所。咖啡厅相对于牛扒房等高档西餐厅，实则为西餐或简餐餐厅。咖啡厅经营的品种多为普通菜肴和饮品。因此，咖啡厅厨房设备配备相对较齐，生产出品快捷。也正因为有此特点，许多饭店将其作为饭店每天经营时间最长的餐厅，其厨房兼备膳食制作的功能。

（七）烧烤间

烧烤间，是专门用于加工制作烧烤菜肴的场所。烧烤菜肴如烤乳猪、叉烧、烤鸭等，由于加工制作与热菜和普通冷菜程序、时间成品特点不同，故需要配备专门的制作间。烧烤间一般室内温度较高，工作条件较艰苦，其成品多转交冷菜明档或冷菜装盘间出品。

（八）快餐间

快餐间是加工制作快餐食品的场所，快餐食品是相对于餐厅正餐或宴会大餐食品而言的。快餐间大多配备炒炉、油炸锅等便于快速烹调出品的设备。其成品多较简单、经济，生产流程的畅达和高效节省是其显著特征。

三、厨房的工艺流程

了解厨房的分类及其基本结构功能，可以从横向上认识和把握厨房，进一步熟悉和分析厨房的生产工艺流程，则在纵向上对厨房有了全面的掌握。

不论厨房生产规模大小，也不管厨房生产制作什么风味的产品，其生产工艺流程是大致相同的。一般厨房生产工艺，都是由原料收货及加工阶段开始，到生产制作、熟制阶段，继而到成品服务与销售，为一个流程的终结。

厨房生产流程自然包括菜肴和点心的生产，两者大体相似，只是冷菜的生产流程与热菜生产略有差别。

厨房总体上的生产流动线路可见图 7-1。

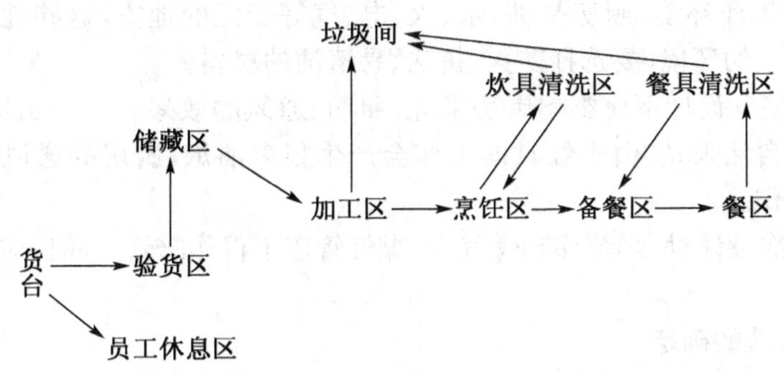

图 7-1 厨房流动路线图

【提示】

一般垃圾间与加工区及消洗区相连，其面积是消洗间面积的 1/3，垃圾间储藏的垃圾量可按两天考虑。为保证人居环境优良，控制蚊蝇等滋生，对酒店垃圾可采用袋装，冷冻处理的方法，并减少化学杀虫剂使用。

四、厨房的布局设计

厨房布局设计，即根据饭店餐饮经营需要，对厨房各功能所需面积进行分配、所需区域进行定位，进而对各区域、各岗位所需设备进行配置的统筹计划、安排工作。具体地讲，厨房布局设计要在依据饭店星级档次、餐饮规模及经营需要的前提下，着重做好以下两方面工作：其一，具体结合厨房各区域生产作业特点与功能，充分考虑需要配备的设备数量与规格，对厨房的面积进行分配，对各生产区域进行定位；其二，依据科学合理、经济高效的总体设计，对厨房各具体岗位、作业点，根据生产风味和规模要求进行设备配备，对厨房设备进行合理布局。

（一）厨房设计与布置的原则

（1）厨房的布局设计应从人体工学原理出发，考虑减轻操作者劳动强度，方便使用。每台设备经过长期经验的积累，已加入了很多人性化的东西，比如圆弧形的桌边和灶边，可以减少工作人员与设备过于生硬的碰撞，从视觉上说也有一定的缓和作用。

（2）厨房布局设计时，应合理布置灶具、脱排油烟机、热水器等设备，必须充分考虑这些设备的安装、维修及使用安全。灶具的布置必须和房屋的结构和整个厨房的布局相协调，必须考虑适合的排烟位置，也要适应厨房的工作流程。

（3）厨房设备的材料应色彩光洁、易于清洗。现代厨房所用的材料一般是不锈钢，它清洁而且光亮，始终表里如一，清洗也很方便。

（4）厨房的地面，宜用地砖、花岗岩等防滑、防水、易于清洗的材料。厨房的工作流程和工作方式要求厨师必须经常来回走动，而且全部是油水环境，所以要求地面一定得防滑防水，至少在安全方面要保证厨师不摔倒。这样最适合的材料就是地砖和花岗岩了。而厨房每个工作时段结束必须打扫卫生，地面的油水必须清洗干净，所以选择材料时必须选择那些好清洗的。

（5）厨房的顶面、墙面宜选择防火、抗热、易清洁的材料。对于顶面、墙面的材料选择，必须考虑厨房的工作环境，厨房是油、水、火、电、气等交汇的地方，这些地方装潢材料的选择必须得适应相应的环境，要选择防火、抗热、易清洁的材料。

（6）厨房的装饰设计不应影响厨房采光、照明、通风的效果。一个厨房，它的工作环境必须要有个好的自然采光，由于灶具的工作会产生很多油烟，厨房的通风效果直接会影响到厨房的整个工作。

（7）厨房装饰设计时，严禁移动煤气表，煤气管道不得作暗管，同时，应考虑抄表方便设计厨房布局。

（二）厨房位置的确定

厨房安排在饭店的什么位置是很重要的。一方面，厨房产品要尽可能在较短的时间内上桌，才能保证其风味，生产和消费几乎要在同一时间段进行，所以生产的场所原则上不要远离餐厅。另一方面考虑到厨房有垃圾、油烟、噪声产生，厨房的位置还不能完全靠近餐厅。

1. 厨房的位置安排，要遵循以下几种原则

（1）要保证与餐厅在一起，如果不能，要有专用通道保证上菜的及时和通畅。从形式上来看，厨房与餐厅连接可以有三种形式：一是厨房围绕餐厅；二是厨房置于餐厅中；三是厨

房紧邻餐厅。

(2) 要保证进货口与厨房连接,如果不能,要有专用电梯保证货品的及时补充。

(3) 要保证仓库与厨房的距离,要保证仓领的渠道通畅。

(4) 要保证污水、垃圾排放和清理的方便性。要尽可能将厨房安排在低楼层,便于货物的运输和下水排放。

(5) 要远离厕所,防止滋生蚊蝇。

(6) 要离开客房一定的距离,防止气味、噪音干扰顾客。

(7) 厨房必须选择在环境卫生的地方,若在居民区选址,30 m 半径内不得有排放尘埃、毒气的作业场所。有些城市规定新建小区设立专门餐饮区,要求独立于住宅楼。

(8) 厨房必须选择在消防十分方便、相对独立的地方。厨房位置尽量不要在综合型饭店主楼以内或直接建在客房下层。厨房必须选择在便于脱排油烟的地方。厨房的排烟应考虑全年主要风向,应建设在下风或便于集中排烟的地方,尽量减少对环境的污染、破坏,避免对饭店建筑、客房住客及附近居民、环境造成的不良影响。

(9) 厨房必须选择在方便连接、使用水、电、气等公用设施的地方,以节省建设投资。

2. 常见的厨房位置

归纳各种规模和形式的餐饮企业,可以发现厨房所处的实际位置一般有以下三种类型。

(1) 设在底层　考虑到垃圾和货物运输的方便,以及能源输送的方便,大多数饭店选择这种安排。事实上厨房处在底层的多为有客房的高层酒店,除去能源和垃圾运送便利的因素外,对入住的客人和零散客人就餐都会提供相应的便利。这种类型的厨房多会选择与餐厅在一个层面上。

(2) 设在上部　这种类型有两种情况,一种是针对高层的酒店。因为许多高层酒店处在非常优越的地理位置,为了不浪费楼顶的资源,就是设立旋转餐厅或观光餐厅,相应的会有配套厨房。这种在高处的厨房,一般要减少垃圾的产生,只能避免在高层厨房进行初加工,所有的原料采用半成品,而为了安全,炉灶要尽可能使用电加热。另一种情况是针对楼层不高的社会酒楼。这部分社会酒楼(有的缺少一定的客用电梯),为了将更多的便利留给顾客,考虑到顾客少爬楼及油烟噪音的扰客因素,多将厨房设置在顶楼。这种类型的厨房一般会占据整个楼面,多与餐厅不在一个层面上,这就需要更多的专用传菜电梯和传菜通道。

(3) 设在地下室　如果底层面积比较紧张,多数饭店会选择地下室作厨房,这类厨房弊端较多,一般原料和垃圾的运输都是通过电梯,效率不是很高。另外,使用煤气或液化气,危险系数会加大,只有具备良好的通风设备才能避免危害的存在。

(三) 厨房面积的确定

厨房面积是指中餐厨房、西餐厨房、特色餐厅厨房、咖啡厅厨房、酒吧厨房等各个区域的面积总和。基本上厨房的面积是由酒店的经营范围和客容量以及国家和地方法规所决定的。厨房的面积通常要与餐厅的面积保持一定的比例关系,通过确定餐厅面积才能确定厨房的面积。

确定合理的厨房面积是保证餐饮生产正常进行的前提条件。如果餐厅过大,厨房过小,会造成厨房生产的拥挤与低效率。反之,餐厅过小,厨房过大,饭店业主不能尽快地创造效益。

1. 影响厨房面积大小的主要因素

(1) 厨房设备现代化程度　厨房设备与用具越先进,越具有高效性,厨房的面积就可以相对地削减,比如快餐店、蛋糕房等厨房的面积比正常的社会饭店要小得多。

(2) 经营的形式和种类　如火锅店是一种专卖形式的餐饮店,经营的风格在于注重切配和调制底汤料,忽略小炒、煎炸类菜肴,可以缩小烹调区。而快餐店使用半成品原料较多,忽略加工,可以缩小加工区。在配比形式上,现代快餐店厨房与餐厅面积的比一般都保持在 1∶(3～4),而星级酒店的比例多为 1∶(1～2)。

(3) 加工生产的手段不同　中西餐由于加工生产的手段不同,所以在面积上有所区别,西餐的煎、炸、烤多为主导,炉具设备比较集中,多是共用型的,面积自然要小些。社会餐饮经营的多为大众化菜肴,加工比较简单,易于操作,所需的设备和人员比星级酒店要少,面积的需要也就不大。

2. 厨房面积的确定

实际生活中,大多是根据实际操作而总结出来的一些经验。根据经验确定厨房面积的方法一般可以归为三种。

(1) 以餐厅就餐人数为参数来确定　见表 7-1。根据就餐人数来计算烹调的空间面积是不准确的,因为这种计算法是依照估算的顾客量来预测的一组数字。

表 7-1　不同就餐人数所需厨房面积

就餐人数(人)	平均每位就餐者所需厨房面积(m^2/人)	厨房面积总数(m^2)
100	0.697	69.7
250	0.48	120
500	0.46	230
750	0.37	277.5
1 500	0.309	463.5
2 000	0.279	558

(2) 以餐位数来确定　见表 7-2。餐位数其实也是一种不确定数,设计中多数是根据最大负荷的餐位来计算,实际经营中,餐位数肯定是随着具体要求而变化,所以也存在不准确的问题。

表 7-2　每类餐厅餐位数所对应厨房面积

餐厅类型	餐位数	厨房面积(m^2/餐座)	厨房面积总数(m^2)
自助餐厅	150	0.5～0.7	75～105
咖啡厅	50	0.4～0.6	20～30
正餐厅	500	0.5～0.8	250～400

(3) 以餐厅和厨房比例来确定　在实际操作中,大部分情况下是使用相关比例来确定厨房面积的。在珠江三角洲地区,大部分比例为 4∶6,即 4 成是厨房空间,6 成是餐厅空间。国外厨房面积一般占餐厅面积的 40%～60%。据日本统计,饭店餐厅面积在 500 m^2 以内的,厨房面积是餐厅面积的 40%～50%,餐厅面积增大时,厨房面积比例逐渐下降。国内厨房由于承担的加工任务重、制作工艺复杂、机械加工程度低、配套设施差、人手多,加之顾客对菜肴的要求高,创新菜肴多等因素,使得厨房面积较之其他类型的厨房面积要大,一般为1∶(1～2)。表 7-3 是上海一些酒店的厨房面积比。

表 7-3　上海几家饭店的厨房与餐厅面积比

旅馆名称	厨房面积 (m^2)	餐厅面积 (m^2)	宴会厅面积 (m^2)	咖啡厅 (m^2)	后三项合计面积 (m^2)	百分比 (%)
上海宾馆	2 022	1 565	720	97	2 382	85
希尔顿酒店	3 030	2 088	1 053	394	3 535	85
新锦江大酒店	2 103	1 507	1 059	433	2 999	70
扬子江大酒店	1 990	1 915	535	240	2 690	74
太平洋大饭店	1 390	1 125	1 482	372	2 979	47
贸海宾馆	1 810	1 020	1 040	—	2 060	88
国际贵都大酒店	1 716	1 780	573	412	2 765	62

其实,厨房面积与餐厅的比例关系只是其中各种比例关系之一,还有许多部门在设计时不容忽视,比如隶属于管事部的洗涤组,隶属于前厅的传菜部(英文为 Pantry,粤菜称班地厘),隶属于财务部的仓库,还有其他的附属设施。这些部门多数是规划到厨房面积中,只有少数是单独规划。

厨房面积除在布置上考虑工作人员身体活动和设备的尺寸外,围绕某些设备(如冰箱、工作台、灶具等)的使用范围也要认真对待。在有限的空间中,充分向四周发展,这就要求在设计和布局厨房设备的过程中,充分照顾到人体机能,以免给日后的操作带来不便和麻烦。这就要求在厨房面积的确定上多加斟酌。

【提示】

厨房的设计与布局还应当包括厨房各功能区的设计与布局,以及设备的布局,不过相关内容在其他的有关资料中已经阐述的较多了,本书就不再赘述了。此外,还有厨房布局的非工艺要求,这方面的内容可参看本书第五章厨房辅助设备系统部分及相关的专业资料。

五、二十一世纪厨房设计的发展方向

(一) 三化主义,即数字化、自动化和智能化

通过数字化,可以减少原材料的浪费,进行成本控制,从而提高餐厅的运营效益。自动化具有省时省工省力、效率高、操作简便、成型标准等特点,可减轻劳动强度,改善劳动条件,减少劳动时间和提高产品质量及系统性能。智能化主要是指运用电脑实现厨房的智能化管理,即利用厨房设备电脑化咨询管理系统,协助与餐厅之间取得有效的联系,使生产线

与服务线融合，进而顺畅地推动餐饮供应的流程，表现为厨房与餐厅的联络、库房的盘存，营养分析与特定膳食电脑管理和电脑管理膳食生产更加顺捷。

（二）环保主义

21世纪的厨房工作应将环境保护作为一项重要任务来抓。从厨房的排烟除尘设施，到污水处理以及厨房本身的卫生管理，都应尊重环境保护这一主题。应从能源系统、污水系统、空气系统、噪音系统和废弃物系统等方面作总体提升。

（三）集约化经营

即以现代管理的系统论、控制论和信息论为基本理论依据，运用系统整体性、动态相关性、时空变换性、信息传递性、控制反馈性等原理，根据市场经济规律，对生产经营全过程进行集约有效控制。根据经济规律和现代化生产力发展的客观要求，在一定时期和客观条件约束下，围绕企业生产经营的总目标，运用现代管理思想、组织、方法、手段和人才，强调企业管理和各项职能，并通过企业投入产出全过程中多资源、多要素、多系统、多层次、多功能进行优化组合，使人流、物流、信息流达到最佳运行状态。从局部改善向整体优化的方向发展，以最少的人力、物力消耗和资金占用，获得最佳的经济效果。

【小思考】

厨房的布置设计是越宽敞明亮越好吗？

第二节　厨房平面布局设计的方法和手段

厨房设计涉及建筑、土木、水电、消防、通信、控制、设备、工艺及管理等多方面的知识，是一个综合性的问题，所以有人提出了“厨房设计学”的概念。不过，本书限于篇幅，本节仅拟就厨房平面布局设计的一般方法和手段作简单介绍。

【案例7-2】

为什么上菜慢？

有一个餐厅，其上菜的速度很慢，经常受到客人的投诉，经理想尽了管理办法，也无济于事。原来厨房布置中，细料柜距离加工点很远，而冷菜间在厨房的最里面。厨房设计不科学，大家工作起来很别扭。客人一般都是点完冷菜点热菜，如果冷菜间距离餐厅很近。点菜的时候再把冷热菜分成两张单，冷菜点完后先传下来，那么等客人点完热菜，冷菜就可以上桌了。

评析：厨房的平面布局设计看起来简单，在实际工作中，我们往往是凭其经验来设计，但要做到高效、最佳的效果，需要科学的方法来实现。那么有哪些科学的方法，值得我们考虑和应用呢？

一、系统布置设计(SLP)

自从有了工业生产，就有了工厂设计，也就有了设施布置设计。设施布置设计，是根据企业的经营目标和生产纲领，在已确定的空间场所内，按照从原材料的接收、零件和产品的制造，到成品的包装、发运的全过程，将人员、设备、物料所需要的空间做最适当的分配和最有效的组合，以便获得最大的生产经济效益。

(一) 系统布置设计概述

1961年由美国的缪瑟提出了极具代表性的的系统布置设计(SLP)理论;另一方面。60年代以来以JM摩尔等为代表的一批设施规划与设计学者,较为系统地研究应用计算机技术进行平面布置及其优化的问题,并产生了许多用高级语言写成的平面布置程序,如用于新建设施的CORELAP、ALDEP程序和用于改建布置的COFAD、CRAFT程序,形成了计算机辅助设施布置(CAL)方法。

1. 缪瑟的系统布置设计(SLP)

这是一种条理性很强,物流分析与作业单位关系密切程度分析相结合,求得合理布置的技术,因此在布置设计领域获得极其广泛的运用。国内在20世纪80年代以后引进了这一理论,收效非常显著。

2. 计算机辅助设施布置模型

而计算机辅助设施布置方法利用计算机的强大功能,帮助人们解决设施布置的复杂任务,为生产系统的设施新建和重新布置提供强有力的支持和帮助,节省了大量人力和财力,尤其是对于大型项目和频繁的重新布置。

计算机辅助设施布置软件的建模是计算机辅助设施布置的核心内容。起初,人们根据假设情况(如:设备之间的流量是已知的固定数量;布置问题在计划展望期内看作是静态问题;布置的目标仅仅是物流费用最小等等)建立了第一类模型。然而,这些假设越来越不符合现代生产系统的现实要求。为寻求改进,人们做了许多工作。一方面,人们根据现实问题发展了许多扩展模型:如实际布置是多目标优化问题且目标间可能相互矛盾,为此近年来构造了多种多目标决策布置模型;由于经营、发展、需求波动以及生产混合的动态特性,设备之间的流量随着阶段的不同而变化,当一些这样的改变是可计划时,可发展为动态布置模型。另一方面,由于目前构造通用的布置模型还很困难,人们又针对特定类型生产系统(如厨房设计)开发出第三类的模型。

3. 设施布置设计的总趋势

缪瑟的系统布置设计(SLP)逻辑严密、条理清晰、考虑比较完善。因此,先前的新建生产(服务)系统中最具代表性的CORELAP程序就是将SLP融入计算机辅助设施布置方法(CAL)中,只是当时的集成比较简单。现在,温拿的战略设施规划(SFP)在发展SLP的基础上将其自身更紧密地集成于CAL中,这也表明了在设施布置项目向大型化、复杂化方向发展的今天,考虑到时效性,计算机辅助设施布置方法已逐渐成为设施布置设计的主流。在此领域,虽然人们作了众多的探索取得不小的成果,但由于布置问题确是一个复杂并且富含矛盾的优化问题,所以至今仍未真正建立起完善的、得到大家一致公认的软件模型,其算法也有诸多问题要解决。因此,设施布置设计未来发展的总趋势就是一方面继续发展完善缪瑟的系统布置设计和温拿的战略设施规划,把它们的精髓更完整地渗透、集成到计算机辅助设施布置设计中去;另一方面根据现实情况构建更为完整的布置模型,并结合最新的人工智能技术的发展,提出功能更强大、更为迅捷快速的新算法,最终开发出更通用的计算机辅助设施布置软件。

(二) 系统布置设计在厨房布局中的应用

1. 输入数据和活动

这些数据包括厨房生产能力的计算、设备选择、工艺布置的技术要求等。厨房有的生产能力数据包括：每天可供用餐人数；烹调菜肴和面点主食的品种、数量；每天所需有的烹饪原料品种、数量；劳动力的确定。

【提示】

设备选择及工艺布置的要求可参考本书的有关章节。

2. 加工过程图

进行这一步的目的是描述材料的流动情况，也就是用图来说明烹饪原料到加工出成品菜肴或主食的过程，反映了烹饪加工的工艺流程。如图 7-1 所示，但还不够详细，因为其只表达了原料的大致流程，并没有表达出常用的多种原料所经历的不同的各操作单元。

比较常用的是多种原料产品加工流程图，如图 7-2 中所示。横坐标表示所用烹饪原料的品种，图中用字母（A、B、C、D 等）代表蔬菜、肉、鱼、海味、蛋、禽、米等。纵坐标表示各操作单元，图中用数字分别代表清洗与整理间、切菜机与切肉机（绞肉机）、和面机、饺子机、热菜烹调间、凉菜烹调间、电烤箱、电炸锅、面案间、蒸煮阀、配餐间、化验室等等。而图中各坐标点分别表示出烹调菜肴所用原料的加工过程。

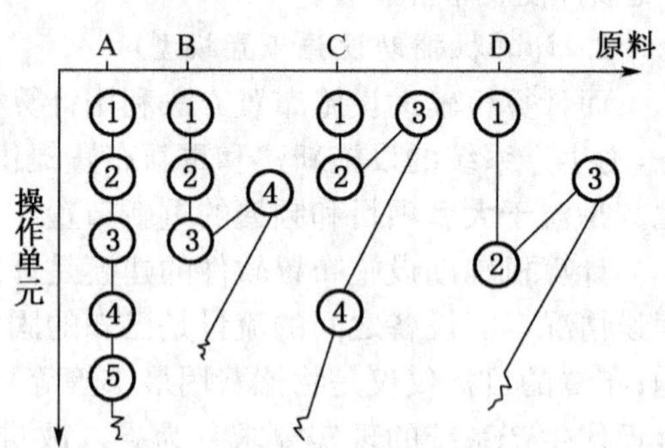

图 7-2 菜点加工流程图

图 7-2 所反映的仅是原料的流动方向和地点，由于流动一般是靠人工运送完成，所以，为了表示出人在工艺流程中的活动情况，需要绘制一种“从—至”表。

“从—至”表表示从一操作单元至另一操作单元人员往返的次数，这是根据历史经验数据或拟议的生产量来确定的。必要时往返次数可用产品产量成一些其他因素大小加权。表 7-4 表示的“从—至”表是应用于一般厨房的例子。

表 7-4 “从—至”表（每日往返次数）

从＼至	总厨	红案厨师长	面案厨师长	仓库保管员	二炉	打荷	……	总计
总厨		3	3	1	1	3		
红案厨师长	6		1	3	2	1		
面案厨师长	6	2		4	1	1		
仓库保管员	2	1	3		1			
二炉	2	3	1	1				
打荷		12	6		1			
……								
总计								

3. 绘制活动关系图

上面所述的二种图表,反映了一个饭店或食堂的厨房中主要操作单元或区域,有些区域并没有什么原料和产品流动,比如休息室、卫生室等。而这些区域又是组成一个厨房所必需的,并且与其他区域或操作单元均有一定的联系。反映烹调车间整体布局,则需要绘制活动关系表 7-6。该表表明厨房内各操作单元或区域之间要求接近程度的等级。表 7-5 表示接近程度的代码,等级 A 表示两个区域绝对需要互相靠近为邻,登记 X 则表示两个区域不需要接近,例如卫生间与加工区之间是一个等级 X 的组合,这就取消了它们放在一起布局的可能性。各操作单元和区域之间的接近等级反映了他们之间的关系,接近等级则根据加工流程图 7-2 和"从—至"表 7-4而定。

表 7-5 活动关系代号

接近程度	代号字母
绝对重要接近	A
特别重要接近	E
重要接近	I
一般重要接近	O
不重要接近	U
不必要接近	X

表 7-6 活动关系表

活动或职能	15	14	13	12	11	10	9	8	7	6	5	4	3	2	1
1. 仓库	U	O	O	U	O	U	U	U	E	U	U	U	U	U	
2. 清理间	I	U	O	U	O	U	O	O	U	I	E	E	A		
3. 初加工设备	I	U	U	O	I	O	I	I	I	I	E	A			
4. 热菜间	U	U	U	A	I	E	U	I	O	U	I				
5. 冷菜间	U	U	U	A	I	E	U	O	U	I					
6. 冷库	U	U	U	U	O	U	U	U	U						
7. 面食设备	U	O	U	U	O	O	A	E							
8. 油炸、电烤箱	U	U	U	E	I	I	O								
9. 蒸煮设备	U	O	U	O	O	U									
10. 消毒间	U	U	U	I	O										
11. 化验室	U	I	U	I											
12. 配餐间	U	I	X												
13. 休息室	U	I													
14. 办公室	U														
15. 垃圾间															

4. 绘制布局线型图

根据活动关系图，绘制出布局线型图（见图 7-3）。这里暂不考虑到空间条件，只是平面布局。

布局线型图的绘制方法是所谓“试行错误法”，即在图中先把 A 级的单元画出，并用 4 根直线把它们连接起来，然后 ZE 级用三根直线连接，I 级用两根直线连接，O 级用一根直线连接，U 级不画连接线，X 级用一根扭曲线〈弹簧符号〉连接以表示不必接近。

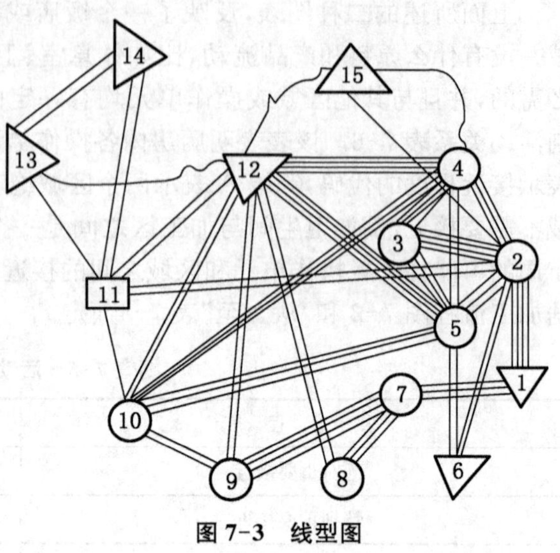

图 7-3 线型图

【提示】

厨房所有的单元成区域都绘制出来后，其布局结果并非就是最好的，这里可能有许多错误之处。这时我们再综合本章第一节及其他相关资料所论述的有关布置设计的内容、要求来进行调整。调整时我们可以把这些直线看成是弹性橡皮带的连接来调整有关单元的位置，直至满意后再把布置的结果绘制出来。线型图的实例见图 7-3。

5. 厨房布置图的绘制和评价

平面布局的线型图确定后，需要就空间的需要量对空间的可用量进行调整。这是最后一次调整，它有两个目的，一是布置必须适合现有的建筑物，也就是所用的空间会受到现有建筑物的限制，所以必须调整布局；二是对于新设计筹建的厨房来说，主要限制的是资金预算，这也需要调整布局。

参考实践经验，最后调整的布局图即是反映平面关系的厨房布局，见图 7-4 例所示。

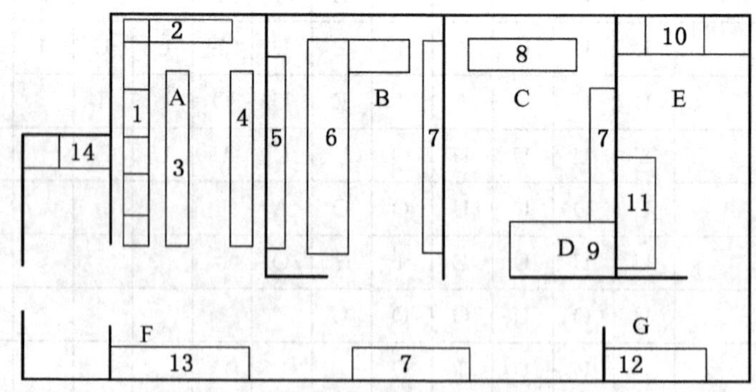

图 7-4 某大众厨房布局示意图

A—烹调区；B—切配区；C—点心区；D—冷菜区；E—洗涤区；F—备餐区；G—初加工区
1—炉灶；2—蒸柜、煲炉；3—出菜台；4—货架；5—出菜窗口；6—砧板；7—冰箱、冰柜；
8—点心案板；9—冷菜案板；10—洗碗机；11—碗柜；12—初加工；13—备餐间；14—电梯房

【提示】

把确定下来的厨房布置图拿到实践中去，可能还会遇到意想不到的情况，也就是出现实际的限制,这时要进行小的局部修改。例如一个厨房的布置图拿到实践应用中考察,发现油炸设备的排烟口正对着相邻建筑物——居民楼的窗户,在使用时居民必然对烟气污染提出意见,所以需要对布置方案做局部修改后方能实施。

应用系统布置设计方法所得到厨房布置方案,虽然最终落实到实践中的方案只有一个,但在设计过程中应备有两个以上方案,以便于分析比较,挑出最好的。

判断最佳方案应遵循某一标准,并采取"多项目目标决策的方法"。即把方案的具体标准分项列出,然后根据每项标准的重要程度,确定该项标准的点数(或分数)。评价方案时,逐项对每一方案分别打分,各项标准全部评价完后,得到每个方案的总分,分数高者即为最佳方案。

应用系统布置设计方法得到的布置方案愈多,优选的效果愈佳,但全靠人工完成,工作量就大了,这时应考虑到应用电子计算机进行布置设计。应用电子计算机进行系统布置设计,已有工厂、车间等各类布置设计程序供采用,如常用的布置设计程序有 ALDEP, CORELAP和 CRA-FT 等。电子计算机布置设计的优点是可迅速提供大量的供选择的方案,并能迅速准确地优化出最佳方案。

目前,在 SLP 应用于厨房布置方面,一方面需要相关的理论知识,如厨房生产能力的确定、单元操作和加工区域的明确;另一方面,需要开发出适应于厨房布置的计算机软件包。

二、人机工程学在厨房组织布局中的应用

(一) 人机工程学

人机工程学是研究"人—机—环境"系统中人、机器、工作环境三大要素之间的关系,为解决系统中人的工作效能、健康问题提供理论与方法的科学。

实际上,这一学科就是人体科学,环境科学不断向工程科学渗透和交叉的产物,它是以人体科学中的人类学、生物学、心理学、卫生学、解剖学、生物力学、人体测量学等为"一肢";以环境科学中的环境保护学、环境医学、环境卫生学、环境心理学、环境监测技术等学科为"另一肢",而以技术科学中的工业设计、工业经济、系统工程、交通工程、企业管理等学科为"躯干",形象地构成了本学科的体系,目的在于获得最高的工作效率及作业时的安全感和舒适感。

比如厨师在案板上操作时的最舒适案板高度是略低于其肘高。案板高于肘高则操作会吃力并不能持久,太低则工作时需要弯腰,同样会感觉吃力,也不能持久。由于活动空间应尽可能适应于绝大多数人的使用,所以设备设计时一般按 18 岁～60 岁,以高百分位人体尺寸为依据进行设计。

【提示】

关于人机工程学对于厨房设备及空间布置尺寸方面的影响,已有诸多相关资料阐述,本文不再赘述。

(二) 人机工程学在厨房布局中的作用

1. 提高厨房的工作效率

如本节案例中所提到的,如果将冷菜间放在距离餐厅近的地方,那么可以使得在客人等候上热菜的间隙,冷菜先上来,节省了时间(当然也可以冷热菜一起走)。将细料柜放在距离加工台近的地方,可以省却了工作人员奔走的时间,同时提高了效率。美国贝克特公

司给长城饭店设计的厨房比较小，节约面积是一方面，但更重要的是提高了厨房的效率。灶台和调料台（接手台）之间非常窄，这样厨师在烹调的过程中一转身就能取配好的菜或加某种调料，脚下可一步不动。而设计宽大的厨房，厨师回身至少要一两步才能够取到东西。不要小看这一两步，一天下来，每个厨师至少要走上千步，不仅累，而且影响效率。另外，地方小了，别人不容易通过，那么也就不会有人去干扰厨师的工作了。

厨房布局中应用人机工程学，实际上反映了管理学中的泰勒制在厨房中的应用。根据人的身体、行为规律和习惯把每一个工作步骤，甚至每一步都设计好。将厨房中的设备层层加叠，如下面是烤箱，上面是炉灶；或者下面是冰箱，上面是微波炉；这样下面和上面能取什么，能干什么大家要经过准确的测算。就如LSP要求的那样，联系最紧密的，一定要放在一起。

【小资料7-1】

泰勒制

美国人泰勒首创的一种加强生产的管理和工资制度。泰勒制的基本内容和方法有：①首先制定恰当的工作定额，也就是选择合适而熟练的工人，对他们的每一项动作，每一道工序的时间进行记录，并把这些时间与必要的休息时间和其他延误时间综合起来，得出完成某项工作的总时间，在此基础上制定出一个工人的“合理的日工作量”。②培训工人成为“第一流的工人”，即适合于某项工作并且又愿意努力干的工人，使他们的能力与工作相配合，激励他们尽最大的力量进行工作。③在上述基础上实行标准化原理，也就是使工人掌握经过科学手段确定的最经济、效率最高的操作方法。④实行刺激性的工资报酬制度，即根据工时的研究和分析，制定生产规程和劳动定额，实行差别计件工资制。泰勒制的产生，使工厂的生产管理发生了变革，由单凭经验的管理转向了科学管理。

2. 关系到厨房的卫生

餐饮质量，卫生第一。如果厨房设计不科学，影响厨房的卫生，那么直接损伤客人对餐厅的信心。

人机工程学强调在设计时要充分考虑具体的人的行为特性。比如排水，有的设计院按照一般工程的计算方法来设计排水量，未能充分考虑到厨房工作的特殊但又经常发生的情况。如有些厨师心气不顺的时候，会一顺手就把整锅的油倒进下水道，下水道的篦油池设计得不够大，热油冷凝成块，（篦油池里的凝固油经常被路边卖油炸品的摊贩昧心使用），下水道很快就会被堵死。有的厨房地上永远湿漉漉，空气永远臭烘烘，原因皆在于此。

又比如，厨房与餐厅之间的门与其他通道的门不一样，不仅仅是完成一般工作场所的人员走动的功能，还要考虑到餐厅服务员在工作中一般是端着菜或餐盘的。所以，厨房、茶水间和餐厅之间的门都要设计成双门单向。也就是说，右行前开，其宽度足够一个服务员端着盘子顺畅通过。设想，如果厨房的门设计成双向开，门的两侧的服务员互相看不见，从两个方向推一扇门，晚到的一方会被猛然打开的门碰得头破血流，菜洒满地。

【小思考】

为什么餐厅与厨房之间的通道如果有高度差时，一般采用斜坡处理，并标不同的颜色？

3. 与餐饮工作本身的特点有关

餐饮工作与其他工作的有一个不同是，客人在餐厅不能看到他不该看到的内容，包括人和事。厨师不能进餐厅，而服务员最好不要进厨房。

要求扛着一片猪肉的厨师不能从厅堂客人面前走过，就要考虑设计职工通道，而职工通道如果没有按科学的位置、宽度设计好，就可能诱使一些职工犯偷窃的错误。光靠加大警卫力度，增加了管理成本，还很难使厨房不丢东西。

服务员最好不要进厨房，不仅是卫生需要，也是安全和管理的需要。这时就不能考虑节省空间，而要考虑设出菜口。出菜口一般由值班厨师长负责，对送出厨房的每个菜作最后一道检查。出菜台放一个碗，碗里面放一堆小勺，厨师长可以一次一勺，来进行把关。

三、厨房设计实例(见图 7-5，表 7-7)

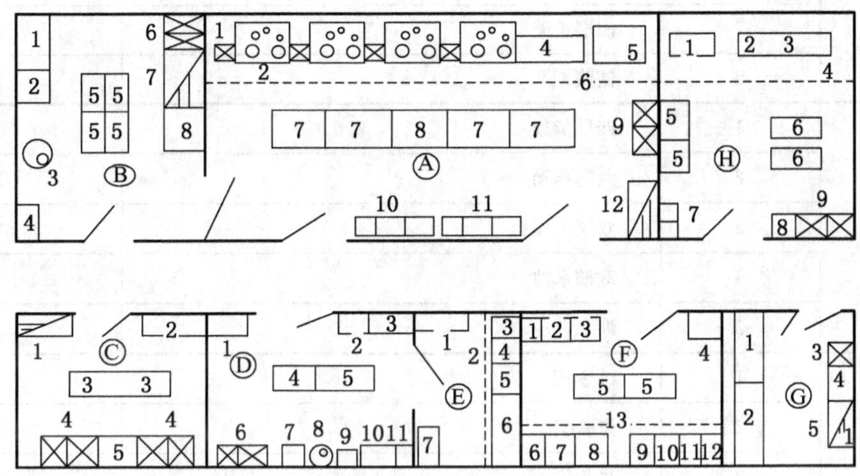

图 7-5 厨房设计实例

表 7-7 图 7-5 的明细表

编号		名称	数量
A主厨房	1	配灶水池	4
	2	港式多功能双眼灶	3
	3	多功能大锅灶	1
	4	多功能矮仔炉	1
	5	万能蒸箱	1
	6	运水烟罩	1
	7	双向移门调理台	4
	8	活动台板	1
	9	双槽水池	1
	10	调料车	3
	11	三层餐车	3
	12	四层货架	1

续表 7-7

编	号	名 称	数 量
B切配间	1	六门冰箱	1
	2	四门冰箱	1
	3	多功能搅拌机	1
	4	绞切肉机	1
	5	带架单向移门调理台	1
	6	双槽水池	1
	7	四层货架	1
	8	储藏柜	1
C粗加工间	1	四层货架	1
	2	六门冰箱	1
	3	双层工作台	2
	4	双槽水池	2
	5	沥水台	1
D点心间	1	纱窗柜	1
	2	点心架	1
	3	烘箱	1
	4	和面台	1
	5	双向移门调理台	2
	6	双槽水池	1
	7	和面机	1
	8	多功能搅拌机	1
	9	绞肉机	1
	10	储藏柜	1
	11	二门冰箱	10
E蒸煮间	1	储藏柜	1
	2	排气罩	1
	3	蒸气开水桶	1
	4	蒸气夹层锅	1
	5	蒸饭车	1
	6	蒸气灶	1
	7	单层工作台	1

续表 7-7

编	号	名　称	数量
F西餐厨房	1	制冰机	1
	2	单向移门调理台	1
	3	冰淇淋机	1
	4	双槽水池	1
	5	双向移门调理台	2
	6	多功能矮仔炉	1
	7	多功能炒菜灶	1
	8	燃气煲仔炉	1
	9	扒炉	1
	10	三抽屉单向移门调理台	1
	11	炸炉	1
	12	电烤箱	1
	13	运水烟罩	1
G冷菜间	1	带架平面冷藏工作台	1
	2	带架单向移门调理台	1
	3	单槽水池	1
	4	储藏柜	1
	5	四层货架	1
H消洗间	1	消毒柜	1
	2	简易工作台	2
	3	洗碗机	1
	4	排气罩	1
	5	碗柜	2
	6	双层工作台	2
	7	收碗车	2
	8	残物台	1
	9	双槽水池	1

该厨房设计布置较完善，各区域划分与排布比较合理，是现代厨房设计的一个典型例子。厨房为长方形，分主厨房、切配间、粗加工间、点心间、蒸煮间、西餐厨房、冷菜间和消毒间八部分。各部分根据生产工艺流程布置，分隔合理，排布井然有序，连接紧凑。其中粗加工间直接与入口相连，这样联系比较方便，并且减少了噪声和干扰。冷菜间和洗涤间紧邻

于餐厅，上菜和撤菜比较方便。因为是大厨房，此处作分间式布局。厨房内的热菜间、冷菜间、蒸煮间分别单独设置，做到了生熟、冷热分离，并且其位置符合工艺流程，尽量地做到减少路线的交叉。因各工作点的设备布置考虑到了人的活动路线的流畅和操作流程的顺序，所以设备大部分做直线型或平行线型布局。

本章小结

本章主要介绍了厨房的总体设计和一般的厨房布局的应用方法。

由于厨房的设计与布置涉及的知识面很广，同时一些相关的专业书籍对于厨房的设计布置也作了一定程度的介绍，所以本章只重点介绍了一般厨房的组成结构和功能要求以及对厨房位置的确定及面积的估算作了介绍。对于厨房的总体布局及各部分和设备的布局并没有涉及。

系统布置设计(SLP)方法在工业厂房设计和物流中心设计等方面获得了广泛的应用，进行设备设施布置的选择及优化。

人机工程理论近年来在各行业都获得了广泛的应用，对厨房设计布置的指导作用也不能忽视。

有兴趣参与厨房设计布局工作的人员，可以参阅相关资料，对这两种方法和指导思想在厨房设计布局中的应用作更深入的研究。

检　　测

复习思考题

1. 简述厨房的结构和各区的功能。
2. 厨房设计与布置应遵循什么原则与要求？
3. 厨房位置的确定方法。
4. 试用 SLP 方法对一个集体食堂进行设计布置。
5. 一个高档饭店的厨房，是否需要设置有机垃圾间，如果设置，其出口该有什么忌讳？是否需要保证其恒温？请利用所学知识，阐述你的看法。

参 考 文 献

1 周旺.烹饪设备与器具[M].北京:中国轻工业出版社,2000

2 张家骝,张广印.烹饪设备与器具[M].北京:中国商业出版社,1992

3 熊敏.烹饪设备的洋为中用[J].中国食品,2005,9:20-21

4 熊敏.烹饪设备在烹饪业中的使用[J].四川烹饪,1996,4:34-35

5 红叶.现代餐饮业的发展需要优质的酒店用品[J].中国食品,2006,19:10-11

6 吴克祥.酒水管理与酒吧经营[M].北京:高等教育出版社,2003

7 李春祥.饮食器具考[M].北京:知识产权出版社,2005

8 马承源.中国青铜器[M].上海:上海古籍出版社,2003

9 傅小平.中国古代餐具研究[J].西南民族大学学报(人文社科版),2006,180(8):199-207

10 黄亚男.马王堆汉墓漆器设计研究[D].湖南大学,2005

11 张耀引.史前至秦汉炊具设计的发展与演变研究[D].南京艺术学院,2005

12 徐海荣.中华饮食史[M].北京:华夏出版社,1999

13 李智瑛.宋代饮食器的造型设计研究[D].南京艺术学院,2005

14 董涛.先秦青铜形态研究[D].武汉理工大学,2003

15 杨铭铎.现代中式快餐[M].北京:中国商业出版社,1999

16 励建荣.现代快餐技术[M].北京:中国轻工业出版社,2001

17 肖旭霖.食品加工机械与设备[M].北京:中国轻工业出版社,2000

18 中国机械工程学会包装与食品工程分会.农副产品加工与食品机械产品样本[M].北京:机械工业出版社,2002

19 李长贸,李国新.餐饮设备使用与保养[M].大连:东北财经大学出版社,2004

20 任保英.饭店设备运行与管理[M].大连:东北财经大学出版社,2002

21 小原哲二郎.食品设备适用总览[M].日本:产业调查会,1981

22 李国忱.食品机械原理与应用技术[M].哈尔滨:黑龙江科技出版社,1989

23 高福成.食品工程原理[M].北京:中国轻工业出版社,1985

24 宋兆麟.原始炉灶的演变[J].中国历史博物馆刊,1997,2:3-15

25 姜正候,郭文博.燃气燃烧与应用[M].北京:中国建筑工业出版社,2000

26 靳文杰,鲍震杰,翟世铭.家用燃气灶旋流燃烧器的设计分析[J].煤气与热力,2001,21(6):550-551

27 靳文杰.大气式旋流燃烧器设计问题分析[J].城市公用事业,2003,3:38-39

28 曹仲文,袁惠新.旋流器强化热质传递的机理及应用[J].煤矿机械,2006,27(10):104-106

29 姜鹏霖.餐旅设备[M].大连:东北财经大学出版社,1997

30 姚天国.ZZT2 型中餐燃气炒菜灶燃烧器结构及燃烧性能分析[J].天津城市建设学院学报,1996,2(3):24-29

31 陈明,段常贵,侯根富.中餐燃气炒菜灶热效率的提高[J].煤气与热力,2001,21(1):20-22
32 C·JI·斯拉德科夫著;吴训聆译.燃气在城乡中的应用[M].北京:中国建筑工业出版社,1982
33 胡鹏程,胡颖.厨房电器的原理与维修[M].北京:电子工业出版社,1997
34 毛竹,肖振江,钱云龙.现代厨用电器速修方法与技巧[M].北京:人民邮电出版社,2000
35 邵万宽.认识扒炉[J].美食,2001(5):15-16
36 山下秀和.IH感应电饭锅[J].家电科技,2004,10:86-87
37 李满林.肉类加工机械[M].北京:化学工业出版社,2006
38 梁灿然.现代厨具知识[M].北京:中国劳动出版社,1996
39 刘午平.电冰箱修理从入门到精通[M].北京:国防工业出版社,2005
40 李兴国.食品机械学[M].成都:四川教育出版社,1991
41 王如竹.制冷原理与技术[M].北京:科学出版社,2003
42 谢晶.食品冷冻冷藏原理与技术[M].北京:化学工业出版社,2005
43 王毓慧.吸油烟机营销导购知识讲座[J].现代家电,2005,6:58-59
44 王德沅.排气扇结构原理和维修技巧[J].电子世界,2005,5:70-71
45 宋沐.厨房用油烟过滤器[J].家用电器,1989,5:3
46 王瑞琪,丁社光,王红.饮食油烟的污染及治理现状[J].重庆工商大学学报(自然科学版),2006,23(1):44-47
47 李成武.宾馆饭店的厨房通风设计[J].暖通空调,1997,27(4):56-58
48 赵淑珍.公共厨房通风空调设计探讨[J].天然气与石油,2001,19(4):60-61
49 邓雪娴.餐饮建筑设计[M].北京:中国建筑工业出版社,1999
50 吴业山.酒店餐厅厨房设计[J].节能技术,2006,24(140):524-526
51 刘永棣.旅馆设备与技术(一)[M].北京:科学技术文献出版社,1992
52 刘永棣.饭店工程管理实务[M].北京:科学技术文献出版社,1996
53 郝利兵.商用自动洗碗机的结构分析和控制设计[J].机电产品开发与创新,2006,19(1):49-51
54 仲晓明.电子消毒柜的类型与特点[J].家用电器,1995,151(3):9-10
55 周旺.烹饪器具与设备[M].北京:中国轻工业出版社,2001
56 袁富山.饭店设备管理[M].天津:南开大学出版社,2001
57 赵平建.酒店设备管理[M].北京:中国商业出版社,1993
58 杨铭铎,喻宗鑫.快餐企业中的供电设施(设备)[J].食品科学,2001,21(5):69-70
59 杨铭铎,喻宗鑫.快餐企业中的给排水设施(设备)[J].食品科学,200,21(2):65-68
60 曾胜,朱又春.混凝磁分离法处理厨房污水[J].中国给水排水,1999,15:7-10
61 林美强,朱又春,李勇.微电解-电解法处理餐饮废水的研究[J].环境保护,2003(4):16-19
62 沈桂林,陈淑冰.现代饭店设备管理[M].广州:广东旅游出版社,1996
63 张建军,陈正荣.饭店厨房的设计和运作[M].北京:中国轻工业出版社,2006
64 施建忠.厨房革命 21世纪中国厨房的主导模式[J].中国食品,2005(17):20-21
65 刘光起,徐勇.餐厅的功能设计[J].中国食品,2005(17):20-21
66 老A,徐勇.餐厅要赚钱,不能没有“功能设计”[J].中国食品,2005(12):18-19